大数据创新人才
培养系列

U0688947

Spark

编程基础

Scala 版 | 第 2 版

林子雨 赖永炫 陶继平 ◎ 编著

附
微课视频
★

SPARK PROGRAMMING
WITH SCALA
(2ND)

人民邮电出版社

北 京

图书在版编目（CIP）数据

Spark编程基础：Scala版：附微课视频 / 林子雨，赖永炫，陶继平编著. -- 2版. -- 北京：人民邮电出版社，2022.12
（大数据创新人才培养系列）
ISBN 978-7-115-59501-0

Ⅰ. ①S… Ⅱ. ①林… ②赖… ③陶… Ⅲ. ①数据处理软件 Ⅳ. ①TP274

中国版本图书馆CIP数据核字(2022)第105599号

内 容 提 要

本书以 Scala 作为开发 Spark 应用程序的编程语言，系统地介绍 Spark 编程的基础知识。本书共 9 章，内容包括大数据技术概述、Scala 语言基础、Spark 的设计与运行原理、Spark 环境搭建和使用方法、RDD 编程、Spark SQL、Spark Streaming、Structured Streaming 和 Spark MLlib。

本书安排入门级的编程实践操作，以便读者能更好地学习和更牢固地掌握 Spark 编程方法。本书免费提供全套的在线教学资源，包括 PPT、习题、源代码、软件、数据集、授课视频、上机实验指南等。

本书可以作为高等院校计算机科学与技术、软件工程、数据科学与大数据技术等专业大数据课程的教材，用于指导学生进行 Spark 编程实践，也可以供相关技术人员参考。

◆ 编　著　林子雨　赖永炫　陶继平
　　责任编辑　孙　澍
　　责任印制　王　郁　陈　犇

◆ 人民邮电出版社出版发行　　北京市丰台区成寿寺路 11 号
　　邮编　100164　　电子邮件　315@ptpress.com.cn
　　网址　https://www.ptpress.com.cn
　　天津画中画印刷有限公司印刷

◆ 开本：787×1092　1/16
　　印张：18　　　　　　　　2022 年 12 月第 2 版
　　字数：438 千字　　　　　2025 年 6 月天津第 6 次印刷

定价：65.00 元

读者服务热线：(010)81055256　印装质量热线：(010)81055316
反盗版热线：(010)81055315

《Spark 编程基础（Scala 版）》第 1 版于 2018 年 7 月出版，至今已经过去了 4 年多的时间。IT 发展的步伐从来没有停止，在过去的 4 年多时间里，Spark 的版本在不断升级，性能在不断提升，其在企业界的应用也在不断深入。与此同时，与 Spark 有强竞争关系的 Flink 技术也在迅速成长、壮大，使 Spark 面临强有力的挑战。Flink 是一款能够实现毫秒级响应并且支持"精确一次"一致性、高吞吐、高性能的流计算框架，同时它还支持批处理。就像 Spark 一样，Flink 也形成了完备的生态系统，可以为企业提供一站式服务，大大降低了大数据技术人员的开发难度，也降低了企业开发大数据平台的成本。与 Flink 相比，Spark 的短板在于无法满足毫秒级的企业实时数据分析需求。Spark 的流计算组件 Spark Streaming 的核心思路是将流数据分解成一系列短小的批处理作业，每个短小的批处理作业都可以使用 Spark Core 进行快速处理。但是，Spark Streaming 在实现了高吞吐和容错性的同时，牺牲了低延迟和实时处理能力，最快只能满足秒级的实时计算需求，无法满足毫秒级的实时计算需求。由于 Spark Streaming 组件的延迟较高，最快响应速度只能达到秒级，因此它无法满足一些需要更快响应速度的企业应用的需求。为此，Spark 社区又推出了 Structured Streaming。Structured Streaming 是一种基于 Spark SQL 引擎构建的、可扩展且可容错的流处理引擎，可以实现更快的响应速度。

为了配合 Spark 技术升级，也为了更好满足高等院校教师的教学需求，我们对本书第 1 版进行了改版。本书第 2 版的内容变化主要包括以下几个方面：

（1）采用 Spark 3.2.0 版本，所有代码根据新版本进行修订；

（2）增加一些对 RDD 常用操作的介绍，如 distinct、union、intersection、subtract 和 zip 等；

（3）对介绍 Spark SQL 的章节做了较多修改，增加对编写 Spark SQL 独立应用程序和编译打包方法的介绍，增加对数据抽象 DataSet 的介绍，介绍 RDD、DataFrame 和 DataSet 之间的关系，并给出 DataSet 编程实例；

（4）增加对新组件 Structured Streaming 的详细介绍，并给出一些编程实例。

需要指出的是，虽然 Spark 官网推荐用户从 RDD 编程转到 DataFrame 和 DataSet 编程，但是考虑 RDD 编程有其独特的应用场景，有些问题用 RDD 编程来解决具有更好的灵活性，因此，本书第 2 版保留了介绍 RDD 编程的内容。此外，虽然按照 Spark 官网的说法，Spark Streaming 将逐渐被 Structured Streaming 取代，但是目前很多企业应用场景还是可以继续使用 Spark Streaming（毕竟很多企业应用不需要毫秒级的响应速度），因此，本书第 2 版保留了介绍 Spark Streaming 的内容。

本书共 9 章，详细介绍 Spark 的环境搭建和基础编程方法等。

第 1 章是大数据技术概述，帮助读者对大数据技术形成总体认识以及了解 Spark 在其中所扮演的角色。

第 2 章介绍 Scala 语言基础，为读者学习基于 Scala 语言的 Spark 编程奠定基础。

第 3 章介绍 Spark 的设计与运行原理。

第 4 章介绍 Spark 环境搭建和使用方法，为读者开展 Spark 编程实践铺平道路。

第 5 章介绍 RDD 编程，包括 RDD 的创建、操作 API、持久化、分区及键值对 RDD 等，这一章的知识是读者开展 Spark 高级编程的基础。

第 6 章介绍 Spark 中用于结构化数据处理的组件 Spark SQL，包括 DataFrame 及其创建方法和基本操作等。

第 7 章介绍 Spark Streaming，这是一种构建在 Spark 上的流计算框架，可以满足对流式数据进行实时计算的需求。

第 8 章介绍 Structured Streaming，它是一种基于 Spark SQL 引擎构建的、可扩展且可容错的流处理引擎，具有较好的实时性。

第 9 章介绍 Spark 的机器学习库 MLlib，包括 MLlib 的基本原理、算法、模型选择和超参数调整方法等。

本书由林子雨、赖永炫和陶继平编著。其中，林子雨负责全书规划、统稿、校对和在线资源创作，并撰写第 1、3、4、5、6、7、8 章的内容；陶继平负责撰写第 2 章的内容；赖永炫负责撰写第 9 章的内容。在撰写过程中，厦门大学计算机科学与技术系硕士研究生陈绍纬、周伟敬、阮敏朝、刘官山、黄连福、周凤林、吉晓函等做了大量的辅助性工作，在此，向这些同学表示衷心的感谢。同时，感谢夏小云老师在书稿校对过程中的辛勤付出。

本书免费提供全部配套资源的在线浏览和下载，并接受错误反馈和发布勘误信息。同时，

Spark 作为大数据进阶课程的内容，读者在学习过程中会涉及大量的大数据基础知识以及各种与大数据相关的软件的安装和使用，因此，推荐读者访问厦门大学数据库实验室建设的高校大数据课程公共服务平台来获得必要的辅助学习内容。

笔者在撰写本书的过程中，参考了大量的网络资料和相关图书，对 Spark 技术进行系统梳理，有选择地把一些重要知识纳入本书。由于笔者能力有限，本书难免存在不足之处，望广大读者不吝赐教。

林子雨
厦门大学数据库实验室
2022 年 11 月

目录 CONTENTS

第1章　大数据技术概述

　　大数据时代的来临，给各行各业带来了深刻的变革。大数据像能源、原材料一样，已经成为提升国家和企业竞争力的关键要素，被称为"未来的新石油"。正如电力技术的应用引发了生产模式的变革一样，基于互联网技术而发展起来的大数据技术的应用，将会对人们的生产和生活产生颠覆性的影响。

　　本章首先介绍大数据的概念与关键技术，然后重点介绍有代表性的大数据技术，包括 Hadoop、Spark、Flink、Beam 等，最后探讨本书编程语言的选择，并介绍与本书配套的在线资源。

1.1　大数据的概念与关键技术

　　2013 年被称为"大数据元年"，从此大数据技术开始辐射到商业的各个角落。随着大数据时代的到来，"大数据"已经成为互联网信息技术行业的流行词。本节介绍大数据的概念与关键技术。

1.1.1　大数据的概念

　　关于"什么是大数据"这个问题，学术界和业界比较认可关于大数据的"4V"说法。大数据的 4 个"V"，或者说是大数据的 4 个特点，包含 4 个方面：数据量大（Volume）、数据类型繁多（Variety）、处理速度快（Velocity）和价值密度低（Value）。

大数据的概念

　　（1）数据量大。根据互联网数据中心（Internet Data Center，IDC）做出的估测，人类社会产生的数据量一直都在以每年 50%的速度增长，这被称为"大数据摩尔定律"。这意味着，人类在最近两年产生的数据量相当于之前产生的全部数据量之和。

　　（2）数据类型繁多。大数据的数据类型丰富，包括结构化数据和非结构化数据。其中，前者占 10%左右，主要是指存储在关系数据库中的数据；后者占 90%左右，种类繁多，主要包括邮件、音频、视频、位置信息、链接信息、手机呼叫信息、网络日志等。

　　（3）处理速度快。大数据时代的很多应用，需要基于快速生成的数据给出实时分析结果，用于指导生产和生活实践。因此，数据处理和分析的速度通常要达到秒级，这一点和传统的数据挖掘技术有着本质的不同，后者通常不要求给出实时分析结果。

（4）价值密度低。大数据价值密度远远低于传统关系数据库中的那些数据，在大数据时代，很多有价值的信息都是分散在海量数据中的。

1.1.2　大数据关键技术

大数据关键技术

大数据的基本处理流程，主要包括数据采集、存储管理、处理分析、结果呈现等环节。因此，从数据分析全流程的角度来看，大数据技术主要包括数据采集与预处理、数据存储和管理、数据处理与分析、数据可视化、数据安全和隐私保护等层面的内容，具体如表 1-1 所示。

表 1-1　　　　　　　　　　　　　大数据技术的不同层面及其功能

技术层面	功能
数据采集与预处理	利用抽取、转换、加载（Extract Transformation Load，ETL）工具将分布的、异构数据源中的数据，如关系数据、平面数据等，抽取到临时中间层后进行清洗、转换、集成，最后加载到数据仓库或数据集市中，成为联机分析处理、数据挖掘的基础；也可以利用日志采集工具（如 Flume、Kafka 等）把实时采集的数据作为流计算系统的输入，进行实时处理分析
数据存储和管理	利用分布式文件系统、数据仓库、关系数据库、NoSQL 数据库、云数据库等，实现对结构化、半结构化和非结构化海量数据的存储和管理
数据处理与分析	利用分布式并行编程模型和计算框架，结合机器学习和数据挖掘算法，实现对海量数据的处理和分析
数据可视化	对分析结果进行可视化呈现，帮助人们更好地理解数据、分析数据
数据安全和隐私保护	在从大数据中挖掘潜在的巨大商业价值和学术价值的同时，构建数据安全体系和隐私数据保护体系，有效保护数据安全和个人隐私

此外，大数据技术及其代表性软件种类繁多，不同的技术都有其适用和不适用的场景。总体而言，不同的企业应用场景，对应不同的大数据计算模式，根据不同的大数据计算模式，可以选择相应的大数据计算产品，具体如表 1-2 所示。

表 1-2　　　　　　　　　　　　　大数据计算模式及其代表产品

大数据计算模式	解决问题	代表产品
批处理计算	针对大规模数据的批量处理	MapReduce、Spark 等
流计算	针对流数据的实时计算	Flink、Storm、S4、Flume、Streams、Puma、DStream、Super Mario、银河流数据处理平台等
图计算	针对大规模图结构数据的处理	Pregel、GraphX、Giraph、PowerGraph、Hama、GoldenOrb 等
查询分析计算	针对大规模数据的存储管理和查询分析	Dremel、Hive、Cassandra、Impala 等

批处理计算主要用于解决针对大规模数据的批量处理，这也是我们日常数据分析工作中非常常见的一类数据处理需求。比如，爬虫程序把大量网页数据抓取过来存储到数据库中以后，我们可以使用 MapReduce 对这些网页数据进行批量处理，生成索引，以加快搜索引擎的查询速度。有代表性的批处理计算框架包括 MapReduce、Spark 等。

流计算主要用来实时处理来自不同数据源的、连续到达的流数据，经过实时分析处理，给出有价值的分析结果。比如，用户在访问淘宝网等电子商务网站时，在网页中每次单击的相关信息（比如选取了什么商品）都会像水流一样实时传送到大数据分析平台，平台采用流计算技术对这些数据进行实时处理分析，构建用户"画像"，为其推荐可能感兴趣的其他相关商品。有代表性的流计算框架包括 Flink、Storm、S4 等。其中 Storm 是一个免费、开源的分布式实时计算系统，Storm 对于实时计算的意义类似于 Hadoop 对于批处理的意义，Storm 可以简单、高效、可靠地处理流数据，并支持多种编程语言。Storm 可以方便地与数据库系统进行整合，从而开发出强大的实时计算系统。Storm 可用于许多领域中，如实时分析、在线机器学习、持续计算、远程过程调用（Remote Procedure Call，RPC）等。由于 Storm 具有可扩展、高容错、能可靠地处理消息等特点，目前已经被广泛应用于流计算应用中。

在大数据时代，许多大数据是以大规模图或网络的形式呈现的，如社交网络、传染病传播途径、交通事故对路网的影响等。此外，许多非图结构的大数据，也常常会被转换为图结构数据后再进行处理分析。图计算软件是专门针对图结构数据开发的，在处理大规模图结构数据时可以表现出很好的性能。谷歌公司的 Pregel 是一种基于整体同步并行计算（Bulk Synchronous Parallel，BSP）模型实现的图计算框架。为了解决大型图的分布式计算问题，Pregel 搭建了一套可扩展的、有容错机制的平台，该平台提供了一套非常灵活的应用程序编程接口（Applicaton Program Interface，API），可以描述各种各样的图计算。Pregel 作为分布式图计算的计算框架，主要用于图遍历、最短路径计算、PageRank 计算等。

查询分析计算也是一种在企业中常见的大数据计算模式，主要面向大规模数据的存储管理和查询分析，用户一般只需要执行查询语句，如结构化查询语言（Structured Query Language，SQL）语句，就可以快速得到相关的查询结果。典型的查询分析计算产品包括 Dremel、Hive、Cassandra、Impala等。其中，Dremel 是一种可扩展的、交互式的实时查询系统，用于只读嵌套数据的分析，通过结合多级树状执行过程和列式数据结构，它能做到几秒内完成对万亿张表的聚合查询。Dremel 系统可以扩展到成千上万的 CPU 上，满足谷歌上万用户操作 PB 级别的数据的需求，并且可以在 2～3s 完成对 PB 级别数据的查询。Hive 是一个构建于 Hadoop 顶层的数据仓库工具，允许用户通过输入 SQL语句进行查询。Hive 在某种程度上可以看作用户编程接口，其本身并不存储和处理数据，而是依赖Hadoop 分布式文件系统（Hadoop Distributed File System，HDFS）来存储数据，依赖 MapReduce 来处理数据。Hive 作为现有的比较流行的数据仓库分析工具之一，得到了广泛的应用，但是由于 Hive采用 MapReduce 来完成批量数据处理，因此，它的实时性不好，查询延迟较高。Impala 作为新一代开源大数据分析引擎，支持实时计算，它提供了与 Hive 类似的功能，通过 SQL 语句能查询存储在Hadoop 的 HDFS 和 HBase 上的 PB 级别的海量数据，并在处理速度上比 Hive 快 3～30 倍。

1.2　代表性大数据技术

大数据技术的发展速度很快，不断有新的技术涌现，这里着重介绍几种目前在市场上具有代表性的大数据技术，包括 Hadoop、Spark、Flink、Beam 等。

1.2.1　Hadoop

Hadoop

Hadoop 是 Apache 软件基金会旗下的一个开源分布式计算平台，为用户提供了系统底层细节透明的分布式计算架构。Hadoop 是基于 Java 语言开发的，具有很好的跨平台特性，并且可以部署在计算机集群中。Hadoop 的核心是 HDFS 和MapReduce。借助 Hadoop，程序员可以轻松地编写分布式并行程序，将其运行在计算机集群上，完成海量数据的存储与计算。经过多年的发展，Hadoop 生态系统不断完善和成熟，目前已经包含多个子项目，如图 1-1 所示。除了核心的 HDFS 和 MapReduce，Hadoop 生态系统还包括YARN、Zookeeper、HBase、Hive、Pig、Mahout、Sqoop、Flume、Ambari 等组件。

这里简要介绍部分组件的功能，要了解 Hadoop 的更多细节内容，读者可以访问高校大数据课程公共服务平台，学习《大数据技术原理与应用》在线视频的内容。

1.　HDFS

HDFS 是针对谷歌文件系统（Google File System，GFS）的开源实现，它是 Hadoop 两大核心组成部分之一，提供了在服务器集群中进行大规模分布式文件存储的功能。HDFS 具有很好的容错能力，并且兼容一般的硬件设备，因此，用户可以以较低的成本利用现有机器实现大流量和大数据量的读写。

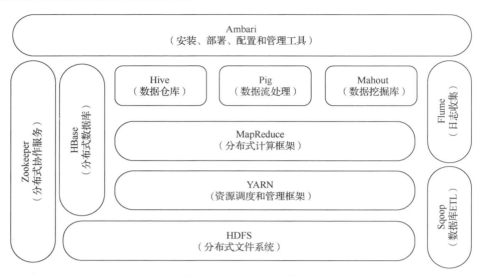

图 1-1　Hadoop 生态系统

　　HDFS 采用主从（Master-Slave）结构模型，一个 HDFS 集群包括一个名称节点（NameNode）和若干个数据节点（DataNode），如图 1-2 所示。名称节点作为中心服务器，负责管理文件系统的命名空间及客户端（Client）对文件的访问。集群中的数据节点一般是一个节点运行一个数据节点进程，负责处理文件系统的客户端的读/写数据请求，在名称节点的统一调度下进行数据块的创建、删除和复制等操作。

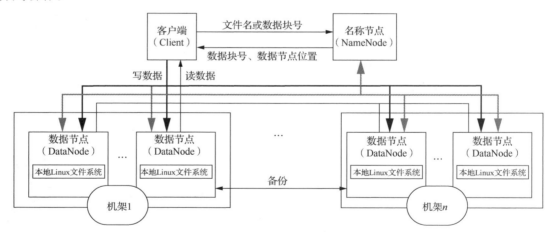

图 1-2　HDFS 的体系结构

　　用户在使用 HDFS 时，仍然可以像在普通文件系统中那样，使用文件名去存储和访问文件。实际上，在系统内部，一个文件会被切分成若干个数据块，这些数据块被分布存储到若干个数据节点上。当客户端需要访问一个文件时，首先把文件名发送给名称节点，名称节点根据文件名找到对应的数据块（一个文件可能包括多个数据块），再根据每个数据块信息找到实际存储各个数据块的数据节点的位置，并把数据节点位置发送给客户端，最后，客户端直接访问这些数据节点获取数据。在整个访问过程中，名称节点并不参与数据的传输。这种设计方式，使一个文件的数据能够在不同的数据节点上实现并发访问，可大大提高数据的访问速度。

　　2. MapReduce

　　MapReduce 是一种分布式并行编程模型，用于大规模（大于 1TB）数据集的并行运算，它将复杂的、运行于大规模集群上的并行计算过程高度抽象为两个函数：Map 和 Reduce。MapReduce 可极大方便分布式编程工作，编程人员在不会分布式并行编程的情况下，也可以很容易地将自己的程序运行在分布式系统上，完成海量数据的计算。

在 MapReduce 中，如图 1-3 所示，一个存储在分布式文件系统中的大规模数据集，会被切分成许多独立的小数据块（分片），这些小数据块可以被多个Map 任务并行处理。MapReduce 框架会为每个 Map任务输入一个数据子集，Map 任务生成的结果会继续作为 Reduce 任务的输入，由 Reduce 任务输出最后结果，并写入分布式文件系统。

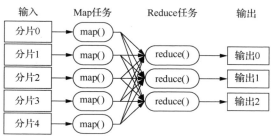

图 1-3　MapReduce 的工作流程

MapReduce 设计的一个理念就是"计算向数据靠拢"，而不是"数据向计算靠拢"，因为移动数据需要大量的网络传输开销，尤其是在大规模数据环境下，这种开销尤为惊人，所以移动计算要比移动数据更加经济。本着这个理念，在一个集群中，只要有可能，MapReduce 就会将 Map 程序就近地在 HDFS 数据所在的节点上运行，即将计算节点和存储节点放在一起运行，从而减少节点间的数据移动开销。

3.　YARN

YARN 是负责集群资源调度和管理的组件。YARN 的目标就是实现"一个集群多个框架"，即在一个集群上部署一个统一的资源调度和管理框架 YARN。在 YARN 之上可以部署其他各种计算框架，如图 1-4 所示，比如 MapReduce、Tez、Storm、Giraph、Spark、OpenMPI 等。YARN 为这些计算框架提供统一的资源（包括 CPU、内存等资源）调度和管理服务，并且能够根据各种计算框架的负载需求，调整各自占用的资源，实现集群资源共享和资源弹性收缩。通过这种方式，可以实现一个集群上的不同应用的负载混搭，有效提高集群的利用率。同时，不同计算框架可以共享底层存储，在一个集群上集成多个数据集，使用多个计算框架来访问这些数据集，从而避免数据集跨集群移动。最后，这种部署方式还可以大大降低企业运维成本。目前，可以运行在 YARN 之上的计算框架包括离线批处理框架 MapReduce、内存计算框架 Spark、流计算框架 Storm 和有向无环图（Directed Acyclic Graph，DAG）计算框架 Tez 等。和 YARN 一样提供类似功能的其他资源调度和管理框架还包括Mesos、Torca、Corona、Borg 等。

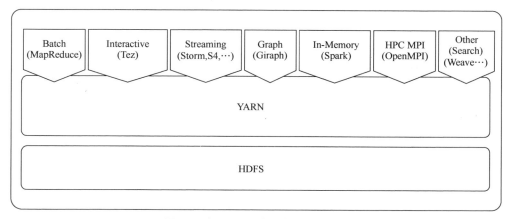

图 1-4　在 YARN 上部署各种计算框架

4.　HBase

HBase 是针对谷歌 BigTable 的开源实现，是一个高可靠、高性能、面向列、可伸缩的分布式数据库，主要用来存储非结构化和半结构化的松散数据。HBase 支持超大规模数据存储，它可以通过水平扩展的方式，利用计算机集群处理由超过 10 亿行元素和数百万列元素组成的数据表。

图 1-5 描述了 Hadoop 生态系统中 HBase 与其他部分的关系。HBase 利用 MapReduce 来处理 HBase 中的海量数据，实现高性能计算；利用 Zookeeper 作为协同服务，实现稳定服务和失败恢复；使用 HDFS 作为高可靠的底层存储，利用集群提供海量数据存储能力，当然，HBase 也可以在单机模式下使用，直接使用本地文件系统而不用 HDFS 作为底层数据存储方式，不过，为了提高数据可靠性和系统的健壮性，发挥 HBase 处理大量数据等功能，一般使用 HDFS 作为 HBase 的底层数据存储方式。此外，为了方便在 HBase 上进行数据处理，Sqoop 为 HBase 提供了高效、便捷的 RDBMS 数据导入功能，Pig 和 Hive 为 HBase 提供了高层语言支持。

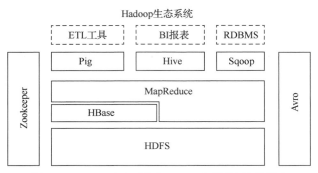

图 1-5　Hadoop 生态系统中 HBase 与其他部分的关系

5．Hive

Hive 是一个基于 Hadoop 的数据仓库工具，可用于对存储在 Hadoop 文件中的数据集进行数据整理、特殊查询和分析处理。Hive 的学习门槛比较低，因为它提供了类似于 SQL 的查询语言——HiveQL。当采用 MapReduce 作为底层执行引擎时，我们可以通过 HiveQL 语句快速实现简单的 MapReduce 统计，Hive 自身可以自动将 HiveQL 语句快速转换成 MapReduce 任务进行运行，而不必开发专门的 MapReduce 应用程序，因而十分适合数据仓库中数据的统计分析。

6．Flume

Flume 是 Cloudera 公司开发的一个高可用、高可靠、分布式的海量日志采集、聚合和传输系统。Flume 支持在日志系统中定制各类数据发送方和接收方，用于收集数据；同时，Flume 提供对数据进行简单处理并将其传输给各种数据接收方的功能。

7．Sqoop

Sqoop 是 SQL-to-Hadoop 的缩写，主要用来在 Hadoop 和关系数据库之间交换数据，可以改进数据的互操作性。通过 Sqoop，用户可以方便地将数据从 MySQL、Oracle、PostgreSQL 等关系数据库中导入 Hadoop（比如导入 HDFS、HBase 或 Hive 中），或者将数据从 Hadoop 中导出到关系数据库，使传统关系数据库和 Hadoop 之间的数据迁移变得非常方便。

1.2.2　Spark

1．Spark 简介

Spark 诞生于美国加利福尼亚大学伯克利分校的 AMP（Algorithms, Machines and People）实验室，是一个可应用于大规模数据处理的快速、通用引擎，如今是 Apache 软件基金会下的顶级开源项目之一。Spark 最初的设计目标是使数据

Spark

分析更快——不仅运行速度快，还要能使开发者快速、容易地编写程序。为了使程序运行更快，Spark 提供了内存计算和基于 DAG 的任务调度执行机制，减少了迭代计算时的 I/O 开销；而为了使开发

者编写程序更为容易，Spark 使用简练、优雅的 Scala 语言编写，基于 Scala 提供了交互式的编程体验。同时，Spark 支持 Scala、Java、Python、R 等多种编程语言。

Spark 的设计遵循"一个软件栈满足不同应用场景"的理念，逐渐形成了一套完整的生态系统，既可以提供内存计算框架，也可以支持 SQL 即席查询（Spark SQL）、流式计算（Spark Streaming 和 Structured Streaming）、机器学习（MLlib）和图计算（GraphX）等。Spark 可以部署在资源管理器 YARN 之上，提供一站式的大数据解决方案。因此，Spark 的生态系统同时支持批处理、交互式查询和流数据处理等。

2. Spark 与 Hadoop 的对比

Hadoop 虽然已成为大数据技术的事实标准，但其本身还存在诸多缺陷。主要缺陷之一是 MapReduce 计算框架延迟过高，无法满足实时、快速计算的需求，因而只适用于离线批处理的应用场景。总体而言，Hadoop 中的 MapReduce 计算框架主要存在以下缺点。

（1）表达能力有限。计算都必须转化成 Map 和 Reduce 两个操作，但这并不适合所有的情况，难以描述复杂的数据处理过程。

（2）磁盘 I/O 开销大。每次执行时都需要从磁盘中读取数据，并且在计算完成后需要将中间结果写入磁盘中，I/O 开销较大。

（3）延迟高。一次计算可能需要分解成一系列按顺序执行的 Map 和 Reduce 任务，任务之间的衔接由于涉及 I/O 开销，会产生较高延迟。而且，在前一个任务执行完成之前，后面的任务无法开始，因此，其难以胜任复杂、多阶段的计算任务。

（4）难以适用于多种应用场景。虽然 MapReduce 能够处理大规模的通用批处理作业，但结合机器学习、流处理或者交互式 SQL 查询等其他应用场景的话，难免"力不从心"。为了应对这些新场景，工程师开发了一些定制化的系统，如 Hive、Storm、Impala、Giraph、Drill 和 Mahout 等，但是，这些系统都有自己的 API 和集群配置选项，因而进一步增加了 Hadoop 集群的运维复杂度，也使 Hadoop 开发的学习曲线更加陡峭。

Spark 在借鉴 MapReduce 优点的同时，很好地解决了 MapReduce 所面临的问题。相比于 MapReduce，Spark 主要具有如下优点。

（1）Spark 的计算框架类似于 MapReduce，但不局限于 Map 和 Reduce 操作，还提供了多种数据集操作类型，编程模型比 MapReduce 更灵活。

（2）Spark 提供了内存计算，中间结果直接放到内存中，带来了更高的迭代运算效率。

（3）Spark 基于 DAG 的任务调度执行机制，要优于 MapReduce 的迭代执行机制。

（4）Spark 提供了多种组件，可以一站式支持批处理、流处理、查询分析、图计算、机器学习等不同应用场景。

如图 1-6 所示，对比 Hadoop MapReduce 与 Spark 的执行流程，可以看到，Spark 最大的特点就是将计算数据、中间结果都存储在内存中，大大减少了 I/O 开销，因而，Spark 更适用于迭代运算比较多的数据挖掘与机器学习运算。

使用 Hadoop MapReduce 进行迭代计算非常耗资源，因为每次迭代都需要通过磁盘写入、读取中间结果，I/O 开销大。而 Spark 将数据载入内存后，之后的迭代计算都可以直接使用内存中的中间结果做运算，避免了从磁盘中频繁读取数据。如图 1-7 所示，Hadoop 与 Spark 在执行逻辑斯谛回归（Logistic Regression）时所需的时间相差巨大。

在实际开发时，使用 Hadoop 需要编写不少相对底层的代码，不够高效。相对而言，Spark 提供了多种高层次、简洁的 API。通常情况下，对于实现相同功能的应用程序，Spark 的代码量要比 Hadoop 少很多。更重要的是，Spark 提供了实时交互式编程反馈，可以方便用户验证、调整算法。

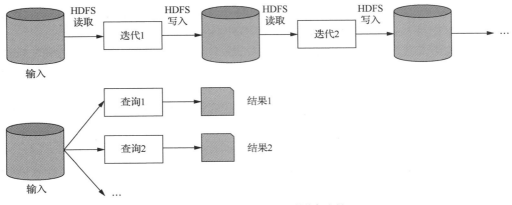

（a）Hadoop MapReduce的执行流程

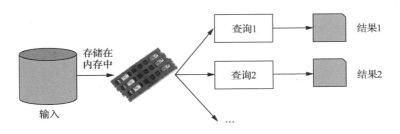

（b）Spark的执行流程

图 1-6　Hadoop MapReduce 与 Spark 的执行流程对比

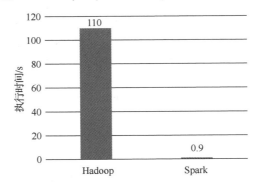

图 1-7　Hadoop 与 Spark 执行逻辑斯谛回归的时间对比

　　近年来，大数据机器学习和数据挖掘的并行化算法研究，成为大数据领域一个较为重要的研究热点。在 Spark 崛起之前，学术界和业界普遍关注的是 Hadoop 平台上的并行化算法设计。但是，MapReduce 的网络和磁盘读写开销大，难以高效地实现需要大量迭代计算的机器学习并行化算法。因此，近年来国内外的研究重点开始转到如何在 Spark 平台上实现各种机器学习和数据挖掘的并行化算法设计。为了方便一般应用领域的数据分析人员使用熟悉的 R 语言在 Spark 平台上完成数据分析，

Spark 提供了一个名为"Spark R"的编程接口，使一般应用领域的数据分析人员可以在 R 语言的环境里方便地使用 Spark 的并行化编程接口和强大的计算功能。

3. Spark 与 Hadoop 的统一部署

Spark 正以其结构一体化、功能多元化的优势，逐渐成为当今大数据领域热门的大数据计算平台之一。目前，越来越多的企业放弃 MapReduce，转而使用 Spark 开发企业应用。但是，需要指出的是，Spark 作为计算框架，只是取代了 Hadoop 生态系统中的计算框架 MapReduce，而 Hadoop 中的其他组件依然在企业大数据系统中发挥重要作用。比如，企业依然需要依赖 HDFS 和分布式数据库 HBase 来实现不同类型数据的存储和管理，并借助 YARN 实现集群资源的调度和管理。因此，在许多企业实际应用中，Hadoop 和 Spark 的统一部署是一种比较合理的选择。由于 MapReduce、Tez、Storm 和 Spark 等都可以运行在资源管理框架 YARN 之上，因此可以在 YARN 之上统一部署各种计算框架，如图 1-8 所示。这些不同的计算框架统一运行在 YARN 中，具有以下几个优点：

（1）计算资源按需伸缩；

（2）不用混搭应用负载，集群利用率高；

（3）共享底层存储，避免数据跨集群迁移。

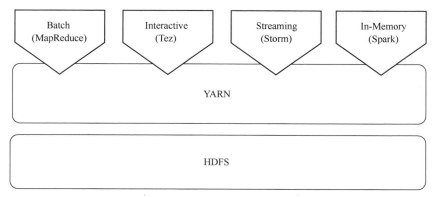

图 1-8　在 YARN 之上统一部署各种计算框架

1.2.3　Flink

1. Flink 简介

Flink

Flink 是 Apache 软件基金会的顶级项目之一，是一个针对流数据和批量数据的分布式计算框架，设计思想主要来源于 Hadoop、MPP 数据库、流计算系统等。Flink 主要是由 Java 代码实现的（部分模块使用 Scala 代码实现），目前主要依靠开源社区的贡献而发展。Flink 所要处理的主要场景是流数据，批量数据只是流数据的一个特例而已，也就是说，Flink 会把所有任务当成流来处理。Flink 可以支持本地的快速迭代任务以及一些环形的迭代任务。

Flink 以层级式系统形式组建其软件栈，其架构如图 1-9 所示，不同层的栈建立在其下层基础上。具体而言，Flink 的典型特性如下。

（1）提供了面向流处理的 DataStream API 和面向批处理的 DataSet API，其中 DataSet API 支持 Java、Scala 和 Python，DataStream API 支持 Java 和 Scala。

（2）提供了多种候选部署方案，比如本地（Local）模式、集群（Cluster）模式和云（Cloud）模式等，对集群模式而言，可以采用独立（Standalone）模式或者 YARN。

（3）提供了一些类库，包括 Table（处理逻辑表查询）、FlinkML（机器学习）、Gelly（图像处理）和 CEP（复杂事件处理）。

（4）提供了较好的 Hadoop 兼容性，不仅可以支持 YARN，还可以支持 HDFS、HBase 等数据源。

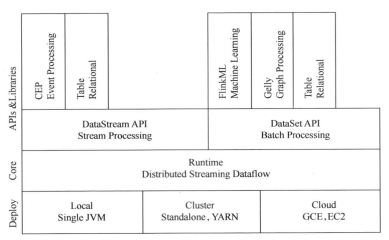

图 1-9　Flink 架构

2．Flink 和 Spark 的比较

目前开源大数据计算引擎有很多选择，典型的流计算框架包括 Storm、Samza、Flink、Kafka Streams、Spark Streaming、Structured Streaming 等，典型的批处理框架包括 Spark、Hive、Pig、Flink 等。而同时支持流处理和批处理的计算引擎，只有两种选择：一种是 Spark，另一种是 Flink。因此，这里有必要对二者做一下比较。

Spark 和 Flink 都是 Apache 软件基金会旗下的顶级项目，二者具有很多共同点，具体如下。

（1）都是基于内存的计算框架，因此，都可以获得较好的实时计算性能。

（2）都有统一的批处理和流处理 API，都支持类似 SQL 的编程接口。

（3）都支持很多相同的转换操作，编程都使用类似于 Scala Collection API 的函数式编程模式。

（4）都有完善的错误恢复机制。

（5）都支持"精确一次"（Exactly Once）的语义一致性。

表 1-3、表 1-4 和表 1-5 分别给出了 Flink 和 Spark 在 API、支持语言、部署模式方面的比较，从中可以看出二者具有很大的相似性。

表 1-3　　　　　　　　　　　　**Flink 和 Spark 在 API 方面的比较**

API	Spark	Flink
底层 API	RDD	Process Function
核心 API	DataFrame/DataSet	DataStream/DataSet
SQL	Spark SQL	Table API 和 SQL
机器学习	MLlib	FlinkML
图计算	GraphX	Gelly
其他	—	FlinkCEP

表 1-4　　　　　　　　　　　　**Flink 和 Spark 在支持语言方面的比较**

支持语言	Spark	Flink
Java	√	√
Scala	√	√
Python	√	√
R	√	第三方
SQL	√	√

表 1-5　　　　　　　　　　　　Flink 和 Spark 在部署模式方面的比较

部署模式	Spark	Flink
Local(Single JVM)	√	√
Standalone Cluster	√	√
YARN	√	√
Mesos	√	√
Kubernetes	√	√

同时，Flink 和 Spark 还存在一些明显的区别，具体如下。

（1）Spark 的技术理念是基于批计算来模拟流计算。而 Flink 则完全相反，它采用的是基于流计算来模拟批处理。从技术发展方向看，用批处理来模拟流计算有一定的技术局限性，并且这个局限性可能很难突破。而 Flink 基于流计算来模拟批处理，在技术上有更好的扩展性。

（2）Flink 和 Spark 都支持流计算，二者的区别在于，Flink 会一条一条地处理数据，而 Spark 会基于弹性分布式数据集（Resilient Distributed Dataset，RDD）小批量处理数据，所以，Spark 在流式处理方面，不可避免地会增加一些延时，实时性没有 Flink 好。Flink 的流计算性能和 Storm 差不多，可以支持毫秒级响应，而 Spark 则只能支持秒级响应。

（3）当全部运行在 Hadoop YARN 之上时，Flink 的性能要略好于 Spark，因为 Flink 支持增量迭代，具有对迭代进行自动优化的功能。

总体而言，Flink 和 Spark 都是非常优秀的基于内存的分布式计算框架，二者各有优势。Spark 在生态上更加完善，在机器学习的集成和易用性上更有优势；而 Flink 在流计算上更有优势，并且在核心架构和模型上更加通透、灵活。相信在未来很长一段时间内，二者将互相促进，共同成长。

1.2.4　Beam

在大数据处理领域，开发者经常要用到很多不同的技术、框架、API、开发语言和 SDK 等。根据不同的企业业务系统开发需求，开发者很可能会用 MapReduce 进行批处理，用 Spark SQL 进行交互式查询，用 Flink 实现实时流处理，还有可能用到基于云端的机器学习框架。大量的开源大数据产品(如 MapReduce、Spark、Flink、Storm、Apex 等），在为大数据开发者提供了丰富的工具的同时，也增加了开发者选择合适工具的难度，尤其对新入行的开发者来说更是如此。新的分布式处理框架可能带来更高的性能、更强大的功能和更低的延迟，但是，用户切换到新的分布式处理框架的代价也非常大——需要学习一个新的大数据处理框架，并重写所有的业务逻辑。解决这个问题的思路包括两个部分：首先，需要一个编程范式，能够统一、规范分布式数据处理的需求，例如，统一批处理和流处理的需求；其次，生成的分布式数据处理任务，应该能够在各个分布式执行引擎（如 Spark、Flink 等）上执行，用户可以自由切换分布式数据处理任务的执行引擎与执行环境。Apache Beam，就是为了解决这个问题而出现的。

Beam

Beam 是由谷歌贡献的 Apache 顶级项目，它的目标是为开发者提供一个易于使用且很强大的数据并行处理模型，能够支持流处理和批处理，并兼容多个运行平台。Beam 是一个开源的统一的编程模型，开发者可以使用 Beam SDK 来创建数据处理管道，然后，所写的程序可以在任何支持的执行引擎上运行，比如运行在 Apex、Spark、Flink、Cloud Dataflow 上。Beam SDK 定义了开发分布式数据处理任务业务逻辑的 API，即提供一个统一的编程接口给上层应用的开发者，开发者不需要了解底层的具体的大数据平台的开发接口是什么，直接通过 Beam SDK 的接口，就可以开发数据处理的加工流程，不管输入是用于批处理的有限数据集，还是用于流处理的无限数据集。对于有限或无限的输入数据，Beam SDK 都使用相同的类来表现，并且使用相同的转换操作进行处理。

如图 1-10 所示，终端用户用 Beam 来实现自己所需的流计算功能，使用的终端语言可能是 Python、Java 等，Beam 为每种语言提供了一个对应的 SDK，用户可以使用相应的 SDK 创建数据处理管道，用户写出的程序可以被运行在各个 Runner 上，每个 Runner 都实现了从 Beam 管道到平台功能的映射。目前主流的大数据处理框架 Flink、Spark、Apex 以及谷歌的 Cloud DataFlow 等，都有了支持 Beam 的 Runner。通过这种方式，Beam 使用一套高层抽象的 API 屏蔽多种计算引擎的区别，开发者只需要编写一套代码就可以将其运行在不同的执行引擎之上（如 Apex、Spark、Flink、Cloud Dataflow、Gearpump 和 Samza 等）。

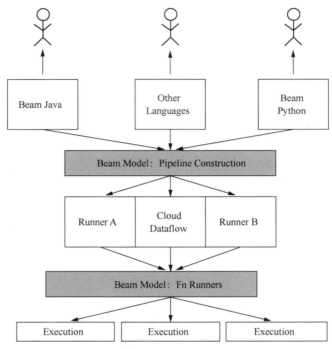

图 1-10　Beam 使用一套高层抽象的 API 屏蔽多种计算引擎的区别

1.3　编程语言的选择

编程语言的选择

大数据处理框架 Hadoop、Spark、Flink 等，都支持多种类型的编程语言。比如，Hadoop 可以支持 C、C++、Java、Python 等，Spark 可以支持 Java、Scala、Python 和 R 等。因此，在使用 Spark 等大数据处理框架进行应用程序开发之前，需要选择一门合适的编程语言。

1.3.1　不同编程语言简介

R 是专门为统计和数据分析开发的语言，具有数据建模、统计分析和可视化等功能，简单易上手。Python 是目前国内外很多大学里流行的入门语言，学习门槛低，简单易用，开发人员可以使用 Python 来构建桌面应用程序和 Web 应用程序，此外，Python 在学术界备受欢迎，常被用于科学计算、数据分析和生物信息等领域。R 和 Python 都是比较流行的数据分析语言，相对而言，数学和统计领域的工作人员更多使用 R 语言，而计算机领域的工作人员更多使用 Python。

Java 是目前热门的编程语言之一，虽然 Java 没有和 R、Python 一样好的可视化功能，也不是统计建模的最佳工具，但是，如果需要建立一个庞大的应用系统，那么 Java 通常会是较为理想的选择。Java

由于具有简单、面向对象、分布式、安全、体系结构中立、可移植、高性能、多线程及动态性等诸多优良特性，因此被大量应用于企业的大型系统开发中，企业对于 Java 人才的需求一直比较旺盛。

Scala 是一门类似 Java 的多范式语言，它整合了面向对象编程和函数式编程的诸多特性。本书采用 Scala 语言编写 Spark 应用程序，主要基于以下几个原因。

（1）Scala 具备强大的并发性，支持函数式编程，可以更好地支持分布式系统。在大数据时代，为了提高应用程序的并发性，函数式编程日益受到关注。Scala 提供的函数式编程风格，已经吸引了大量的开发者。

（2）Scala 兼容 Java，可以与 Java 互操作。Scala 代码文件会被编译成 Java 的 .class 文件（即在 JVM 上运行的字节码文件）。开发者可以从 Scala 中调用所有的 Java 类库，也同样可以从 Java 应用程序中调用 Scala 的代码。此外，Java 是热门的编程语言之一，在企业中有大量的 Java 开发人员，国内大多数高校也都开设了 Java 课程。因此，学习 Scala 可以很好地实现与 Java 的衔接，让之前在 Java 方面的学习和工作成果能够得到延续。

（3）Scala 代码简洁优雅。Scala 语言非常精炼，实现同样功能的程序，Scala 所需的代码量通常比 Java 少一半或者更多。短小精悍的代码常常意味着更易维护，拥有其他语言编程经验的编程人员很容易读懂 Scala 代码。

（4）Scala 支持高效的交互式编程。Scala 提供了交互式解释器（Read-Eval-Print-Loop，REPL），因此，在 spark-shell 中可进行交互式编程（表达式计算完成就会输出结果，而不必等到整个程序运行完毕，因此，编程人员可即时查看中间结果，并对程序进行修改），这样可以在很大程度上提高开发效率。

（5）Scala 是 Spark 的开发语言。由于 Spark 计算框架本身就是采用 Scala 语言开发的，因此用 Scala 语言编写 Spark 应用程序可以获得非常好的执行性能。

1.3.2　Spark 开发语言对比

Spark 开发语言对比

Spark 原生语言接口只支持 Scala 和 Java，这对非计算机相关专业的人员来说不够友好，不利于 Spark 的推广与使用。为了方便使用，Spark 提供了两种让数据分析师非常容易上手的语言接口：Python 和 R。这两种语言接口的出现，极大地扩充了 Spark 的使用人群。Python 的简单易学和高效率开发等特性，使 Python 逐渐成为 Spark 主流开发语言之一。为了保证 Spark 核心实现的独立性，Spark 仅在外围包装了 PySpark 和 SparkR 两个中间件来实现对 Python 和 R 语言的支持。

虽然 Spark 支持使用 Java、Scala、Python 和 R 语言来开发应用程序，但是不同编程语言在开发效率、执行效率等方面还是有些不同的，表 1-6 对不同的 Spark 开发语言进行了对比。

表 1-6　　　　　　　　　　Spark 支持的开发语言对比

编程语言	类型	开发效率	执行效率	成熟度	支持类型
Scala	编译型	中	高	高	原生支持
Java	编译型	低	高	高	原生支持
Python	解释型	高	中	中	PySpark
R	解释型	高	中	低	SparkR

总体而言，Java 语法冗长，开发效率较低，并不是非常适合用作数据分析语言；Python 在执行效率上稍打折扣（效率要比 Scala 和 Java 低）；R 语言对计算机领域的人员而言较少使用，而且 SparkR 的成熟度有待提高。所以，Scala 是 Spark 开发的首选语言，用其开发的 Spark 应用程序的性能是很高的。需要说明的是，虽然本书采用 Scala 语言开发 Spark 应用程序，但是读者通过学习本书熟悉了 Spark 的运行原理和编程方法后，就能很容易地通过阅读相关工具书和网络资料，快速学习如何使用 Java 和 Python 等语言开发 Spark 应用程序。

1.4　在线资源

在线资源

本书提供了全部配套资源，包括源代码、讲义 PPT、授课视频、技术资料、实验习题、大数据软件、数据集等，如表 1-7 所示，读者可访问高校大数据课程公共服务平台进行在线浏览和下载。

表 1–7　　　　　　　　　　　　　　　配套资源内容说明

项目	内容说明
命令行语句和代码	在网页上给出了本书中出现的命令行语句、代码、配置文件内容等，读者可以直接从网页中复制代码去执行，不需要自己手动输入代码
实验指南	详细介绍了本书中涉及的各种软件的安装方法和编程实践细节
下载专区	包含本书内各章所涉及的软件、代码文件、讲义 PPT、习题和答案、数据集等
在线视频	包含与本书配套的在线授课视频
先修课程	包含与本书相关的先修课程及其配套资源，为读者更好地学习本书提供了大数据基础知识的补充；需要强调的是，只是建议学习，不是必须学习，即使不学习先修课程，读者也可以顺利完成本书的学习
综合案例	提供了免费共享的 Spark 课程综合案例
高校大数据课程公共服务平台	提供大数据教学资源一站式免费在线服务，包括课程教材、讲义 PPT、课程习题、实验指南、学习指南、备课指南、授课视频和技术资料等，本书中涉及的大数据技术，在平台上都有配套学习资源

需要说明的是，本书用于教授进阶级大数据课程，在学习本书之前，建议（不是必须）读者具备一定的大数据基础知识，了解大数据基本概念以及 Hadoop、HDFS、MapReduce、HBase、Hive 等大数据技术。高校大数据课程公共服务平台中提供了与本书配套的两本入门级图书，包括《大数据技术原理与应用》和《大数据基础编程、实验和案例教程》，可以作为本书相关的先修课程教材。其中，《大数据技术原理与应用》以"构建知识体系、阐明基本原理、开展初级实践、了解相关应用"为原则，旨在为读者搭建起通向大数据知识空间的"桥梁"，为读者在大数据领域深耕细作奠定基础、指明方向，该书系统论述了大数据的基本概念、大数据处理架构 Hadoop、分布式文件系统 HDFS、分布式数据库 HBase、NoSQL 数据库、云数据库、分布式并行编程模型 MapReduce、大数据处理架构 Spark、流计算、图计算、数据可视化以及大数在互联网、生物医学和物流等各个领域的应用；《大数据基础编程、实验和案例教程》是《大数据技术原理与应用》的配套实验指导书，侧重于介绍大数据软件的安装、使用和基础编程方法，并提供了丰富的实验和案例。

1.5　本章小结

党的二十大报告指出加快发展数字经济，促进数字经济和实体经济深度融合。"十四五"时期是我国向数字经济迈进的关键时期，对大数据产业发展提出了新的要求，我们必须进一步加快推进大数据技术的研究与应用创新。

大数据技术包含了庞杂的知识体系，Spark 作为基于内存的分布式计算框架，只是其中的一种代表性技术。在具体学习 Spark 之前，建立对大数据技术体系的整体性认识、了解 Spark 和其他大数据技术之间的相互关系是非常有必要的。因此，本章从总体上介绍了大数据关键技术以及具有代表性的大数据计算框架。

与本书配套的资源，是帮助读者更加快速、高效学习本书的重要保障，因此，本章详细列出了与本书配套的各种在线资源，读者可以免费使用。

1.6　习题

1. 请阐述大数据处理的基本流程。

2. 请阐述大数据的计算模式及其代表产品。

3. 请列举 Hadoop 生态系统的各个组件及其功能。

4. HDFS 的名称节点和数据节点的功能分别是什么？

5. 试阐述 MapReduce 的基本设计思想。

6. YARN 的主要功能是什么？使用 YARN 可以带来哪些好处？

7. 试阐述 Hadoop 生态系统中 HBase 与其他部分的关系。

8. 数据仓库 Hive 的主要功能是什么？

9. Hadoop 主要有哪些缺点？相比之下，Spark 具有哪些优点？

10. 如何实现 Spark 与 Hadoop 的统一部署？

11. 相对于 Spark，Flink 在实现机制上有什么不同？

12. Beam 的设计目的是什么，具有哪些优点？

实验 1　Linux 操作系统的安装和常用命令

一、实验目的

（1）掌握 Linux 虚拟机的安装方法。Spark 和 Hadoop 等大数据软件在 Linux 操作系统（以下简称 "Linux 系统"）上运行时可以发挥非常好的性能，因此，本书中，Spark 都是在 Linux 系统中进行相关操作的，同时，第 2 章将要介绍的 Scala 语言也会在 Linux 系统中安装和操作。鉴于目前很多读者正在使用 Windows 操作系统（以下简称 "Windows 系统"），为了顺利完成本书的后续实验，这里有必要通过本实验，让读者掌握在 Windows 系统上搭建 Linux 虚拟机的方法。当然，安装 Linux 虚拟机只是安装 Linux 系统的其中一种方式，实际上，读者也可以不用虚拟机，而是采用双系统的方式安装 Linux 系统。本书推荐使用虚拟机方式。

（2）熟悉 Linux 系统的基本使用方法。本书全部在 Linux 环境下进行实验，因此，需要读者提前熟悉 Linux 系统的基本用法，尤其是一些常用命令的使用方法。

二、实验平台

操作系统：Windows 系统和 Ubuntu（推荐）。

虚拟机软件：推荐使用开源虚拟机软件 VirtualBox。VirtualBox 是一款功能强大的免费虚拟机软件，它不仅具有丰富的特色，性能也很优异，且简单易用。可虚拟的操作系统包括 Windows、macOS X、Linux、OpenBSD、Solaris、OS/2 甚至 Android 等操作系统。读者可以在 Windows 系统上安装 VirtualBox 软件，然后在 VirtualBox 上安装并且运行 Linux 系统。本实验默认的 Linux 发行版为 Ubuntu 18.04.5。

三、实验内容和要求

1. 安装 Linux 虚拟机

请登录 Windows 系统，下载 VirtualBox 软件和 Ubuntu 18.04.5 镜像文件。

或者直接到高校大数据课程公共服务平台本书页面 "下载专区" 的 "软件" 中下载 Ubuntu 安装文件 ubuntukylin-18.04.5-desktop-amd64.iso。

首先，在 Windows 系统上安装虚拟机软件 VirtualBox，然后在虚拟机软件 VirtualBox 上安装 Ubuntu 18.04.5 操作系统，具体请参考高校大数据课程公共服务平台本书页面 "实验指南" 中的 "在 Windows 中使用 VirtualBox 安装 Ubuntu"。

2. 使用 Linux 系统的常用命令

启动 Linux 虚拟机，进入 Linux 系统，通过查阅 Linux 书籍和网络资料，或者参考本书的"实验指南"的"Linux 系统常用命令"，完成如下操作：

（1）切换到目录"/usr/bin"；

（2）查看目录"/usr/local"下的所有文件；

（3）进入"/usr"目录，创建一个名为"test"的目录，并查看有多少目录存在；

（4）在"/usr"目录下新建目录"test1"，再复制这个目录内容到"/tmp"；

（5）将上面的"/tmp/test1"目录重命名为"test2"；

（6）在"/tmp/test2"目录下新建 word.txt 文件并输入一些字符串，保存退出；

（7）查看 word.txt 文件内容；

（8）将 word.txt 文件所有者改为 root 账号，并查看属性；

（9）找出"/tmp"目录下文件名为"test2"的文件；

（10）在"/"目录下新建目录"test"，然后在"/"目录下将其打包成 test.tar.gz；

（11）将 test.tar.gz 解压缩到"/tmp"目录。

3. 在 Windows 系统和 Linux 系统之间互传文件

本书大量实验都是在 Linux 虚拟机上完成的，因此，读者需要掌握如何把 Windows 系统中的文件上传到 Linux 系统，以及如何把 Linux 系统中的文件下载到 Windows 系统。

首先，到高校大数据课程公共服务平台本书页面"下载专区"中的"软件"目录中下载 FTP 软件 FileZilla 的安装文件 FileZilla_3.17.0.0_win64_setup.exe，把 FileZilla 安装到 Windows 系统中；然后，请参考本书"实验指南"栏目的"在 Windows 系统中利用 FTP 软件向 Ubuntu 系统上传文件"，完成以下操作：

（1）在 Windows 系统中新建一个文本文件 test.txt，并通过 FTP 软件 FileZilla 将 test.txt 上传到 Linux 系统中的"/home/hadoop/下载"目录下，利用 Linux 命令把该文件名修改为"test1"；

（2）通过 FTP 软件 FileZilla，将 Linux 系统中的"/home/hadoop/下载"目录下的 test1.txt 文件下载到 Windows 系统的某个目录下。

四、实验报告

Spark 编程基础实验报告			
题目：		姓名：	日期：
实验环境：			
实验内容与完成情况：			
出现的问题：			
解决方案（列出已解决的问题的解决办法，以及没有解决的问题）：			

第2章 Scala语言基础

Spark 作为一个通用的分布式并行计算框架，支持采用 Scala、Java、Python 和 R 语言开发应用程序。由于 Spark 本身就是使用 Scala 语言开发的，Scala 与 Spark 可以实现无缝结合，因此 Scala 顺理成章地成了开发 Spark 应用的首选语言。

本章对 Scala 语言进行简要介绍。需要强调的是，本章的目的是为读者学习 Spark 编程提供基础的 Scala 语言预备知识，而不是系统阐述 Scala 语言的完整特性。因此，本章只介绍 Scala 的常用核心语言特性，而忽略许多高级特性（包括 Scala 的并发模型、高级参数类型及元编程等）。

本章首先简要介绍 Scala 语言以及 Scala 的安装和使用方法等；然后阐述 Scala 编程的基础知识，包括基本数据类型和变量、I/O、控制结构、数据结构等；最后介绍面向对象编程和函数式编程的基础知识。

2.1 Scala 语言概述

本节首先对计算模型的理论研究历史和编程范式的发展进行简要的概述，然后介绍 Scala 语言的发展背景及基本特性，最后详细介绍 Scala 的安装方法和各种运行方式。

2.1.1 计算机的缘起

从 20 世纪 30 年代开始，一些数学家开始研究如何设计一台拥有无穷计算能力的超级机器，来帮人类自动完成一些计算问题。

计算机的缘起

数学家阿朗佐·丘奇（Alonzo Church）提出了"λ演算"的概念，这是一套用于研究函数定义、函数应用和递归的形式系统。λ演算被视为最小的通用程序设计语言，它包括一条变换规则（变量替换）和一个函数定义方式。λ演算的通用性体现在，任何一个可计算函数都能用这种形式来表达和求值。λ演算强调的是变换规则的运用，而非实现它的具体机器。我们可以认为它是一种更接近软件而非硬件的系统。它是一个数理逻辑形式系统，使用变量代入和置换来研究基于函数定义和应用的计算。

英国数学家阿兰·图灵（Alan Turing）采用了完全不同的设计思路，提出了一种全新的抽象计算模型。该模型现在被称为"图灵机"，它将人们使用纸笔进行数学运算的过程抽象为一个虚拟的机器。图 2-1 是图灵机示意。图灵机有一条无限长的纸带，纸带分成了一个一个的小方格，每个方格有不同的颜色。有一个机器头在纸带上移来移去。机器头有一组内部状态，还有一些固定的程序。在每个时刻，机器头都要从当前纸带上读入一个方格信息，然后结合自己的内部状态查找程序表，根据程序输出信息到纸带方格上，并转换自己的内部状态，然后进行移动。这种理论计算模型是现代计算机的鼻祖。现有理论已经证明，λ 演算和图灵机的计算能力是等价的。

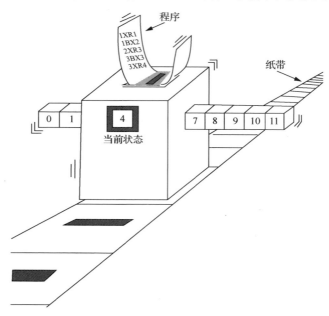

图 2-1　图灵机示意

如果说图灵奠定的是计算机的理论基础，那么冯·诺依曼（John Von Neumann）则将图灵的理论物化成为实际的物理实体，这也让他成为计算机体系结构的奠基者。1945 年 6 月，冯·诺依曼提出了在数字计算机内部的存储器中存放程序的概念，这是所有现代计算机的范式，被称为"冯·诺依曼结构"，按这一结构制造的计算机被称为"存储程序计算机"，也称"冯·诺依曼计算机"。冯·诺依曼计算机主要由运算器、控制器、存储器和 I/O 设备组成，它的特点是，程序以二进制代码的形式存放在存储器中，所有的指令都由操作码和地址码组成，指令在存储器中按顺序存放，以运算器和控制器作为计算机结构的中心等。从第一台冯·诺依曼计算机诞生到今天已经过去很多年了，计算机的技术与性能也都发生了巨大的变化，但是，计算机主流体系结构依然是冯·诺依曼结构。

2.1.2　编程范式

编程范式

编程范式是指计算机编程的基本风格或典范模式。常见的编程范式主要包括命令式编程和函数式编程。面向对象编程就属于命令式编程，如 C++、Java 等的编程。

命令式语言是植根于冯·诺依曼结构的，一个命令式程序就是一个冯·诺依曼计算机的指令序列，给机器提供一条又一条的命令序列让其原封不动地执行。函数式编程，又称泛函编程，它将计算机的计算视为数学上的函数计算，并且避免使用程序状态及易变对象。函数式语言重要的基础是 λ 演算，而且 λ 演算的函数可以接收函数作为输入和输出，因此，λ 演算对函数式编程特别是 Lisp 语言有巨大的影响。典型的函数式语言包括 Haskell、Erlang 和 Lisp 等。

从理论上说，函数式语言并不是通过冯·诺依曼计算机运行的，而是通过 λ 演算来运行的，但是，由于现代计算机都采用冯·诺依曼结构，所以，函数式程序还是会被编译成冯·诺依曼计算机的指令来执行。

我们很自然地会想到的问题是，既然已经有了命令式编程，为什么还需要函数式编程呢？为什么在 C++、Java 等的命令式编程流行了很多年以后，近些年函数式编程会迅速"升温"呢？这些问题的答案需要从 CPU 制造技术的变化说起。从 20 世纪 70 年代至 21 世纪初，CPU 的制造工艺不断提升，晶体管数量不断增加，运行频率不断提高，如图 2-2 所示。在几十年里，CPU 的运行频率已经从 10MHz 提高到 3.6GHz。但是，CPU 的制造工艺不可能无限提升，单个 CPU 内集成的晶体管数量不可能无限增加，因此，从 2005 年以来，计算机计算能力的增长已经不依赖 CPU 主频的增长，而是依赖 CPU 核数的增多，CPU 开始从单核发展到双核，再到四核，甚至更多核。

对命令式编程而言，由于涉及多线程之间的状态共享，就需要引入锁机制实现并发控制。而函数式编程则不会在多个线程之间共享状态，不会造成资源争用，也就不需要用锁机制来保护可变状态，自然也就不会出现死锁，这样可以更好地实现并行处理。函数式编程能够更好地利用多个处理器（核）提供的并行处理能力，所以函数式编程受到更多的关注。此外，由于函数式语言是面向数学的抽象，更接近人的语言，而不是机器语言，因此，函数式语言的代码更加简洁，也更容易被理解。

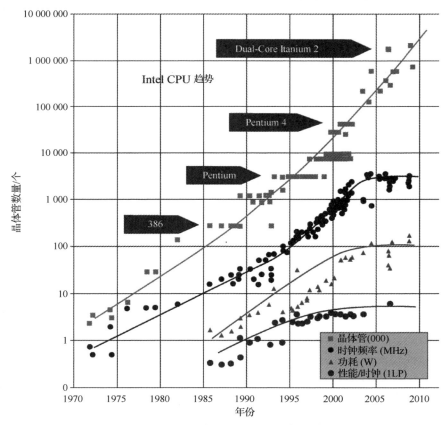

图 2-2　1970—2010 年 CPU 的工艺参数及性能变化

2.1.3　Scala 简介

编程语言的流行主要归功于其技术上的优势以及其对某种时代需求的适应性。例如，Java 的流行主要归功于其跨平台特性和互联网应用的广泛需求。从 2010 年开始，随着物联网及大数据等技术的发展，编程语言面对的是具有高并发性、异构性及快速开发等特点的应用场景，这些场景使函数式编程可以大展拳脚。但

Scala 简介

传统的面向对象编程的"统治地位"并没有被剥夺，因此，能够将二者结合起来的混合式编程范式是适应当前需求的最好解决方案。Scala 语言正是在这一背景下开始流行起来的。

Scala 是由瑞士洛桑联邦理工学院的马丁·奥德斯基（Martin Odersky）教授于 2001 年基于 Funnel 的工作开始设计的。Scala 是一门类 Java 的多范式语言，它整合了面向对象编程和函数式编程的最佳特性，具体如下。

（1）Scala 运行于 Java 虚拟机（JVM）之上，并且兼容现有的 Java 程序，可以与 Java 类进行互操作，包括调用 Java 方法、创建 Java 对象、继承 Java 类和实现 Java 接口等。

（2）Scala 是一门纯粹的面向对象的语言。在 Scala 语言中，每个值都是对象，每个操作都是方法调用。对象的数据类型及行为由类和特质描述。类抽象机制的扩展有两种途径，一种途径是子类继承，另一种途径是灵活的混入（Mixin）机制，这两种途径能避免多重继承的诸多问题。

（3）Scala 也是一门函数式语言。在 Scala 语言中，每个函数都是一个对象，并且和其他类型的值（如整数、字符串等）处于同一地位。Scala 提供了轻量级的语法用以定义匿名函数，同时支持高阶函数，允许嵌套多层函数，并支持柯里化（Currying）。

Scala 语言的名称来自 Scalable，意为"可伸展的语言"。Scala 的"可伸展性"归功于其集成了面向对象和函数式语言的优点。Scala 的一种常用方式是通过解释器输入单行表达式来即时运行并观察结果，因此，对某些应用来说，Scala 就像一种脚本语言，它的语法简单，在变量类型自动推断机制下，无须时刻关注变量的类型，但保留了强制静态类型的诸多优势。同时，用 Scala 语言编写的程序也可以编译、打包、发布，其生成的代码就是 Java 字节码。已经有许多大型的业务系统或框架采用 Scala 作为首选的开发语言，包括 Spark 和领英等。

2.1.4　Scala 的安装

Scala 的安装

Scala 于 2004 年 1 月公开发布 1.0 版本，目前仍处于发展阶段，每隔几个月就有新的版本发布。Spark 从 3.0 版本开始采用 Scala 2.12 编译，因为本书使用的 Spark 版本是 3.2.0，其对应的 Scala 版本是 2.12.15，所以，本书中的 Scala 选用 2021 年 9 月更新的 2.12.15 版本。

Scala 运行在 JVM 之上，因此只要安装相应的 JVM，所有的操作系统都可以运行 Scala 程序，包括 Windows、Linux、UNIX、macOS 等。本书后续的 Spark 操作都是在 Linux 系统下进行的，因此，这里以 Linux 系统（选用 Ubuntu 发行版）为例，简要介绍 Scala 的安装及环境配置。

首先，需要安装 Linux 系统，具体安装方法请参见高校大数据课程公共服务平台本书页面"实验指南"栏目中的"Linux 系统的安装"。此外，在安装 Scala 之前，请确保本机 Linux 系统中已经安装了 Java 8 或以上版本的 JDK（Scala 2.12 需要 Java 8 支持），具体安装方法请参见"实验指南"栏目中的"Linux 系统中 Java 的安装"。

根据官网的安装指南，可以选择安装集成开发环境 IntelliJ 或者命令行构建工具 sbt，也可以直接下载相应的二进制包进行安装。前两种方式可以根据安装页面的介绍进行，下面简要介绍直接下载二进制包的安装步骤。以 2.12.15 版本为例，通过官网下载 Linux 系统对应的安装包 scala-2.12.15.tgz，也可以直接从高校大数据课程公共服务平台本书页面"下载专区"中的"软件"目录中下载 scala-2.12.15.tgz；在 Linux 系统中下载和解压缩文件的具体方法，可以参考"实验指南"栏目中的"Linux 系统中下载安装文件和解压缩方法"。下载后，将 scala-2.12.15.tgz 解压缩到 Linux 系统的本地目录下，如"/usr/local"，这时会在该目录下生成一个新的目录 scala-2.12.15，编译器及各种库文件即位于该目录下，为以后启动 Scala 方便，可以把 scala-2.12.15 重命名为"scala"，并建议将其下的 bin 目录添加到 PATH 环境变量。在终端（即 Linux Shell 环境）中运行"scala -version"命令，查看是否正确安装，如果已经正确安装，则会显示 Scala 编译器的版本信息。

2.1.5 编写及运行 HelloWorld 程序

编写及运行
HelloWorld 程序

学习 Scala 的较简单的方法是使用 Scala REPL。与 Python 及 MATLAB 等语言的解释器一样,Scala REPL 是一个运行 Scala 表达式和程序的交互式 Shell,在 REPL 里输入一个表达式,它将计算这个表达式并输出结果值。在 Linux 系统中打开一个终端(可以使用组合键 Ctrl+Alt+T),执行如下命令启动 Scala REPL。

```
$ cd /usr/local/scala  #这是 Scala 的安装目录
$ ./bin/scala
```

正常启动后,终端将出现 "scala>" 提示符,此时即可输入 Scala 表达式,默认情况下一行代表一个表达式或语句,按 Enter 键后 Scala REPL 即运行该语句或表达式并显示结果。如果一条语句需要占用多行,只需要在一行以一个不能合法作为语句结尾的字符(如句点、未封闭的括号、引号中间的字符)结束,则 Scala REPL 会自动在下一行以 "|" 开头,提示用户继续输入。图 2-3 所示是几个输入示例,其中,关于函数 show( )的定义语句占用了多行。

图 2-3 在 Scala REPL 中一条语句占用多行的效果

直接在解释器里编写程序,一次只能运行一行。如果想运行多行,可以用脚本的方式编写,只需要将多行程序保存为文本文件,然后在 Linux Shell 中用 "scala 文件名" 这种形式的命令来运行即可,或者在 Scala REPL 中用 ":load 文件名" 的形式装载、执行。下面请在 Linux 系统中打开一个终端,在 "/usr/local/scala/" 目录下创建一个 mycode 目录,在 mycode 目录下,使用文本编辑器(如 vim 编辑器)创建一个代码文件 Test.scala(vim 编辑器的使用方法可以参考高校大数据课程公共服务平台本书页面 "实验指南" 栏目中的 "Linux 系统中 vim 编辑器的安装和使用方法")。Test.scala 的内容如下:

```
//代码文件为/usr/local/scala/mycode/Test.scala
println("This is the first line")
println("This is the second line")
println("This is the third line")
```

然后,可以在 Scala REPL 中执行如下命令运行该代码文件。

```
scala> :load /usr/local/scala/mycode/Test.scala
Loading /usr/local/scala/mycode/Test.scala…
This is the first line
This is the second line
This is the third line
```

在 Scala REPL 中执行 ":quit" 可以退出解释器环境。除了使用 Scala REPL 运行 Scala 程序,还可以通过编译打包的方式运行 Scala 程序。

首先,在 Linux 系统中创建一个代码文件 HelloWorld.scala,内容如下。

```
//代码文件为/usr/local/scala/mycode/HelloWorld.scala
object HelloWorld {
  def main(args: Array[String]) {
      println("Hello, world!");
  }
}
```

使用如下命令对代码文件 HelloWorld.scala 进行编译。

```
$ cd /usr/local/scala/mycode
$ scalac HelloWorld.scala
```

编译成功后,将会生成 HelloWorld$.class 和 HelloWorld.class 两个文件,其中后一个文件是可以在

JVM 上运行的字节码文件。然后可以使用如下命令运行该程序。

```
$ scala -classpath . HelloWorld
```

正常情况下，程序将在新的一行输出"Hello, world!"字样。如果出现"No such file or class on classpath: HelloWorld"错误，则是因为当前目录不在类路径下。

可以看出，这与编译和运行 Java 的 HelloWorld 程序非常类似，事实上，Scala 的编译和执行模型与 Java 的是等效的，上面编译后的字节码文件也可以用以下命令运行。

```
$ java -classpath .:/usr/local/scala/lib/scala-library.jar HelloWorld
```

其中，scala-library.jar 为 Scala 类库。

关于上面的 Scala 源文件 HelloWorld.scala，这里对照 Java 做几点简要说明。

（1）HelloWorld 是用关键字 object 定义的单例对象（Singleton Object），它提供了一个 main( )方法用作应用程序的入口点。这里要注意 Scala 的 main( )方法与 Java 的 main( )方法之间的区别，Java 中的是静态方法（public static void main(String[] args) ）；而 Scala 没有提供静态方法，改为使用单例对象方法，每一个独立应用程序都必须有一个定义在单例对象中的 main( )方法。

（2）尽管对象的名字 HelloWorld 与源文件名称 HelloWorld.scala 一致，但是对 Scala 而言，这并不是必须的。实际上，可以任意命名源文件，比如这里可以把源文件命名为 Test.scala，源文件里面的单例对象名称继续使用 HelloWorld。可以看出，在这个方面，Scala 和 Java 是不同的，按照 Java 的命名要求，这里的文件名称就只能为 HelloWorld.scala，也就是文件名称必须和文件中定义的类（Class）名称保持一致。虽然 Scala 没有要求文件名称和单例对象名称一致，但是，这里仍然推荐像在 Java 里那样按照所包含的类名来命名文件，这样程序员可以通过查看文件名称的方式方便地找到类。

（3）Scala 是大小写敏感的语言，采用分号";"分隔语句，但与 Java 不同的是，一行 Scala 程序的最后一条语句末尾的分号是可以省略的。在 HelloWorld.scala 中，第 3 行末尾的分号是可以省略的。

2.2 Scala 基础知识

本节介绍 Scala 基础知识，包括基本数据类型和变量、I/O、控制结构和数据结构等。

2.2.1 基本数据类型和变量

1. 基本数据类型

表 2-1 列出了 Scala 的 9 种基本数据类型及其取值范围。其中，类型 Byte、Short、Int、Long 和 Char 统称为整数类型，Float 和 Double 统称为浮点数类型。

基本数据类型和变量

可以看出，Scala 与 Java 有相同的基本数据类型，只是类型修饰符的首字母大小写不同，Scala 中所有基本数据类型的首字母都采用大写，而 Java 中除了字符串类型用首字母大写的 String，其他 8 种基本数据类型都采用首字母小写的修饰符。

Scala 是一门纯粹的面向对象的语言，每个值都是对象，也就是说 Scala 没有 Java 中的原生类型，表 2-1 中列出的数据类型都有相应的类与之对应。在 Scala 中，除了 String 类型在 java.lang 包中被声明之外，其余类型都是包 scala 的成员。例如，Int 的全名是 scala.Int。由于包 scala 和 java.lang 的所有成员都会被每个 Scala 源文件自动引用，因此可以省略包名，而只用 Int、Boolean 等简化名。

表 2-1   Scala 的基本数据类型

数据类型	取值范围
Byte	8 位有符号的补码整数，$[-2^7,\ 2^7-1]$
Short	16 位有符号的补码整数，$[-2^{15},\ 2^{15}-1]$

续表

数据类型	取值范围
Int	32 位有符号的补码整数，$[-2^{31}, 2^{31}-1]$
Long	64 位有符号的补码整数，$[-2^{63}, 2^{63}-1]$
Char	16 位无符号的 Unicode 字符，$[0, 2^{16}-1]$
String	字符串
Float	32 位 IEEE 754 单精度浮点数
Double	64 位 IEEE 754 双精度浮点数
Boolean	true 或 false

除了以上 9 种基本数据类型，Scala 还提供了一个 Unit 类型，类似 Java 中的 void 类型，表示 "什么都不是"，主要作为不返回任何结果的函数的返回结果类型。

2. 字面量

字面量是直接在源代码里书写常量值的一种方式。不同类型的字面量书写语法如下。

（1）整数字面量

整数字面量有两种格式：十进制和十六进制。十进制数开始于非零数字，十六进制数开始于 0x 或 0X。需要注意的是，不论用什么进制的字面量进行初始化，Scala 的 Shell 始终输出十进制整数值。整数字面量默认被编译器解释为 Int 类型数据，如果需要表示 Long 类型数据，需要在数字后面添加大写字母 L 或者小写字母 l。

（2）浮点数字面量

浮点数字面量是由十进制数字、小数点、可选的 E 或 e 及指数部分组成的。如果以 F 或 f 结尾，浮点数字面量会被编译器解释为 Float 类型数据，否则被解释为 Double 类型数据。

（3）布尔值字面量

布尔值字面量只有 true 和 false 两种。

（4）字符及字符串字面量

字符字面量是在半角单引号之间的任何 Unicode 字符，还可以用反斜杠 "\" 表示转义字符。字符串字面量用半角双引号引起一系列字符来表示，如果需要表示多行文本，则用 3 个双引号引起。举例如下。

```
scala> val c='A'
c: Char = A
scala> var c1='\u0045'
c1: Char = E
scala> c1='\''
c1: Char = '
scala> val s = "hello world"
s: String = hello world
scala> val ss = """the first line
     | the second line
     | the third line"""
ss: String =
the first line
the second line
the third line"
```

（5）Unit 字面量

Unit 字面量只有一个值，用空的圆括号表示，即 "( )"。

3. 操作符

Scala 为它的基本数据类型提供了丰富的操作符，如下。

（1）算术运算符：加 "+"、减 "-"、乘 "*"、除 "/"、求余 "%"。

（2）关系运算符：大于 ">"、小于 "<"、等于 "="、不等于 "!="、大于等于 ">="、小于等于 "<="。

（3）逻辑运算符：逻辑与 "&&"、逻辑或 "||"、逻辑非 "!"。

（4）位运算符：按位与 "&"、按位或 "|"、按位异或 "^"、按位取反 "～"、左移 "<<"、右移 ">>"、无符号右移 ">>>"。

（5）赋值运算符："=" 及其与其他运算符结合的扩展赋值运算符，如 "+=""%="。

需要强调的是，尽管这些操作符在使用上与 Java 中的基本一致，但是 Scala 的操作符实际上是方法，也就是说，在 Scala 中，每个操作都是方法调用，操作符不过是对象方法调用的一种简写形式。例如，5 + 3 和 5.+(3)是等价的，因为 Scala 作为一门纯粹的面向对象语言，它的每个值都是一个对象，即这里的数值 5 也是一个 Int 类型的对象，由于 Int 类有一个名为 "+" 的方法，它接收一个 Int 类型参数并返回一个 Int 类型的结果，因此，5.+(3)就表示在 5 这个对象上调用名称为 "+" 的方法，把 3 作为参数传递给该方法，完成加法计算。实际上，Int 类还包含了许多带不同参数类型的重载加法方法。例如，有一个名为 "+" 的、参数和返回结果类型都为 Double 的方法。所以，执行 5+3.5 会返回 Double 类型的 8.5，相当于调用了 5.+(3.5)。另外，与 Java 不同的是，Scala 中各种赋值表达式的值都是 Unit 类型的，因此，尽管 a=b=5 是合法的语句，但它并不表示将 a 和 b 的值都赋值为 5。实际上，执行该语句时，首先执行赋值表达式 b=5，使 b 的值变为 5，b=5 这个赋值表达式的值是 Unit 类型的，这样 a 就成为 Unit 类型值。

Scala 操作符的优先级和 Java 的基本相同，从高到低基本遵循以下顺序。

算术运算符 > 关系运算符 > 逻辑运算符 > 赋值运算符

唯一的例外是，逻辑非（!）有比算术运算符更高的优先级。在实际应用中，没有必要记住所有操作符之间的优先级顺序，推荐的做法是，除了不言自明的优先级（如乘除法优先级比加减法高）以外，尽量使用括号去厘清表达式中操作符的优先级。

对于基本数据类型，除了以上提到的各种操作符，Scala 还提供了许多常用运算的方法，只是这些方法不是在基本类里面定义，而是被封装到与各个基本类对应的所谓 "富包装类" 中。表 2-1 中每个基本数据类型都有一个对应的富包装类。除了 String 类，富包装类名都是在对应的基本类型名前加 Rich。例如，Int 有一个对应的 RichInt 类、Double 有一个对应的 RichDouble 类，这些富包装类位于包 scala.runtime 中。String 类的富包装类是 StringOps。当对一个基本数据类型的对象调用其富包装类提供的方法时，Scala 会自动通过隐式转换，将该对象转换为对应的富包装类型数据，再调用相应的方法。例如，执行语句 3 max 5 时，Scala 检测到基本数据类型 Int 没有提供 max( )方法，但是 Int 的富包装类 RichInt 具有 max( )方法，这时，Scala 会自动将 3 这个对象转换为 RichInt 类型数据，然后调用 RichInt 的 max( )方法，并将 5 作为参数传给该方法，最后返回的结果是 Int 类型的 5。

4. 变量

尽管 Scala 有多种基本数据类型，但是从声明变量的角度看，Scala 只有两种类型的变量，分别使用关键字 val 和 var 进行声明。对于用 val 声明的变量，在声明时就必须被初始化，而且初始化以后就不能再被赋予新的值；对于用 var 声明的变量，是可变的，可以被多次赋值。声明一个变量的基本语法格式如下。

```
val  变量名:数据类型 = 初始值
var  变量名:数据类型 = 初始值
```

与 Java 中 "变量类型 变量名=值" 的语法结构相比，Scala 变量声明的语法结构略显烦琐，但是，Scala 提供了一种类型推断（Type Inference）机制，它会根据初始值自动推断变量的数据类型，这使声明变量时可以省略具体的数据类型及其前面的冒号。例如，语句 var str= "Hello world"与 var str : String = "Hello world"的作用是一样的，因为使用字符串文本初始化变量 str，Scala 可以自动推断出 str

的类型是 String。同理，var i=1 和 var i:Int=1 也是等价的。但是，如果需要将 i 定义为浮点数类型，则必须显式指定类型，如 var i:Double=1，或者用浮点数类型的值初始化，如 var i=1.0。

需要注意的是，在 Scala REPL 环境下，可以重复使用同一个变量名来定义变量，而且变量前的关键字和变量类型都可以不一致，Scala REPL 会以最新的一个定义为准，示例如下。

```
scala> val a = "Xiamen University"
a: String = Xiamen University
scala> var a = 50
a: Int = 50
```

2.2.2　I/O

I/O

1. 控制台 I/O 语句

为了从控制台读取数据，可以使用以 read 为前缀的方法，包括 readInt( )、readDouble( )、readByte( )、readShort( )、readFloat( )、readLong( )、readChar( )、readBoolean( )及 readLine( )，分别对应 9 种基本数据类型。其中，前 8 种方法没有参数，readLine( ) 可以不提供参数，也可以带一个字符串参数作为输入提示。所有这些方法都属于对象 scala.io.StdIn，使用前必须导入该对象，或者直接用全称进行调用。使用示例如下。

```
scala> import io.StdIn._
import io.StdIn._
scala> var i=readInt()
54
i: Int = 54
scala> var f=readFloat
1.618
f: Float = 1.618
scala> var b=readBoolean
true
b: Boolean = true
scala> var str=readLine("please input your name:")
please input your name:Li Lei
str: String = Li Lei
```

需要注意的是，在 Scala REPL 中，从键盘读取数据时，看不到用户的输入，需要按 Enter 键以后才能看到效果。

为了向控制台输出信息，常用的两个函数是 print( )和 println( )，可以直接输出字符串或者其他类型数据，两个函数唯一的区别是，后者输出结束时会默认加一个换行符，而前者没有，示例如下。

```
scala> val i=345
i: Int = 345
scala> print("i=");print(i) //两条语句位于同一行，不能省略中间的分号
i=345
scala> println("hello ");println("world")
hello
world
```

此外，Scala 的 printf( )函数还可以使用 C 语言风格的格式化字符串，示例如下。

```
scala> val i = 34
i: Int = 34
scala> val f=56.5
f: Double = 56.5
scala> printf("I am %d years old and weight %.1f kg.",i,f)
I am 34 years old and weight 56.5 kg.
```

上述提到的 3 个输出函数（print( )、println( )和 printf( )）都是在对象 Predef 中定义的，该对象在

默认情况下会自动被所有 Scala 程序引用，因此，我们可以直接使用 Predef 对象提供的 print( )、println( ) 和 printf( )等函数，而无须使用 scala.Predef.println("Hello World")这种形式。另外，Scala 提供了字符串插值机制，以方便在字符串字面量中直接嵌入变量的值。为了构造一个插值字符串，只需要在字符串字面量前加一个 "s" 字符或 "f" 字符，然后，在字符串中即可以用 "$" 插入变量的值，s 插值字符串不支持格式化，f 插值字符串支持在 "$变量" 后接格式化参数，示例如下。

```
scala> val i=10
i: Int = 10
scala> val f=3.5452
f: Double = 3.5452
scala> val s="hello"
s: String = hello
scala> println(s"$s:i=$i,f=$f")    //s 插值字符串
hello:i=10,f=3.5452
scala> println(f"$s:i=$i%-4d,f=$f%.1f")    //f 插值字符串，%-4d 表示按左对齐输出 4 位宽的整数
hello:i=10  ,f=3.5
```

2. 读写文件

Scala 使用类 java.io.PrintWriter 实现文本文件的创建与写入。该类由 Java 库提供，这正好体现了 Scala 与 Java 的互操作性。PrintWriter 类提供了 print( )和 println( )两种写函数，其用法与向控制台输出数据所采用的 print( )和 println( )完全一样。示例如下。

```
scala> import java.io.PrintWriter
scala> val outputFile = new PrintWriter("test.txt")
scala> outputFile.println("Hello World")
scala> outputFile.print("Spark is good")
scala> outputFile.close()
```

上面的语句中，new PrintWriter("test.txt")中使用了相对路径地址，这意味着文件 test.txt 会被保存到启动 Scala REPL 时的当前目录下。例如，如果在 "/usr/local/scala" 目录下使用 scala 命令启动 Scala REPL，则 test.txt 会被保存到 "/usr/local/scala" 目录。如果要把文件保存到一个指定的目录下，就需要在 new PrintWriter( )的圆括号中给出文件路径全称，如 new PrintWriter("/usr/local/scala/mycode/output.txt")。

尽管 Java 的 PrintWriter 类也提供了 printf( )函数，但是由于 Scala 对部分 Java 类的整合度不够，在 Scala 中，不能用 PrintWriter 类来实现数值类型数据的格式化写入。为了实现数值类型数据的格式化写入，可以使用 String 类的 format( )方法，或者用 f 插值字符串，示例如下。

```
scala> import java.io.PrintWriter
scala> val outputFile = new PrintWriter("test.txt")
scala> val i = 9
scala> outputFile.print("%3d --> %d\n".format(i,i*i))
scala> outputFile.println(f"$i%3d --> ${i*i}%d") //与上句等效
scala> outputFile.close()
```

Scala 使用类 scala.io.Source 实现对文件的读取，常用的方法是 getLines( )方法，它会返回一个包含所有行的迭代器（迭代器是一种数据结构，将在 2.2.4 小节中介绍）。下面是从一个文件读出所有行并输出的实例代码。

```
scala> import scala.io.Source
scala> val inputFile = Source.fromFile("test.txt")
scala> for (line <- inputFile.getLines()) println(line) // 输出内容已省略
scala> inputFile.close()
```

2.2.3 控制结构

同各种高级语言一样，Scala 也包括内建的选择结构和循环结构。其中，选择结构包括 if 语句，循环结构包括 while 语句和 for 语句。另外，Scala 也有内建的

控制结构

异常处理结构 try-catch。

1. if 语句

if 语句用来实现有两个分支的选择结构，基本语法格式如下。

```
if (表达式) {
       语句块 1
}
else {
       语句块 2
}
```

执行 if 语句时，会首先检查表达式是否为真，如果为真，就执行语句块 1，如果为假，就执行语句块 2，示例如下。

```
scala> val x = 6
x: Int = 6
scala> if (x>0) {println("This is a positive number")
   | } else {
   |     println("This is not a positive number")
   | }
This is a positive number
```

Scala 与 Java 类似，if 语句中 else 子句是可选的，而且 if 子句和 else 子句中都支持多层嵌套 if 语句，示例如下。

```
scala> val x = 3
x: Int = 3
scala> if (x>0) {
   |     println("This is a positive number")
   | } else if (x==0) {
   |     println("This is a zero")
   | } else {
   |     println("This is a negative number")
   | }
This is a positive number
```

与 Java 不同的是，Scala 中的 if 语句会返回一个值，因此，可以将 if 语句赋值给一个变量，这与 Java 中的三元操作符 "?:" 类似，示例如下。

```
scala> val a = if (6>0) 1 else -1
a: Int = 1
```

2. while 语句

Scala 的 while 语句和 Java 的完全一样，包括以下两种基本结构，只要表达式为真，循环体就会被重复执行，其中，do-while 的循环体至少会被执行一次。

```
while (表达式){
        循环体
}
```

或者

```
do{
        循环体
}while (表达式)
```

3. for 语句

与 Java 的 for 语句相比，Scala 的 for 语句在语法格式上有较大的不同，同时，for 语句也不是 while 语句的替代者。for 语句提供了遍历各种容器（容器的概念将在 2.2.4 小节中介绍）的强大功能，用法也更灵活。for 语句最简单的用法就是对一个容器的所有元素进行枚举，基本语法格式如下。

```
for (变量 <- 表达式) {语句块}
```

其中，"变量 <- 表达式"被称为"生成器"（Generator），该处的变量不需要用关键字 var 或 val 进行声明，其类型为后面的表达式对应的容器中的元素类型，每枚举一次，变量就被容器中的一个新元素所初始化，示例如下。

```
scala> for (i <- 1 to 3) println(i)
1
2
3
```

其中，1 to 3 为一个整数的 Range 型容器（将在 2.2.4 小节中介绍 Range），包含 1、2 和 3。i 依次从 1 枚举到 3。for 语句可以对任何类型的容器类进行枚举，示例如下。

```
scala> for (i <- Array(3,5,6)) println(i)
3
5
6
```

其中，Array(3,5,6)创建了一个数组（将在 2.2.4 小节中进一步介绍），for 语句依次对数组的 3 个元素进行了枚举。可以发现，通过这种方式遍历一个数组，比使用 Java 语言的表达方法更加简洁高效，而且不需要考虑索引是从 0 还是 1 开始，也不会发生数组越界问题。

for 语句不仅可以对一个集合进行完全枚举，还可以通过添加过滤条件对某一个子集进行枚举，这些过滤条件被称为"守卫式"（Guard），基本语法格式如下。

```
for (变量 <- 表达式 if 条件表达式) 语句块
```

此时，只有当变量取值满足 if 后面的条件表达式时，语句块才会被执行，示例如下。

```
scala> for (i <- 1 to 5 if i%2==0) println(i)
2
4
```

上面的语句在执行时，只输出 1 到 5 之间能被 2 整除的数。如果需要添加多个过滤条件，可以增加多个 if 语句，并用分号隔开。从功能上讲，上述语句等同于以下语句。

```
for (i <- 1 to 5)
        if (i%2==0) println(i)
```

可以通过添加多个生成器实现嵌套的 for 语句，其中，生成器之间用分号隔开，示例如下。

```
scala> for (i <- 1 to 5; j <- 1 to 3) println(i*j)
1
2
3
2
…
```

其中，外循环为 1~5，内循环为 1~3。与单个生成器类似，在多个生成器中，每个生成器都可以通过 if 子句添加守卫式来进行条件过滤。

以上所有的 for 语句都只对枚举值进行某些操作后即结束，实际上，Scala 的 for 语句灵活之处体现在，可以在每次执行的时候创造一个值，然后将包含所有产生值的容器对象作为 for 语句的结果返回。为了做到这一点，只需要在循环体前加上 yield 关键字，即 for 语句如下。

```
for (变量 <- 表达式) yield {语句块}
```

其中，yield 后的语句块中最后一个表达式的值作为每次循环的返回值，示例如下。

```
scala> val r=for (i <- Array(1,2,3,4,5) if i%2==0) yield { println(i); i}
2
4
r: Array[Int] = Array(2,4)
```

执行结束后，r 为包含元素 2 和 4 的新数组。这种带有 yield 关键字的 for 语句，被称为"for 推导式"。也就是说，通过 for 语句遍历一个或多个集合，对集合中的元素进行推导，从而计算得到新的集合，用于后续的其他处理。

4. 异常处理结构

Scala 不支持 Java 中的检查型异常（Checked Exception），将所有异常都当作非检查型异常，因此，在方法声明中不需要像 Java 中那样使用 throw 关键字。和 Java 一样，Scala 也使用 try-catch 结构来捕获异常，示例如下。

```
import java.io.FileReader
import java.io.FileNotFoundException
import java.io.IOException
try {
    val f = new FileReader("input.txt")          //文件操作
} catch {
    case ex: FileNotFoundException =>…           //文件不存在时的操作
    case ex: IOException =>…                      //发生 I/O 异常时的操作
} finally {
    file.close() //确保关闭文件
}
```

如果 try 子句正常执行，则没有异常抛出；反之，如果执行时发生异常，则抛出异常。该异常被 catch 子句捕获，捕获的异常与每个 case 子句中的异常类别进行比较（这里使用了模式匹配，将在 2.3.6 小节中介绍）。如果异常是 FileNotFoundException，第一个 case 子句将被执行；如果是 IOException，第二个 case 子句将被执行；如果都不是，那么该异常将向上层代码抛出。此外，不管是否发生异常，finally 子句都会被执行。finally 子句是可选的。与 Java 类似，Scala 也支持使用 throw 关键字手动抛出异常。

5. 对循环的控制

为了提前终止整个循环或者跳到下一个循环，Java 提供了 break 和 continue 两个关键字，但是，Scala 没有提供这两个关键字，而是通过一个名称为 Breaks 的类来实现类似的功能，该类位于包 scala.util.control 下。Breaks 类有两个方法用于对循环结构进行控制，即 breakable 和 break，通常放在一起配对使用，其基本使用方法如下。

```
breakable{
   …
   if(…) break
   …
}
```

即将需要控制的语句块作为参数放在 breakable 内部。然后，其内部在某个条件满足时会调用 break 方法，程序将跳出 breakable 方法。通过这种通用的方式，就可以实现 Java 循环中的 break 和 continue 功能。下面通过一个例子来说明，在 Linux 系统中新建一个代码文件 TestBreak.scala，内容如下。

```
//代码文件为/usr/local/scala/mycode/TestBreak.scala
import util.control.Breaks._ //导入 Breaks 类的所有方法
val array = Array(1,3,10,5,4)
breakable{
   for(i<- array){
              if(i>5) break //跳出 breakable，终止循环，相当于 Java 中的 break
   println(i)
        }
}
//上面的 for 语句将输出 1、3
```

```
for(i<- array){
    breakable{
        if(i>5) break //跳出 breakable，终止本次循环，相当于 Java 的 continue
        println(i)
    }
}
//上面的 for 语句将输出 1、3、5、4
```

可以在 Scala REPL 中使用 ":load /usr/local/scala/mycode/TestBreak.scala" 执行该代码文件并查看程序执行效果。

2.2.4　数据结构

在 Scala 编程中经常需要用到各种数据结构，如数组、元组、容器、序列、集合、映射、迭代器等。

1. 数组

数组（Array）是一种可变的、可索引的、元素具有相同类型的数据集合，它是各种高级语言中常用的数据结构之一。Scala 提供了参数化类型的通用数组类 Array[T]，其中 T 可以是任意的 Scala 类型。Scala 数组与 Java 数组是一一对应的，即 Scala 的 Array[Int]可看作 Java 的 Int[]，Scala 的 Array[Double]可看作 Java 的 Double[]，Scala 的 Array[String]可看作 Java 的 String[]。可以通过显式指定类型或者通过隐式推断来实例化一个数组，示例如下。

数据结构（数组、元组）

```
scala> val intValueArr = new Array[Int](3)
scala> val myStrArr = Array("BigData","Hadoop","Spark")
```

第一行通过 new 关键字并显式给出类型参数 Int 定义了一个长度为 3 的整数数组，数组的每个元素默认初始化为 0。第二行省略了数组元素的类型，而通过具体的 3 个字符串来初始化，Scala 自动推断出当前数组为字符串数组，因为 Scala 会选择初始化元素的最近公共类型作为 Array 的参数类型。需要注意的是，第二行中没有像第一行那样使用 new 关键字来生成一个对象，这是因为其使用了 Scala 中的所谓伴生对象的 apply( )方法，具体将在 2.3.2 小节中介绍。

另外，不同于 Java 的方括号，Scala 使用圆括号来访问数组元素，索引也是从 0 开始的。例如，对于上述定义的两个数组，可以通过 intValueArr(0)=5 改变数组元素的值，myStrArr(1)返回字符串 "Hadoop"。Scala 使用圆括号而不是方括号来访问数组元素，这里涉及 Scala 的伴生对象的 update( )方法，具体将在 2.3.2 小节中介绍。

需要注意的是，尽管两个数组变量都用 val 关键字进行定义，但是，这只表明这两个变量不能指向其他的对象，而对象本身是可以改变的，因此可以对数组内容进行改变。

既然 Array[T]类是一个通用的参数化类型，那么我们可以将 T 也设置为 Array 类型来定义多维数组。Array 提供了函数 ofDim( )来定义二维数组和三维数组，用法如下。

```
val myMatrix = Array.ofDim[Int](3,4)
val myCube = Array.ofDim[String](3,2,4)
```

其中，第一行定义了一个 3 行 4 列的二维整数数组，在 Scala REPL 中可以看到其类型实际就是 Array[Array[Int]]，即它就是一个普通的数组对象，只不过该数组的元素也是数组。同理，第二行定义了一个三维长度分别为 3、2、4 的三维字符串数组，其类型实际是 Array[Array[Array[String]]]。同样，我们可以使用多级圆括号来访问多维数组的元素，如 myMatrix(0)(1)返回第 1 行第 2 列的元素。

2. 元组

Scala 的元组是对多个不同类型对象的一种简单封装。Scala 提供了 TupleN 类（ N 的范围为 1～22），用于创建一个包含 N 个元素的元组。构造一个元组的语法很简单，只需把多个元素用逗号分开并用圆括号包围起来就可以了，示例如下。

```
scala> val tuple = ("BigData",2015,45.0)
```

这里定义了包含 3 个元素的元组，3 个元素的类型分别为 String、Int 和 Double，因此实际上该元组的类型为 Tuple3[String,Int,Double]。可以使用下画线 "_" 加上从 1 开始的索引来访问元组的元素。例如，对于刚定义的元组 tuple，tuple._1 的值是字符串"BigData"，tuple._3 的值是浮点数 45.0。还可以一次性提取出元组中的元素并赋值给变量，例如，以下代码展示了直接提取 tuple 的 3 个元素的值，并分别赋值给 3 个变量（实际上这里涉及 Scala 的模式匹配机制，将在 2.3.6 小节中进一步介绍）。

```
scala> val (t1,t2,t3) = tuple
t1: String = BigData
t2: Int = 2015
t3: Double = 45.0
```

如果需要在方法里返回多个不同类型的对象，Scala 可以简单地返回一个元组，为了实现相同的功能，Java 通常需要创建一个类去封装多个返回值。

3. 容器

Scala 提供了一套丰富的容器（Collection）库，定义了列表、映射、集合等常用数据结构。根据容器中元素的组织方式和操作方式，可以区分出有序和无序、可变和不可变等不同的容器类别。Scala 用 3 个包来组织容器类，分别是 scala.collection、scala.collection.mutable 和 scala.collection.immutable。从名字即可看出 scala.collection.immutable 包是指元素不可变的容器类；scala.collection.mutable

数据结构（容器、序列）

包指的是元素可变的容器；而 scala.collection 封装了一些可变容器和不可变容器的超类或特质（将在 2.3.5 小节中介绍，这里可以将其理解为 Java 中的接口），定义了可变容器和不可变容器的一些通用操作。scala.collection 包中的容器通常具备对应的不可变实现和可变实现。

Scala 为容器的操作精心设计了很多细粒度的特质，但对用户来说，无须掌握每一个特质的使用方法，因为 Scala 已经通过混入这些特质生成了各种高级的容器。图 2-4 所示为 scala.collection 包中容器的宏观层级结构（省略了很多细粒度的特质）。所有容器类的根为 Traverable 特质，表示可遍历的，它为所有的容器类定义了抽象的 foreach( )方法，该方法用于对容器元素进行遍历操作。混入 Traverable 特质的容器类必须给出 foreach( )方法的具体实现。Traverable 的下一级为 Iterable 特质，表示元素可一个个地依次迭代，该特质定义了一个抽象的 iterator( )方法，混入该特质的容器类必须实现 iterator( )方法，返回一个迭代器(Iterator)。另外, Iterable 特质还给出了其从 Traverable 继承的 foreach( )方法的一个默认实现，即通过迭代器进行遍历。

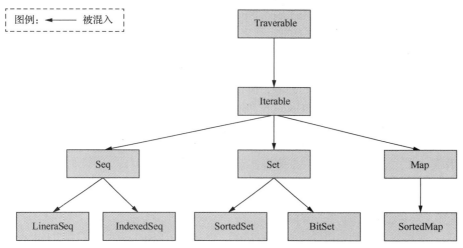

图 2-4　scala.collection 包中容器的宏观层次结构

　　Iterable 下的继承层次包括 3 个特质，分别是序列（Seq）、映射（Map）和集合（Set），混入这 3 个特质的容器最大的区别是其元素的索引方式，序列是按照从 0 开始的整数进行索引的，映射是按照键值进行索引的，而集合是没有索引的。

　　4. 序列

　　序列（Sequence）是指元素可以按照特定的顺序访问的容器。在 Scala 的容器层级中，序列的根是 collection.Seq 特质，是对所有可变和不可变序列的抽象。序列中每个元素均带有一个从 0 开始计数的固定索引。特质 Seq 具有两个子特质 LinearSeq 和 IndexedSeq，这两个子特质没有添加任何新的方法，只是针对特殊情况对部分方法进行重载，以提供更高效的实现。LinearSeq 序列具有高效的 head 和 tail 操作，而 IndexedSeq 序列具有高效的随机存储操作。实现了特质 LinearSeq 的常用序列有列表（List）和队列（Queue）。实现了特质 IndexedSeq 的常用序列有可变数组（ArrayBuffer）和向量（Vector）。

　　这里介绍两种常用的序列，即列表（List）和 Range。

　　（1）列表

　　列表（List）是一种共享相同类型的不可变的序列，是函数式编程中常见的数据结构之一。Scala 的列表被定义在 scala.collection.immutable 包中。不同于 Java 的 java.util.List，Scala 的列表一旦被定义，其值就不能改变，因此，声明列表时必须初始化，示例如下。

```
scala> var strList=List("BigData","Hadoop","Spark")
```

　　上面的语句定义了一个包含 3 个字符串的列表 strList。这里直接使用了 List，而无须加 scala.collection.immutable，这是因为 Scala 默认导入了 Predef 对象，而该对象为很多常用的数据类型提供了别名定义，包括不可变列表 scala.collection.immutable.List、不可变集 scala.collection.immutable.Set 和不可变映射 scala.collection.immutable.Map 等。不能直接用 new 关键字来创建一个列表，这里使用了 List 的 apply( )方法创建一个列表 strList（apply( )方法将在 2.3.2 小节中介绍）。创建列表时也可以显式指定元素类型，示例如下。

```
scala> val l = List[Double](1,3.4)
l: List[Double] = List(1.0,3.4)
```

　　值得注意的是，对于包括列表在内的所有容器类型，如果没有显式指定元素的类型，Scala 会自动选择所有初始值的最近公共类型来作为元素的类型。因为 Scala 的所有对象都来自共同的根 Any，因此，原则上容器内可以容纳任意不同类型的成员（尽管实际上很少这样做），示例如下。

```
scala> val x=List(1,3.4,"Spark")
x: List[Any] = List(1,3.4,Spark) //1、3.4、"Spark"的最近公共类型为 Any
```

　　列表有头部和尾部的概念，可以分别使用 head 和 tail 方法来获取，例如，strList.head 将返回字符串"BigData"，strList.tail 返回 List("Hadoop","Spark")，即 head 返回的是列表第一个元素的值，而 tail 返回的是除第一个元素外的其他值构成的新列表，这体现出列表具有递归的链表结构。正是基于这一点，常用的构造列表的方法是在已有列表前端增加元素，使用的操作符为 "::"，示例如下。

```
scala> val otherList="Apache"::strList
```

　　其中，strList 是前面已经定义过的列表，执行该语句后，strList 保持不变，而 otherList 将成为一个新的列表 List("Apache","BigData","Hadoop","Spark")。注意，这里的 "::" 只是 List 的一个方法，而且 Scala 规定，当方法名以冒号结尾时，可将其作为操作符使用，将执行 "右结合" 规则，因此，"Apache"::strList 等效于 strList.::("Apache")。Scala 还定义了一个空列表对象 Nil，借助 Nil 可以将多个元素用操作符 "::" 连起来初始化一个列表，示例如下。

```
scala> val intList = 1::2::3::Nil
```

　　该语句与 val intList = List(1,2,3)等效。注意，最后的 Nil 是不能省略的，因为 "::" 是右结合的，3 是 Int 类型值，它并没有名为 "::" 的方法。

　　列表作为一种特殊的序列，可以支持索引访问，例如，strList(1)返回字符串"Hadoop"。但是需要注意的是，由于列表采用链表结构，除了 head、tail 以及其他创建新链表的操作的时间复杂度是常数时间 $O(1)$，其他诸如按索引访问的操作都需要从头开始遍历，因此时间复杂度是线性时间 $O(N)$。为了实现所有操作的时间复杂度都是常数时间，可以使用向量（Vector），示例如下。

```
scala> val vec1=Vector(1,2)
vec1: scala.collection.immutable.Vector[Int] = Vector(1, 2)
scala> val vec2 = 3 +: 4 +: vec1
vec2: scala.collection.immutable.Vector[Int] = Vector(3, 4, 1, 2)
scala> val vec3 = vec2 :+ 5
vec3: scala.collection.immutable.Vector[Int] = Vector(3, 4, 1, 2, 5)
scala> vec3(3)
res6: Int = 2
```

上面语句中的 "+:" 和 ":+" 都是继承自特质 Seq 中的方法，用于向序列的前端和尾端添加新元素，注意以 ":" 结尾的方法是右结合的。

列表和向量都是不可变的，其包含的对象一旦确定就不能增加和删除。列表和向量对应的可变版本是 ListBuffer 和 ArrayBuffer，这两个序列都位于 scala.collection.mutable 中。下面以 ListBuffer 为例进行说明，ArrayBuffer 的使用方法与之类似，只是其随机存储效率更高。

```
scala> import scala.collection.mutable.ListBuffer
scala> val mutableL1 = ListBuffer(10,20,30) //初始长度为 3 的可变列表
mutableL1: scala.collection.mutable.ListBuffer[Int] = ListBuffer(10, 20, 30)
scala> mutableL1 += 40 //在列表尾部增加一个元素 40
res22: mutableL1.type = ListBuffer(10, 20, 30, 40)
scala> val mutableL2 = mutableL1:+50 //在列表尾部增加一个元素 50，并返回这个新列表，原列表保持不变
mutableL2: scala.collection.mutable.ListBuffer[Int] = ListBuffer(10, 20, 30, 40, 50)
scala> mutableL1.insert(2,60,40) //从第 2 个索引位置开始，插入 60 和 40
scala> mutableL1
res24: scala.collection.mutable.ListBuffer[Int] = ListBuffer(10, 20, 60, 40, 30, 40)
scala> mutableL1 -= 40 //在数组中删除值为 40 的第一个元素
res25: mutableL1.type = ListBuffer(10, 20, 60, 30, 40)
scala> var temp=mutableL1.remove(2) //移除索引为 2 的元素，并将其返回
temp: Int = 60
scala> mutableL1
res26: scala.collection.mutable.ListBuffer[Int] = ListBuffer(10, 20, 30, 40)
```

需要注意的是，+=方法会修改列表本身，而+:方法只是利用当前列表创建一个新的列表，并在其前端增加元素，当前列表本身并未改变。为了防止混淆，可以记住一个简单的规则：对于可变序列，包含等号 "=" 的方法都会直接修改序列本身，否则，就是创建新序列。例如，++=方法会将另一个容器中的元素添加到列表尾端，而++方法执行类似操作时，则只返回新列表，并不会修改原列表。上述规则同样适用于后文将要介绍的可变集合和可变映射。

（2）Range

Range 类是一种特殊的、带索引的不可变数字等差序列，其包含的值为从给定起点按一定步长增大（减小）到指定终点的所有数值。可以使用两种方法创建一个 Range 对象，第一种方法是直接使用 Range 类的构造器，示例如下。

```
scala> val r=new Range(1,5,1)
```

其中，第一个参数为起点，第二个参数为终点（终点本身不会被包含在创建得到的 Range 对象内），最后一个参数为步长。因此，上述语句创建的 Range 对象包括 1、2、3 和 4 共 4 个整数元素，可以使用从 0 开始的索引访问其元素，例如，r(2)的值是 3，还可以分别使用 start 和 end 成员变量访问其起点和终点。

第二种创建 Range 对象的常用方法是使用数值类型的 to 方法，这种方法经常使用在 for 语句中。

例如，1 to 5 这个语句将生成包含 1 到 5 的 Range；如果不想包括区间终点，可以使用 until 方法，例如，1 until 5 这个语句会生成包含 1 到 4 的 Range；还可以设置非 1 的步长，例如，1 to 5 by 2 这个语句将生成包含 1、3 和 5 的 Range。

类似于生成包含整数的 Range，还可以生成包含实数的等差序列。支持 Range 的类型包括 Int、Long、Char、BigInt 和 BigDecimal 等。

5. 集合

Scala 的集合（Set）是不重复元素的容器。相对于列表中的元素是按照索引顺序来组织的，集合中的元素并不会记录元素的插入顺序，而是以哈希算法进行组织（不可变集在元素很少时会采用其他方式实现），所以，它可以支持快速找到某个元素。集合包括可变集和不可变集，分别位于 scala.collection.mutable 包和 scala.collection.immutable 包，默认情况下创建的是不可变集。示例如下。

数据结构（集合、映射）

```
scala> var mySet = Set("Hadoop","Spark")
scala> mySet += "Scala"
```

其中，第 1 行创建集合的方法与创建数组和列表的方法类似，通过调用 Set 的 apply( ) 方法来创建一个集合；第 2 行实际是一条赋值语句的简写形式，等效于 mySet=mySet+ "Scala"，即调用了 mySet 的名为 "+" 的方法，该方法返回一个新的集合，将这个新的集合赋值给可变变量 mySet，因此，如果在定义变量时用 val 修饰 mySet，执行时将会出错。

如果要声明一个可变集，则需要提前引入 scala.collection.mutable.Set。举例如下。

```
scala> import scala.collection.mutable.Set
scala> val myMutableSet = Set("Database","BigData")
scala> myMutableSet += "Cloud Computing"
```

可以看出，创建可变集的方法与创建不可变集的方法是完全一样的。不过需要注意的是，这里创建可变集代码的第 3 行与上面创建不可变集代码的第 2 行，虽然看起来形式完全一样，但是，二者有本质的不同。回忆前文介绍的等号规则，+=方法会直接在原集合上添加一个元素。这里变量 myMutableSet 引用本身并没有改变，因为其被 val 修饰，但其指向的集合对象已经改变了。

6. 映射

映射（Map）是一系列键值对的容器。在一个映射中，键（也称为 key）是唯一的，但值（也称为 value）不一定是唯一的。可以根据键来对值进行快速的检索。Scala 提供了可变映射和不可变映射，分别定义在包 scala.collection.mutable 和 scala.collection.immutable 里。默认情况下，Scala 使用的是不可变映射。示例如下。

```
scala> val university = Map("XMU" ->"Xiamen University", "THU" ->"Tsinghua University",
"PKU"->"Peking University")
```

这里定义了一个从字符串到字符串的不可变映射，在 Scala REPL 中，可以看到其类型为 scala.collection.immutable.Map[String,String]。其中，操作符 "->" 是二元组定义的简写方式，它会返回一个包含调用者和传入参数的二元组，在该例中，即（String,String）类型的二元组。

如果要获取映射中的值，可以通过键来获取。对于上述实例，university("XMU") 将返回字符串 "Xiamen University"，对于这种访问方式，如果给定的键不存在，则会抛出异常，为此，访问前可以先调用 contains( ) 方法来确定键是否存在。例如，在本例中，university.contains("XMU") 将返回 true，但 university.contains("Fudan") 将返回 false。推荐的用法是使用 get( ) 方法，它会返回 Option[T] 类型（见 2.3.3 小节中关于 Option 类的实例）。

对于不可变映射，不能添加新的键值对，也不能修改或者删除已有的键值对。对于可变映射，可以直接修改其元素。如果想使用可变映射，必须明确地导入 scala.collection.mutable.Map。示例如下。

```
scala> import scala.collection.mutable.Map
scala> val university2 = Map("XMU" -> "Xiamen University", "THU" -> "Tsinghua University",
```

```
"PKU"->"Peking University")
scala> university2("XMU") = "Ximan University"
scala> university2("FZU") = "Fuzhou University"
scala> university2 += ("TJU"->"Tianjin University")
```

其中，第 3 条语句修改了键为"XMU"的已有元素，第 4 条语句通过修改不存在的键为"FZU"的元素，达到了添加新元素的目的，最后一行直接调用名为 "+=" 的方法增加新元素。映射的两个常用的方法是 keys 和 values，分别用于返回由键和值构成的容器对象。

7．迭代器

迭代器（Iterator）是一种提供了按顺序访问容器元素功能的数据结构。尽管构造一个迭代器与构造一个容器很类似，但迭代器并不是一个容器类，因为不能随机访问迭代器的元素，而只能按从前往后的顺序依次访问其元素。因此，迭代器常用于需要对容器进行一次遍历的场景。迭代器提供了两个基本操作，即 next( )和 hasNext( )，可以很方便地实现对容器进行遍历。next( )用于返回迭代器的下一个元素，并从迭代器中将该元素抛弃，hasNext( )用于检测是否还有下一个元素。示例如下。

```
val iter = Iterator("Hadoop","Spark","Scala")
while (iter.hasNext) {
    println(iter.next())
}
```

上面语句执行结束后，迭代器移动到末尾，就不能再使用了，如果再执行一次 println(iter.next( ))，就会出错，从这一点可以看出迭代器并不是一个容器，而是一个有些类似 C++中指向容器元素的指针，但该指针不能前后随意移动，只能逐次向后一个元素一个元素地移动。实际上，调用迭代器的大部分方法都会改变迭代器的状态，例如，调用 length( )方法会返回迭代器元素的个数，但是，调用结束后，迭代器已经没有元素了，再次进行相关操作会出错。因此，建议除调用 next( )和 hasNext( )方法外，在对一个迭代器调用了某个方法后，不要再次使用该迭代器。

2.3　面向对象编程基础

作为一门其程序可以运行在 JVM 上的语言，Scala 毫无疑问是面向对象的语言。尽管在具体的数据处理部分，函数式编程在 Scala 中已成为首选方案，但在上层的架构组织上，仍然需要采用面向对象的模型，这对于大型的应用程序必不可少。本节将对面向对象编程的基础知识进行较为详细的介绍，包括类、对象、继承、参数化类型和特质等基本概念，以及 Scala 中应用灵活的模式匹配功能和包。

2.3.1　类

类和对象是 Java、C++等面向对象编程语言的基础概念。可以将类理解为用来创建对象的蓝图或模板。定义好类以后，就可以使用 new 关键字来创建对象。

1．类的定义

Scala 的类用关键字 class 声明。最简单的类的定义形式如下。

```
class Counter{
    //这里定义类的字段和方法
}
```

类（类的定义）

其中，Counter 是类名，Scala 中建议类名都用大写字母开头。在类的定义中，字段和方法统称为类的成员（Member），其中，字段是指对象所包含的变量，它保存了对象的状态或者数据，而方法是使用这些数据对对象进行各种操作的可执行程序块。Scala 中建议字段名和方法名都采用小写字母开头。字段的定义和变量的定义一样，用 val 或 var 关键字进行定义，方法用关键字 def 定义，基本的语法格式如下。

```
def 方法名(参数列表):返回结果类型={方法体}
```

例如，下面是一个完整的类定义。

```
class Counter {
    var value = 0
    def increment(step:Int):Unit = { value += step}
    def current():Int = {value}
}
```

在上面定义的类中，包括一个字段 value 和两个方法。其中，方法 increment( )接收一个 Int 类型的参数，返回结果类型为 Unit；current( )方法没有参数，返回一个 Int 类型的值。与 Java 不同的是，在 Scala 的方法中，不需要依靠 return 语句来为方法返回一个值；对 Scala 而言，方法里面的最后一个表达式的值就是方法的返回值。有了类的定义，就可以使用 new 关键字来进行实例化，并通过实例对类的成员进行访问。示例如下。

```
val myCounter = new Counter
myCounter.value = 5       //访问字段
myCounter.increment(3)             //调用方法
println(myCounter.current) //调用无参数方法时，可以省略方法名后的括号
```

Scala 允许类的嵌套定义，即在一个类的定义体里再定义另外一个类。下面在 Linux 系统中创建一个代码文件 Top.scala，内容如下。

```
//代码文件为/usr/local/scala/mycode/Top.scala
class Top(name:String,subname:String){ //顶层类
        case class Nested(name:String)    //嵌套类
        def show{
            val c=new Nested(subname)
            printf("Top %s includes a Nested %s\n",name,c.name)
        }
}
val t = new Top("A","B")
t.show
```

在 Scala REPL 中运行代码文件后，将输出"Top A includes a Nested B"。

2. 类成员的可见性

在 Scala 类中，所有成员的默认可见性为公有，且不需要用 public 关键字进行限定，任何作用域内的对象都能直接访问公有成员。除了默认的公有可见性，Scala 也提供与 Java 类似的可见性选项，包括 private 和 protected。其中，private 成员只对本类和嵌套类可见；protected 成员对本类和其继承类都可见。

Scala 不推荐将字段的可见性设置为默认的公有，而建议将其设置为私有（private）。为了实现对这些私有字段的访问，Scala 采用类似 Java 中的 getter( )和 setter( )方法，定义了两个成对的方法 value 和 value_=，其中的 value 是需要向用户暴露的字段名字。例如，对于前面定义的 Counter 类，为了避免直接暴露公有字段 value，可以对其进行重写。下面在 Linux 系统中创建一个代码文件 Counter.scala，内容如下。

```
//代码文件为/usr/local/scala/mycode/Counter.scala
class Counter {
    private var privateValue = 0
    def value = privateValue
    def value_=(newValue: Int){
        if (newValue > 0) privateValue = newValue
    }
    def increment(step: Int): Unit = {value += step}
    def current():Int = {value}
}
```

上例中定义了一个私有字段 privateValue，该字段不能直接从外部访问，而要通过方法 value 和 value_进行访问和修改，它们相当于 Java 中的 getter( )方法和 setter( )方法。下面在 Scala REPL 中执行如下代码。

```
scala> :load /usr/local/scala/mycode/Counter.scala
Loading /usr/local/scala/mycode/Counter.scala…
defined class Counter
scala> val myCounter = new Counter
myCounter: Counter = Counter@f591271
scala> myCounter.value_=(3)          //为 privateValue 设置新的值
scala> println(myCounter.value)      //访问 privateValue 的当前值
3
```

上面为了设置 privateValue 的值调用了名为"value_="的方法，这种方式对用户显然不够友好和直观，因此，Scala 语法中有如下规则：当编译器发现以 value 和 value_=这种成对形式出现的方法时，它允许用户去掉下画线"_"，而采用类似赋值表达式的形式。例如，上面倒数第 3 行代码可以写为如下形式。

```
myCounter.value= 3 //等效于 myCounter.value_=(3)
```

有了该规则以后，用户访问私有字段与访问公有字段的代码，在形式上完全统一，而实际上都调用了相应的方法。由于类的实现对用户而言是透明的，在需要的时候，可以自由地将直接暴露的公有字段改为通过方法来访问的私有字段，或者反过来，并且不会影响用户的使用体验。

3. 方法的定义方式

在 Scala 语言中，方法参数前不能加上 val 或 var 关键字来限定，所有的方法参数都是不可变类型的，相当于隐式地使用了 val 关键字进行限定，如果在方法体里面给参数重新赋值，那么程序将不能通过编译。对于无参数的方法，定义时可以省略括号，不过需要注意，如果定义时省略了括号，那么在调用时也不能带括号；如果无参数方法在定义时带括号，则调用时可以带括号，也可以不带括号。在调用方法时，方法名后面的圆括号"( )"可以用花括号"{}"来代替。另外，如果方法只有一个参数，可以省略点号"."而采用中缀调用法，形式为"调用者 方法名 参数"。例如，现在对上面定义的 Counter 类进行改写，改写后的代码保存为 Counter1.scala，具体代码如下。

```
//代码文件为/usr/local/scala/mycode/Counter1.scala
class Counter {
    var value = 0
    def increment(step:Int):Unit = {value += step}
    def current:Int= value
    def getValue():Int = value
}
```

在这种定义下，对 current 方法的调用不能带括号，对 getValue( )方法的调用可带也可不带括号。下面在 Scala REPL 中通过实例测试各种调用方式的效果。

```
scala> :load /usr/local/scala/mycode/Counter1.scala
Loading /usr/local/scala/mycode/Counter1.scala…
defined class Counter
scala> val c=new Counter
c: Counter = Counter@30ab4b0e
scala> c increment 5   //中级调用法
scala> c.getValue()    //getValue()定义中有括号，可以带括号调用
res0: Int = 5
scala> c.getValue      //getValue()定义中有括号，也可不带括号调用
res1: Int = 5
scala> c.current()     //current 定义中没有括号，不可带括号调用
<console>:13: error: Int does not take parameters
```

```
            c.current()
                    ^
scala> c.current  //current 定义中没有括号，只能不带括号调用
res3: Int = 5
```

当方法的返回结果类型可以从最后的表达式推断出时，方法定义中可以省略返回结果类型，同时，如果方法体只有一条语句，还可以省略方法体两边的花括号。示例如下。

```
class Counter {
    var value = 0
    def increment(step:Int) = value += step  //赋值表达式的值为 Unit 类型值
    def current()= value  //根据 value 的类型自动推断出返回结果类型为 Int 类型
}
```

另外，如果方法的返回结果类型为 Unit，可以同时省略返回结果类型和等号，但花括号不能省略。因此，上面的例子还可以改写如下。

```
class Counter {
    var value = 0
    def increment(step:Int) { value += step }
    def current()= value
}
```

在定义一个方法时，如果只是为了获得方法的"副作用"（如输出信息），那么可以采用省略等号的定义方式，这时的方法就相当于其他语言中的过程（Procedure）。值得注意的是，在这种情况下，不管方法体的最后一句表达式的类型是什么，返回结果类型都是 Unit，因为 Scala 编译器可以将任何类型转换为 Unit。因此，对一个方法而言，当我们希望通过类型推断让方法返回正确值时，如果不小心漏写了等号，就会导致方法不能得到正确的返回值。

在 Java 及 C++中，方法声明中的参数名对调用者是没有意义的。但是，在 Scala 中，调用方法时可以显式地使用命名参数列表。当方法有多个默认值，而调用者只给出与默认值个数不同的参数时，这一规则将使程序更简洁，可读性更强。示例如下。

```
class Position(var x:Double=0,var y:Double=0) {
    def move(deltaX:Double=0,deltaY:Double=0) {
        x+=deltaX;
        y+=deltaY
    }
}
val p=new Position()
p.move(deltaY=5)  //沿 y 轴移动 5 个单位，deltaX 采用了默认值
```

Scala 允许方法重载。只要方法的完整签名是唯一的，多个方法可以使用相同的方法名。方法的签名包括方法名、参数类型列表、返回结果类型。另外，如果方法定义包含参数列表，方法名可以与类的字段同名。例如，下面的定义是合法的。

```
class Temp{
    var x:Int = 0          //这里使用 "x" 作为字段名
    def x(i:Int):Int=x+I   //这里又使用 "x" 作为方法名
}
```

Scala 允许方法的嵌套定义，即在一个方法体里再定义另一个方法。示例如下。

```
def sumPowersOfTwo(a: Int, b: Int): Int = {
    def powerOfTwo(x: Int): Int = {if(x == 0) 1 else 2 * powerOfTwo(x-1)}
    if(a > b) 0 else powerOfTwo(a) + sumPowersOfTwo(a+1, b)
}
```

这里，sumPowersOfTwo 用于实现求 2 的从 *a* 到 *b* 次幂的和，该方法先定义了一个嵌套方法 powerOfTwo 来实现求 2 的整数次幂，然后递归调用该方法。嵌套方法仅在其定义的方法里面可见，

例如，在上例中，不能在 sumPowersOfTwo 外部访问 powerOfTwo( )方法。

4. 构造器

在 Scala 中，整个类的定义主体就是类的构造器，称为主构造器，所有位于类方法以外的语句都将在构造过程中被执行。可以像定义方法参数一样，在类名之后用圆括号列出主构造器的参数列表。例如，可以给前文中定义的 Counter 类提供一个字符串参数，代码如下。

类（构造器）

```scala
class Counter(name: String) {
    private var value = 0
    def increment(step: Int): Unit = { value += step}
    def current(): Int = {value}
    def info(): Unit = {printf("Name:%s",name)}
}
```

除了主构造器，Scala 还可以包含 0 个或多个辅助构造器（Auxiliary Constructor）。辅助构造器使用 this 进行定义，this 的返回结果类型为 Unit。每个辅助构造器的第一个表达式必须是调用一个此前已经定义的辅助构造器或主构造器，调用的形式为 "this(参数列表)"。这个规则意味着，每一个 Scala 辅助构造器最终都始于对类的主构造器的调用。下面新建一个代码文件 Counter2.scala，内容如下。

```scala
//代码文件为/usr/local/scala/mycode/Counter2.scala
class Counter {
    private var value = 0
    private var name = ""
    private var step = 1                //Counter 的默认递进步长
    println("the main constructor")     //属于主构造器的语句
    def this(name: String){             //第一个辅助构造器
        this()                          //调用主构造器
        this.name = name
        printf("the first auxiliary constructor,name:%s\n",name)
    }
    def this (name: String,step: Int){ //第二个辅助构造器
        this(name)                      //调用前一个辅助构造器
        this.step = step
        printf("the second auxiliary constructor,name:%s,step:%d\n",name,step)
    }
    def increment(step: Int): Unit = { value += step}
    def current(): Int = {value}
```

下面新建类的对象，可以观察到主构造器和两个辅助构造器分别被调用，在 Scala REPL 中执行如下代码。

```scala
scala> :load /usr/local/scala/mycode/Counter2.scala
Loading /usr/local/scala/mycode/Counter2.scala…
defined class Counter
scala> val c1=new Counter
the main constructor
c1: Counter = Counter@319c6b2

scala> val c2=new Counter("the 2nd Counter")
the main constructor
the first auxiliary constructor,name:the 2nd Counter
c2: Counter = Counter@4ed6c602

scala> val c3=new Counter("the 3nd Counter",2)
```

```
the main constructor
the first auxiliary constructor,name:the 3nd Counter
the second auxiliary constructor,name:the 3nd Counter,step:2
c3: Counter = Counter@64fab83b
```

与类方法参数不同的是，主构造器的参数前可以使用 val 或 var 关键字。如果主构造器中使用 val 或 var 关键字修饰参数，Scala 内部将自动为这些参数创建私有字段，并通过前文提到的字段访问规则提供对应的访问方法，示例如下。

```
scala> class Counter(var name:String)    //定义一个带字符串参数的简单类
defined class Counter
scala> var mycounter = new Counter("Runner")
mycounter: Counter = Counter@17fcc4f7
scala> println(mycounter.name)           //调用读方法
Runner
scala> mycounter.name_=("Timer")         //调用写方法
scala> mycounter.name = "Timer"          //更直观地调用写方法，和上句等效
mycounter.name: String = Timer
```

如果参数是用 val 关键字声明的，则只会生成读方法，而不会生成写方法。如果不希望让构造器参数成为类的字段，只需要省略关键字 var 或者 val，在这种情况下，构造器参数在构造器退出后将被丢弃，对用户不再可见。

2.3.2 对象

1. 单例对象

对象（单例对象）

Scala 类中没有 Java 那样的静态成员。Scala 采用单例对象（Singleton Object）来实现与 Java 静态成员同样的功能。单例对象的定义与类定义类似，只是用 object 关键字替换了 class 关键字。示例如下。

```
//代码文件为/usr/local/scala/mycode/Person.scala
object Person {
    private var lastId = 0    //一个人的身份编号
    def newPersonId() = {
        lastId +=1
        lastId
    }
}
```

有了这个单例对象，就可以直接通过其名字使用它，就像使用一个普通的类实例一样。将上面的代码保存到文件 Person.scala 中，然后在 Scala REPL 中执行如下代码。

```
scala> :load /usr/local/scala/mycode/Person.scala
Loading /usr/local/scala/mycode/Person.scala…
defined object Person
scala> printf("The first person id: %d.\n",Person.newPersonId())
The first person id: 1.
scala> printf("The second person id: %d.\n",Person.newPersonId())
The second person id: 2.
scala> printf("The third person id: %d.\n",Person.newPersonId())
The third person id: 3.
```

单例对象在第一次被访问的时候初始化。需要强调的是，定义的是单例对象而不是类型，即不能实例化 Person 类型的变量，这也是其被称为"单例"的原因。单例对象包括两种，即伴生对象（Companion Object）和孤立对象（Standalone Object）。当一个单例对象和它的同名类一起出现时，这时的单例对

象被称为这个同名类的伴生对象。没有同名类的单例对象，被称为孤立对象，例如，Scala 程序的入口点 main( )方法就定义在一个孤立对象里。单例对象和类之间的另一个差别是，单例对象的定义不能带有参数列表，实际上这是非常显然的，因为不能用 new 关键字实例化一个单例对象，所以没机会传递参数给单例对象。

当单例对象与某个类具有相同的名称时，它被称为这个类的伴生对象，相应的类被称为这个单例对象的伴生类（Companion Class）。伴生对象和它的伴生类必须位于同一个文件中，它们之间可以相互访问对方的私有成员。下面建立一个代码文件 Person1.scala，内容如下。

```
//代码文件为/usr/local/scala/mycode/Person1.scala
class Person(val name:String){
    private val id = Person.newPersonId() //调用了伴生对象中的方法
    def info() {
        printf("The id of %s is %d.\n",name,id)
    }
}
object Person {
    private var lastId = 0     //一个人的身份编号
    def newPersonId() = {
        lastId +=1
        lastId
    }
    def main(args: Array[String]) {
        val person1 = new Person("Lilei")
        val person2 = new Person("Hanmei")
        person1.info()
        person2.info()
    }
}
```

上面的代码中定义了一个 Person 类，并定义了相应的伴生对象 Person，同时该伴生对象还定义了 main( )方法，因此该方法成为程序的入口点。对于包含伴生类和伴生对象定义的代码文件，不能直接在 Scala REPL 中使用 ":load" 命令来执行，需要先使用 "scalac" 命令进行编译，然后使用 "scala" 命令来运行，具体如下。

```
$ scalac /usr/local/scala/mycode/Person1.scala
$ scala -classpath . Person
The id of Lilei is 1.
The id of Hanmei is 2.
```

从上面的运行结果中可以看出，伴生对象中定义的 newPersonId( )实现了相当于 Java 中静态方法的功能，所以对象 person1 调用 newPersonId( )返回的值是 1，对象 person2 调用 newPersonId( )返回的值是 2。需要注意的是，伴生对象的方法只能通过伴生对象调用，而不能通过伴生类的实例直接调用。例如，上面的例子中，如果执行 person1. newPersonId( )则会出错。

2. apply( )方法

在 2.2.4 小节中曾使用如下代码构建了一个数组对象。

```
val myStrArr = Array("BigData","Hadoop","Spark")
```

对象（apply 方法）

可以看到，这里并没有使用 new 关键字来创建 Array 对象。采用这种语法格式时，Scala 会自动调用 Array 类的伴生对象 Array 中的一个被称为 "apply" 的方法，来创建一个 Array 对象 myStrArr。在 Scala 中，apply( )方法被调用时遵循如下的规则：用括号传递给类实例或对象一个或多个参数时，Scala 会在相应的类或对象中查找方法名为 "apply" 且参数列表与传入的参数一致的方法，并用传入的参数来调用该 apply( )方法。例如，定义下面的类。

```
//代码文件为/usr/local/scala/mycode/TestApplyClass.scala
class TestApplyClass {
    def apply(param: String){
        println("apply method called: " + param)
    }
}
```

下面测试 apply( )方法是否被自动调用。

```
scala> :load /usr/local/scala/mycode/TestApplyClass.scala
Loading /usr/local/scala/mycode/TestApplyClass.scala…
defined class TestApplyClass
scala> val myObject = new TestApplyClass
myObject: TestApplyClass = TestApplyClass@11b352e9
scala> myObject("Hello Apply")          //自动调用类中定义的 apply()方法，等同于下句
apply method called: Hello Apply
scala> myObject.apply("Hello Apply")    //手动调用 apply()方法
apply method called: Hello Apply
```

从上面语句的执行结果可以看出，执行 myObject("Hello Apply")语句时，用括号传递给 myObject 对象一个参数，即"Hello Apply"，这时，Scala 会自动调用 TestApplyClass 类中定义的 apply( )方法。

对 apply( )方法而言，更通常的用法是将其定义在类的伴生对象中，即将所有类的构造器以 apply( )方法的形式定义在伴生对象中，这样伴生对象就像生成类实例的工厂，而这些 apply( )方法也被称为工厂方法。用户在创建类的实例时，无须使用 new 关键字，而是使用伴生对象中的 apply( )方法。示例如下。

```
//代码文件为/usr/local/scala/mycode/MyTestApply.scala
class Car(name: String) {
    def info() {
        println("Car name is "+ name)
    }
}
object Car {
    def apply(name: String) = new Car(name) //调用伴生类 Car 的构造器
}
object MyTestApply{
    def main (args: Array[String]) {
        val mycar = Car("BMW") //调用伴生对象中的 apply()方法
        mycar.info()                //输出结果为"Car name is BMW"
    }
}
```

可以在 Linux Shell 中使用"scalac"命令对 MyTestApply.scala 进行编译，然后使用"scala"命令执行。

实际上，apply( )调用规则的设计初衷是为了保持对象和函数之间使用的一致性。在面向对象的世界里，是通过"对象.方法"的形式调用对象的方法的，而函数的概念来源于数学界，函数的使用形式是"函数(参数)"，在英语里表述为"applying function to its argument …"。在 Scala 中，"一切都是对象"，包括函数也是对象。因此，Scala 中的函数既保留数学界中的括号调用形式，也可以使用面向对象的点号调用形式，其对应的方法名即 apply。示例如下。

```
scala> def add=(x:Int,y:Int)=>x+y  //add 是一个函数
add: (Int, Int) => Int
scala> add(4,5)         //采用数学界的括号调用形式
res2: Int = 9
scala> add.apply(4,5) //add 也是对象，采用点号调用形式调用 apply()方法
res3: Int = 9
```

在 Scala 语言里，不仅仅函数是对象，反过来，对象也可以被看成函数。当然，前提是该对象提供了 apply( )方法，这正是前面的类 Car 那个例子所展示的。

与 apply( )方法类似的 update( )方法也遵循相应的调用规则：当对带有括号并包括一到若干个参数的对象进行赋值时，编译器将调用对象的 update( )方法，并将括号里的参数和等号右边的值一起作为 update( )方法的输入参数来执行调用。例如，在数组及映射等支持索引的容器类中经常会看到 update( )的用法，如下所示。

```
scala> import scala.collection.mutable.Map          //导入可变 Map 类
import scala.collection.mutable.Map
scala> val persons = Map("LiLei"->24,"HanMei"->21)
persons: scala.collection.mutable.Map[String,Int] = …    //省略部分信息
scala> persons("LiLei")=28 //实际调用了 Map 的 update()方法，与下句等效
scala> persons.update("LiLei",28)
scala> persons("LiLei")          //实际调用了 Map 的 apply()方法
res19: Int = 28
```

3. unapply( )方法

unapply( )方法用于对对象进行解构操作，与 apply( )方法类似，该方法也会被自动调用。我们可以认为 unapply( )方法是 apply( )方法的反向操作，apply( )方法接收构造器的参数并将其变成对象，而 unapply( )方法接收一个对象并从中提取值。unapply( )方法包含一个类型为伴生类的参数，返回的结果是 Option 类型（将在 2.3.3 小节中介绍 Option 类型），对应的类型参数是 N 元组，N 是伴生类中主构造器参数的个数。

对象（unapply()
方法）

这里假设有一个代码文件 TestUnapply.scala，里面定义了一个表示汽车的 Car 类，这个类的伴生对象中定义了 apply( )方法和 unapply( )方法，apply( )方法根据传入的参数 brand 和 price 创建一个 Car 类的对象，而 unapply( )方法则用来从一个 Car 类的对象中提取出 brand 和 price 的值。TestUnapply.scala 的代码如下。

```
//代码文件为/usr/local/scala/mycode/TestUnapply.scala
class Car(val brand:String,val price:Int) {
    def info() {
        println("Car brand is "+ brand+" and price is "+price)
    }
}
object Car{
        def apply(brand:String,price:Int)= {
            println("Debug:calling apply … ")
            new Car(brand,price)
        }
        def unapply(c:Car):Option[(String,Int)]={
            println("Debug:calling unapply … ")
            Some((c.brand,c.price))
        }
}
object TestUnapply{
    def main (args: Array[String]) {
        var Car(carbrand,carprice) = Car("BMW",800000)
        println("brand: "+carbrand+" and carprice: "+carprice)
    }
}
```

我们可以在 Linux Shell 中使用 "scalac" 命令对 TestUnapply.scala 进行编译，然后使用 "scala" 命令执行。可以看出，var Car(carbrand,carprice) = Car("BMW",800000)这行语句等号右侧的 Car("BMW",

800000)会调用 apply( )方法创建一个 Car 类的对象，而等号左侧的 Car(carbrand,carprice)会调用 unapply( )方法，把该对象在创建时传递给 brand 和 price 这两个构造参数的值再次提取出来，分别保存到 carbrand 和 carprice 中。

另外，需要注意的是，TestUnapply.scala 中在定义 Car 类时，使用了 class Car(val brand:String,val price:Int)，也就是说，在构造器的参数中使用了 val 关键字，这是因为，如果主构造器的参数使用 val 或 var 关键字，Scala 内部将自动为这些参数创建私有字段，并通过前文提到的字段访问规则提供对应的访问方法，所以，Some((c.brand,c.price))语句中可以使用 c.brand 和 c.price 来访问 brand 和 price 这两个私有字段。如果在定义 Car 类时使用 class Car(brand:String, price:Int)，也就是在参数前没有使用 val 关键字，那么编译时就会出现错误"error: value brand is not a member of Car"和"error: value price is not a member of Car"，因为省略关键字 var 或者 val 时，构造器参数在构造器退出后将被丢弃，对用户不再可见。

2.3.3 继承

继承

1. 抽象类

如果一个类包含没有实现的成员，则必须使用 abstract 关键字进行修饰，将其定义为抽象类。没有实现的成员是指没有初始化的字段或者没有实现的方法。示例如下。

```
abstract class Car(val name:String) {
    val carBrand:String    //字段没有初始化值，就是一个抽象字段
    def info()             //抽象方法
    def greeting() {
        println("Welcome to my car!")
    }
}
```

抽象类中的抽象字段必须声明类型。与 Java 不同的是，Scala 里的抽象方法不需要加 abstract 关键字。抽象类不能进行实例化，只能作为父类被其他子类继承。

2. 类的继承

同 Java 一样，Scala 只支持单一继承，而不支持多重继承，即子类只能有一个父类。在类定义中使用 extends 关键字表示继承关系。定义子类时，需要注意以下几个方面。

（1）重载父类的抽象成员（包括字段和方法）时，override 关键字是可选的；而重载父类的非抽象成员时，override 关键字是必选的。建议在重载抽象成员时省略 override 关键字，这样做的好处是，如果随着业务的进展，父类的抽象成员被实现了而成为非抽象成员时，子类相应成员由于没有 override 关键字，会出现编译错误，使用户能及时发现父类的改变，而如果子类成员原来就有 override 关键字，则不会有任何提示。

（2）只能重载 val 类型的字段，而不能重载 var 类型的字段。因为 var 类型字段本身就是可变的，所以可以直接修改它的值，无须重载。

（3）对于父类主构造器中用 var 或 val 修饰的参数，由于其相当于类的一个字段（见 2.3.1 小节），因此如果子类的主构造器与父类的主构造器有名称相同的参数时，必须在子类的参数前加 override 关键字（如下面给出的实例中的 BMWCar 子类），或者在子类的相同名称参数前去掉 val 或 var，使其不自动成为子类的字段（如下面给出的实例中的 BYDCar 子类）。

（4）子类的主构造器必须调用父类的主构造器或辅助构造器，所采用的方法是在 extends 关键字后的父类名称后接上相应的参数列表，其中的参数个数和类型必须与父类的主构造器或者某个辅助构造器一致。子类的辅助构造器不能调用父类的构造器。

这里给出一个实例，从一个抽象的类 Car 中派生两个子类 BMWCar 和 BYDCar。

```scala
//代码文件为/usr/local/scala/mycode/MyCar.scala
abstract class Car(val name:String) {
    val carBrand:String    //一个抽象字段
    var age:Int=0
    def info()             //抽象方法
    def greeting() {
        println("Welcome to my car!")
    }
    def this(name:String,age:Int) {
        this(name)
        this.age=age
    }
}
//派生类，其主构造器调用了父类的主构造器
//由于 name 是父类主构造器的参数，因此必须使用 override
class BMWCar(override val name:String) extends Car(name) {
    override val carBrand = "BMW" //重载父类抽象字段，override 可选
    def info() {                  //重载父类抽象方法，override 关键字可选
        printf("This is a %s car. It has been used for %d year.\n", carBrand,age)
    }
    override def greeting() {     //重载父类非抽象方法，override 必选
        println("Welcome to my BMW car!")
    }
}
//派生类，其主构造器调用了父类的辅助构造器
class BYDCar(name:String,age:Int) extends Car(name,age) {
    val carBrand = "BYD"              //重载父类抽象字段，override 可选
    override def info() {             //重载父类抽象方法，override 关键字可选
        printf("This is a %s car.It has been used for %d year.\n", carBrand,age)
    }
}
object MyCar{
    def main(args:Array[String]) {
        val car1 = new BMWCar("Bob's Car")
        val car2 = new BYDCar("Tom's Car",3)
        show(car1)
        show(car2)
    }
    //将参数类型设为父类类型，根据传入参数的具体子类类型，调用相应方法，实现多态
    def show(thecar:Car)={thecar.greeting; thecar.info()}
}
```

在 Linux Shell 中使用"scalac"命令编译并执行上面的程序，执行结果如下。

```
Welcome to my BMW car!
This is a BMW car. It has been used for 0 year.
Welcome to my car!
This is a BYD car.It has been used for 3 year.
```

子类不仅可以派生自抽象类，还可以派生自非抽象类，如果某个类不希望派生出子类，则需要在类定义的 class 关键字前加上 final 关键字。子类如果没有显式地指明父类，则其默认的父类为 AnyRef。

3. Scala 的类层级结构

图 2-5 给出了 Scala 的类层级结构，位于最顶层的是名为"Any"的类，Any 类为所有类提供了

45

几个实用的方法，包括获取对象哈希值的 hashCode( )方法及返回实例信息的 toString( )方法。Any 有两个子类：AnyVal 和 AnyRef。其中，AnyVal 是所有值类型的父类，Scala 提供了 9 个具体的基本值类型，包括 Byte、Short、Int、Long、Char、Float、Double、Boolean 和 Unit，分别对应 JVM 的原生类型 byte、short、int、long、char、float、double、boolean 和 void。在字节码层面上，Scala 直接使用 JVM 原生类型来表示值类型，并将它们的实例保存在栈或寄存器上。值类型没有构造器，不能使用 new 关键字创建，只能通过字面量来创建或者来自表达式运算结果。不同的值类型之间没有相互继承关系，但是可以隐式地互相转换。AnyRef 是所有引用类型的父类，之所以被称为引用类型，是因为它们的实例是分配在堆内存上的，这些实例对应的变量实际指向了堆中的相应位置。

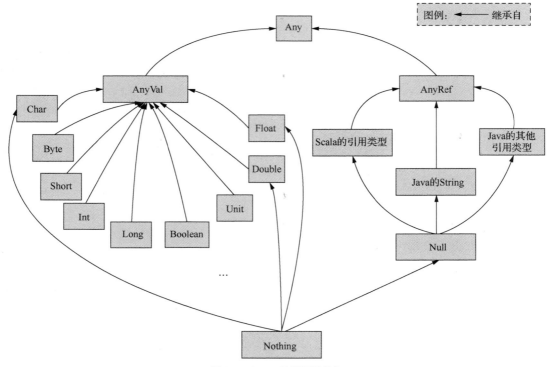

图 2-5　Scala 的类层级结构

在 Scala 的类层级结构的最底层，有两个特殊类型：Null 和 Nothing。其中，Null 是所有引用类型的子类，其唯一的实例为 null，表示一个"空"对象，可以赋值给任何引用类型的变量，但不能赋值给值类型的变量。Nothing 是所有其他类型的子类，包括 Null。Nothing 没有实例，主要用于作为异常处理函数的返回结果类型。例如，Scala 的标准库中的 Predef 对象有一个定义如下的 error( )函数。

```
def error(message:String): Nothing = throw new RuntimeException(message)
```

error( )的返回结果类型是 Nothing（实际上 error( )函数不会真正返回，而是抛出异常），由于 Nothing 是任何类型的子类，所以 error( )函数可以方便地用在需要任何类型的地方，示例如下。

```
def divide(x:Int, y:Int): Int =
  if(y != 0) x / y
  else error("can't divide by zero")
```

if 语句的正常分支返回 Int，else 分支返回 Nothing，而 Nothing 是 Int 的子类型，所以可以将 divide 函数的返回结果类型定义为 Int。

4. Option 类

Scala 提供 null 是为了实现 JVM 与其他 Java 库的兼容性，但是，除非明确需要与 Java 库进行交互，否则建议尽量避免使用这种可能带来 bug 的 null，而改用 Option 类来统一表示对象有值和无值的情形。类 Option 是一个抽象类，有一个具体的子类 Some 和一个对象 None，其中，前者表示有值的情形，后者表示没有值的情形。在 Scala 的类库中经常看到返回 Option[T]的方法，其中，T 为类型参数。对于这类方法，如果确实有 T 类型的对象需要返回，则该对象会被包装成一个 Some 对象并返回；如果没有值需要返回，将返回 None。这里给出一个关于 Map.get( )方法的实例。

```scala
scala> case class Book(val name:String,val price:Double)
defined class Book
scala> val books=Map("hadoop"->Book("Hadoop",35.5),
     | "spark"->Book("Spark",55.5),
     | "hbase"->Book("Hbase",26.0)) //定义一个书名到书对象的映射
books: scala.collection.immutable.Map[String,Book] =…
scala> books.get("hadoop")                //返回该键所对应值的 Some 对象
res0: Option[Book] = Some(Book(Hadoop,35.5))
scala> books.get("hive")                  //不存在该键，返回 None 对象
res1: Option[Book] = None
scala> books.get("hadoop").get            //Some 对象的 get()方法返回其包装的对象
res2: Book = Book(Hadoop,35.5)
scala> books.get("hive").get              //None 对象的 get()方法会抛出异常
java.util.NoSuchElementException: None.get
  …
scala> books.get("hive").getOrElse(Book("Unknown name",0))
res4: Book = Book(Unknown name,0.0)
```

对于函数返回的 Option 对象，建议使用上例倒数第二行中的 getOrElse( )方法提取值，该方法在 Option 为 Some 时返回 Some 包装的值，而在 Option 为 None 时返回传递给它的参数的值。

2.3.4　参数化类型

参数化类型

与 Java 及 C++口的泛型类似，Scala 支持参数化类型。所谓参数化类型，是指在类的定义中包含一个或几个未确定的类型参数信息，其具体的类型将在实例化类时确定。Scala 使用方括号"[]"来定义参数化类型。例如，下面的 Box 类通过对 Scala 中的 List 类型进行简单的封装，实现了栈的 push 和 pop 功能。

```scala
//代码文件为/usr/local/scala/mycode/Box.scala
class Box[T]{
    var elems:List[T]=Nil
    def pop:Option[T]={ //返回的对象采用了 Option 类型进行包装
        if (elems.isEmpty) None else {
            val temp = elems.head
            elems = elems.tail
            Some(temp)
        }
    }
    def push(a1:T){elems = a1::elems}
}
```

上例中的 T 属于类型参数信息，在实例化 Box 类时需要给 T 赋值具体的类型。在 Scala REPL 中执行如下测试。

```scala
scala> :load /usr/local/scala/mycode/Box.scala
Loading /usr/local/scala/mycode/Box.scala…
defined class Box
scala> case class Book(name:String) //定义了一个 Book 类（case 类的使用将在 2.3.6 小节介绍）
defined class Book
scala> val a = new Box[Book]              //实例化一个元素为 Book 类型的 Box 实例并赋值给 a
```

```
a: Box[Book] = Box@4e6f3d08
scala> a.push(Book("Hadoop"))   //调用 Box 的 push()方法增加一个元素
scala> a.push(Book("Spark"))
scala> a.pop                    //调用 Box 的 pop 方法取出一个元素
res24: Option[Book] = Some(Book(Spark))
```

Scala 的核心库中的容器类型都属于参数化类型，例如，对于列表类型 List[A]，可以使用任何类型作为类型 A，也就是说，可以实例化字符串列表 List[String]，也可以实例化整数列表 List[Int]。由于列表中保存元素的类型不会影响列表的工作方式，因此不需要单独定义 List[String]及 List[Int]这些类型，而只需要定义参数化类型 List[A]，以实现在较高层面抽象的泛型编程。

Scala 除了支持上面这种通过方括号的形式在类的定义中包含类型参数信息，还支持将类型参数作为类成员的抽象机制，即类的成员除了字段和方法，还可以是类型，使用关键字 type 定义。例如，下面的例子在抽象父类 Element 中定义了一个抽象的类型成员 T，抽象方法 show 的实现依赖于 T 的具体类型，在两个子类中将该类型成员 T 具体化，并实现了 show()方法。在 Linux 系统中创建一个代码文件 Element.scala，内容如下。

```
//代码文件为/usr/local/scala/mycode/Element.scala
abstract class Element{
        type T               //抽象的类型成员
        var value:T          //抽象的字段，类型为 T
        def show:Unit        //抽象方法，需要根据具体的类型 T 进行实现
}
class IntEle(var value:Int) extends Element{
        type T = Int
        def show{printf("My value is %d.\n",value)} //T 是 Int 类型时的输出
}
class StringEle(var value:String) extends Element{
        type T = String
        def show{printf("My value is %s.\n",value)} //T 是 String 类型时的输出
}
```

在 Scala REPL 中执行如下测试。

```
scala> :load Element.scala
scala> val a=new IntEle(56)
a: IntEle = IntEle@58885a2e
scala> a.show
My value is 56.
scala> val b=new StringEle("hello")
b: StringEle = StringEle@6ecf239d
scala> b.show
My value is hello.
```

采用类型成员的抽象机制和参数化类型非常类似，有时候可以互相替代。例如，上例也可以采用参数化类型进行重写，具体如下。

```
//代码文件为/usr/local/scala/mycode/Element1.scala
abstract class Element[T]{
        var value:T
        def show:Unit
}
class IntEle(var value:Int) extends Element[Int]{
        def show{printf("My value is %d.\n",value)}
}
class StringEle(var value:String) extends Element[String]{
        def show{printf("My value is %s.\n",value)}
}
```

经过重写以后，二者在使用上没有任何区别。一般来讲，当业务逻辑与类型参数无关时，采用方括号定义的参数化类型更合适，如各种容器类。当业务逻辑与类型参数相关时，建议采用类型成员的方式进行抽象。

2.3.5　特质

特质

Java 中提供了接口，允许一个类实现任意数量的接口，相当于达到了多重继承的目的。但是，在 Java 8 以前，接口的一个缺点是，不能为接口方法提供默认实现，使实现该接口的所有类都要重复相同的代码来实现接口的功能。为此，Scala 从设计之初就对 Java 接口的概念进行了改进，使用"特质"（Trait）来实现代码的多重复用，它不仅实现了接口的功能，还具备了很多其他的特性。Scala 的特质是代码重用的基本单元，其可以同时拥有抽象方法和具体方法。Scala 中，一个类只能继承自一个超类，却可以混入（Mixin）多个特质，从而重厢特质中的方法和字段，以此实现多重继承。

特质的定义与类的定义非常相似，只需要将 class 关键字改成 trait 关键字，示例如下。

```
trait Flyable {
        var maxFlyHeight:Int //抽象字段
        def fly()            //抽象方法
        def breathe(){       //具体方法
            println("I can breathe")
        }
}
```

特质类似于抽象类，既可以包含抽象成员，也可以包含非抽象成员。特质包含抽象成员时，不需要使用 abstract 关键字。特质可以使用 extends 继承其他的特质，还可以继承类。示例如下。

```
trait T1{            //一个特质
    def move()       //抽象方法
}
trait T2 extends T1 { //继承自 T1
    def fly()        //抽象方法
    def move(){println("I move by flying.")}//重载了父特质的抽象方法
}
```

如果特质没有显式地指明继承关系，则默认继承自 **AnyRef**，如上例中的 T1。特质的定义体就相当于主构造器，与类不同的是，不能给特质的主构造器提供参数列表，也不能为特质定义辅助构造器。因此，如果特质继承自某个父类，则它无法向该父类的构造器传递参数，这就要求特质所继承的父类必须有一个无参数的构造器。

特质定义好以后，就可以使用 **extends** 或 **with** 关键字把特质混入类中。当把特质混入类中时，如果特质中包含抽象成员，则该类必须为这些抽象成员提供具体实现，除非该类被定义为抽象类。类重载混入的特质中成员的语法，与重载超类中定义的成员的语法是一样的。例如，我们可以定义一个 Bird 类，并混入上文定义的 Flyable 特质，代码如下。

```
class Bird(flyHeight:Int) extends Flyable{
        var maxFlyHeight:Int = flyHeight  //重载特质的抽象字段
        def fly(){
            printf("I can fly at the height of %d.",maxFlyHeight)
        } //重载特质的抽象方法
}
```

混入了特质的类，就可以像类继承中一样调用特质的成员。这里把上面定义的特质 Flyable 和 Bird 类封装到一个代码文件 Bird.scala 中。

```
//代码文件为/usr/local/scala/mycode/Bird.scala
trait Flyable {
        var maxFlyHeight:Int   //抽象字段
        def fly()              //抽象方法
        def breathe(){         //具体方法
                    println("I can breathe")
        }
}
class Bird(flyHeight:Int) extends Flyable{
        var maxFlyHeight:Int = flyHeight   //重载特质的抽象字段
        def fly(){
                printf("I can fly at the height of %d",maxFlyHeight)
        } //重载特质的抽象方法
}
```

然后，在 Scala REPL 中执行如下代码并观察效果。

```
scala> :load /usr/local/scala/mycode/Bird.scala
Loading /usr/local/scala/mycode/Bird.scala…
defined trait Flyable
defined class Bird

scala> val b=new Bird(100)
b: Bird = Bird@43a51d00

scala> b.fly()
I can fly at the height of 100
scala> b.breathe()
I can breathe
```

特质也可以当作类型使用，即可以定义具有某种特质类型的变量，并使用任何混入了相应特质的类的实例进行初始化。下面在 Scala REPL 中执行如下代码并观察效果。

```
scala> val t:Flyable=new Bird(50)
t: Flyable = Bird@149c39b
scala> t.fly //调用了 Bird 类的方法
I can fly at the height of 50
scala> t.breathe
I can breathe
```

可以发现，该特质类型的变量会根据绑定的对象调用合适的方法，相当于实现了面向对象语言中重要的多态特性。尽管可以声明具有某种特质类型的变量，但是不能用 new 实例化特质。

当使用 extends 关键字混入特质时，相应的类就隐式地继承了特质的超类。如果想把特质混入需要显式指定父类的类里，则可以用 extends 指明待继承的父类，再用 with 混入特质。例如，首先定义一个 Animal 类，再从其中派生出一个 Bird 类，并在 Bird 类中混入 Flyable 特质，代码如下。

```
//代码文件为/usr/local/scala/mycode/Bird1.scala
trait Flyable {
        var maxFlyHeight:Int    //抽象字段
        def fly()               //抽象方法
        def breathe(){          //具体方法
            println("I can breathe")
        }
}
class Animal(val category:String){
        def info(){println("This is a "+category)}
}
```

```
class Bird(flyHeight:Int) extends Animal("Bird") with Flyable{
        var maxFlyHeight:Int = flyHeight //重载特质的抽象字段
        def fly(){
                printf("I can fly at the height of %d",maxFlyHeight)
        }//重载特质的抽象方法
}
```

下面在 Scala REPL 中执行如下代码并观察效果。

```
scala> :load /usr/local/scala/mycode/Bird1.scala
Loading /usr/local/scala/mycode/Bird1.scala…
defined trait Flyable
defined class Animal
defined class Bird
scala> val b=new Bird(50)
b: Bird = Bird@5e1a7d3
scala> b.info   //调用了 Animal 类的 info()方法
This is a Bird
scala> b.fly    //调用了 Bird 类的 fly()方法
I can fly at the height of 50
scala> b.breathe
I can breathe
```

如果要混入多个特质，可以连续使用多个 with。例如，在上例的基础上，再定义一个 HasLegs 特质，并重新定义 Bird 类，代码如下。

```
//代码文件为/usr/local/scala/mycode/Bird2.scala
trait Flyable {
        var maxFlyHeight:Int    //抽象字段
        def fly()               //抽象方法
        def breathe(){          //具体方法
            println("I can breathe")
        }
}
trait HasLegs {
        val legs:Int            //抽象字段
        def move(){printf("I can walk with %d legs",legs)}
}
class Animal(val category:String){
    def info(){println("This is a "+category)}
}
class Bird(flyHeight:Int) extends Animal("Bird") with Flyable with HasLegs{
        var maxFlyHeight:Int = flyHeight    //重载特质的抽象字段
        val legs=2                          //重载特质的抽象字段
        def fly(){
                printf("I can fly at the height of %d",maxFlyHeight)
        }//重载特质的抽象方法
}
```

在 Scala REPL 中执行如下代码并查看效果。

```
scala> :load /usr/local/scala/mycode/Bird2.scala
Loading /usr/local/scala/mycode/Bird2.scala…
defined trait Flyable
defined trait HasLegs
defined class Animal
defined class Bird
```

```
scala> val b=new Bird(108)
b: Bird = Bird@126675fd
scala> b.info
This is a Bird
scala> b.fly
I can fly at the height of 108
scala> b.move
I can walk with 2 legs
```

除了可以在类的定义中混入特质，还可以在实例化某一类时直接混入特质，这时只能用 with 关键字，而不能用 extends。例如，对于定义的 Animal 类，可以直接实例化一个对象，同时混入 HasLegs 特质。为了能够观察到执行效果，下面首先建立一个代码文件 Bird3.scala，内容如下。

```
//代码文件为/usr/local/scala/mycode/Bird3.scala
class Animal(val category:String){
        def info(){println("This is a "+category)}
}
trait HasLegs {
        val legs:Int    //抽象字段
        def move(){printf("I can walk with %d legs",legs)}
}
```

然后，在 Scala REPL 中执行如下代码并观察效果。

```
scala> :load /usr/local/scala/mycode/Bird3.scala
Loading /usr/local/scala/mycode/Bird3.scala…
defined class Animal
defined trait HasLegs

scala> var a = new Animal("dog") with HasLegs{val legs = 4}
a: Animal with HasLegs = $anon$1@6f1fa1d0
scala> a.info
This is a dog
scala> a.legs
res24: Int = 4
scala> a.move
I can walk with 4 legs
```

2.3.6 模式匹配

模式匹配

1. match 语句

Scala 提供了非常强大的模式匹配功能。最常见的模式匹配语句是 match 语句，match 语句用在需要从多个分支中进行选择的场景，类似于 Java 中的 switch 语句。示例如下。

```
//代码文件为/usr/local/scala/mycode/TestMatch.scala
import scala.io.StdIn._
println("Please input the score:")
val grade=readChar()
grade match{
     case 'A' => println("85~100")
     case 'B' => println("70~84")
     case 'C' => println("60~69")
     case 'D' => println("<60")
     case _  => println("error input!")
}
```

在 Scala REPL 中使用 ":load" 命令执行上述代码文件，系统将根据用户输入的字符输出相应的分数段。其中，最后一个 case 语句使用了通配符 "_"，相当于 Java 中的 default 分支。与 Java 的 switch 语句不同的是，match 语句中不需要使用 break 语句来跳出判断，Scala 从前往后匹配到一个分支后，会自动跳出判断。

case 后面的表达式可以是任何类型的常量，而不要求是整数。例如，下面的程序段可实现字符串的匹配。

```
//代码文件为/usr/local/scala/mycode/TestMatch1.scala
import scala.io.StdIn._
println("Please input a country:")
val country=readLine()
country match{
        case "China" => println("中国")
        case "America" => println("美国")
        case "Japan" => println("日本")
        case _ => println("我不认识!")
}
```

match 语句除了匹配特定的常量，还能匹配某种类型的所有值，示例如下。

```
//代码文件为/usr/local/scala/mycode/TestMatch2.scala
for (elem <- List(6,9,0.618,"Spark","Hadoop",'Hello)){
        val str = elem match {
                case i: Int => i + " is an int value."//匹配 Int 类型的值，并赋值给 i
                case d: Double => d + " is a double value." //匹配 Double 类型的值
                case "Spark"=>"Spark is found." //匹配特定的字符串
                case s: String => s + " is a string value." //匹配其他字符串
                case _ =>"unexpected value: "+ elem  //与以上都不匹配
        }
        println(str)
}
```

在 Scala REPL 中使用 ":load" 命令执行上面代码文件的结果如下。

```
6 is an int value.
9 is an int value.
0.618 is a double value.
Spark is found.
Hadoop is a string value.
unexpected value: 'Hello
```

类似于 for 语句中的守卫式，我们也可以在 match 语句的 case 中使用守卫式添加一些其他的过滤逻辑，示例如下。

```
//代码文件为/usr/local/scala/mycode/TestMatch3.scala
for (elem <- List(1,2,3,4)){
        elem match {
                case _ if (elem%2==0) => println(elem + " is even.")
                case _ => println(elem + " is odd.")
        }
}
```

在上述代码中，if 语句的圆括号可以省略。在 Scala REPL 中使用 ":load" 命令执行上述代码后可以得到以下输出结果。

```
1 is odd.
2 is even.
3 is odd.
4 is even.
```

2. case 类

在模式匹配中，经常会用到 case 类。当定义一个类时，如果在 class 关键字前加上 case 关键字，则该类称为 case 类。Scala 为 case 类自动重载了许多实用的方法，包括 toString( )、equals( ) 和 hashCode( ) 方法。其中，toString 方法会返回形如"类名(参数值列表)"的字符串。更重要的是，Scala 为每一个 case 类自动生成一个伴生对象，在该伴生对象中自动生成的模板代码包括如下内容。

（1）一个 apply( ) 方法，因此，实例化该类的时候无须使用 new 关键字。

（2）一个 unapply( ) 方法，该方法包含一个类型为伴生类的参数，返回结果类型是 Option 类型，对应的类型参数是 N 元组，N 是伴生类中主构造器参数的个数。unapply( ) 方法用于对对象进行解构操作，在 case 类模式匹配中，该方法被自动调用，并将待匹配的对象作为参数传递给它。

例如，假设有如下定义的一个 case 类。

```
case class Car(brand: String, price: Int)
```

编译器自动生成的伴生对象如下。

```
object Car{
        def apply(brand:String,price:Int)= new Car(brand,price)
        def unapply(c:Car):Option[(String,Int)]=
            Some((c.brand,c.price))
}
```

对 case 类而言，最常见的使用场景就是模式匹配，对于上例定义的 case 类，模式匹配的代码如下。

```
//代码文件为/usr/local/scala/mycode/TestCase.scala
case class Car(brand: String, price: Int)
val myBYDCar = new Car("BYD", 89000)
val myBMWCar = new Car("BMW", 1200000)
val myBenzCar = new Car("Benz", 1500000)
for (car <- List(myBYDCar, myBMWCar, myBenzCar)) {
    car match{
        case Car("BYD", 89000) => println("Hello, BYD!")
        case Car("BMW", 1200000) => println("Hello, BMW!")
        case Car(brand, price) => println("Brand:"+ brand +", Price:"+price+", do you
want it?")
    }
}
```

上例中每一个 case 子句中的 Car(…) 都会自动调用 Car.unapply(car)，并将提取到的值与 Car 后面括号里的参数进行一一匹配，第 1 个 case 和第 2 个 case 将与特定的值进行匹配，第 3 个 case 由于 Car 后面接的参数是变量，因此将匹配任意的参数值。在 Scala REPL 中使用":load"命令执行代码文件 TestCase.scala 的结果如下。

```
Hello, BYD!
Hello, BMW!
Brand:Benz, Price:1500000, do you want it?
```

对 case 类而言，除了可以在 match 语句中进行模式匹配，还可以在定义变量时直接从对象中提取属性值。例如，接上例中定义的 myBYDCar 变量，在 Scala REPL 中可以用下面的代码提取属性值。

```
scala> val Car(brand,price)=myBYDCar
brand: String = BYD
price: Int = 89000
```

我们还可以用通配符"_"略过不需要的属性，示例如下。

```
scala> val Car(_,price)=myBYDCar
price: Int = 89000
```

总之，Scala 的模式匹配是一个非常强大的功能，在 Scala 的类库中随处可见。通过模式匹配，我们可以很方便地从数据结构中提取数据，对于实现相同功能的代码，Java 程序的代码量可能会比

Scala 程序的多好几倍。

2.3.7　包

为了解决程序中命名冲突问题，Scala 也和 Java 一样采用包（Package）来层次化、模块化地组织程序。包可以包含类、对象和特质的定义，在 Scala 中，但是不能包含函数或变量的定义。可以通过两种方式把代码放在包中。最简单的方式是，和 Java 一样把package 语句放在源文件的顶端，这样后续所有的类和对象都位于该包中。示例如下。

```
package  autodepartment
class MyClass
```

为了能在任意位置访问 MyClass 类，需要使用 autodepartment.MyClass。与 Java 不同的是，Scala 的包和源文件之间并没有强制的一致层次关联关系，这意味着，上述代码的源文件不需要放在名为"autodepartment"的目录下。

把代码放在包里的另一种方式是在 package 语句之后加一对花括号，再将相关的类及对象放到花括号里。使用这种方式的好处是可以将程序的不同部分放在不同的包里。如下面的代码所示，类 ControlCourse 在包 xmu.autodepartment 中，而类 OSCourse 在包 xmu. csdepartment 中。

```
package xmu {
  package autodepartment {
    class ControlCourse{
        …
    }
  }
  package csdepartment {
    class  OSCourse{
      val cc = new autodepartment.ControlCourse
    }
  }
}
```

从上述代码可以看出，Scala 的包定义支持嵌套，相应的作用域也是嵌套的，在包内可以直接访问其父级包内定义的内容。例如，上述的 autodepartment.ControlCourse 无须写成xmu.autodepartment.ControlCourse，因为包 csdepartment 和 autodepartment 位于同一个父级包 xmu 中。也正是由于同一个文件可以包含多个不同的包，Scala 的包和源文件之间才没有强制的一致层次关联关系。

包及其成员可以用 import 语句来引用，这样可以简化包成员的访问方式。例如，为了在另外一个源文件中访问上述代码的类 ControlCourse，可以编写如下代码。

```
import xmu.autodepartment.ControlCourse
class MyClass{
    var myos=new ControlCourse
}
```

类似于 Java 的通配符"*"，Scala 使用通配符下画线"_"引入类或对象的所有成员（"*"是合法的 Scala 标识符）。示例如下。

```
import scala.io.StdIn._
var i=readInt()
var f=readFloat()
var str=readLine()
```

与 Java 不同的是，Scala 的 import 语句并不一定要写在文件顶部，它可以出现在程序的任何地方，其作用域从 import 语句开始一直延伸到包含该语句的块的末尾，该特性在大量使用通配符引入时显得尤为重要，可以很好地避免命名冲突。

Scala 隐式地添加了一些引用到每个程序前面，相当于每个 Scala 程序都隐式地以如下代码开始。

```
import java.lang._
import scala._
import Predef._
```

其中，java.lang 包定义了标准 Java 类；scala 包定义了标准的 Scala 库；Predef 对象包含许多 Scala 程序中常用到的类型、方法和隐式转换的别名定义等。例如，我们可以直接写 println，而不用写 Predef.println。

2.4 函数式编程基础

在所有的编程语言里都有类似函数的概念，包括方法（Method）、过程（Procedure）、块（Block）等。在数学语言里，函数表示的是一种映射关系，其作用是对输入的值进行计算，并返回一个结果，函数内部对外部的全局状态没有任何影响，即在数学语言里，函数是没有副作用的。在编程语言里，我们把这种无副作用的函数称为纯函数。纯函数的行为表现出与上下文无关的透明性和无副作用性，即函数的调用结果只与输入值有关，而不会受到调用时间和位置的影响。另外，函数的调用也不会改变任何全局对象，这些特性使多线程的并发应用中复杂的状态同步问题不复存在。正是这一巨大优势，使函数式编程在大数据应用和并发需求的驱动下，成为越来越流行的编程范式。

在纯函数式编程中，变量是不可变的，这一点对熟悉 C、Java 这类传统的命令式语言的程序员来说，可能觉得很难理解，经常会发出这样的疑问：如果变量不可变，还怎么称为变量？但是，在纯函数式语言里，变量就像数学语言里的代数符号，一经确定就不能改变。如果需要修改一个变量的值，只能定义一个新的变量，并将要修改的值赋给新的变量。尽管这些规定乍一看不符合编程的常理，但正是这种不可变性，造就了函数和普通的值之间的天然对等关系。在纯函数式编程中，函数成为和普通的值一样的"头等公民"，可以像任何其他数据类型的值一样被传递和操作，也就是说，函数的使用方式和其他数据类型值的使用方式完全一致，可以将函数赋值给变量，也可以将函数作为参数传递给其他函数，还可以将函数作为其他函数的返回值。

Scala 在架构层面上提倡顶层采用面向对象编程，而底层采用函数式编程。Scala 不是完全的函数式语言，不要求变量不可变，但它推荐尽量采用函数式来实现具体的算法和操作数据，多用 val，少用 var。这种做法不仅可以大大缩短代码的长度，还可以降低出错的概率。本节介绍 Scala 作为函数式语言所涉及的基础知识，包括函数的定义与使用、高阶函数、闭包、偏应用函数和柯里化等。另外，为了展示函数式编程的强大之处，本书还将着重介绍函数式编程针对容器的操作，并给出函数式编程实例。

2.4.1 函数的定义与使用

定义函数最常用的方法是将其定义为某个类或者对象的成员，这种函数被称为方法，其定义的基本语法为"def 方法名(参数列表):结果类型={方法体}"，具体情况已经在 2.3.1 小节中进行了详细的阐述，在此不赘述。实际上，这种方法也是 C++和 Java（指 Java 8 以前）这种面向对象的语言中定义函数的唯一方法。

函数的定义与使用

如果将函数作为"头等公民"看待，函数也应该有类型和值的区分，类型需要明确函数接收多少个参数、每个参数的类型以及函数返回结果的类型；值则是函数的一个具体实现。下面以具体的例子来说明。

```
scala> val counter: (Int) => Int = { value => value + 1 }
counter: Int => Int = $Lambda$1841/0x0000000801086000@238e3976
```

上例中的 counter 是一个函数变量，该定义遵循了 Scala 定义变量的标准语法，即"val/var 变量名:变量类型 = 初始值"。counter 的类型是 "(Int) => Int",表示该函数是具有一个整数参数并返回一个整数的函数,由于这里只有一个参数,因此其中的圆括号也可以省略。counter 的初始化值为{ value => value + 1 },其中,=>前面的 value 是参数名,=>后面是具体的运算语句或表达式,最后一个表达式的值作为函数的返回值,如果只有一条语句,则可以省略花括号{}。定义好了函数变量,就可以像使用函数一样使用它,即传入具体的参数值,返回一个结果,示例如下。

```
scala> counter(5)
res2: Int = 6
```

上例中的函数定义语法也许显得太过烦琐,实际上,得益于 Scala 的类型推断系统,我们可以将上例中的函数定义代码简写为如下语句。

```
val counter = (value:Int)=> value + 1
```

在该行代码的函数值中,给出了函数参数的类型,函数的返回结果类型由系统自动通过表达式 value+1 推断出为 Int 类型。根据这些信息,系统也自动推断出 counter 是函数类型 Int => Int。这里的 (value:Int)=> value + 1 称为函数的字面量,也称为匿名函数,在有的函数式语言中称其为 Lambda 表达式。下面再举几个匿名函数的例子。

```
scala> val add=(a:Int,b:Int)=>a+b    //函数类型为两个 Int 类型参数,返回 Int 类型值
add: (Int, Int) => Int = $Lambda$…   //省略了部分输出
scala> add(3,5)
res5: Int = 8
scala> val show=(s:String)=>println(s) //函数类型为一个 String 参数,返回 Unit 类型值
show: String => Unit = $Lambda$…     //省略了部分输出
scala> show("hello world.")
hello world.
scala> val javaHome=()=>System.getProperty("java.home")
javaHome: () => String = $Lambda$…   //省略了部分输出,函数类型为无参数,返回 String 类型值
scala> println(javaHome())
/usr/lib/jvm/java-8-openjdk-amd64/jre
```

当函数的每个参数在函数字面量内仅出现一次时,可以省略 "=>" 并用下画线作为参数的占位符来简化函数字面量的表示,第一个下画线代表第一个参数,第二个下画线代表第二个参数,以此类推。示例如下。

```
scala> val counter = (_:Int) + 1     //有类型时括号不能省略,等效于 x:Int=>x+1
counter: Int => Int = $Lambda$…
scala> val add = (_:Int) + (_:Int)   //等效于 (a:Int,b:Int)=>a+b
add: (Int, Int) => Int = $Lambda$…
```

Scala 的函数可以有多个参数列表,如下所示。

```
scala> def multiplier(factor:Int)(x:Int)=x*factor
multiplier: (factor: Int)(x: Int)Int //带有两个参数列表的函数
scala> multiplier(2)(5)
res2: Int = 10
```

2.4.2 高阶函数

前文已经提到,函数在 Scala 中是与普通的值处于同等级别的 "头等公民",可以像任何其他数据类型的值一样被传递和操作,因此,函数也可以作为其他函数的参数或者返回值。当一个函数以其他函数作为其参数或者返回结果为一个函数时,该函数被称为高阶函数。可以说,支持高阶函数是函数式编程最基本的要

高阶函数

求,高阶函数可以将灵活、细粒度的代码块集合成更大、更复杂的程序。为了实现与高阶函数类似的功能,C++需要采甩复杂的函数指针;Java 在 Java 8 以前则需要采用烦琐的接口。相比之下,Scala

中实现高阶函数的方法显得非常直观。下面以一个简单的需求场景来说明。假设需要分别计算从一个整数到另一个整数的"连加和""平方和""2 的次幂和"，如果不采用高阶函数，直接实现的代码如下，其中 3 个求和函数都采用了递归进行实现。

```
def powerOfTwo(x: Int): Int = {if(x == 0) 1 else 2 * powerOfTwo(x-1)}
def sumInts(a: Int, b: Int): Int = {
        if(a > b) 0 else a + sumInts(a + 1, b)
}
def sumSquares(a: Int, b: Int): Int = {
        if(a > b) 0 else a*a + sumSquares(a + 1, b)
}
def sumPowersOfTwo(a: Int, b: Int): Int = {
        if(a > b) 0 else powerOfTwo(a) + sumPowersOfTwo(a+1, b)
}
```

可以看出，上面 3 个求和函数的实现逻辑几乎一样，唯一的区别就是对元素的处理逻辑不一样，sumInts( )中直接用单个元素的值，sumSquares( )中使用了元素的平方值，sumPowersOfTwo( )中对元素值调用了求 2 的次幂的方法 powerOfTwo( )。发现这其中的规律以后，实际上就可以将这 3 种情形中使用的逻辑都抽象成一个 Int=>Int 型的函数 f( )，并将该函数作为一个高阶函数 sum( )的参数，代码如下。

```
def sum(f: Int => Int, a: Int, b: Int):Int = {
    if(a > b) 0 else f(a) + sum(f, a+1, b)
}
```

现在不同的求和操作都统一调用函数 sum( )，只需要为函数参数 f 传入不同的函数值，示例如下。

```
scala> sum(x=>x,1,5) //直接传入一个匿名函数
//省略了参数 x 的类型，因为可以由 sum()的参数类型推断出来
res8: Int = 15
scala> sum(x=>x*x,1,5) //直接传入一个匿名函数
res9: Int = 55
scala> sum(powerOfTwo,1,5) //传入一个已经定义好的方法
res10: Int = 62
```

2.4.3 闭包

闭包

在前面所列举的函数示例中，函数的执行只依赖于传入函数的参数值，而与调用函数的上下文无关。当函数的执行依赖于声明在函数外部的一个或多个变量时，则称这个函数为闭包。先看下面的例子。

```
scala> var more = 10
more: Int = 10
scala> val addMore =(x:Int)=> x + more
addMore: Int => Int = $Lambda$1840/0x0000000801087428@b488389
scala> addMore(5)  // more 的值被绑定为10
res7: Int = 15
scala> more=20
more: Int = 20
scala> addMore(5)// more 的值被绑定为20
res8: Int = 25
```

上面的(x:Int)=> x + more 是一个匿名函数，唯一的形式参数为 x，而 more 则是一个位于函数外部的自由变量，它的值将在函数被调用时确定，这一点从上例中第二次对 addMore 的调用可以清楚地看出来。

闭包可以捕获闭包之外的自由变量的变化，反过来，闭包对捕获的自由变量做出的改变在闭包之外也可见。示例如下。

```
scala> var sum=0
sum: Int = 0
scala> val accumulator = (x:Int)=>sum+=x //包含自由变量 sum 的闭包
accumulator: Int => Unit = $Lambda$1844/0x000000080128e000@3492321e
scala> accumulator(5)
scala> sum
res13: Int = 5
scala> accumulator(10)
scala> sum
res15: Int = 15
```

2.4.4 偏应用函数和柯里化

偏应用函数和柯里化是两个紧密相关的概念。

1. 偏应用函数

有时候一个函数在特殊应用场景下部分参数可能会始终取相同的值，为了避免每次都提供这些相同的值，我们可以用该函数来定义一个新的函数。下面给出一个实例。

```
scala> def sum(a:Int,b:Int,c:Int)=a+b+c
sum: (a: Int, b: Int, c: Int)Int
scala> val a=sum(1,_:Int,_:Int) //只保留了 sum()的后两个参数
a: (Int, Int) => Int = $Lambda$1845/0x0000000801290000@6b23096b
scala> a(2,3) //等效于调用 sum(1,2,3)
res0: Int = 6
```

这里的 sum( )是一个带有 3 个参数的函数，函数变量 a 是用 sum( )来定义的，并将 sum( )的第一个参数确定为 1，而剩下的两个参数用下画线 "_" 表示，相当于只保留了 sum( )的部分参数。这种只保留函数部分参数的函数表达式，称为偏应用函数（Partially Applied Function）。如果要保留整个函数的参数列表，则可以直接用一个下画线代替，示例如下。

```
scala> val b=sum _  //注意 sum 后有一个空格
b: (Int, Int, Int) => Int = $Lambda$1846/0x0000000801290e10@521c63f4
scala> b(1,2,3)
res1: Int = 6
```

2. 柯里化

柯里（Curry）来源于美国数理逻辑学家哈斯克尔·布鲁克斯·柯里（Haskell Brooks Curry）的姓，柯里化的函数是指那种带有多个参数列表且每个参数列表只包含一个参数的函数。示例如下。

```
scala> def multiplier(factor:Int)(x:Int)=x*factor
multiplier: (factor: Int)(x: Int)Int //带有两个参数列表的函数
scala> val byTwo=multiplier(2)_      //保留 multiplier()第二个参数的偏应用函数，第一个参数值固定为2
byTwo: Int => Int = $Lambda$1848/0x00000008012920d0@41c3428d
scala> multiplier(2)(5)
res2: Int = 10
scala> byTwo(5)
res3: Int = 10
```

上面第一行语句中的 multiplier( )有两个参数列表，每个参数列表里面都只包含一个参数，因此，这里的 multiplier( )函数也称为柯里化的函数。随后第三行语句采用偏应用函数的形式将 multiplier( )函数转化成只带有一个参数的函数 byTwo( )。

实际上，可以通过柯里化过程，将一个多参数的普通函数转化为柯里化的函数。示例如下。

```
scala> val plainMultiplier=(x:Int,y:Int)=>x*y
plainMultiplier: (Int, Int) => Int = $Lambda$…//省略了部分输出，带有两个参数的普通函数
scala> val curriedMultiplier = plainMultiplier.curried
```

```
curriedMultiplier: Int => (Int => Int) = scala.Function2$$Lambda$…//省略了部分输出
scala> plainMultiplier(2,5)
res5: Int = 10
scala> curriedMultiplier(2)(5)
res6: Int = 10
```

上例中，第一行语句中的 plainMultiplier( )是一个带有两个参数的普通函数变量。第三行语句通过调用函数对象的 curried( )方法，将 plainMultiplier( )转化成了一个柯里化的函数，可以看到该函数的类型为 Int => (Int => Int)，即其接收一个 Int 类型参数，并返回一个类型为 Int => Int 的函数，这一点从上面的调用语句 curriedMultiplier(2)(5)中也可以得到印证，该语句相当于进行了两次函数调用，第一次将 curriedMultiplier 作用在 2 上，返回一个函数，再将这个返回的函数作用在 5 上。

2.4.5 针对容器的操作

对于每种类型的容器，Scala 都提供了一批相应的方法，用于实现丰富的容器操作。这些方法基本覆盖了实际需求中大部分的容器问题，只需进行简单的方法调用就可以代替复杂的循环或递归。更重要的是，类库里的基本操作都是经过优化的，因此，使用类库提供的基本操作，通常比自己写循环代码更加高效，而且，容器类库已经支持在多核处理器上并行运算。下面将分别介绍遍历、映射、过滤、规约和拆分 5 种类型的操作。

1. 遍历操作

Scala 容器的标准遍历方法为 foreach( )方法，该方法的原型如下。

```
def foreach[U](f: Elem => U) :Unit
```

该方法接收一个函数 f( )作为参数；函数 f( )的类型为 Elem => U，即 f( )接收一个参数，参数的类型为容器元素的类型 Elem，f( )的返回结果类型为 U（实际上，f( )的返回结果类型无关紧要，因为 f( )的返回结果会被丢弃）。foreach( )的返回结果类型为 Unit，从这个角度看，foreach( )是一个完全副作用函数，它会遍历容器的每个元素，并将 f( )应用到每个元素上。举例如下。

```
scala> val list = List(1, 2, 3)
list: List[Int] = List(1, 2, 3)
scala> val f=(i:Int)=>println(i)
f: Int => Unit = $Lambda$1861/0x000000080129d8f8@13d0d1e0
scala> list.foreach(f)
1
2
3
```

上例中规中矩地演示了 foreach( )的用法，首先定义一个一元函数变量 f( )，再调用容器的 foreach( )方法，并传入 f( )。更常用的写法是使用中缀表示法，且直接在 foreach( )后面定义匿名函数，即 list foreach(i=>println(i))，由于 println( )函数本身就只接收一个参数，因此还可以进一步简写为 list foreach println。这种中缀表示法也是 Scala 推荐的具有函数式风格的写法。再看一个对映射进行遍历的例子。

```
scala> val university = Map("XMU" ->"Xiamen University", "THU" ->"Tsinghua University",
"PKU"->"Peking University")
university: scala.collection.mutable.Map[String,String] = …
scala> university foreach{kv => println(kv._1+":"+kv._2)}
XMU:Xiamen University
THU:Tsinghua University
PKU:Peking University
```

由于映射的每个元素实质上是一个二元组，因此，可以使用_1 和_2 得到它的第一个元素和第二个元素，即键和值。对于该 foreach 语句，还可以写成模式匹配形式，直接将键和值提取出来，代码如下。

```
university foreach{case (k,v) => println(k+":"+v)}
```

该语句实际上是下面标准的 match 语句的简写形式。

```
university foreach{x=>x match {case (k,v) => println(k+":"+v)}}
```

除了使用 foreach( )方法对容器进行遍历，还可以用 for 语句进行遍历。例如，对上面定义的列表和映射进行遍历，可以使用如下代码。

```
for(i<-list)println(i)
for(kv<- university)println(kv._1+":"+kv._2)
for((k,v)<- university)println(k+":"+v)  //与上一句的效果一样
```

2. 映射操作

映射操作是针对容器的典型转换操作。映射操作是指通过对容器中的元素进行某些运算来生成一个新的容器。两个典型的映射操作是 map( )方法和 flatMap( )方法。map( )方法会将某个函数应用到集合中的每个元素，映射得到一个新的元素，因此，map( )方法会返回一个与原容器类型、大小都相同的新容器，只不过元素的类型可能不同。示例如下。

```
scala> val books =List("Hadoop","Hive","HDFS")
books: List[String] = List(Hadoop, Hive, HDFS)
scala> books.map(s => s.toUpperCase)//toUpperCase()方法将一个字符串中的每个字母都变成大写字母
res56: List[String] = List(HADOOP, HIVE, HDFS)
scala> books.map(s => s.length)        //将字符串映射到它的长度
res57: List[Int] = List(6, 4, 4)       //新列表的元素类型为 Int
```

flatMap( )方法稍有不同，它将某个函数应用到容器中的元素时，对每个元素都会返回一个容器（而不是一个元素），然后，flatMap( )把生成的多个容器“合并”成为一个容器并返回。返回的容器与原容器类型相同，但大小可能不同，其中元素的类型也可能不同。示例如下。

```
scala> books flatMap (s => s.toList)
res58: List[Char] = List(H, a, d, o, o, p, H, i, v, e, H, D, F, S)
```

这里的 toList( )方法是每个容器都具有的方法，它的功能是将一个容器转化为列表（List），类似的转换方法还有 toSet( )、toMap( )等。由于 Scala 将字符串视为一个元素类型为 Char 的容器，因此，对字符串也可以调用 toList( )方法，返回由所有字符组成的 List[Char]。flatMap( )将各个字符串返回的 List[Char]“拍扁”成一个 List[Char]。

3. 过滤操作

在实际编程中，我们经常会有过滤需求，即遍历一个容器，从中获取满足指定条件的元素，返回一个新的容器。Scala 中有很多用于实现不同过滤需求的方法。最典型的是 filter( )方法，它接收一个返回布尔值的函数 f( )作为参数，并将 f( )作用到每个元素上，将使 f( )返回真值的元素组成一个新容器返回。示例如下。

```
scala> val university = Map("XMU" ->"Xiamen University", "THU" ->"Tsinghua University",
"PKU"->"Peking University","XMUT"->"Xiamen University of Technology")
university: scala.collection.immutable.Map[String,String] = …

//过滤出值中包含"Xiamen"的元素, contains 为 String 的方法
scala> val xmus = university filter {kv => kv._2 contains "Xiamen"}
universityOfXiamen: scala.collection.immutable.Map[String,String] = Map(XMU -> Xiamen
University, XMUT -> Xiamen University of Technology)

scala> val l=List(1,2,3,4,5,6) filter {_%2==0}
//使用了占位符语法, 过滤能被 2 整除的元素
l: List[Int] = List(2, 4, 6)
```

与 filter( )相反的一个过滤方法是 filterNot( )，从字面意义就可以推测，它的作用是将不符合条件的元素返回。与过滤操作相关的常用方法还有 exists( )和 find( )，其中 exists( )方法用于判断是否存在满足给定条件的元素，find( )方法用于返回第一个满足条件的元素。示例如下。

```
scala> val t=List("Spark","Hadoop","Hbase")
t: List[String] = List(Spark, Hadoop, Hbase)
scala> t exists {_ startsWith "H"} //startsWith()为String()的函数
res3: Boolean = true
scala> t find {_ startsWith "Hb"}
res4: Option[String] = Some(Hbase) //find()的返回值用Option类进行了包装
scala> t find {_ startsWith "Hp"}
res5: Option[String] = None
```

4. 规约操作

规约操作是指对容器的元素进行两两运算，将其规约为一个值。最常见的规约方法是 reduce( )方法，它接收一个二元函数 f( )作为参数，首先将 f( )作用在某两个元素上并返回一个值，然后将 f( )作用在上一个返回值和容器的下一个元素上，再返回一个值，以此类推，最后容器中的所有值会被规约为一个值。示例如下。

针对容器的操作
（规约和拆分）

```
scala> val list =List(1,2,3,4,5)
list: List[Int] = List(1, 2, 3, 4, 5)
scala> list.reduce(_ + _) //将列表元素累加，使用了占位符语法
res16: Int = 15
scala> list.reduce(_ * _) //将列表元素连乘
res17: Int = 120
scala> list map (_.toString) reduce ((x,y)=>s"f($x,$y)")
res5: String = f(f(f(f(1,2),3),4),5) //f()表示传入 reduce 的二元函数
```

上面代码中的倒数第二行语句，先通过 map( )操作将 List[Int]转化成了 List[String]，也就是把列表中的每个元素的类型从 Int 类型转换成 String 类型，然后对这个字符串列表进行自定义规约，语句的执行结果清楚地展示了 reduce( )的执行过程。

reduce( )方法对元素进行操作时，对于列表等有序容器（即容器中的元素有顺序关系），其遍历容器的默认顺序是从左到右；而对于集合等无序容器（即容器中的元素没有顺序关系），其遍历容器的顺序是未定的，因此，其结果对无序容器而言可能是不确定的。示例如下。

```
scala> val s1=Set(1,2,3)
s1: scala.collection.immutable.Set[Int] = Set(1, 2, 3)
scala> val s2 = util.Random.shuffle(s1) //打乱集合元素的顺序，生成一个新集合
s2: scala.collection.immutable.Set[Int] = Set(3, 2, 1)
scala> s1==s2            //s1 和 s2 只是元素顺序不一样，但从集合的角度来看二者是完全相等的
res18: Boolean = true
scala> s1.reduce(_+_) //加法操作满足结合律和交换律，所以 reduce()方法的结果与遍历顺序无关
res19: Int = 6
scala> s2.reduce(_+_)
res20: Int = 6
scala> s1.reduce(_-_) //减法操作不满足结合律和交换律，所以 reduce()方法的结果与遍历顺序有关
res22: Int = -4
scala> s2.reduce(_-_)
res23: Int = 0
```

为了保证遍历顺序，有两个与 reduce( )相关的方法——reduceLeft 和 reduceRight，从名称即可看出，前者从左到右进行遍历，后者从右到左进行遍历。reduceLeft 和 reduceRight 对传入的二元函数的参数定义不相同，对于 reduceLeft，第一个参数表示累计值；对于 reduceRight，第二个参数表示累计值。图 2-6 演示了 reduceLeft 和 reduceRight 的计算过程。

由于加法操作满足结合律和交换律，因此 reduceLeft 和 reduceRight 的结果没有区别。下例以减法操作来展示二者的差异，同时，为了更加清晰地展示整个计算过程，还进一步将整数列表转换成字符串列表进行展示。

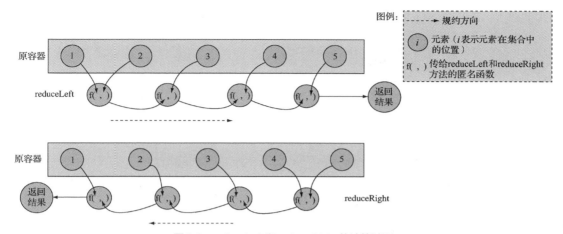

图 2-6　reduceLeft 和 reduceRight 的计算过程

```
scala> val list = List(1,2,3,4,5)
list: List[Int] = List(1, 2, 3, 4, 5)
scala> list reduceLeft {_-_}
res24: Int = -13
scala> list reduceRight {_-_}
res25: Int = 3
scala> val s = list map (_.toString)    //将整数列表转换成字符串列表
s: List[String] = List(1, 2, 3, 4, 5)
scala> s reduceLeft {(accu,x)=>s"($accu-$x)"}
res28: String = (((((1-2)-3)-4)-5)         //list reduceLeft{_-_}的计算过程
scala> s reduceRight {(x,accu)=>s"($x-$accu)"}
res30: String = (1-(2-(3-(4-5))))          //list reduceRight{_-_}的计算过程
```

与 reduce( )方法非常类似的一个方法是 fold( )方法。fold( )方法具有两个参数列表，第一个参数
列表接收一个规约的初始值，第二个参数列表接收与 reduce( )中一样的二元函数参数。两个方法唯一的差
别是，reduce( )从容器的两个元素开始规约，而 fold( )则从提供的初始值开始规约。同样地，对无序
容器而言，fold( )方法也不保证规约时的遍历顺序，如要保证顺序，请使用 foldLeft 和 foldRight，其
中，关于匿名函数参数的定义，与 reduceLeft 和 reduceRight 完全一样。图 2-7 演示了 foldLeft 和 foldRight
的计算过程。

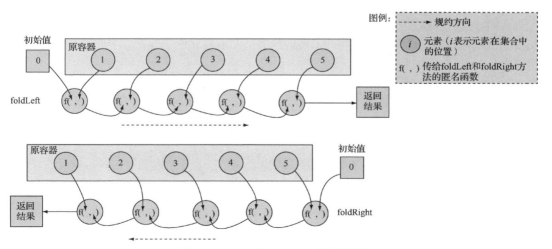

图 2-7　foldLeft 和 foldRight 的计算过程

下面给出一个关于 fold( ) 操作的实例。

```
scala> val list = List(1,2,3,4,5)
list: List[Int] = List(1, 2, 3, 4, 5)
scala> list.fold(10)(_*_)
res32: Int = 1200
scala> (list fold 10)(_*_)          //fold 的中缀调用写法
res33: Int = 1200
scala> (list foldLeft 10)(_-_)  //计算顺序((((((10-1)-2)-3)-4)-5)
res34: Int = -5
scala> (list foldRight 10)(_-_)  //计算顺序(1-(2-(3-(4-(5-10)))))
res35: Int = -7
scala> val em = List.empty
em: List[Nothing] = List()
scala> em.fold(10)(_-_)          //对空容器调用 fold 的结果为初始值，对空容器调用 reduce 会出错
res36: Int = 10
```

最后补充一点，reduce( ) 操作总是返回与容器元素相同类型的结果，而 fold( ) 操作可以输出与容器元素完全不同类型的值，甚至是一个新的容器。下面这个例子将展示 fold( ) 强大的地方，它实现了类似 map( ) 的功能，以一个空列表作为初始值，然后在其头部添加一个新元素，并返回新的列表作为下次运算的累计值。

```
scala> val list = List(1,2,3,4,5)
list: List[Int] = List(1, 2, 3, 4, 5)
scala> (list foldRight List.empty[Int]){(x,accu)=>x*2::accu}
res44: List[Int] = List(2, 4, 6, 8, 10) //与下面的 map 操作结果一样
scala> list map {_*2}
res45: List[Int] = List(2, 4, 6, 8, 10)
```

5. 拆分操作

拆分操作是指把一个容器按一定的规则分割成多个子容器。常用的拆分方法有 partition( )、groupedBy( )、grouped( ) 和 sliding( )。假设原容器为 C[T] 类型的。partition( ) 方法接收一个返回布尔值的函数，用该函数对容器元素进行遍历，以二元组的形式返回满足条件和不满足条件的两个 C[T] 类型的集合。groupedBy( ) 方法接收一个返回 U 类型值的函数，用该函数对容器元素进行遍历，将返回值相同的元素存入一个子容器，并与该相同的值构成一个键值对，最后返回的是一个类型为 Map[U,C[T]] 的映射。grouped( ) 和 sliding( ) 方法都只接收一个整数 n，两个方法都会将容器拆分为多个与原容器类型相同的子容器，并返回由这些子容器构成的迭代器，即 Iterator[C[T]]。其中，grouped( ) 按从左到右的方式将容器划分为多个大小为 n 的子容器（最后一个的大小可能小于 n）；sliding( ) 使用一个长度为 n 的滑动窗口，从左到右将容器截取为多个大小为 n 的子容器。下面以一个列表容器进行举例说明。

```
scala> val xs = List(1,2,3,4,5)
xs: List[Int] = List(1, 2, 3, 4, 5)
scala> val part = xs.partition(_<3)
part: (List[Int], List[Int]) = (List(1, 2),List(3, 4, 5))
scala> val gby = xs.groupBy(x=>x%3)      //按被 3 整除的余数进行划分
gby: scala.collection.immutable.Map[Int,List[Int]] = Map(2 -> List(2, 5), 1 -> List(1, 4), 0 -> List(3))
scala> gby(2) //获取键值为 2（余数为 2）的子容器
res11: List[Int] = List(2, 5)
scala> val ged = xs.grouped(3)                //拆分为大小为 3 的子容器
ged: Iterator[List[Int]] = <iterator>
scala> ged.next //第 1 个子容器
res3: List[Int] = List(1, 2, 3)
```

```
scala> ged.next  //第 2 个子容器，里面只剩下 2 个元素
res5: List[Int] = List(4, 5)
scala> ged.hasNext            //迭代器已经遍历完了
res6: Boolean = false
scala> val sl = xs.sliding(3)  //滑动拆分为大小为 3 的子容器
sl: Iterator[List[Int]] = <iterator>
scala> sl.next                //第 1 个子容器
res7: List[Int] = List(1, 2, 3)
scala> sl.next                //第 2 个子容器
res8: List[Int] = List(2, 3, 4)
scala> sl.next                //第 3 个子容器
res9: List[Int] = List(3, 4, 5)
scala> sl.hasNext             //迭代器已经遍历完了
res10: Boolean = false
```

2.4.6　函数式编程实例

为了加强读者对函数式编程的理解，下面举一个综合应用的例子，其功能是对某个目录下所有文件中的单词进行词频统计，代码如下。

函数式编程实例

```
1   import java.io.File
2   import scala.io.Source
3   import collection.mutable.Map
4   object WordCount {
5       def main(args: Array[String]) {
6           val dirfile = new File("testfiles")
7           val files = dirfile.listFiles
8           val results = Map.empty[String,Int]
9           for(file <-files) {
10              val data = Source.fromFile(file)
11              val strs = data.getLines.flatMap{s =>s.split(" ")}
12              strs foreach { word =>
13                      if (results.contains(word))
14                      results(word)+=1 else  results(word)=1
15              }
16          }
17          results foreach{case (k,v) => println(s"$k:$v")}
18      }
19  }
```

对主要代码的说明如下。

（1）行 1~3：导入需要的类。

（2）行 6：建立一个 File 对象，这里假设当前目录下有一个"testfiles"目录，且里面包含若干文本文件。

（3）行 7：调用 File 对象的 listFiles( )方法，得到其下所有文件对象构成的数组，files 的类型为 Array[java.io.File]。

（4）行 8：建立一个可变的空的映射（Map）对象 results，保存统计结果。映射中的条目都是 (key,value)键值对，其中 key 是单词，value 是单词出现的次数。

（5）行 9：通过 for 语句对文件对象进行循环遍历，用于处理各个文件。

（6）行 10：通过 File 对象建立 Source 对象（参见 2.2.2 小节），方便文件的读取。

（7）行 11：getLines( )方法用于返回文件各行构成的迭代器对象，类型为 Iterator[String]，flatMap 进一步将每一行字符串拆分成单词，再返回所有这些单词构成的新字符串迭代器。

（8）行 12～15：对上述的字符串迭代器进行遍历，在匿名函数中，对于当前遍历到的某个单词，如果这个单词以前已经统计过，就把映射 results 中以该单词为 key 的映射条目的 value 增加 1；如果以前没有统计过，则为这个单词新创建一个映射条目，只需要直接对相应的 key 进行赋值，就能实现添加新的映射条目。

（9）行 17：对 Map 对象 results 进行遍历，输出统计结果。

2.5　本章小结

本章从基本的 Scala 安装和简单的 HelloWorld 程序开始，到面向对象和函数式编程，对 Scala 语言进行了概要式介绍。通过本章的学习，读者可以掌握 Scala 语言中的基本概念和基本语法，包括变量、方法、函数、类、对象和特质等的定义和使用。函数式编程部分，对 Scala 的容器进行了宏观的概述，着重介绍了几种常用容器的使用方法，简单展示了如何利用 Scala 高阶函数编写简洁而功能强大的代码。完成本章的学习后，我们已经为学习 Spark 奠定了基本的语言基础，从第 3 章开始，我们将正式进入 Spark 的世界。

2.6　习题

1. 简述 Scala 语言与 Java 语言的联系与区别。
2. 简述 Scala 语言的基本特性。
3. 请分别用脚本和编译运行两种形式输出"Hello World"。
4. Scala 有哪些基本数据类型和操作符？
5. 在 Scala 里怎样定义一个变量？其与 Java 的变量定义有什么区别？
6. 什么是 s 插值字符串？
7. 什么是 Scala 的类型推断机制？
8. Scala 提供哪些控制结构？
9. 什么是 for 推导式？
10. 下述脚本的目的是输出数组中的偶数，请尝试在 Scala REPL 中运行，并修改相应错误。

```
Val array = Array(1,2,3,4,5,6)
For(a<-array;a%2==0) println(a)
```

11. Scala 如何实现 Java 循环中的 break 和 continue 功能？
12. Scala 的方法或函数中的参数是否可变？这种规则的好处是什么？
13. Scala 通过什么机制暴露私有字段成员？什么是统一访问原则？
14. Scala 的类有哪两种类型的构造器？其中的参数作用有什么区别？
15. 简述 Scala 的类层级结构。
16. 在 Scala 中，Nothing、Null、null、Option、Some、None 分别代表什么，又有何作用？
17. 什么是单例对象和伴生对象？
18. 简述 apply( )方法和 unapply( )方法的调用规则以及常见的应用场景。
19. 什么是 Scala 的特质？它与 Java 接口的联系和区别有哪些？
20. 下述脚本定义了一个父类 C 和一个特质 T，T 继承自 C，然后定义了一个类 C1，C1 混入特质 T，最后实例化一个 C1 的变量。请检查脚本中的错误，并尝试修改以得到期望的结果。

```
class C(val name:String)
trait T extends C{    def fly()}
class C1(val name:String) with T{
```

```
        def fly(){println("I can fly.")}
}
val t = new C1("scala")
println(t.name)    //期望输出 "scala"
t.fly              //期望输出 "I can fly."
```

21. Scala 有哪几种常用的模式匹配用法？
22. 什么是 case 类，它和普通类的区别是什么？
23. 为什么说 Scala 里的函数是 "头等公民" ？具体表现在哪些方面？
24. 函数的类型和值指的是什么？
25. 分别阐述高阶函数、闭包的概念。
26. 简要描述 Scala 容器的宏观层次结构，并指出常用的容器类型。
27. 容器和迭代器的联系与区别是什么？
28. 如果 c1 是一个不可变的容器变量，c2 是一个可变的容器变量，elem 是一个对象，则 c1+=elem 和 c2+=elem 的作用分别是什么？
29. 请描述 map( )和 flatMap( )的区别。
30. 请描述 reduce( )和 fold( )的区别。

实验 2　Scala 编程初级实践

一、实验目的

（1）掌握 Scala 语言的基本语法、数据结构和控制结构。
（2）掌握面向对象编程的基础知识，能够编写自定义类和特质。
（3）掌握函数式编程的基础知识，能够熟练定义匿名函数。熟悉 Scala 的容器类库的基本层次结构，熟练使用常用的容器类进行数据操作。
（4）熟练掌握 Scala 的 REPL 运行模式和编译运行方法。

二、实验平台

操作系统：Linux（推荐 Ubuntu 16.04）。
JDK 版本：1.7 或以上版本。
Scala 版本：2.11.8。

三、实验内容和要求

1. 计算级数

请用脚本的方式编程，计算并输出下列级数的前 n 项之和 S_n，直到 S_n 刚好大于等于 q 为止，其中，q 为大于 0 的整数，其值通过键盘输入。

$$S_n = \frac{2}{1} + \frac{3}{2} + \frac{4}{3} + \cdots + \frac{n+1}{n}。$$

例如，若 q 的值为 50，则输出应为：S_n=50.416695。请将源文件保存为 exercise2-1.scala，在 Scala REPL 中测试运行，测试样例：q=1 时，S_n=2；q=30 时，S_n=30.891459；q=50 时，S_n=50.416695。

2. 模拟图形绘制

编写一个图形绘制程序，用下面的层次对各种实体进行抽象。定义一个 Drawable 特质，其包括一个 draw( )方法，默认实现为输出对象的字符串表示。定义一个 Point 类表示点，混入 Drawable 特质，并包含一个 shift( )方法，用于移动点。所有图形实体的抽象类为 Shape，其构造器包括一个 Point 类型，表示图形的具体位置（具体意义对于不同的图形不一样）。Shape 类有一个具体方法 moveTo( )和一个抽象方法 zoom( )，其中 moveTo( )用于将图形从当前位置移动到新的位置，各种图形的 moveTo( )可能会有不一样的地方；zoom( )方法实现对图形的缩放，接收一个浮点型的缩放倍数参数，不同图形的缩放实现不一样。继承 Shape 类的具体图形类包括直线类 Line 和圆类 Circle。Line 类的第一个参数表示其位置，第二个参数表示另一个端点，Line 缩放的时候，点位置不变，长度按倍数缩放（注意，缩放时，两个端点信息也改变了）。另外，Line 的移动行为会影响另一个端点，需要对 moveTo( )方法进行重载。Circle 类的第一个参数表示圆心，也表示其位置，另一个参数表示半径，Circle 缩放的时候，位置参数不变，半径按倍数缩放。另外，直线类 Line 和圆类 Circle 都混入 Drawable 特质，要求对 draw( )进行重载。其中，类 Line 的 draw 输出的信息样式为 "Line:第一个端点的坐标--第二个端点的坐标)"，类 Circle 的 draw 输出的信息样式为 "Circle:center=圆心坐标,R=半径"。下面的代码已经给出了 Drawable 和 Point 的定义，同时也给出了程序入口 main( )方法的实现，请完成 Shape 类、Line 类和 Circle 类的定义。

```
case class Point(var x:Double,var y:Double) extends Drawable{
        def shift(deltaX:Double,deltaY:Double){x+=deltaX;y+=deltaY}
}
trait Drawable{
        def draw(){println(this.toString)}
}

//请完成 Shape 类、Line 类和 Circle 类的定义

object MyDraw{
    def main(args: Array[String]) {
    val p=new Point(10,30)
        p.draw;
        val line1 = new Line(Point(0,0),Point(20,20))
        line1.draw
        line1.moveTo(Point(5,5))        //移动到一个新的点
        line1.draw
        line1.zoom(2)                   //放大 2 倍
        line1.draw
        val cir= new Circle(Point(10,10),5)
        cir.draw
        cir.moveTo(Point(30,20))
        cir.draw
        cir.zoom(0.5)
        cir.draw
    }
}
```

编译并运行程序，期望的输出结果如下。

```
Point(10.0,30.0)
Line:(0.0,0.0)--(20.0,20.0)
Line:(5.0,5.0)--(25.0,25.0)
Line:(-5.0,-5.0)--(35.0,35.0)
Circle:center=(10.0,10.0),R=5.0
Circle:center=(30.0,20.0),R=5.0
Circle:center=(30.0,20.0),R=2.5
```

3. 统计学生成绩

学生的成绩清单格式如下所示，第一行为表头，各字段分别表示学号、性别、课程名 1、课程名 2 等，后面每一行代表一个学生的信息，各字段之间用空格隔开。

```
Id        gender    Math     English    Physics
301610    male      80       64         78
301611    female    65       87         58
...
```

给定任意一个如上格式的清单（不同清单里课程数量可能不一样），要求尽可能采用函数式编程，统计出各门课程的平均分、最低分和最高分。另外，还需要按男女学生，分别统计各门课程的平均分、最低分和最高分。

测试样例 1 如下。

```
Id        gender    Math     English    Physics
301610    male      80       64         78
301611    female    65       87         58
301612    female    44       71         77
301613    female    66       71         91
301614    female    70       71         100
301615    male      72       77         72
301616    female    73       81         75
301617    female    69       77         75
301618    male      73       61         65
301619    male      74       69         68
301620    male      76       62         76
301621    male      73       69         91
301622    male      55       69         61
301623    male      50       58         75
301624    female    63       83         93
301625    male      72       54         100
301626    male      76       66         73
301627    male      82       87         79
301628    female    62       80         54
301629    male      89       77         72
```

测试样例 1 的统计结果如下。

```
course    average   min      max
Math:     69.20     44.00    89.00
English:  71.70     54.00    87.00
Physics:  76.65     54.00    100.00
course    average   min      max (males)
Math:     72.67     50.00    89.00
English:  67.75     54.00    87.00
Physics:  75.83     61.00    100.00
course    average   min      max (females)
Math:     64.00     44.00    73.00
English:  77.63     71.00    87.00
Physics:  77.88     54.00    100.00
```

测试样例 2 如下。

```
Id        gender    Math     English    Physics    Science
301610    male      72       39         74         93
301611    male      75       85         93         26
301612    female    85       79         91         57
301613    female    63       89         61         62
301614    male      72       63         58         64
301615    male      99       82         70         31
```

```
301616   female   100   81    63    72
301617   male     74    100   81    59
301618   female   68    72    63    100
301619   male     63    39    59    87
301620   female   84    88    48    48
301621   male     71    88    92    46
301622   male     82    49    66    78
301623   male     63    80    83    88
301624   female   86    80    56    69
301625   male     76    69    86    49
301626   male     91    59    93    51
301627   female   92    76    79    100
301628   male     79    89    78    57
301629   male     85    74    78    80
```

测试样例 2 的统计结果如下。

```
course     average   min     max
Math:      79.00     63.00   100.00
English:   74.05     39.00   100.00
Physics:   73.60     48.00   93.00
Science:   65.85     26.00   100.00
course     average   min     max
Math:      77.08     63.00   99.00
English:   70.46     39.00   100.00
Physics:   77.77     58.00   93.00
Science:   62.23     26.00   93.00
course     average   min     max
Math:      82.57     63.00   100.00
English:   80.71     72.00   89.00
Physics:   65.86     48.00   91.00
Science:   72.57     48.00   100.00
```

四、实验报告

<table>
<tr><td colspan="5" align="center">Spark 编程基础实验报告</td></tr>
<tr><td>题目：</td><td></td><td>姓名：</td><td></td><td>日期：</td></tr>
<tr><td colspan="5">实验环境：</td></tr>
<tr><td colspan="5">实验内容与完成情况：</td></tr>
<tr><td colspan="5">出现的问题：</td></tr>
<tr><td colspan="5">解决方案（列出遇到的问题和解决办法，列出没有解决的问题）：</td></tr>
</table>

03 第3章 Spark的设计与运行原理

  Spark 诞生于美国加利福尼亚大学伯克利分校的 AMP 实验室,是一个可应用于大规模数据处理的快速、通用的引擎,如今是 Apache 软件基金会下的顶级开源项目之一。Spark 最初的设计目标是使数据分析更快——不仅运行速度快,还要使开发者能快速、容易地编写程序。为了使程序运行更快,Spark 提供了内存计算,减少了迭代计算时的 I/O 开销;为了使开发者编写程序更为容易,Spark 使用简练、优雅的 Scala 语言编写,基于 Scala 提供了交互式的编程体验。虽然 Hadoop 已成为大数据技术的事实标准,但是其 MapReduce 分布式计算模型仍存在诸多缺陷,而 Spark 不仅具备 Hadoop MapReduce 的优点,而且完美地规避了 Hadoop MapReduce 的缺陷。Spark 正以其结构一体化、功能多元化的优势逐渐成为当今大数据领域热门的大数据计算平台之一。

  本章首先简单介绍 Spark 的起源和特点;然后讲解 Spark 的生态系统和运行架构;最后介绍 Spark 的部署模式以及 Spark 与人工智能框架进行集成的具有代表性的解决方案 TensorFlowOnSpark。

3.1 概述

概述

  Spark 由美国加利福尼亚大学伯克利分校的 AMP 实验室于 2009 年开发,是基于内存计算的大数据并行计算框架,可用于构建大型的、低延迟的数据分析应用程序。Spark 在诞生之初属于研究性项目,其诸多核心理念均源自学术研究论文。2013 年,Spark 成为 Apache 孵化器项目后,开始获得迅猛的发展,如今已成为 Apache 软件基金会最重要的三大分布式计算系统开源项目(即 Hadoop、Spark、Flink)之一。

  Spark 作为大数据计算平台的后起之秀,在 2014 年打破了 Hadoop 保持的基准排序(Sort Benchmark)纪录,使用 206 个节点在 23min 内完成了对 100TB 数据的排序,而 Hadoop 是使用 2000 个节点在 72min 内完成对同样数据的排序。也就是说,Spark 仅使用了约 1/10 的计算资源,获得了约 3 倍于 Hadoop 的速度。新纪录的诞生,使 Spark 获得多方追捧,也表明了 Spark 可以作为一个更加快速、高效的大数据计算平台。目前,Spark 项目被托管在 GitHub 上,从 GitHub 的统计数据来看,Spark 无论是从贡献者数量还是从提交数量,都可以说是十分活跃的开源项目之一。

Spark 核心开发团队成立了一家名为 "Databricks" 的公司，专注于基于 Spark 为行业提供高质量的解决方案。Databricks 每年都会组织召开会议——Spark Summit，该会议已经成为 Spark 开发者和用户的技术盛会，在会上，人们可以获知 Spark 较新发展动向、特性以及大量行业应用案例。2018年 6 月，Spark Summit 改名为 "Spark+AI Summit"，体现了大数据与人工智能的结合。

总体而言，Spark 具有如下几个主要特点。

（1）运行速度快：Spark 使用先进的 DAG 执行引擎，以支持循环数据流与内存计算，基于内存的执行速度可比 Hadoop MapReduce 快上百倍，基于磁盘的执行速度也能快 10 倍。

（2）容易使用：Spark 支持使用 Scala、Java、Python 和 R 语言进行编程，简洁的 API 设计有助于用户轻松构建并行程序，并且可以通过 spark-shell 进行交互式编程。

（3）通用性：Spark 提供了完整而强大的技术栈，包括 SQL 查询、流式计算、机器学习和图算法等组件，这些组件可以无缝整合在同一个应用中，足以应对复杂的计算。

（4）模块化：Spark 提供了 Spark Core、Spark SQL、Spark Streaming、Structured Streaming、Spark MLlib 和 GraphX 等模块，这些模块可以将不同场景的工作负载整合在一起，从而在同一个引擎上执行。用户可以在一个 Spark 应用中完成所有任务，无须为不同场景使用不同引擎，也不需要学习不同的 API；有了 Spark，各种场景的工作负载就有了一站式的处理引擎。

（5）运行模式多样：Spark 可运行于独立的集群模式中，或者运行于 Hadoop 中，也可运行于 Amazon EC2 等云环境中。

（6）支持各种数据源：Spark 的重心在于快速的分布式计算，而不是存储。和 Hadoop 同时包含计算和存储不同，Spark 解耦了计算和存储。这意味着用户可以用 Spark 读取存储在各种数据源（包括 HDFS、HBase、Cassandra、MongoDB、Hive 和 RDBMS 等）中的数据，并在内存中进行处理。用户还可以扩展 Spark 的 DataFrameReader 和 DataFrameWriter，以便将其他数据源（如 Kafka、Kinesis、Azure、Amazon S3 等）的数据读取为 DataFrame 的数据抽象，以进行操作。

Spark 在被捐赠给 Apache 软件基金会后，这个开源项目已经累计有来自数百家公司的超过 1400 名贡献者参与贡献，全球的 Spark Meetup 小组成员更是超过了 50 万人。Spark 的用户非常多样化，包含使用 Python、R、SQL 和 Java 的开发人员，使用 Spark 的场景从数据科学到商业智能，再到数据工程。Spark 如今已吸引了国内外各大公司的注意，如微软、腾讯、百度、亚马逊等公司均不同程度地使用了 Spark 来构建大数据分析应用，并应用到实际的生产环境中。相信在将来，Spark 会在更多的应用场景中发挥重要作用。

3.2 Spark 生态系统

Spark 生态系统

在实际应用中，大数据处理主要涉及以下 3 种场景。

（1）复杂的批量数据处理：时间跨度通常在数十分钟到数小时之间。

（2）基于历史数据的交互式查询：时间跨度通常在数十秒到数分钟之间。

（3）基于实时数据流的数据处理：时间跨度通常在数百毫秒到数秒之间。

目前已有很多相对成熟的开源软件可用于处理以上 3 种场景，比如，用户可以利用 Hadoop MapReduce 来进行批量数据处理，可以用 Impala 来进行交互式查询（Impala 与 Hive 相似，但底层引擎不同，Impala 提供了实时交互式 SQL 查询），对于流式数据处理可以采用开源流计算框架 Storm。一些企业可能只会涉及其中部分应用场景，只需部署相应软件即可满足业务需求。但是，对互联网公司而言，通常会同时存在以上 3 种场景，就需要同时部署 3 种不同的软件，这样做难免会带来如下的一些问题。

（1）不同场景之间 I/O 数据无法做到无缝共享，通常需要进行数据格式的转换。

（2）不同的软件需要不同的开发和维护团队，带来了较高的使用成本。

（3）比较难以对同一个集群中的各个系统进行统一的资源协调和分配。

Spark 的设计遵循"一个软件栈满足不同应用场景"的理念，逐渐形成了一套完整的生态系统，既能够提供内存计算框架，也可以支持 SQL 即席查询、实时流式计算、机器学习和图计算等。Spark 可以部署在资源管理器 YARN 之上，提供一站式的大数据解决方案。因此，Spark 所提供的生态系统足以应对上述 3 种场景，即同时支持批处理、交互式查询和流数据处理。

现在，Spark 生态系统已经成为伯克利数据分析软件栈（Berkeley Data Analytics Stack，BDAS）的重要组成部分。BDAS 架构如图 3-1 所示，可以看出，Spark 专注于数据的处理分析，而数据的存储还是要借助 HDFS、Amazon S3 等来实现。因此，Spark 生态系统可以很好地实现与 Hadoop 生态系统的兼容，使现有的 Hadoop 应用程序可以非常容易地迁移到 Spark 中。

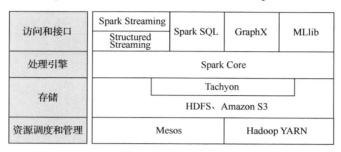

图 3-1　BDAS 架构

Spark 的生态系统主要包含 Spark Core、Spark SQL、Spark Streaming、Structured Streaming、MLlib 和 GraphX 等组件，各个组件的具体功能如下。

（1）Spark Core：Spark Core 包含 Spark 最基础和最核心的功能，如内存计算、任务调度、部署模式、故障恢复、存储管理等，主要面向批量数据处理。Spark Core 建立在统一的抽象 RDD 之上，使其可以以基本一致的方式应对不同的大数据处理场景。需要注意的是，Spark Core 通常被简称为 Spark。

（2）Spark SQL：Spark SQL 是用于处理结构化数据的组件，允许开发人员直接处理 RDD，同时也可查询 Hive、HBase 等外部数据源。Spark SQL 的一个重要特点是其能够统一处理关系表和 RDD，使开发人员不需要自己编写 Spark 应用程序，开发人员可以轻松地使用 SQL 命令进行查询，并进行更复杂的数据分析。

（3）Spark Streaming：Spark Streaming 是一种流计算框架，可以支持高吞吐量、可容错的实时流数据处理，其核心思路是将流数据分解成一系列短小的批处理作业，每个短小的批处理作业都可以使用 Spark Core 进行快速处理。Spark Streaming 支持多种数据输入源，如 Kafka、Flume 和 TCP 套接字等。

（4）Structured Streaming：Structured Streaming 是一种基于 Spark SQL 引擎构建的可扩展且可容错的流处理引擎。用户可以使用和针对静态数据的批处理一样的方式来表达流计算。Structured Streaming 可以使用支持多种编程语言的 DataFrame/DataSet 的 API 来表示流聚合、事件时间窗口、流与批处理的连接等操作，系统通过检查点和预写式日志，可以确保端到端的完全一致性容错。

（5）MLlib（机器学习）：MLlib 提供了常用机器学习算法的实现，包括聚类、分类、回归、协同过滤等，降低了机器学习的学习门槛，开发人员只要具备一定的理论知识就能进行机器学习方面的工作。

（6）GraphX（图计算）：GraphX 是 Spark 中用于图计算的 API，可认为是 Pregel 在 Spark 上的重写及优化，GraphX 性能良好，拥有丰富的功能和运算符，能在海量数据上自如地运行复杂的图算法。

需要说明的是，无论是 Spark SQL、Structured Streaming、MLlib 还是 GraphX，都可以使用 Spark

Core 的 API 处理问题，它们的方法几乎是通用的，处理的数据也可以共享，不同应用之间的数据可以无缝集成。本书将详细讲解 Spark Core（第 5 章）、Spark SQL（第 6 章）、Spark Streaming（第 7 章）、Structured Streaming（第 8 章）、Spark MLlib（第 9 章）等内容，但是，对 GraphX 不做介绍，感兴趣的读者可以访问高校大数据课程公共服务平台本书页面的"拓展阅读"栏目学习 GraphX。

表 3-1 给出了不同应用场景下可以选用的其他框架和 Spark 生态系统中的组件。

表 3–1　　　　　　不同应用场景下可以选用的其他框架和 Spark 生态系统中的组件

应用场景	时间跨度	其他框架	Spark 生态系统中的组件
复杂的批量数据处理	分钟级、小时级	MapReduce、Hive	Spark Core
基于历史数据的交互式查询	秒级、分钟级	Impala、Dremel、Drill	Spark SQL
基于实时数据流的数据处理	毫秒级、秒级	Storm、S4	Structured Streaming
基于历史数据的数据挖掘	—	Mahout	MLlib
图结构数据的处理	—	Pregel、Hama	GraphX

3.3　Spark 运行架构

Spark Core 包含 Spark 最基础和最核心的功能，当提及 Spark 运行架构时，就是指 Spark Core 的运行架构。本节首先介绍 Spark 的基本概念和架构设计，然后介绍 Spark 运行基本流程，最后介绍 RDD 的设计与运行原理。

3.3.1　基本概念

基本概念和架构设计

在具体讲解 Spark 运行架构之前，我们需要先了解几个基本的概念。

（1）RDD：是 Resilient Distributed Dataset（弹性分布式数据集）的缩写，是分布式内存的一个抽象概念，提供了一种高度受限的共享内存模型。

（2）DAG：是 Directed Acyclic Graph（有向无环图）的缩写，反映了 RDD 之间的依赖关系。

（3）执行器（Executor）：是运行在工作节点（Worker Node）上的一个进程，负责运行任务，并为应用程序存储数据。

（4）应用（Application）：是用户编写的 Spark 应用程序。

（5）任务（Task）：是运行在执行器上的工作单元。

（6）作业（Job）：一个作业包含多个 RDD 及作用于相应 RDD 上的各种操作。

（7）阶段（Stage）：是作业的基本调度单位，一个作业会被分为多组任务，每组任务被称为阶段，也被称为任务集。

3.3.2　架构设计

如图 3-2 所示，Spark 运行架构包括集群资源管理器（Cluster Manager）、运行任务的工作节点、每个应用的驱动器（Driver Program，或简称为 Driver）和每个工作节点上负责具体任务的执行器。其中，集群资源管理器可以是 Spark 自带的资源管理器，也可以是 YARN 或 Mesos 等资源管理框架；执行器在集群内各工作节点上运行，它会与驱动器进行通信，并负责在工作节点上执行任务，在大多数部署模式中，每个工作节点上只有一个执行器。从图 3-2 可以看出，就系统架构而言，Spark 采用主从架构，包含一个 Master（即驱动器）和若干个 Worker。

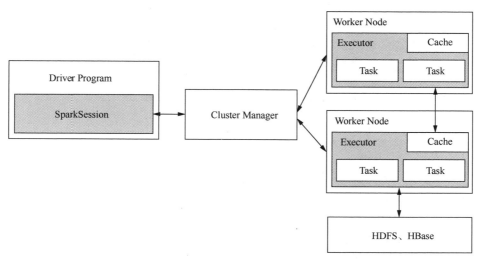

图 3-2　Spark 运行架构

与 Hadoop MapReduce 计算框架相比，Spark 所采用的执行器有两个优点：一是利用多线程来执行具体的任务（Hadoop MapReduce 采用的是进程模型），减少任务的启动开销；二是执行器中有一个 BlockManager 存储模块，该存储模块会将内存和磁盘共同作为存储设备（默认使用内存，当内存不够时会使用磁盘），当需要多轮迭代计算时，可以将中间结果存储在这个存储模块里，下次需要时就可以直接读取该存储模块里的数据，而不需要读取 HDFS 等文件系统的数据，因而能有效减少 I/O 开销，或者在交互式查询场景下，预先将表缓存在该存储模块上，从而提高读写 I/O 性能。

总体而言，在 Spark 中，如图 3-3 所示，一个应用由一个驱动器和若干个作业构成，一个作业由多个阶段构成，一个阶段由多个任务组成。当执行一个应用时，驱动器会向集群资源管理器申请资源，启动执行器，并向执行器发送应用程序代码和文件，然后在执行器上执行。执行结束后，执行结果会返回给驱动器，写到 HDFS 或者其他数据库中。

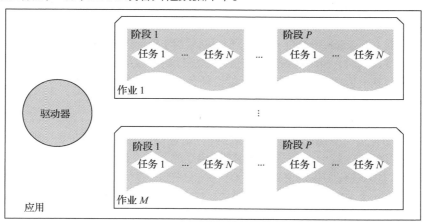

图 3-3　Spark 中各种概念之间的相互关系

3.3.3　Spark 运行基本流程

Spark 程序的入口是驱动器中的 SparkContext。与 Spark 1.x 相比，从 Spark 2.0 开始，有一个变化是用 SparkSession 统一了与用户交互的接口，SparkContext 成为 SparkSession 的成员变量。

如图 3-4 所示，Spark 运行基本流程如下。

Spark 运行基本流程

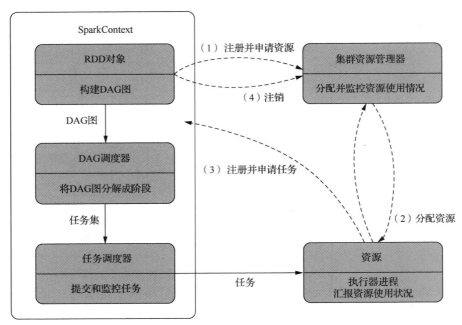

图 3-4   Spark 运行基本流程

（1）当一个 Spark 应用被提交时，首先需要为这个应用构建起基本的运行环境，即由驱动器创建一个 SparkContext 对象，由 SparkContext 负责和集群资源管理器的通信以及进行资源的申请、任务的分配和监控等，SparkContext 会向集群资源管理器注册并申请运行执行器的资源。我们可以将 SparkContext 看成应用程序连接集群的通道。

（2）集群资源管理器为执行器分配资源，并启动执行器进程，执行器运行情况将随着"心跳"发送到集群资源管理器上。

（3）SparkContext 根据 RDD 的依赖关系构建 DAG，将 DAG 提交给 DAG 调度器（DAGScheduler）进行解析，再将 DAG 分解成多个阶段，并且计算出各个阶段之间的依赖关系，然后把这些阶段提交给底层的任务调度器（TaskScheduler）进行处理；执行器向 SparkContext 申请任务，任务调度器将任务分发给执行器运行，同时，SparkContext 将应用程序代码发放给执行器。

（4）任务在执行器上运行，把执行结果反馈给任务调度器，然后反馈给 DAG 调度器，运行完毕后写入数据并释放所有资源。

总体而言，Spark 运行架构具有以下几个特点。

（1）每个应用都有自己专属的执行器进程，并且该进程在应用运行期间一直驻留。执行器进程以多线程的方式运行任务，减少了多进程任务频繁启动的开销，使任务执行变得非常高效和可靠。

（2）Spark 运行基本流程与集群资源管理器无关，只要能够获取执行器进程并保持通信即可。

（3）执行器上有一个 BlockManager 存储模块，类似于键值对存储系统（把内存和磁盘共同作为存储设备），在处理迭代计算任务时，不需要把中间结果写入 HDFS 等文件系统，而是直接把中间结果放在这个存储模块上，后续有需要时就可以直接读取；在交互式查询场景下，也可以把表提前缓存在这个存储模块上，从而提高读写 I/O 性能。

（4）任务采用了数据本地性和延时调度等优化机制。数据本地性是指尽量将计算移到数据所在的节点上进行，即"计算向数据靠拢"，因为移动计算比移动数据所占的网络资源要少得多。此外，Spark 采用了延时调度机制，可以在更大程度上实现对执行过程的优化。比如，拥有数据的节点当前正被其他的任务占用，那么，在这种情况下是否需要将数据移动到其他的空闲节点呢？答案是不一定。因为如果经过预测发现当前节点结束当前任务的时间要比移动数据的时间还要少，那么调度就会等待，直到当前节点可用。

3.3.4　RDD 的设计与运行原理

Spark Core 是建立在统一的抽象 RDD 之上的，这使 Spark 的各个组件可以无缝进行集成，以便在同一个应用程序中完成大数据计算任务。RDD 的设计理念源自 AMP 实验室发表的论文《弹性分布式数据集：内存集群计算的容错抽象》。

1. RDD 设计背景

在实际应用中，存在许多迭代式算法（如机器学习、图算法等）和交互式数据挖掘工具，它们的应用场景的共同之处是，不同计算阶段之间会重用中间结果，即一个阶段的输出结果会作为下一个阶段的输入。MapReduce 框架把中间结果写入 HDFS 中，这带来了大量的数据复制、磁盘 I/O 和序列化开销。虽然类似 Pregel 等的图计算框架也将结果保存在内存当中，但是这些框架只能支持一些特定的计算模式，并没有提供一种通用的数据抽象。RDD 就是为了满足这种需求而出现的，它提供了一个抽象的数据架构，我们不必担心底层数据的分布式特性，只需将具体的应用逻辑表达为一系列转换操作，不同 RDD 之间的转换操作会使它们形成依赖关系，可以实现管道（Pipeline）化，从而避免对中间结果的存储，大大降低数据复制、磁盘 I/O 和序列化开销。

RDD 运行原理
（RDD 设计背景）

2. RDD 概念

一个 RDD 就是一个分布式对象集合，本质上是一个只读的分区记录集合，每个 RDD 可以分成多个分区，每个分区就是一个数据集片段，并且一个 RDD 的不同分区可以被保存到集群中的不同节点上，从而可以在集群中的不同节点上进行并行计算。RDD 提供了一种高度受限的共享内存模型，即 RDD 是只读的记录分区的集合，不能直接修改，只能基于稳定的物理存储中的数据集来创建 RDD，或者通过在其他 RDD 上执行确定的转换操作（如 map( )、join( ) 和 groupBy( ) 等）而创建得到新的 RDD。RDD 提供了一组丰富的操作以支持常见的数据运算，分为行动（Action）和转换（Transformation）两种类型，前者用于执行计算并指定输出的形式，后者用于指定 RDD 之间的相互依赖关系。两类操作的主要区别是，转换操作（比如 map( )、filter( )、groupBy( )、join( ) 等）接收 RDD 并返回 RDD，而行动操作（如 count( )、collect( ) 等）接收 RDD 但是返回非 RDD（即输出一个值或结果）。RDD 提供的转换操作非常简单，都是类似 map( )、filter( )、groupBy( )、join( ) 等粗粒度的数据转换操作，而不是针对某个数据项的细粒度修改。因此，RDD 比较适用于对数据集中的元素执行相同操作的批处理式应用，而不适用于需要异步、细粒度状态的应用，如 Web 应用系统、增量式的网页爬虫等。正因为这样，这种粗粒度转换操作设计，会使人直觉上认为 RDD 的功能很受限、不够强大。但是，实际上 RDD 已经被实践证明可以很好地应用于许多并行计算应用中，可以具备很多现有计算框架（如 MapReduce、SQL、Pregel 等）的表达能力，并且可以应用于这些计算框架处理不了的交互式数据挖掘应用。

Spark 用 Scala 语言实现了 RDD 的 API，程序员可以通过调用 API 实现对 RDD 的各种操作。RDD 典型的执行过程如下：

（1）读入外部数据源（或者内存中的集合）进行 RDD 创建；

（2）RDD 经过一系列的转换操作，每一次都会产生不同的 RDD，供给下一次转换操作使用；

（3）最后一个 RDD 经行动操作进行处理，并输出到外部数据源（或者变成 Scala 集合或标量）。

需要说明的是，Spark 采用了惰性机制，即在 RDD 的执行过程中，如图 3-5 所示，真正的计算发生在 RDD 的行动操作中，对于行动操作之前的所有转换操作，Spark 只记录转换操作所使用的一些基础数据集以及 RDD 生成的轨迹（即 RDD 之间的依赖关系），而不会触发真正的计算。转换操作被记录下来以后，Spark 在后续生成执行计划时可以重新安排这些转换操作，比如合并多个转换操作，或者优化为不同的执行阶段来提高执行效率。

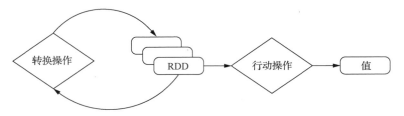

图 3-5　RDD 的转换操作和行动操作

例如，在图 3-6 中，从输入中逻辑上生成 A 和 C 两个 RDD，经过一系列转换操作，逻辑上生成了 F（也是一个 RDD），之所以说是逻辑上，是因为这时候计算并没有发生，Spark 只记录了 RDD 之间的生成和依赖关系，也就是得到 DAG。当 F 要进行计算、输出时，也就是当遇到针对 F 的行动操作时，Spark 才会生成一个作业，向 DAG 调度器提交作业，触发从起点开始的真正的计算。

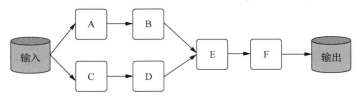

图 3-6　RDD 执行过程的一个实例

上述这一系列的处理称为一个"血缘关系"（Lineage），即 DAG 拓扑排序的结果。采用惰性机制以后，通过血缘关系连接起来的一系列 RDD 操作就可以实现管道化，避免了多次转换操作之间数据同步的等待，而且不用担心有过多的中间结果，因为这些具有血缘关系的操作都管道化了，一个操作得到的结果不需要保存为中间结果，而是直接管道式地流入下一个操作进行处理。同时，这种通过血缘关系把一系列操作进行管道化连接的设计方式，也使管道中每次操作的计算变得相对简单，保证了每个操作在处理逻辑上的单一性；相反，在 MapReduce 的设计中，为了尽可能地减少 MapReduce 过程，在单个 MapReduce 中会写入过多复杂的逻辑。

这里以一个输出"Hello World"的入门级 Spark 程序来解释 RDD 的执行过程，这个程序的功能是读取一个 HDFS 文件，并计算出包含字符串"Hello World"的行数。

```
1    import org.apache.spark.SparkContext
2    import org.apache.spark.SparkContext._
3    import org.apache.spark.SparkConf
4    object HelloWorld {
5        def main(args: Array[String]) {
6            val conf = new SparkConf().setAppName("Hello World"). setMaster("local[2]")
7            val sc = new SparkContext(conf)
8            val fileRDD = sc.textFile("hdfs://localhost:9000/examplefile")
9            val filterRDD = fileRDD.filter(_.contains("Hello World"))
10           filterRDD.cache()
11           filterRDD.count()
12           sc.stop()
13       }
14   }
```

可以看出，一个 Spark 应用程序，基本是基于 RDD 的一系列计算操作（实际上，这些操作最终会被转换为底层的基于 RDD 的字节码，并以任务的形式分发到 Spark 的执行器上执行）。第 7 行代码用于创建 SparkContext 对象；第 8 行代码从 HDFS 文件中读取数据并创建一个 RDD；第 9 行代码对 fileRDD 进行转换操作得到一个新的 RDD，即 filterRDD；第 10 行代码表示对 filterRDD 进行持久化，把它保存在内存或磁盘中（这里采用 cache() 把数据集保存在内存中），以方便后续重复使用，当数据被反复访问时（比如，查询一些热点数据，或者运行迭代算法时），这是非常有用的，而且通过 cache( )可以缓存非常大的数据集，支持跨越几十甚至上百个节点；第 11 行代码中的 count( )是一个行动操作，用于计算一个 RDD 中包含的元素个数。这个程序的执行过程如下。

（1）创建这个 Spark 程序的执行上下文，即创建 SparkContext 对象。

（2）构建起 fileRDD 和 filterRDD 之间的依赖关系，形成 DAG，这时候并没有发生真正的计算，只是记录转换的轨迹，也就是记录 RDD 之间的依赖关系。

（3）执行到第 11 行代码时，count( )是一个行动操作，这时才会触发真正的从头到尾的计算，也就是从外部数据源加载数据创建 fileRDD 对象，执行从 fileRDD 到 filterRDD 的转换操作，并把结果持久化到内存中，最后计算出 filterRDD 中包含的元素个数。

3. RDD 特性

总体而言，Spark 采用 RDD 以后能够实现高效计算的主要原因有以下几点。

（1）高效的容错性。现有的分布式共享内存、键值对存储系统、内存数据库等，为了实现容错，必须在集群节点之间进行数据复制或者记录日志，也就是在节点之间会发生大量的数据传输，这对数据密集型应用而言会带来很大的开销。在 RDD 的设计中，数据只读，不可修改，如果需要修改数据，必须从父 RDD 转换到子 RDD，由此在不同 RDD 之间建立血缘关系。所以，RDD 是一种天生具有容错机制的特殊集合，不需要通过数据冗余的方式（如检查点）实现容错，而只需通过 RDD 父子依赖（血缘）关系重新计算得到丢失的分区来实现容错，无须回滚整个系统，这样就避免了数据复制的高开销，而且重新计算过程可以在不同节点中并行进行，实现了高效的容错。此外，RDD 提供的转换操作都是一些粗粒度的操作（如 map( )、filter( )和 join( )等），RDD 之间的依赖关系只需要记录这种粗粒度的转换操作，而不需要记录具体的数据和各种细粒度操作的日志（如对哪个数据项进行了修改等），这就大大降低了数据密集型应用中的容错开销。

（2）中间结果持久化到内存。数据在内存中的多个 RDD 之间进行传递，不需要"落地"到磁盘上，避免了不必要的读写磁盘开销。

（3）存放的数据可以是 Java 对象，避免了不必要的对象序列化和反序列化开销。

4. RDD 之间的依赖关系

RDD 中不同的操作，会使不同 RDD 之间产生不同的依赖关系。DAG 调度器根据 RDD 之间的依赖关系，把 DAG 划分成若干个阶段。RDD 之间的依赖关系分为窄依赖（Narrow Dependency）与宽依赖（Wide Dependency），二者的主要区别在于是否包含 Shuffle 过程。

RDD 运行原理
（RDD 概念与特性）

（1）Shuffle 过程

Spark 中的一些操作会触发 Shuffle 过程，这个过程涉及数据的重新分发，因此会产生大量的磁盘 I/O 和网络开销。这里以 reduceByKey(func)操作为例介绍 Shuffle 过程。在 reduceByKey(func)操作中，对于所有(key,value)形式的 RDD 元素，所有具有相同 key 的 RDD 元素的 value 会被归并，得到(key,value-list)的形式，然后对 value-list 使用函数 func( )计算得到聚合值，比如,("hadoop",1)、("hadoop",1)和("hadoop",1)这 3 个键值对，会被归并成("hadoop",(1,1,1))的形式，如果 func( )是一个求和函数，则可以计算得到汇总结果("hadoop",3)。

这里的问题是，对于与一个 key 关联的 value-list，这个 value-list 里面可能包含很多的 value，而这些 value 一般会分布在多个分区里，并且散布在不同的机器上。但是，对 Spark 而言，在执行 reduceByKey(func)操作时，必须把与某个 key 关联的所有 value 都发送到同一台机器上。图 3-7 所示是一个关于 Shuffle 过程的简单实例，假设这里在 3 台不同的机器上有 3 个 Map 任务，即 Map1、Map2 和 Map3，它们分别从输入的文本文件中读取数据执行 map( )操作并得到了中间结果，为简化起见，这里让 3 个 Map 任务输出的中间结果都相同，即("a",1)、("b",1)和("c",1)。现在要把 Map 的输出结果发送到 3 个不同的 Reduce

任务中进行处理，Reduce1、Reduce2 和 Reduce3 分别运行在 3 台不同的机器上，并且假设 Reduce1 任务专门负责处理 key 为"a"的键值对的词频统计工作，Reduce2 任务专门负责处理 key 为"b"的键值对的词频统计工作，Reduce3 任务专门负责处理 key 为"c"的键值对的词频统计工作。这时，Map1 必须把("a",1)发送到 Reduce1，把("b",1)发送到 Reduce2，把("c",1)发送到 Reduce3，同理，Map2 和 Map3 也必须完成同样的工作，这个过程就被称为"Shuffle"。可以看出，Shuffle 过程（即把 Map 输出的中间结果分发到 Reduce 任务所在的机器）会产生大量的网络数据分发，带来高昂的网络传输开销。

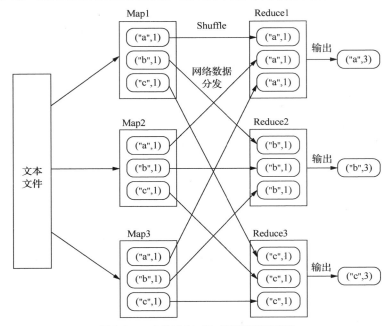

图 3-7　一个关于 Shuffle 过程的简单实例

Shuffle 过程不仅会产生大量网络传输开销，也会带来大量的磁盘 I/O 开销。Spark 经常被认为是基于内存的计算框架，为什么也会产生磁盘 I/O 开销呢？对于这个问题，这里有必要做出解释。

在 Hadoop MapReduce 框架中，Shuffle 是连接 Map 和 Reduce 的"桥梁"，Map 的输出结果需要经过 Shuffle 过程后，也就是经过数据分类后再交给 Reduce 处理，因此，Shuffle 过程的性能高低直接影响了整个程序的性能和吞吐量。所谓 Shuffle 过程，是指对 Map 输出结果进行分区、排序、合并等处理并交给 Reduce 的过程。因此，MapReduce 的 Shuffle 过程分为 Map 端的 Shuffle 过程和 Reduce 端的 Shuffle 过程，如图 3-8 所示，主要执行以下操作。

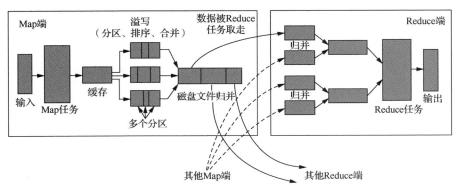

图 3-8　MapReduce 的 Shuffle 过程

① Map 端的 Shuffle 过程。Map 的输出结果先被写入缓存，当缓存满时，就启动溢写操作，把缓存中的数据写入磁盘文件，并清空缓存。当启动溢写操作时，首先需要对缓存中的数据进行分区，不同分区的数据发送给不同的 Reduce 任务进行处理，然后对每个分区的数据进行排序（Sort）和合并（Combine），之后再写入磁盘。每次溢写操作都会生成一个新的文件，随着 Map 任务的执行，磁盘中就会有多个溢写文件。在 Map 任务全部结束之前，这些溢写文件会被归并（Merge）成一个大的文件，然后由相应的 Reduce 任务来领取自己要处理的那个分区的数据。

② Reduce 端的 Shuffle 过程。Reduce 端从 Map 端的不同 Map 任务处领回自己要处理的那部分数据，在对数据进行归并后交给 Reduce 任务处理。

Spark 作为 MapReduce 框架的一种改进，自然也实现了 Shuffle 过程的逻辑，如图 3-9 所示。

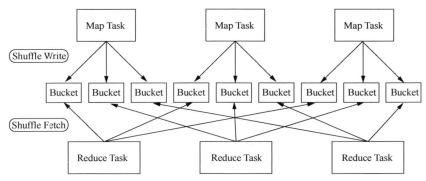

图 3-9　Spark 中的 Shuffle 过程

首先，在 Map 端的 Shuffle 写入（Shuffle Write）方面，每一个 Map 任务（Map Task）会根据 Reduce 任务（Reduce Task）的数量创建相应的桶（Bucket），桶的数量是 $m \times r$，其中 m 是 Map 任务的个数，r 是 Reduce 任务的个数。Map 任务产生的结果会根据设置的分区（Partition）算法填充到每个桶中。分区算法可以自定义，也可以采用系统默认的算法，默认的算法会根据每个键值对(key,value)的 key，把键值对哈希到不同的桶中去。当 Reduce 任务启动时，它会根据自己的 id 和所依赖的 Map 任务的 id 从远端或是本地取得相应的桶，并将该桶作为 Reduce 任务的输入进行处理。

这里的桶是一个抽象概念，在实现中每个桶可以对应一个文件，也可以对应文件的一部分。但是，从性能角度而言，每个桶对应一个文件的实现方式会导致 Shuffle 过程生成过多的文件。例如，如果有 1000 个 Map 任务和 1000 个 Reduce 任务，就会生成 100 万个文件，这样会给文件系统带来沉重的负担。

所以，在最新的 Spark 版本中，采用了多个桶写入一个文件的方式，如图 3-10 所示。每个 Map 任务不会为每个 Reduce 任务单独生成一个文件，而是把每个 Map 任务所有的输出数据都写到一个文件中。因为每个 Map 任务中的数据会被分区，所以使用索引（Index）文件来存储具体 Map 任务的输出数据在同一个文件中如何被分区的信息。Shuffle 过程中每个 Map 任务会产生两个文件，即数据文件和索引文件，其中数据文件存储当前 Map 任务的输出结果，而索引文件则存储数据文件中数据的分区信息。下一个阶段的 Reduce 任务就是根据索引文件来获取自己要处理的那个分区的数据。

其次，在 Reduce 端的 Shuffle 读取（Shuffle Fetch）方面，在 Hadoop MapReduce 的 Shuffle 过程中，在 Reduce 端，Reduce 任务会到各个 Map 任务那里把自己要处理的数据都下载到本地，并对下载过来的数据进行归并和排序，使相同 key 的不同 value 按序归并到一起，以供使用。这个归并和排序的过程，在 Spark 中是如何实现的呢？虽然 Spark 属于 MapReduce 体系，但是对传统的 MapReduce 算法进行了一定的改进。Spark 假定在大多数应用场景中，Shuffle 数据的排序操作不是必须的，比如在进行词频统计时，如果强制地进行排序，只会使性能变差，因此，Spark 并不在 Reduce 端做归并和排序，而是采用称为 Aggregator 的机制。Aggregator 本质上是一个 HashMap，里面的每个元素是 <K,V> 形式的。以词频统计为例，它会将从 Map 端下载的每一个(key,value)更新或插入 HashMap 中，若在 HashMap 中没有查找到这个 key，则把这个(key,value)插入其中，若查找到这个 key，则把 value 的值累加到 V 上去。这样就不需要预先对所有的(key,value)进行归并和排序，而是"来一个处理一个"，避免了外部排序这一步骤。但同时需要注意的是，Reduce 任务所拥有的内存必须足以存放自己要处理的所有 key 和 value，否则会产生内存溢出问题。因此，Spark 文档中建议用户在涉及这类操作时尽量增加分区的数量，也就是增加 Map 和 Reduce 任务的数量。增加 Map 和 Reduce 任务的数量虽然可以减小分区的大小，使内存可以容纳分区。但是，在 Shuffle 写入环节，桶的数量是由 Map 和 Reduce 任务的数量决定的，任务越多，桶的数量就越多，就需要更多的缓冲区（Buffer），带来更多的内存消耗。因此，在内存使用方面，我们会陷入一个两难的境地，一方面，为了减少内存的使用，需要采取增加 Map 和 Reduce 任务数量的策略；另一方面，Map 和 Reduce 任务数量的增加，又会带来内存开销更大的问题。最终，为了减少内存的使用，只能将 Aggregator 的操作从内存移到磁盘上进行。也就是说，尽管 Spark 经常被称为基于内存的分布式计算框架，但是，它的 Shuffle 过程依然需要把数据写入磁盘。

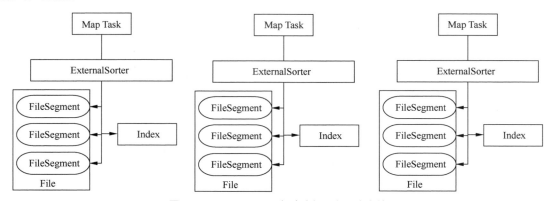

图 3-10　Spark Shuffle 把多个桶写入一个文件

（2）窄依赖和宽依赖

以是否包含 Shuffle 过程为判断依据，RDD 中的依赖关系可以分为窄依赖与宽依赖。其中，窄依赖不包含 Shuffle 过程，宽依赖则包含 Shuffle 过程。图 3-11 展示了两种依赖之间的区别。

RDD 运行原理
（RDD 之间的依赖
关系）

窄依赖表现为一个父 RDD 的分区对应于一个子 RDD 的分区，或多个父 RDD 的分区对应于一个子 RDD 的分区。例如，图 3-11（a）中，RDD1 是 RDD2 的父 RDD，RDD2 是子 RDD，RDD1 的分区 1 对应于 RDD2 的一个分区（即分区 4）；RDD6 和 RDD7 都是 RDD8 的父 RDD，RDD6 的分区 15 和 RDD7 的分区 18 都对应于 RDD8 的分区 21。

宽依赖则表现为存在一个父 RDD 的一个分区对应一个子 RDD 的多个分区。例如，图 3-11（b）中，RDD9 是 RDD12 的父 RDD，RDD9 中的分区 24 对应于 RDD12 中的两个分区（即分区 27 和分区 28）。

总体而言，如果父 RDD 的一个分区只被一个子 RDD 的一个分区所使用就表示窄依赖，否则表示宽依赖。窄依赖的典型操作包括 map( )、filter( )、union( )等，不会包含 Shuffle 过程；宽依赖的典型操作包括 groupByKey( )等，通常会包含 Shuffle 过程。对于连接（join( )）操作，可以分为两种情况。

① 对输入做协同划分，属于窄依赖，如图 3-11（a）所示。所谓协同划分（Co-Partitioned），是指多个父 RDD 的某一分区的所有键（key）都落在子 RDD 的同一个分区内，不会产生同一个父 RDD 的某一分区落在子 RDD 的两个分区的情况。

② 对输入做非协同划分，属于宽依赖，如图 3-11（b）所示。

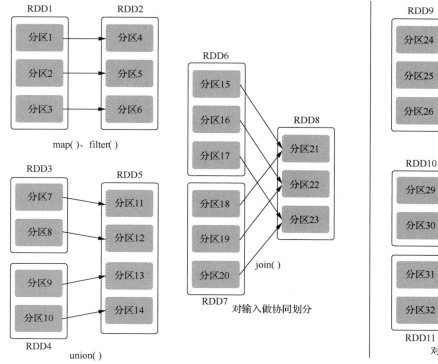

图 3-11　窄依赖与宽依赖的区别

Spark 的这种依赖关系设计，使其具有了天生的容错性，大大加快了 Spark 的执行速度。因为 RDD 通过血缘关系记住了它是如何从其他 RDD 中演变过来的，血缘关系记录的是粗粒度的转换操作行为，当这个 RDD 的部分分区数据丢失时，它可以通过血缘关系获取足够的信息来重新运算和恢复丢失的分区数据，由此带来了性能的提升。相对而言，在两种依赖关系中，窄依赖的故障恢复更为高效，它只需要根据父 RDD 分区重新计算丢失的分区即可（不需要重新计算所有分区），而且可以并行地在不同节点进行重新计算。而对宽依赖而言，单个节点失效通常意味着重新计算过程会涉及多个父 RDD 分区，开销较大。此外，Spark 还提供了数据检查点和记录日志，用于持久化中间 RDD，使在进行故障恢复时不需要追溯到最开始的阶段。在进行故障恢复时，Spark 会对数据检查点开销和重新计算 RDD 分区的开销进行比较，从而自动选择最优的恢复策略。

5.　阶段的划分

Spark 根据 DAG 中的 RDD 间的依赖关系，把一个作业分成多个阶段。对宽依赖和窄依赖而言，窄依赖对于作业的优化更有利。逻辑上，每个 RDD 操作都是基于 fork/join（一种用于并行执行任务的框架）的，把计算 fork 到每个 RDD 分区，完成计算后对各个分区得到的结果进行 join( ) 操作，然后 fork/join 下一个 RDD 操作。如果把一个 Spark 作业直接翻译到物理实现（即执行完一个 RDD 操作再继续执行另外一个 RDD 操作），则是很不经济的。首先，每一个 RDD（即使是中间结

RDD 运行原理（阶段的划分和 RDD 运行过程）

果）都需要保存到内存或磁盘中，时间和空间开销大；其次，join( ) 作为全局的路障（Barrier），代价是很高昂的，所有分区上的计算都要完成以后，才能进行 join( ) 得到结果，这样作业执行进度就会严重受制于最慢的那个节点。如果子 RDD 的分区到父 RDD 的分区是窄依赖，就可以实施经典的 fusion 优化，即把两个 fork/join 合并为一个；如果连续的变换操作序列都是窄依赖，就可以把很多个 fork/join 合并为一个。通过这种合并，不但减少了大量的全局路障，而且无须保存很多中间结果 RDD，这样

可以极大地提升性能。在 Spark 中，这个合并过程被称为"流水线（Pipeline）优化"。

可以看出，只有窄依赖可以实现流水线优化。对于窄依赖的 RDD，可以以流水线的方式计算所有父 RDD 分区数据，不会造成网络之间的数据混合。对于宽依赖的 RDD，则通常伴随着 Shuffle 过程，即首先需要计算好所有父 RDD 分区数据，然后在节点之间进行 Shuffle，这个过程会涉及不同任务之间的等待，无法实现流水线化处理。因此，RDD 之间的依赖关系就成为把 DAG 划分成不同阶段的依据。

Spark 通过分析各个 RDD 之间的依赖关系生成 DAG，再通过分析各个 RDD 中的分区之间的依赖关系来决定如何划分阶段，具体划分方法：在 DAG 中进行反向解析，遇到宽依赖就断开（因为宽依赖涉及 Shuffle 过程，无法实现流水线化处理），遇到窄依赖就把当前的 RDD 加入当前的阶段中（因为窄依赖不会涉及 Shuffle 过程，可以实现流水线化处理）。具体的阶段划分算法请参考 AMP 实验室发表的论文《弹性分布式数据集：内存集群计算的容错抽象》。如图 3-12 所示，假设从 HDFS 中读入数据生成 3 个不同的 RDD（即 A、C 和 E），通过一系列转换操作后再将计算结果保存回 HDFS。对 DAG 进行解析时，在依赖图中进行反向解析，由于从 A 到 B 的转换以及从 B 和 F 到 G 的转换都属于宽依赖，因此在宽依赖处断开后可以得到 3 个阶段，即阶段 1、阶段 2 和阶段 3。可以看出，在阶段 2 中，从 map( )到 union( )都是窄依赖，这两步操作可以形成一个流水线化处理。例如，分区 7 通过 map( )操作生成的分区 9，可以不用等待分区 8 到分区 10 这个转换操作的计算结束，而是继续进行 union( )操作，转换得到分区 13，这样流水线化处理大大提高了计算的效率。

由上述论述可知，把一个 DAG 划分成多个阶段以后，每个阶段都代表了由一组关联的、相互之间没有 Shuffle 依赖关系的任务组成的任务集合。每个阶段都会被提交给任务调度器进行处理，由任务调度器将任务分发给执行器运行。

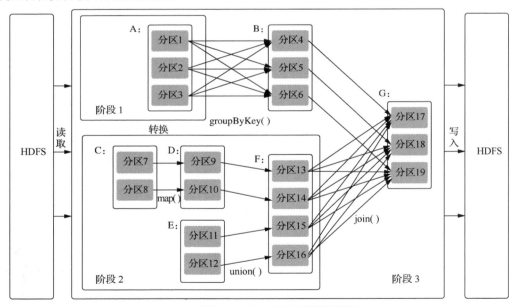

图 3-12　根据 RDD 分区的依赖关系划分阶段

6. RDD 运行过程

通过上述对 RDD 概念、依赖关系和阶段划分的介绍，结合之前介绍的 Spark 运行基本流程，这里再总结一下 RDD 在 Spark 架构中的运行过程（见图 3-13）：

（1）创建 RDD 对象；

（2）计算 RDD 之间的依赖关系，构建 DAG；

（3）DAG 调度器负责把 DAG 分解成多个阶段，每个阶段中包含多个任务，每个任务会被任务调度器分发给各个工作节点上的执行器去执行。

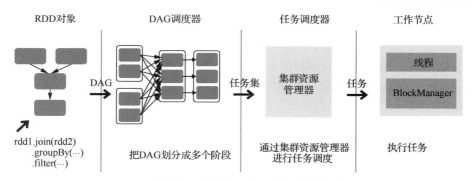

图 3-13　RDD 在 Spark 中的运行过程

3.4　Spark 的部署模式

Spark 的部署模式

"随处运行"一直是 Spark 的目标，Spark 最初是被设计为运行在 Mesos 中的，随着使用人数和部署需求的不断增多，Spark 增加了 Local、Standalone 和 YARN 模式。随着 Kubernetes 击败 Mesos 成为流行的容器编排系统之一后，目前运行在 Kubernetes 中的 Spark 实例数量突飞猛进。

目前，Spark 支持 5 种不同类型的部署模式，包括 Local、Standalone、Spark on Mesos、Spark on YARN 和 Spark on Kubernetes。Local 部署模式是单机模式，常用于本地开发测试，后 4 种都属于集群部署模式，用于企业的实际生产环境中。下面着重介绍后 4 种模式。

1. Standalone 部署模式

与 MapReduce 1.0 框架类似，Spark 框架自带了完整的资源调度和管理服务，可以独立部署到一个集群中，而不需要依赖其他系统来为其提供资源调度和管理服务。当采用 Standalone 部署模式时，在架构的设计上，Spark 与 MapReduce 1.0 完全一致，都由一个 Master 和若干个 Slave 构成，并且以槽（Slot）作为资源分配单位。不同的是，Spark 中的槽不再像 MapReduce 1.0 那样分为 Map 槽和 Reduce 槽，而是只设计了统一的一种槽提供给各种任务使用。

2. Spark on Mesos 部署模式

Mesos 是一种资源调度和管理框架，可以为运行在它上面的 Spark 提供服务。由于 Mesos 和 Spark 存在一定的"血缘关系"（二者都是由美国加利福尼亚大学伯克利分校的 AMP 实验室开发的），因此 Spark 这个框架在进行设计开发的时候，就充分考虑了对 Mesos 的支持。因此，相对而言，Spark 运行在 Mesos 上要比运行在 YARN 上更加灵活、自然。目前，Spark 官方推荐采用这种部署模式，所以，许多公司在实际应用中也采用该部署模式。

3. Spark on YARN 部署模式

Spark 可运行于 YARN 之上，与 Hadoop 进行统一部署，即 Spark on YARN 部署模式，其架构如图 3-14 所示，在该部署模式下资源管理和调度依赖于 YARN，分布式存储则依赖于 HDFS。

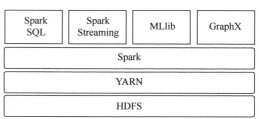

图 3-14　Spark on YARN 部署模式架构

4. Spark on Kubernetes 部署模式

Kubernetes 作为一个广受欢迎的开源容器编排系统，是谷歌于 2014 年酝酿的项目，与 Mesos 功能类似。Kubernetes 自 2014 年以来热度一路飙升，短短几年时间，其热度就已超越了大数据分析领域的主流产品 Hadoop。Spark 从 2.3.0 版本开始引入对 Kubernetes 的原生支持，用户可以将编写好的数据处理程序直接通过"spark-submit"命令提交到 Kubernetes 集群。

3.5 TensorFlowOnSpark

TensorFlowOnSpark

目前，大数据与人工智能的结合是很多业务与应用成功的关键，因此，这两个领域的顶级开源社区也多次尝试整合。随着 Spark SQL、Structured Streaming 日趋成熟，Spark 成为大数据社区的首选技术，因此，人工智能框架与 Spark 进行集成，成为上述两个领域进行整合的关键。目前，在这个方面具有代表性的解决方案是 TensorFlowOnSpark。

TensorFlow 是一个开源的、基于 Python 的机器学习框架，它是由谷歌开发的，并在图形分类、音频处理、推荐系统和自然语言处理等场景下有丰富的应用，是目前热门的机器学习框架之一。TensorFlow 是一个采用数据流图（Data Flow Graph）、用于数值计算的开源软件库。数据流图中的节点（Node）表示数学操作，图中的线则表示节点间的相互联系的多维数据组，即张量（Tensor）。在计算过程中，张量从图的一端流动到另一端，这也是这个框架被取名为"TensorFlow"的原因。一旦输入端的所有张量都准备好后，节点将被分配到各种计算设备完成异步并行计算。利用 TensorFlow，我们可以在多种平台上进行数据分析与计算，如 CPU（或 GPU）、台式机、服务器，甚至移动设备等。

尽管 TensorFlow 也开放了自己的分布式运行框架，但其对于目前企业的技术架构和使用环境不那么友好，如何将 TensorFlow 加入现有的环境（Spark/YARN）中，并为用户提供更加方便、易用的环境，成为目前所要解决的问题。

TensorFlowOnSpark（简称"TFOnSpark"）项目是由雅虎开源的一个软件包，能将 TensorFlow 与 Spark 结合在一起使用，为 Apache Hadoop 和 Apache Spark 集群带来可扩展的深度学习功能，使 Spark 能够利用 TensorFlow 拥有深度学习和 GPU 加速计算的能力。传统情况下处理数据需要跨集群（深度学习集群和 Hadoop/Spark 集群）进行，雅虎为了解决跨集群处理数据的问题，开发了 TensorFlowOnSpark 项目。TensorFlowOnSpark 目前被用于雅虎私有云中的 Hadoop 集群，主要进行大规模分布式深度学习。

TensorFlowOnSpark 在设计时充分考虑了 Spark 本身的特性和 TensorFlow 的运行机制，大大保证了二者的兼容性，使开发者可以通过较少的修改来运行已经存在的 TensorFlow 程序。在独立的 TensorFlowOnSpark 程序中，TensorFlow 能够与 SparkSQL、MLlib 和其他 Spark 库一起工作处理数据，如图 3-15 所示。

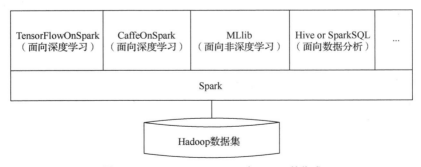

图 3-15　TensorFlowOnSpark 与 Spark 的集成

TensorFlowOnSpark 的体系架构较为简单，如图 3-16 所示，Spark 驱动器（Spark Driver）并不会参与 TensorFlow 内部相关的计算和处理。其设计思路是将一个 TensorFlow 集群运行在 Spark 上，它会在每个 Spark 执行器（Spark Executor）中启动 TensorFlow 应用程序，然后通过 gRPC 或 RDMA 方式进行数据传递与交互。

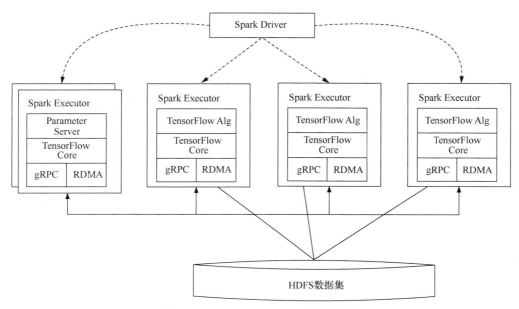

图 3-16　TensorFlowOnSpark 的体系架构

3.6　本章小结

深刻理解 Spark 的设计与运行原理是学习 Spark 的基础。作为一种分布式计算框架，Spark 在设计上充分借鉴并吸收了 MapReduce 的核心思想，并对 MapReduce 中存在的问题进行了改进，获得了很好的实时性能。

RDD 是 Spark 的数据抽象，一个 RDD 是一个只读的分布式数据集，可以通过转换操作在转换过程中对 RDD 进行各种变换。一个复杂的 Spark 应用程序，就是通过一次又一次的 RDD 操作组合完成的。RDD 操作包括两种类型，即转换操作和行动操作。Spark 采用了惰性机制，在代码中遇到转换操作时，并不会马上开始计算，只是记录转换的轨迹，只有当遇到行动操作时，才会触发从头到尾的计算。当遇到行动操作时会生成一个作业，这个作业会被划分成若干个阶段，每个阶段包含若干个任务，各个任务会被分发到不同的节点上并行执行。

Spark 可以采用 5 种不同的部署模式，包括 Local、Standalone、Spark on Mesos、Spark on YARN 和 Spark on Kubernetes。

3.7　习题

1. Spark 是基于内存计算的大数据计算平台，请阐述 Spark 的主要特点。

2. Spark 是为了规避 Hadoop MapReduce 的缺陷而出现的，试列举 Hadoop MapReduce 的几个缺陷，并说明 Spark 具备哪些优点。

3. 大数据处理涉及哪 3 种场景？

4. Spark 已打造出结构一体化、功能多样化的大数据生态系统，请阐述 Spark 的生态系统。

5. 请阐述 Spark on YARN 部署模式的概念。

6. 请阐述如下 Spark 的几个主要概念：RDD、DAG、阶段、分区、窄依赖、宽依赖。

7. Spark 对 RDD 的操作主要分为行动操作和转换操作两种类型，两种操作的区别是什么？

04 第4章 Spark环境搭建和使用方法

搭建 Spark 环境是开展 Spark 编程的基础。作为一种分布式处理框架，Spark 可以部署在集群中运行，也可以部署在单机上运行。同时，由于 Spark 仅仅是一种计算框架，不负责数据的存储和管理，因此通常需要对 Spark 和 Hadoop 进行统一部署，由 Hadoop 中的 HDFS 和 HBase 等组件负责数据的存储，由 Spark 负责完成计算。

本章首先介绍 Spark 的安装方法，然后介绍如何在 spark-shell 中运行代码及如何开发 Spark 独立应用程序，最后介绍 Spark 集群环境搭建方法及如何在集群上运行 Spark 应用程序。

4.1 安装 Spark

安装 Spark

Spark 的部署模式主要有 5 种：Local 部署模式（单机模式）、Standalone 部署模式（使用 Spark 自带的简单集群部署管理器）、Spark on YARN 部署模式（使用 YARN 作为集群部署管理器）、Spark on Mesos 部署模式（使用 Mesos 作为集群部署管理器）和 Spark on Kubernetes 部署模式（部署在 Kubernetes 集群上）。本节介绍 Local 部署模式的 Spark 的安装，后面会介绍集群部署模式的 Spark 的安装和使用方法。需要特别强调的是，如果没有特殊说明，本书的操作默认都是在 Local 部署模式下进行的。

4.1.1 基础环境

Spark 和 Hadoop 可以部署在一起，相互协作，由 Hadoop 的 HDFS、HBase 等组件负责数据的存储和管理，由 Spark 负责数据的计算。另外，虽然 Spark 和 Hadoop 都可以安装在 Windows 系统中使用，但是本书建议在 Linux 系统中安装和使用。

本书采用如下环境配置。

（1）Linux 系统：Ubuntu 16.04 及以上。

（2）Hadoop：3.1.3 版本。

（3）JDK：1.8 版本以上。

（4）Spark：3.2.0 版本。

Linux 系统、JDK 和 Hadoop 的安装和使用方法不是本书的重点，如果读者还未安装，请参照高校大数据课程公共服务平台本书页面"实验指南"栏目的"Linux 系统的安装"完成 Linux 系统的安装，参照"实验指南"栏目的"Hadoop 的安装和使用"完成 Hadoop、JDK 和 vim 编辑器的安装。完成 Linux 系统、JDK 和 Hadoop 的安装以后，才能开始安装 Spark。

需要注意的是，本节内容中 Spark 采用 Local 部署模式进行安装，也就是在单机上运行 Spark，因此，在安装 Hadoop 时，需要按照伪分布式模式进行安装。在单台机器上按照"Hadoop（伪分布式）+Spark（Local 模式）"这种方式进行 Hadoop 和 Spark 组合环境的搭建，可以较好地满足入门级 Spark 学习的需求，因此，如果没有特殊说明，本书中的编程操作默认都在这种环境下执行。

4.1.2　下载安装文件

登录 Linux 系统（本书统一采用"hadoop"用户名登录），打开浏览器，访问 Spark 官网下载页面，如图 4-1 所示，选择 3.2.0 版本的 Spark 安装文件进行下载。

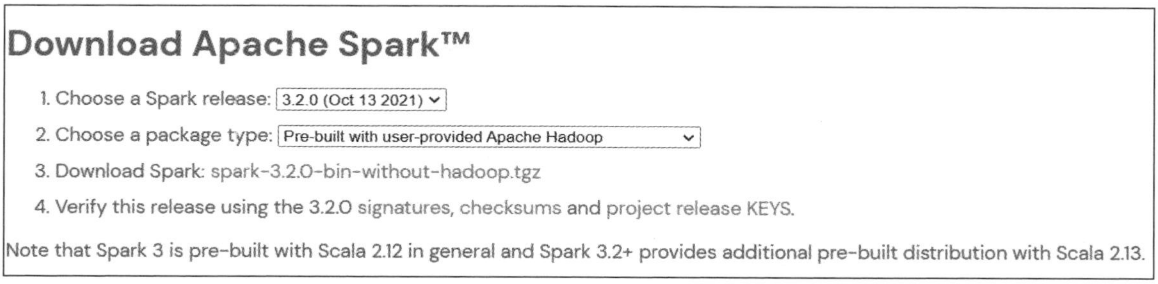

Download Apache Spark™

1. Choose a Spark release: 3.2.0 (Oct 13 2021) ▾
2. Choose a package type: Pre-built with user-provided Apache Hadoop ▾
3. Download Spark: spark-3.2.0-bin-without-hadoop.tgz
4. Verify this release using the 3.2.0 signatures, checksums and project release KEYS.

Note that Spark 3 is pre-built with Scala 2.12 in general and Spark 3.2+ provides additional pre-built distribution with Scala 2.13.

图 4-1　Spark 官网下载页面

关于 Spark 官网下载页面中的"Choose a package type"，这里补充说明如下。

（1）Source code: Spark 源代码，需要编译才能安装使用。

（2）Pre-built with user-provided Apache Hadoop：属于"Hadoop free"版，可应用到任意 Apache Hadoop 版本；之所以在这里特别强调是"Apache Hadoop"，是因为除了免费、开源的 Apache Hadoop，还有一些商业公司推出了 Hadoop 发行版。2008 年，Cloudera 成为第一个 Hadoop 商业化公司，并在 2009 年推出第一个 Hadoop 发行版。此后，很多大公司加入了将 Hadoop 产品化的行列，比如 MapR、星环等。一般而言，商业公司推出的 Hadoop 发行版，也是以 Apache Hadoop 为基础的，但是，前者比后者具有更好的易用性、更多的功能及更高的性能。

（3）Pre-built for Apache Hadoop 2.7：基于 Hadoop 2.7 的预先编译版，需要与本机安装的 Hadoop 版本对应。

（4）Pre-built for Apache Hadoop 3.3 and later (Scala 2.13)：基于 Hadoop 3.3 及以后版本的预先编译版（基于 Scala 2.13），需要与本机安装的 Hadoop 版本对应。

（5）Pre-built for Apache Hadoop 3.3 and later：基于 Hadoop 3.3 及以后版本的预先编译版（基于 Scala 2.12），需要与本机安装的 Hadoop 版本对应。

由于此前我们已经安装了 Apache Hadoop，所以，在"Choose a package type"后面需要选择 "Pre-built with user-provided Apache Hadoop"，然后单击"Download Spark"后面的"spark-3.2.0-bin-without-hadoop.tgz"下载即可。

除了到 Spark 官网下载安装文件，也可以直接到高校大数据课程公共服务平台本书页面"下载专区"的"软件"目录中下载 Spark 安装文件 spark-3.2.0-bin-without-hadoop.tgz，这里假设下载到本地以后保存到 Linux 系统的"/home/hadoop/Downloads"目录下（"hadoop"表示的是当前登录 Linux 系统的用户名）。

下载完安装文件以后，需要对文件进行解压缩。按照 Linux 系统使用的默认规范，用户安装的软件一般存放在 "/usr/local/" 目录下。请使用 "hadoop" 用户名登录 Linux 系统，使用 Ctrl+Alt+T 组合键打开终端（也就是一个 Linux Shell 环境，可以在终端窗口中输入和执行各种 Shell 命令），执行如下命令。

```
$ sudo tar -zxf ~/Downloads/spark-3.2.0-bin-without-hadoop.tgz -C /usr/local/
$ cd /usr/local
$ sudo mv ./spark-3.2.0-bin-without-hadoop ./spark
$ sudo chown -R hadoop:hadoop ./spark  # "hadoop" 是当前登录 Linux 系统的用户名
```

执行上述命令后，Spark 就被解压缩到 "/usr/local/spark" 目录下，这个目录是本书默认的 Spark 安装目录。

4.1.3 配置相关文件

安装文件解压缩以后，我们还需要修改 Spark 的配置文件 spark-env.sh。首先，我们可以复制一份由 Spark 安装文件自带的配置文件模板，使用如下命令。

```
$ cd /usr/local/spark
$ cp ./conf/spark-env.sh.template ./conf/spark-env.sh
```

然后，使用 vim 编辑器打开 spark-env.sh 文件进行编辑，在该文件的第一行添加如下配置信息。

```
export SPARK_DIST_CLASSPATH=$(/usr/local/hadoop/bin/hadoop classpath)
```

有了上面的配置信息以后，Spark 就可以把数据存储到 HDFS 中，也可以从 HDFS 中读取数据。如果没有上面的配置信息，Spark 就只能读写本地文件系统的数据，无法读写 HDFS 的数据。

添加好配置信息后就可以直接使用 Spark，不需要像 Hadoop 那样运行启动命令。通过运行 Spark 自带的样例程序 SparkPi，可以验证 Spark 是否安装成功，命令如下。

```
$ cd /usr/local/spark
$ bin/run-example SparkPi
```

执行时会输出很多信息，不容易找到最终的输出结果，为了避免从大量的输出信息中查找我们想要的执行结果，可以通过 "grep" 命令进行过滤。

```
$ bin/run-example SparkPi 2>&1 | grep "Pi is roughly"
```

上面的命令涉及 Linux Shell 中关于管道的知识，读者可以查阅网络资料学习管道命令的用法，这里不赘述。过滤后的运行结果中包含了 π 的近似值，具体如下。

```
Pi is roughly 3.145695728478642
```

4.1.4 Spark 和 Hadoop 的交互

完成上面的步骤以后，就可以在单台机器上按照 "Hadoop（伪分布式）+Spark（Local 模式）" 这种方式完成 Hadoop 和 Spark 组合环境的搭建。

为了能够让 Spark 操作 HDFS 中的数据，需要先启动 HDFS。打开一个 Linux Shell，在 Linux Shell 中执行如下命令启动 HDFS。

```
$ cd /usr/local/hadoop
$ ./sbin/start-dfs.sh
```

HDFS 启动完成后，可以通过命令 "jps" 来判断是否成功启动，具体命令如下。

```
$ jps
```

若成功启动，则会列出如下进程：NameNode、DataNode 和 SecondaryNameNode。然后，Spark 就可以对 HDFS 中的数据进行读取或写入操作（具体方法将在第 5 章介绍）。

使用结束后，可以使用如下命令关闭 HDFS。

```
$ ./sbin/stop-dfs.sh
```

4.2　在 spark-shell 中运行代码

在 spark-shell 中
运行代码

在学习 Spark 程序开发时，建议读者首先通过 spark-shell 进行交互式编程，以加深对 Spark 程序开发的理解。spark-shell 为用户提供了简单的方式来学习 API，并且支持以交互的方式来分析数据。用户输入一条语句后按 Enter 键，spark-shell 会立即执行该语句并返回结果，这就是我们所说的 REPL，它为我们提供了交互式执行环境，表达式计算完成后就会立即输出结果，而不必等到整个程序运行完毕，因此，我们可以即时查看中间结果并对程序进行修改，这样可以在很大程度上提高程序开发效率。spark-shell 支持 Scala 和 Python，由于 Spark 框架本身就是使用 Scala 语言开发的，所以使用 "spark-shell" 命令会默认进入 Scala 的交互式执行环境。如果要进入 Python 的交互式执行环境，则需要执行 "pyspark" 命令。

和其他 Shell 工具不一样的是，在其他 Shell 工具中，用户只能使用单机的硬盘和内存来操作数据，而 spark-shell 可以与分布存储在多台机器的内存或硬盘上的数据进行交互，并且处理过程的分发由 Spark 自动控制完成，不需要用户参与。

4.2.1　"spark-shell" 命令

在 Linux 终端中运行 "spark-shell" 命令，就可以启动并进入 spark-shell 交互式执行环境。"spark-shell" 命令及其常用的参数如下。

```
$ ./bin/spark-shell --master <master-url>
```

Spark 的运行模式取决于传递给 SparkContext 的<master-url>值。<master-url>可以是表 4-1 中的任一种形式。

表 4–1　　　　　　　"spark–shell" 命令中的<master–url>及其含义

<master-url>	含义
local	使用一个 Worker 线程本地化运行 Spark（完全不并行）
local[*]	使用与逻辑 CPU 个数相同数量的线程来本地化运行 Spark（逻辑 CPU 个数等于物理 CPU 个数乘每个物理 CPU 包含的 CPU 核数）
local[K]	使用 K 个 Worker 线程本地化运行 Spark（在理想情况下，K 应该根据运行机器的 CPU 核数来确定）
local[*,F]	使用与逻辑 CPU 个数相同数量的线程来本地化运行 Spark，并且允许任务最大失败次数为 F
local[K,F]	使用 K 个 Worker 线程本地化运行 Spark，并且允许任务最大失败次数为 F
local-cluster[N,C,M]	local-cluster 模式只用于单元测试。它会在单个 JVM 中模拟出一个具有 N 个 Worker 的集群，每个 Worker 具有 C 个核心（Core）和 MMB 的内存
spark://HOST:PORT	Spark 采用 Standalone 部署模式，连接到指定的 Spark 集群，默认端口是 7077
yarn	Spark 采用 Spark on YARN 部署模式，进一步分为两种不同情况。（1）当 "spark-shell" 命令中的另一个参数 --deploy-mode 的值为 "client" 时，以客户端模式连接 YARN 集群，集群的位置可以在 HADOOP_CONF_DIR 环境变量中找到。用户提交了作业之后，不能关掉客户端，驱动器会驻留在客户端中，负责调度作业的执行。这种情况适合运行交互类型的作业，常用于开发测试阶段。（2）当 "spark-shell" 命令中的另一个参数--deploy-mode 的值为"cluster"时，以集群模式连接 YARN 集群,集群的位置可以在 HADOOP_CONF_DIR 环境变量中找到。用户提交了作业之后，就可以关掉客户端，作业会继续在 YARN 上运行。这种情况不适合运行交互类型的作业，常用于企业生产环境
mesos://HOST:PORT	Spark 采用 Spark on Mesos 部署模式，连接到指定的 Mesos 集群，默认接口是 5050
k8s://HOST:PORT	连接到 Kubernetes 集群，进一步分为两种不同情况。（1）当 "spark-shell" 命令中的另一个参数--deploy-mode 的值为 "client" 时，以客户端模式连接 Kubernetes 集群。（2）当 "spark-shell" 命令中的另一个参数 --deploy-mode 的值为 "cluster" 时，以集群模式连接 Kubernetes 集群

在 Spark 中采用 Local 部署模式启动 spark-shell 的命令主要包含以下参数。

（1）master：这个参数表示当前的 spark-shell 要连接到哪个 master，如果是 local[*]，就是使用

Local 模式启动 spark-shell。其中，方括号内的星号表示需要使用的 CPU 核心个数，也就是启动的用于模拟 Spark 集群的线程数。

（2）jars：这个参数用于把相关的 JAR 包添加到 CLASSPATH 中，如果有多个 JAR 包，可以使用逗号分隔符连接它们。

比如，要采用 Local 部置模式，在 4 个 CPU 核心上运行 spark-shell，命令如下。

```
$ cd /usr/local/spark
$ ./bin/spark-shell --master local[4]
```

或者，可以在 CLASSPATH 中添加 code.jar，命令如下。

```
$ cd /usr/local/spark
$ ./bin/spark-shell --master local[4] --jars code.jar
```

利用 "spark-shell --help" 命令可以获取完整的选项列表，具体命令如下。

```
$ cd /usr/local/spark
$ ./bin/spark-shell --help
```

4.2.2 启动 spark-shell

我们可以通过执行下面的命令启动 spark-shell 环境。

```
$ cd /usr/local/spark
$ ./bin/spark-shell
```

启动 spark-shell 后，就会进入 "scala>" 命令提示符状态，如图 4-2 所示。当使用 "spark-shell" 命令没有带上任何参数时，默认使用 Local[*]方式启动并进入 spark-shell 交互式执行环境。

图 4-2　spark-shell 环境

现在，我们就可以在里面输入 Scala 代码并进行调试了。比如，在 Scala 命令提示符 "scala>" 后面输入一个表达式 "8 * 2 + 5"，然后按 Enter 键，就会立即得到结果，如下所示。

```
scala> 8*2+5
res0: Int = 21
```

下面读取一个本地文件 README.md 并统计该文件的行数，命令如下。

```
scala > val textFile = sc.textFile("file:///usr/local/spark/README.md")
scala > textFile.count()
```

spark-shell 本身就是一个驱动器，驱动器会生成一个 SparkContext 对象来访问 Spark 集群，这个对象代表了对 Spark 集群的一个连接。spark-shell 启动时已经自动创建了一个 SparkContext 对象，是一个叫作 "sc" 的变量。因此，上面语句中直接使用了 sc.textFile( )。

最后，我们可以使用命令 ":quit" 退出 spark-shell，如下所示。

```
scala>:quit
```

我们也可以直接使用组合键 Ctrl+D，退出 spark-shell。

4.2.3 Spark 用户界面

Spark 包含一个图形用户界面，可用于以各种粒度（作业、执行阶段、任务）检查或监控 Spark 应用。根据 Spark 的部署模式，驱动器会启动基于网页的用户界面，默认在端口 4040 上运行。我们可以在这个界面上查看如下指标和详细信息。

（1）调度器中的执行阶段和任务的列表。

（2）RDD 大小和内存占用情况。

（3）运行环境的相关信息。

（4）运行中的执行器的相关信息。

（5）所有的 Spark SQL 查询语句。

在 Local 部署模式下，我们可以先启动 spark-shell，然后通过浏览器来访问这个界面，如图 4-3 所示。

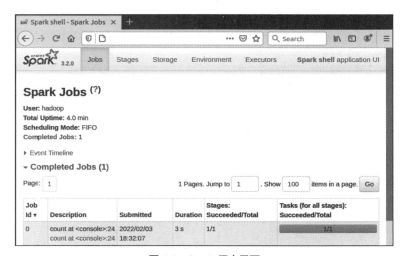

图 4-3　Spark 用户界面

4.3　开发 Spark 独立应用程序

spark-shell 交互式执行环境通常用于开发测试，当需要把应用程序部署到企业实际生产环境中时，需要编写独立应用程序。这里通过一个简单的应用程序 WordCount 来演示如何通过 Spark API 开发一个独立应用程序。使用 Scala 语言编写的程序，可以使用 sbt 或者 Maven 进行编译打包。本节会对两种方式都进行介绍，在实际开发时，读者可以根据自己的喜好选择其中一种方式，本书推荐使用 sbt 进行编译打包。

需要说明的是，下面将要介绍的使用 sbt 和 Maven 进行编译打包的过程，都是在 Linux Shell 环境下完成的。为了提高程序开发效率，可以使用集成开发环境（如 IntelliJ IDEA 和 Eclipse 等）。关于如何使用 IntelliJ IDEA 和 Eclipse 等开发 Spark 应用程序，这里不做介绍，感兴趣的读者可以参考相关资料。

4.3.1　安装编译打包工具

1. 安装 sbt

使用 Scala 语言编写的 Spark 程序，需要使用 sbt 进行编译打包。Spark 没有自带 sbt，用户需要手动进行安装。读者可以到 Scala 官网下载 sbt 安装文件 sbt-1.3.8.tgz，也可以到高校大数据课程公共服务平台本书页面的"下载专区"下载 sbt 安装文件，进入"下载专区"后，在"软件"目录中找到文件 sbt-1.3.8.tgz，将其下载到本地，保存到 Linux 系统的"/home/hadoop/Downloads"目录下。

开发 Spark 独立
应用程序（安装
编译打包工具和编写
代码）

这里我们把 sbt 安装到"/usr/local/sbt"目录下。使用"hadoop"用户名登录 Linux 系统，新建一个终端，在终端中执行如下命令。

```
$ sudo mkdir /usr/local/sbt                    #创建安装目录
$ cd ~/Downloads
$ sudo tar -zxvf ./sbt-1.3.8.tgz -C /usr/local
$ cd /usr/local/sbt
$ sudo chown -R hadoop /usr/local/sbt          #此处的"hadoop"为系统当前用户名
$ cd /usr/local/sbt
$ cp ./bin/sbt-launch.jar ./  #把 bin 目录下的 sbt-launch.jar 复制到 sbt 安装目录下
```

接着在安装目录中使用下面的命令创建一个 Shell 脚本文件，用于启动 sbt。

```
$ vim /usr/local/sbt/sbt
```

该脚本文件中的代码如下。

```
#!/bin/bash
SBT_OPTS="-Xms512M -Xmx1536M -Xss1M -XX:+CMSClassUnloadingEnabled -XX:MaxPermSize=256M"
java $SBT_OPTS -jar `dirname $0`/sbt-launch.jar "$@"
```

保存后，还需要使用如下命令为该脚本文件增加可执行权限。

```
$ chmod u+x /usr/local/sbt/sbt
```

然后，我们可以使用如下命令查看 sbt 版本信息。

```
$ cd /usr/local/sbt
$ ./sbt sbtVersion
Java HotSpot(TM) 64-Bit Server VM warning: ignoring option MaxPermSize=256M; support was
removed in 8.0
[warn] No sbt.version set in project/build.properties, base directory: /usr/local/sbt
[info] Set current project to sbt (in build file:/usr/local/sbt/)
[info] 1.3.8
```

上述查看版本信息的命令，可能需要执行几分钟，执行成功后就可以看到版本为 1.3.8。

2. 安装 Maven

Ubuntu 没有自带 Maven，用户需要手动安装 Maven。读者可以访问 Maven 官网下载安装文件，也可以访问高校大数据课程公共服务平台，在本书页面的"下载专区"中进行下载，安装文件位于"软件"目录下，名称是"apache-maven-3.6.3-bin.zip"。下载好 Maven 安装文件后，将其保存到"~/Downloads"目录下。然后，我们可以选择将其安装在"/usr/local/maven"目录中，命令如下。

```
$ sudo unzip ~/Downloads/apache-maven-3.6.3-bin.zip -d /usr/local
$ cd /usr/local
$ sudo mv apache-maven-3.6.3/ ./maven
$ sudo chown -R hadoop ./maven
```

4.3.2 编写 Spark 应用程序代码

在 Linux 终端中，执行如下命令创建一个目录 sparkapp，作为应用程序根目录。

```
$ cd ~                      #进入用户主目录
$ mkdir ./sparkapp          #创建应用程序根目录
$ mkdir -p ./sparkapp/src/main/scala        #创建所需的目录结构
```

需要注意的是，为了能够使用 sbt 对 Spark 应用程序进行编译打包，我们需要把应用程序代码存放在应用程序根目录下的"src/main/scala"目录下。下面使用 vim 编辑器在"~/sparkapp/src/main/scala"目录下建立一个名为"SimpleApp.scala"的 Scala 代码文件，命令如下。

```
$ cd ~
$ vim ./sparkapp/src/main/scala/SimpleApp.scala
```

然后，在 SimpleApp.scala 代码文件中输入以下代码。

```scala
/* SimpleApp.scala */
import org.apache.spark.SparkContext
import org.apache.spark.SparkContext._
import org.apache.spark.SparkConf

object SimpleApp {
    def main(args: Array[String]) {
        val logFile = "file:///usr/local/spark/README.md"
        val conf = new SparkConf().setAppName("Simple Application").setMaster("local")
        val sc = new SparkContext(conf)
        val logData = sc.textFile(logFile, 2).cache()
        val numAs = logData.filter(line => line.contains("a")).count()
        val numBs = logData.filter(line => line.contains("b")).count()
        println("Lines with a: %s, Lines with b: %s".format(numAs, numBs))
        sc.stop()
    }
}
```

上述代码，读者也可以直接到高校大数据课程公共服务平台本书页面的"下载专区"中下载，位于"代码"目录的"第 4 章"子目录下，文件名是"SimpleApp.scala"。这段代码的功能是，计算"/usr/local/spark/README"文件中包含"a"的行数和包含"b"的行数，然后输出统计结果。不同于 spark-shell，独立应用程序需要通过 val sc = new SparkContext(conf)初始化生成一个 SparkContext 对象，以构建起连接 Spark 的通道。

4.3.3　编译打包

1. 使用 sbt 对 Scala 程序进行编译打包

SimpleApp.scala 依赖于 Spark API，因此需要通过 sbt 编译打包后才能运行。首先，我们需要使用 vim 编辑器在"~/sparkapp"目录下新建文件 simple.sbt，命令如下。

开发 Spark 独立应用程序（编译打包和运行程序

```
$ cd ~
$ vim ./sparkapp/simple.sbt
```

simple.sbt 文件用于声明该独立应用程序的信息以及与 Spark 的依赖关系（实际上，只要扩展名使用.sbt，文件名可以不用"simple"，可以随意命名，如"mysimple.sbt"）。我们需要在 simple.sbt 文件中输入以下内容。

```
name := "Simple Project"
version := "1.0"
scalaVersion := "2.12.15"
libraryDependencies += "org.apache.spark" %% "spark-core" % "3.2.0"
```

上述代码也可以直接到高校大数据课程公共服务平台本书页面的"下载专区"下载，位于"代码"目录的"第 4 章"子目录下，文件名是"simple.sbt"。

为了保证 sbt 能够正常运行，可以先执行如下命令检查整个应用程序的文件结构。

```
$ cd ~/sparkapp
$ find .
```

文件结构应该类似如下内容。

```
.
./src
./src/main
./src/main/scala
./src/main/scala/SimpleApp.scala
./simple.sbt
```

接下来，可以通过如下代码将整个应用程序打包成 JAR 包。

```
$ cd  ~/sparkapp  #一定要把这个目录设置为当前目录
$ /usr/local/sbt/sbt  package
```

对刚刚安装的 Spark 和 sbt 而言，第一次执行上面的命令时，系统会自动从网络上下载各种相关的依赖包，因此，上面命令的执行过程需要消耗几分钟时间。后面如果再次执行"sbt package"命令，速度就会快很多，因为不再需要下载相关文件。执行上述命令后，会返回如下类似信息。

```
$ /usr/local/sbt/sbt package
Java HotSpot(TM) 64-Bit Server VM warning: ignoring option MaxPermSize=256M; support was
removed in 8.0
[info] Loading project definition from /home/hadoop/sparkapp/project
[info] Loading settings for project sparkapp from simple.sbt …
[info] Set current project to Simple Project (in build file:/home/hadoop/sparkapp/)
[success] Total time: 4 s, completed Jan 26, 2022 5:57:56 AM
```

生成的 JAR 包的位置为"~/sparkapp/target/scala-2.12/simple-project_2.12-1.0.jar"。

2. 使用 Maven 对 Scala 程序进行编译打包

对于前面创建的"~/sparkapp"目录，经过 sbt 编译打包后，sbt 工具会在其中自动生成一些目录和文件，这些目录和文件可能会和 Maven 的内容产生混淆，不便于理解。为了和 sbt 编译打包的内容进行区分，这里再为 Maven 创建一个代码目录"~/sparkapp2"，并在"~/sparkapp2/src/main/scala"下建立一个名为"SimpleApp.scala"的 Scala 代码文件，在该代码文件中放入和前面一样的代码。

然后，使用 vim 编辑器在"~/sparkapp2"目录中新建文件 pom.xml，命令如下。

```
$ cd  ~
$ vim ./sparkapp2/pom.xml
```

然后，在 pom.xml 文件中添加如下内容，用来声明该独立应用程序的信息以及与 Spark 的依赖关系。

```
<project>
    <groupId>cn.edu.xmu</groupId>
    <artifactId>simple-project</artifactId>
    <modelVersion>4.0.0</modelVersion>
    <name>Simple Project</name>
    <packaging>jar</packaging>
    <version>1.0</version>
    <repositories>
        <repository>
            <id>jboss</id>
            <name>JBoss Repository</name>
            <url>http://repository.jboss.com/maven2/</url>
        </repository>
    </repositories>
    <dependencies>
        <dependency> <!-- Spark dependency -->
            <groupId>org.apache.spark</groupId>
            <artifactId>spark-core_2.12</artifactId>
            <version>3.2.0</version>
        </dependency>
    </dependencies>

  <build>
  <sourceDirectory>src/main/scala</sourceDirectory>
  <plugins>
    <plugin>
```

```
        <groupId>org.scala-tools</groupId>
        <artifactId>maven-scala-plugin</artifactId>
        <executions>
          <execution>
            <goals>
              <goal>compile</goal>
            </goals>
          </execution>
        </executions>
        <configuration>
          <scalaVersion>2.12.15</scalaVersion>
          <args>
            <arg>-target:jvm-1.8</arg>
          </args>
        </configuration>
      </plugin>
    </plugins>
  </build>
</project>
```

读者也可以直接访问高校大数据课程公共服务平台，在本书页面的"下载专区"下载该文件，它位于"代码"目录的"第 4 章"子目录下，文件名是"pom.xml"。

为了保证 Maven 能够正常运行，先执行如下命令检查整个应用程序的文件结构。

```
$ cd  ~/sparkapp2
$ find .
```

文件结构应该与如下的内容类似。

```
.
./pom.xml
./src
./src/main
./src/main/scala
./src/main/scala/SimpleApp.scala
```

接下来，我们可以通过如下代码将整个应用程序打包成 JAR 包（注意：计算机需要保持连接网络的状态，而且首次运行打包命令时，Maven 会自动下载依赖包，所以需要消耗几分钟的时间）。

```
$ cd  ~/sparkapp2    #一定要把这个目录设置为当前目录
$ /usr/local/maven/bin/mvn  package
```

如果返回如下信息，则说明生成 JAR 包成功。

```
[INFO] Building jar: /home/hadoop/sparkapp2/target/simple-project-1.0.jar
[INFO] ------------------------------------------------------------------------
[INFO] BUILD SUCCESS
[INFO] ------------------------------------------------------------------------
[INFO] Total time:  02:02 min
[INFO] Finished at: 2022-01-26T07:34:02-08:00
[INFO] ------------------------------------------------------------------------
```

生成的应用程序 JAR 包的位置为"/home/hadoop/sparkapp2/target/simple-project-1.0.jar"。

4.3.4　通过"spark-submit"命令提交并运行程序

我们可以通过"spark-submit"命令提交并运行应用程序，该命令的格式如下。

```
spark-submit
  --class <main-class>  #需要运行的程序的主类，应用程序的入口点
  --master <master-url>  #<master-url>的含义和表 4-1 中的相同
  --deploy-mode <deploy-mode>   #部署模式
```

```
…  #其他参数
<application-jar>  #应用程序 JAR 包
[application-arguments]  #传递给主类的主方法的参数
```

对于前面使用 sbt 编译打包得到的应用程序 JAR 包，我们可以通过"spark-submit"命令将其提交到 Spark 中运行，命令如下。

```
$ /usr/local/spark/bin/spark-submit --class "SimpleApp" ~/sparkapp/target/scala-2.12/
simple-project_2.12-1.0.jar
```

上面是一行完整的命令，由于命令后面有多个参数，一行显示不下，为了获得更好的阅读体验，可以在命令中间使用"\"符号，把一行完整命令人为地断开成多行进行输入，效果如下。

```
$ /usr/local/spark/bin/spark-submit \
> --class "SimpleApp" \
> ~/sparkapp/target/scala-2.12/simple-project_2.12-1.0.jar
```

上面的命令执行后会输出大量信息，我们也可以不使用上面的命令，而使用下面的命令来查看想要的结果。

```
$ /usr/local/spark/bin/spark-submit \
> --class "SimpleApp" \
> ~/sparkapp/target/scala-2.12/simple-project_2.12-1.0.jar  2>&1 | grep "Lines with a:"
```

上面的命令的执行结果如下。

```
Lines with a: 65, Lines with b: 33
```

同理，对于使用 Maven 编译打包得到的应用程序 JAR 包，也可以采用类似的方法，通过"spark-submit"命令将其提交到 Spark 中运行。

4.4 Spark 集群环境搭建

Spark 集群环境搭建

本节介绍 Spark 集群环境的搭建方法，包括搭建 Hadoop 集群、安装 Spark、配置环境变量、配置 Spark、启动和关闭 Spark 集群等。

4.4.1 集群概况

如图 4-4 所示，这里采用 3 台机器（节点）作为实例来演示如何搭建 Spark 集群，其中 1 台机器作为 Master 节点，主机名为 hadoop01，IP 地址是 192.168.20.129；另外两台机器作为 Worker 节点，主机名分别为 hadoop02 和 hadoop03，IP 地址分别为 192.168.20.130 和 192.168.20.131。

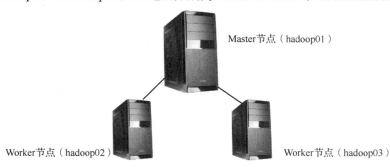

图 4-4 由 3 台机器构成的 Spark 集群

4.4.2 搭建 Hadoop 集群

Spark 作为分布式计算框架，需要和 HDFS 进行组合使用，通过 HDFS 实现数据的分布式存储，使用 Spark 实现数据的分布式计算。因此，我们需要在同一个集群中同时部署 Hadoop 和 Spark，这样，Spark 就可以读写 HDFS 中的文件。在一个集群中同时部署 Hadoop 和 Spark 时，HDFS 的数据节点和 Spark 的工作节点是部署在一起的，这样可以实现"计算向数据靠拢"，在保存数据的地方进行计算，减少网络数据的传输。Hadoop 集群的具体搭建方法，这里不做介绍，读者可以参考高校大数据课程公共服务平台本书页面的"实验指南"栏目。

4.4.3　在集群中安装 Spark

在 Spark 的 Master 节点上，访问 Spark 官网下载 Spark 安装文件（可以参考 4.1.2 小节的内容）。

安装文件下载完以后，需要对文件进行解压缩。按照 Linux 系统使用的默认规范，用户安装的软件一般存放在"/usr/local/"目录下。使用"hadoop"用户名登录 Linux 系统，打开一个终端，执行如下命令。

```
$ sudo tar -zxf ~/Downloads/spark-3.2.0-bin-without-hadoop.tgz -C /usr/local/
$ cd /usr/local
$ sudo mv ./spark-3.2.0-bin-without-hadoop ./spark
$ sudo chown -R hadoop:hadoop ./spark    # "hadoop"是当前登录 Linux 系统的用户名
```

4.4.4　配置环境变量

在 Master 节点的终端中执行如下命令。

```
$ vim ~/.bashrc
```

在.bashrc 文件中添加如下配置。

```
export SPARK_HOME=/usr/local/spark
export PATH=$PATH:$SPARK_HOME/bin:$SPARK_HOME/sbin
```

运行"source"命令使配置立即生效。

```
$ source ~/.bashrc
```

4.4.5　Spark 的配置

1. 配置 workers 文件

在 Master 节点上执行如下命令将 workers.template 复制并命名为"workers"。

```
$ cd /usr/local/spark/
$ cp ./conf/workers.template ./conf/workers
```

在 workers 文件中设置 Spark 集群的 Worker 节点。编辑 workers 文件的内容，把其中的默认内容"localhost"替换成如下内容。

```
hadoop02
hadoop03
```

2. 配置 spark-env.sh 文件

在 Master 节点上执行如下命令将 spark-env.sh.template 复制并命名为"spark-env.sh"。

```
$ cp ./conf/spark-env.sh.template ./conf/spark-env.sh
```

编辑 spark-env.sh 文件的内容，添加如下内容。

```
export SPARK_DIST_CLASSPATH=$(/usr/local/hadoop/bin/hadoop classpath)
export HADOOP_CONF_DIR=/usr/local/hadoop/etc/hadoop
export SPARK_MASTER_IP=192.168.20.129
```

其中，SPARK_MASTER_IP 是 Master 节点的 IP 地址，在搭建集群时，为 Master 节点设置的 IP 地址是 192.168.20.129，所以，这里把 SPARK_MASTER_IP 设置为 192.168.20.129。

3. 配置 Worker 节点

在 Master 节点上执行如下命令，将 Master 节点上的"/usr/local/spark"目录复制到各个 Worker 节点上。

```
$ cd /usr/local/
$ tar -zcf ~/spark.master.tar.gz ./spark
$ cd ~
$ scp ./spark.master.tar.gz hadoop02:/home/hadoop
$ scp ./spark.master.tar.gz hadoop03:/home/hadoop
```

在 hadoop02 和 hadoop03 节点上分别执行下面同样的操作。

```
$ sudo rm -rf /usr/local/spark/
$ sudo tar -zxf ~/spark.master.tar.gz -C /usr/local
$ sudo chown -R hadoop /usr/local/spark
```

4.4.6 启动 Spark 集群

1. 启动 Hadoop 集群

在 Master 节点上执行如下命令。

```
$ cd /usr/local/hadoop/
$ sbin/start-all.sh
```

2. 启动 Master 节点

在 Master 节点上执行如下命令。

```
$ cd /usr/local/spark/
$ sbin/start-master.sh
```

这时在 Master 节点上执行"jps"命令，可以看到一个名称为"Master"的进程。

3. 启动所有 Worker 节点

在 Master 节点上执行如下命令。

```
$ sbin/start-workers.sh
```

这时在 hadoop02 和 hadoop03 两个节点上分别执行"jps"命令，可以看到名称为"Worker"的进程。

4. 查看集群信息

在 Master 节点上打开浏览器，访问 http://hadoop01:8080，就可以通过浏览器查看 Spark 简单集群资源管理器的集群信息，如图 4-5 所示。

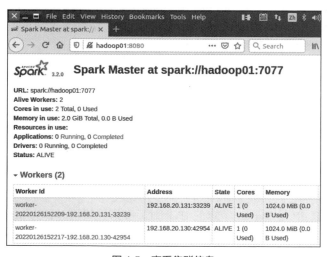

图 4-5　查看集群信息

4.4.7　关闭 Spark 集群

在 Master 节点上执行下面的命令，关闭 Spark 集群。

首先，关闭 Master 节点，命令如下。

```
$ sbin/stop-master.sh
```

其次，关闭 Worker 节点，命令如下。

```
$ sbin/stop-workers.sh
```

最后，关闭 Hadoop 集群，命令如下。

```
$ cd /usr/local/hadoop/
$ sbin/stop-all.sh
```

4.5　在集群上运行 Spark 应用程序

在集群上运行 Spark
应用程序

Spark 集群部署包括 4 种部署模式，分别是 Standalone 部署模式、Spark on YARN 部署模式、Spark on Mesos 部署模式和 Spark on Kubernetes 部署模式。根据集群部署模式的不同，在集群上运行 Spark 应用程序可以有多种方法，本节介绍采用 Standalone 部署模式时运行 Spark 应用程序的方法。

4.5.1　启动 Spark 集群

请登录 Linux 系统，打开一个终端，启动 Hadoop 集群，命令如下。

```
$ cd /usr/local/hadoop/
$ sbin/start-all.sh
```

然后启动 Spark 的 Master 节点和所有 Worker 节点，命令如下。

```
$ cd /usr/local/spark/
$ sbin/start-master.sh
$ sbin/start-workers.sh
```

4.5.2　在集群中运行应用程序 JAR 包

向简单集群资源管理器提交应用，需要把 spark://hadoop01:7077 作为主节点（Master 节点）参数传给 "spark-submit" 命令。我们可以运行 Spark 安装好以后自带的样例程序 SparkPi，它的功能是计算得到π的值。在 Master 节点的 Linux Shell 中执行如下命令运行 SparkPi。

```
$ cd /usr/local/spark
$ bin/spark-submit \
> --class org.apache.spark.examples.SparkPi \
> --master spark://hadoop01:7077 \
> examples/jars/spark-examples_2.12-3.2.0.jar 100 2>&1 | grep "Pi is roughly"
```

4.5.3　在集群中运行 spark-shell

通过 spark-shell 连接到简单集群资源管理器上，在 Linux Shell 中执行如下命令启动 spark-shell 环境。

```
$ cd /usr/local/spark
$ bin/spark-shell --master spark://hadoop01:7077
```

假设 HDFS 的根目录下已经存在一个文件 README.md，下面在 spark-shell 环境中执行相关语句，如下所示。

```
scala> val textFile = sc.textFile("hdfs://hadoop01:9000/README.md")
```

```
textFile: org.apache.spark.rdd.RDD[String] = hdfs://hadoop01:9000/README.md
MapParti tionsRDD[1] at textFile at <console>:24
scala> textFile.count()
res0: Long = 109
scala> textFile.first()
res1: String = # Apache Spark
```

4.5.4 查看应用程序的运行情况

执行完上面的操作以后，可以在简单集群管理器的 Web 界面查看应用程序的运行情况。打开浏览器，访问 http://hadoop01:8080/，可以看到图 4-6 所示的相关信息。

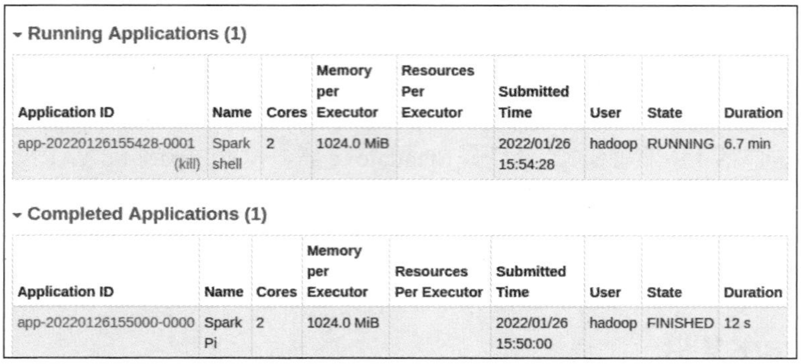

▾ Running Applications (1)

Application ID	Name	Cores	Memory per Executor	Resources Per Executor	Submitted Time	User	State	Duration
app-20220126155428-0001 (kill)	Spark shell	2	1024.0 MiB		2022/01/26 15:54:28	hadoop	RUNNING	6.7 min

▾ Completed Applications (1)

Application ID	Name	Cores	Memory per Executor	Resources Per Executor	Submitted Time	User	State	Duration
app-20220126155000-0000	Spark Pi	2	1024.0 MiB		2022/01/26 15:50:00	hadoop	FINISHED	12 s

图 4-6　查看 Spark 集群中应用程序的运行情况

4.6　本章小结

Spark 支持多种部署模式，在日常学习和应用开发环节，可以使用单机环境进行部署。本章首先介绍了 Spark 在单机环境下的安装配置方法，以及 Spark 和 Hadoop 的交互方法。

本章然后介绍了如何在 spark-shell 中运行代码。spark-shell 是一种交互式执行环境，可以立即解释执行用户输入的语句。Spark 支持 Java、Python 和 Scala 等编程语言，可使用"spark-shell"命令启动并进入 Scala 交互式执行环境。

本章接着介绍了如何开发 Spark 独立应用程序。在开发 Spark 独立应用程序时，需要采用 sbt 和 Maven 等工具对代码进行编译打包，然后通过"spark-submit"命令提交并运行程序。在使用 sbt 工具时，需要按照规范要求把 Scala 代码放到指定目录下，并且创建一个类似 simple.sbt 的文件，在这个文件中写入正确的版本配置信息，这样才能够顺利实现对 Scala 代码的编译打包。

本章最后介绍了 Spark 集群环境的搭建方法，以及采用 Standalone 部署模式时如何运行 Spark 应用程序。

4.7　习题

1. 请阐述 Spark 的 5 种部署模式。
2. 请阐述 Spark 和 Hadoop 的关系。
3. 请阐述 spark-shell 在启动时，<master-url>分别采用 local、local[*]和 local[K]，具体有什么区别。
4. 采用 Spark on YARN 部署模式，启动 spark-shell 时，参数--deploy-mode 的值分别为"client"和"cluster"时有什么区别？

5.　请总结开发 Spark 独立应用程序的基本步骤。

6.　请阐述 Spark 集群环境搭建的基本过程。

7.　请阐述在集群上运行 Spark 应用程序的具体方法。

实验 3　Spark 和 Hadoop 的安装

一、实验目的

（1）掌握在 Linux 虚拟机中安装 Hadoop 和 Spark 的方法。

（2）熟悉 HDFS 的基本使用方法。

（3）掌握使用 Spark 访问本地文件和 HDFS 文件的方法。

二、实验平台

操作系统：Ubuntu 16.04 及以上。

Spark 版本：3.2.0。

Hadoop 版本：3.1.3。

三、实验内容和要求

1.　安装 Hadoop 和 Spark

进入 Linux 系统，参照高校大数据课程公共服务平台本书页面"实验指南"栏目的"Hadoop 的安装和使用"，完成 Hadoop 伪分布式模式的安装。完成 Hadoop 的安装以后，再安装 Spark（Local 部署模式）。

2.　HDFS 常用操作

使用"hadoop"月户名登录并进入 Linux 系统，启动 Hadoop，参照 Hadoop 书籍或网络资料，或者参考高校大数据课程公共服务平台本书页面"实验指南"栏目的"HDFS 操作常用 Shell 命令"，使用 Hadoop 提供的 Shell 命令完成如下操作。

（1）启动 Hadoop，在 HDFS 中创建用户目录"/user/hadoop"；

（2）在 Linux 系统的本地文件系统的"/home/hadoop"目录下新建一个文本文件 test.txt，并在该文件中随便输入一些内容，然后上传到 HDFS 的"/user/hadoop"目录下。

（3）把 HDFS 中"/user/hadoop"目录下的 test.txt 文件下载到 Linux 系统的本地文件系统中的"/home/hadoop/下载"目录下。

（4）将 HDFS 中"/user/hadoop"目录下的 test.txt 文件的内容输出到终端中进行显示。

（5）在 HDFS 中的"/user/hadoop"目录下创建目录"input"，把 HDFS 中"/user/hadoop"目录下的 test.txt 文件复制到"/user/hadoop/input"目录下。

（6）删除 HDFS 中"/user/hadoop"目录下的 test.txt 文件，删除 HDFS 中"/user/hadoop"目录下的"input"目录及其子目录下的所有内容。

3.　Spark 读取文件系统的数据

（1）在 spark-shell 中读取 Linux 系统本地文件"/home/hadoop/test.txt"，然后统计出文件的行数。

（2）在 spark-shell 中读取 HDFS 中的文件"/user/hadoop/test.txt"（如果该文件不存在，请先创建），然后统计出文件的行数。

（3）编写独立应用程序，读取 HDFS 中的文件"/user/hadoop/test.txt"（如果该文件不存在，请先创建），然后统计出文件的行数；通过 sbt 工具将整个应用程序编译打包成 JAR 包，并将生成的 JAR

包通过"spark-submit"命令提交到 Spark 中运行。

四、实验报告

<table>
<tr><td colspan="3" align="center">Spark 编程基础实验报告</td></tr>
<tr><td>题目：</td><td>姓名：</td><td>日期：</td></tr>
<tr><td colspan="3">实验环境：</td></tr>
<tr><td colspan="3">实验内容与完成情况：</td></tr>
<tr><td colspan="3">出现的问题：</td></tr>
<tr><td colspan="3">解决方案（列出遇到的问题和解决办法，列出没有解决的问题）：</td></tr>
</table>

第5章　RDD编程

Spark Core 实现了 Spark 框架的基本功能，包含任务调度、内存管理、错误恢复、与存储系统交互等。Spark Core 中还包含了对 RDD 的 API 定义。RDD 是 Spark Core 的核心概念，它是一个只读的、可分区的分布式数据集，这个数据集的全部或部分可以缓存在内存中，可在多次计算中重用。Spark Core 用 Scala 语言实现了 RDD 的 API，程序员可以通过调用 API 实现对 RDD 的各种操作，从而实现各种复杂的应用。Spark 生态系统中的其他组件都是建立在 Spark Core 的核心理念之上的，只要掌握 Spark Core 的核心理念，使用其他组件将十分容易。

本章首先介绍 RDD 的创建方法、各种操作、持久化和分区方法，然后介绍键值对 RDD 的各种操作，并介绍把 RDD 写入文件及从文件读取数据生成 RDD 的方法，最后介绍 3 个 RDD 编程综合实例。

5.1　RDD 编程基础

本节介绍 RDD 编程的基础知识，包括 RDD 创建、RDD 操作、持久化和分区等，并给出一个简单的 RDD 编程综合实例。

5.1.1　RDD 创建

Spark 采用 textFile( )方法从文件系统中加载数据创建 RDD，该方法把文件的 URI 作为参数，这个 URI 可以是本地文件系统的地址、HDFS 的地址，或者是 Amazon S3 的地址等。

RDD 创建

1.　从文件系统中加载数据创建 RDD

（1）从本地文件系统中加载数据

在 spark-shell 交互式执行环境中，执行如下命令。

```
scala> val lines = sc.textFile("file:///usr/local/spark/mycode/
rdd/word.txt")
lines: org.apache.spark.rdd.RDD[String] = file:///usr/local/
spark/mycode/rdd/word.txt MapPartitionsRDD[12] at textFile at
<console>:27
```

其中，"lines: org.apache.spark.rdd.RDD[String]…"是命令执行后返回的信息，从中可以看出，执行 sc.textFile( )方法以后，Spark 从本地文件 word.txt 中加载数据到内存，在内存中生成一个 RDD 对象 lines，lines 是 org.apache.

spark.rdd.RDD 这个类的一个实例，这个 RDD 里面包含了若干个元素，每个元素都是 String 类型的，也就是说，从 word.txt 文件中读取出来的每一行文本内容，都会成为 RDD 中的一个元素，如果 word.txt 中包含了 1000 行，那么 lines 这个 RDD 中就会包含 1000 个 String 类型的元素。图 5-1 给出了一个简单实例，假设 word.txt 文件中只包含 3 行文本内容，则生成的 RDD（即 lines）中就会包含 3 个 String 类型的元素，分别是"Hadoop is good"、"Spark is fast"和"Spark is better"。

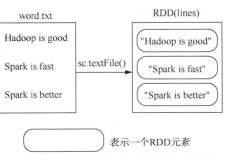

图 5-1　从本地文件系统中加载数据生成 RDD

（2）从 HDFS 中加载数据

根据第 4 章的内容完成 Hadoop 和 Spark 环境的搭建后，HDFS 的访问地址是 hdfs://localhost: 9000/，在 HDFS 中已经创建了与当前 Linux 系统登录用户 hadoop 对应的用户目录 "/user/hadoop"。启动 HDFS，就可以让 Spark 对 HDFS 中的数据进行操作。从 HDFS 中加载数据的命令如下（下面 3 条命令是完全等价的，可以使用其中任意一条）。

```
scala> val lines = sc.textFile("hdfs://localhost:9000/user/hadoop/word.txt")
scala> val lines = sc.textFile("/user/hadoop/word.txt")
scala> val lines = sc.textFile("word.txt")
```

2.　通过并行集合（数组）创建 RDD

可以调用 SparkContext 的 parallelize( )方法，通过一个已经存在的集合（数组）创建 RDD，如图 5-2 所示，命令如下。

```
scala> val array = Array(1,2,3,4,5)
scala> val rdd = sc.parallelize(array)
```

我们也可以通过列表创建 RDD，命令如下。

```
scala> val list = List(1,2,3,4,5)
scala> val rdd = sc.parallelize(list)
```

图 5-2　通过数组创建 RDD

5.1.2　RDD 操作

RDD 操作包括两种类型，即转换操作和行动操作。本小节将详细介绍这两种操作，以及 Spark 的惰性机制。

RDD 操作（转换）

1.　转换操作

对 RDD 而言，每一次转换操作都会产生不同的 RDD，供下一个操作使用。RDD 的转换过程是采用惰性机制的，也就是说，整个转换过程只记录了转换的轨迹，并不会发生真正的计算，只有遇到行动操作时，才会触发从头到尾的真正的计算。表 5-1 给出了常用的 RDD 转换操作，其中很多操作都是高阶函数，比如，filter(func)就是一个高阶函数，这个函数的输入参数 func 也是一个函数。

表 5-1　　　　　　　　　　　　　　　常用的 RDD 转换操作

操作	含义
filter(func)	筛选出满足函数 func( )的元素，并返回一个新的数据集
map(func)	将每个元素传递到函数 func( )中，并将结果返回为一个新的数据集
flatMap(func)	与 map( )相似，但每个输入元素都可以映射到 0 或多个输出结果
groupByKey( )	应用于(K,V)键值对的数据集时，返回一个新的(K, Iterable)形式的数据集
reduceByKey(func)	应用于(K,V)键值对的数据集时，返回一个新的(K,V)形式的数据集，其中每个值都是将每个 key 传递到函数 func( )中进行聚合后的结果

续表

操作	含义
distinct( )	对 RDD 内部的元素进行去重，并把去重后的元素放到新的 RDD 中
union( )	对两个 RDD 进行并集运算，并返回新的 RDD
intersection( )	对两个 RDD 进行交集运算，并返回新的 RDD
subtract( )	对两个 RDD 进行差集运算，并返回新的 RDD
zip( )	把两个 RDD 中的元素以键值对的形式进行合并

下面将结合具体实例对这些 RDD 转换操作逐一进行介绍。

（1）filter(func)

filter(func)操作会筛选出满足函数 func( )的元素，并返回一个新的数据集。示例如下。

```scala
scala> val lines = sc.textFile("file:///usr/local/spark/mycode/rdd/word.txt")
scala> val linesWithSpark=lines.filter(line => line.contains("Spark"))
```

上述语句的执行过程如图 5-3 所示。在第 1 行语句中，执行 sc.textFile( )方法把 word.txt 文件中的数据加载到内存以生成一个 RDD，即 lines，这个 RDD 中的每个元素都是 String 类型的，即每个 RDD 元素都是一行文本内容。在第 2 行语句中，执行 lines.filter( )操作，filter()的输入参数 line => line.contains ("Spark")是一个匿名函数，或者被称为 Lambda 表达式。lines.filter(line => line.contains("Spark"))操作的含义是，依次取出 lines 这个 RDD 中的每个元素，对于当前取到的元素，把它赋值给匿名函数中的 line 变量，然后执行匿名函数的函数体部分 line.contains("Spark")，如果 line 中包含 "Spark" 这个单词，就把这个元素加入新的 RDD（即 linesWithSpark）中，否则就丢弃该元素。最终，新生成的 RDD（即 linesWithSpark）中的所有元素，都包含单词 "Spark"。

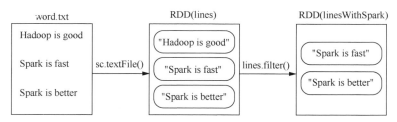

图 5-3　filter( )操作实例执行过程

（2）map(func)

map(func)操作将每个元素传递到函数 func( )中，并将结果返回为一个新的数据集。示例如下。

```scala
scala> val data=Array(1,2,3,4,5)
scala> val rdd1= sc.parallelize(data)
scala> val rdd2=rdd1.map(x=>x+10)
```

上述语句的执行过程如图 5-4 所示。第 1 行语句创建了一个包含 5 个 Int 类型元素的数组 data。第 2 行语句执行 sc.parallelize( )，从数组 data 中生成一个 RDD，即 rdd1，rdd1 中包含 5 个 Int 类型的元素，即 1、2、3、4、5。第 3 行语句执行 rdd1.map( )操作，map( )的输入参数 x=>x+10 是一个匿名函数。rdd1.map(x=>x+10)的含义是，依次取出 rdd1 这个 RDD 中的每个元素，对于当前取到的元素，把它赋值给匿名函数中的变量 x，然后执行匿名函数的函数体部分 x+10，也就是把变量 x 的值和 10 相加后，作为函数的返回值，并作为一个元素放入新的 RDD（即 rdd2）中。最终，新生成的 RDD（即 rdd2）包含 5 个 Int 类型的元素，即 11、12、13、14、15。

下面是另外一个实例。

```scala
scala> val lines = sc.textFile("file:///usr/local/spark/mycode/rdd/word.txt")
scala> val words=lines.map(line => line.split(" "))
```

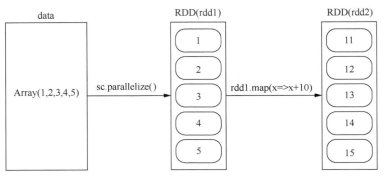

图 5-4　map( )操作实例执行过程（一）

上述语句的执行过程如图 5-5 所示。在第 1 行语句中，执行 sc.textFile( )方法，把 word.txt 文件中的数据加载到内存以生成一个 RDD，即 lines，这个 RDD 中的每个元素都是 String 类型的，即每个 RDD 元素都是一行文本，比如，lines 中的第 1 个元素是"Hadoop is good"，第 2 个元素是"Spark is fast"，第 3 个元素是"Spark is better"。在第 2 行语句中，执行 lines.map( )操作，map( )的输入参数 line => line.split(" ")是一个匿名函数。lines.map(line => line.split(" "))的含义是，依次取出 lines 这个 RDD 中的每个元素，对于当前取到的元素，把它赋值给匿名函数中的 line 变量，然后执行匿名函数的函数体部分 line.split(" ")。因为 line 是一行文本，比如"Hadoop is good"，一行文本中包含很多个单词，单词之间以空格分隔，所以 line.split(" ")的功能是以空格作为分隔符把 line 拆分成一个个单词，拆分后得到的单词都封装在一个数组对象中，这个数组对象成为新的 RDD（即 words）的一个元素。例如，"Hadoop is good"被拆分后，得到的"Hadoop"、"is"和"good"3 个单词，它们会被封装到一个数组对象中，即 Array("Hadoop", "is", "good")，该数组对象将成为 words 这个 RDD 的一个元素。

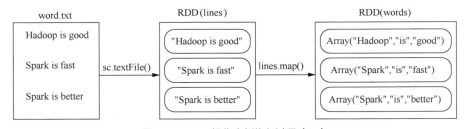

图 5-5　map( )操作实例执行过程（二）

（3）flatMap(func)

flatMap(func)与 map( )相似，但每个输入元素都可以映射到 0 或多个输出结果。示例如下。

```scala
scala> val  lines = sc.textFile("file:///usr/local/spark/mycode/rdd/word.txt")
scala> val  words=lines.flatMap(line => line.split(" "))
```

上述语句的执行过程如图 5-6 所示。在第 1 行语句中，执行 sc.textFile( )方法，把 word.txt 文件中的数据加载到内存以生成一个 RDD，即 lines，这个 RDD 中的每个元素都是 String 类型的，即每个 RDD 元素都是一行文本。在第 2 行语句中，执行 lines.flatMap( )操作，flatMap( )的输入参数 line => line.split(" ")是一个匿名函数。lines.flatMap(line => line.split(" "))的结果，等价于如下两步操作的结果（见图 5-6）。

第 1 步：map( )。执行 lines.map(line => line.split(" "))操作，从 lines 转换得到一个新的 RDD（即 wordArray），wordArray 中的每个元素都是一个数组对象。例如，第 1 个元素是 Array("Hadoop", "is", "good")，第 2 个元素是 Array("Spark", "is", "fast")，第 3 个元素是 Array("Spark", "is", "better")。

第 2 步：拍扁（flat）。flatMap( )操作中的"flat"是一个很形象的动作——拍扁，也就是把 wordArray

中的每个 RDD 元素都拍扁成多个元素，最终，所有这些被拍扁以后得到的元素构成一个新的 RDD，即 words。例如，wordArray 中的第 1 个元素是 Array("Hadoop", "is", "good")，被拍扁以后得到 3 个新的 String 类型的元素，即"Hadoop"、"is"和"good"；wordArray 中的第 2 个元素是 Array("Spark", "is", "fast")，被拍扁以后得到 3 个新的元素，即"Spark"、"is"和"fast"；wordArray 中的第 3 个元素是 Array("Spark", "is", "better")，被拍扁以后得到 3 个新的元素，即"Spark"、"is"和"better"。最终，拍扁以后得到的 9 个 String 类型的元素构成一个新的 RDD（即 words），也就是说，words 里面包含 9 个 String 类型的元素，分别是"Hadoop"、"is"、"good"、"Spark"、"is"、"fast"、"Spark"、"is"和"better"。

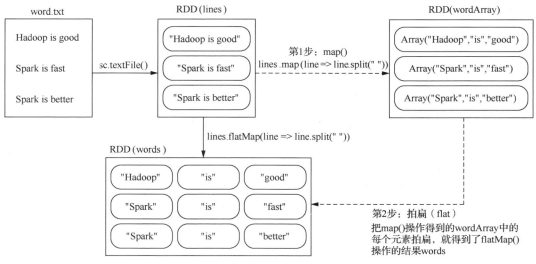

图 5-6　flatMap( )操作实例执行过程

（4）groupByKey( )

groupByKey( )应用于(K,V)键值对的数据集时，将返回一个新的(K,Iterable)形式的数据集。如图 5-7 所示，名称为"words"的 RDD 中包含 9 个元素，每个元素都是(String,Int)类型的，也就是(K,V)键值对。words. groupByKey( )操作执行以后，所有 key 相同的键值对，它们的 value 都被归并到一起。例如，("is",1)、("is",1)、("is",1)这 3 个键值对的 key 相同，就会被归并成一个新的键值对("is",(1,1,1))，其中，key 是"is"，value 是(1,1,1)，而且，value 会被封装成 Iterable（一种可迭代集合）。

（5）reduceByKey(func)

reduceByKey(func)应用于(K,V)键值对的数据集时，将返回一个新的(K, V)形式的数据集，其中的每个值都是将每个 key 传递到函数 func( )中进行聚合后得到的结果。

如图 5-8 所示，名称为"words"的 RDD 中包含 9 个元素，每个元素都是(String,Int)类型的，也就是(K,V)键值对。words. reduceByKey((a,b)=>a+b)操作执行以后，所有 key 相同的键值对，它们的 value 首先被归并到一起。例如，("is",1)、("is",1)、("is",1)这 3 个键值对的 key 相同，就会被归并成一个新的键值对("is",(1,1,1))，其中，key 是"is"，value 是一个 value-list，即(1,1,1)。然后使用 func( )函数把(1,1,1)聚合到一起，这里的 func( )函数是一个匿名函数，即(a,b)=>a+b，它的功能是把(1,1,1)这个 value-list 中的每个元素进行汇总求和。首先，把 value-list 中的第 1 个元素（即 1）赋值给参数 a，把 value-list 中的第 2 个元素（也是 1）赋值给参数 b，执行 a+b 得到 2；然后，继续对 value-list 中的元素执行下一次计算，把刚才求和得到的 2 赋值给 a，把 value-list 中的第 3 个元素（即 1）赋值给 b，再次执行 a+b 得到 3。最终就得到聚合后的结果("is",3)。

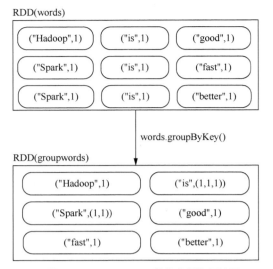

图 5-7　groupByKey( )操作实例执行过程

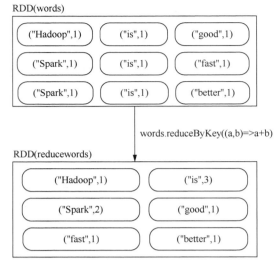

图 5-8　reduceByKey( )操作实例执行过程

（6）distinct( )

distinct( )操作会对 RDD 内部的元素进行去重，并把去重后的元素放到新的 RDD 中。distinct( )实际是对 map( )及 reduceByKey( )的封装。

如图 5-9 所示，rdd1 中有 3 个元素，即"Flink"、"Spark"和"Spark"，执行 rdd1.distinct( )语句以后，两个重复的元素"Spark"就会被去掉一个，只保留一个，得到的结果 rdd2 中只会包含两个元素，即"Flink"和"Spark"。

（7）union( )

union( )操作会对两个 RDD 进行并集运算，并返回新的 RDD，整个过程不会对元素进行去重。下面是一个具体实例。

```scala
scala> val rdd1 = sc.parallelize(Array(1,2,3))
scala> val rdd2 = sc.parallelize(Array(3,4,5))
scala> val rdd3 = rdd1.union(rdd2)
```

如图 5-10 所示，rdd1 中有 3 个元素，即 1、2 和 3，rdd2 中有 3 个元素，即 3、4 和 5，执行 rdd1.union (rdd2)以后得到的结果 rdd3 中，包含 6 个元素，即 1、2、3、3、4 和 5，可以看出，整个过程没有对元素进行去重。

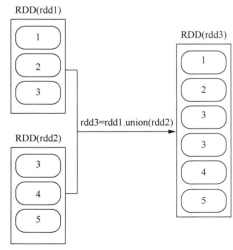

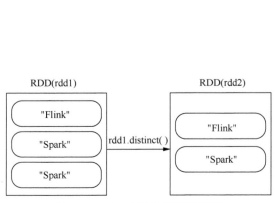

图 5-9　distinct( )操作实例执行过程

图 5-10　union( )操作实例执行过程

（8）intersection( )

intersection( )操作会对两个 RDD 进行交集运算，并返回新的 RDD。下面是一个具体实例。

```scala
scala> val rdd1 = sc.parallelize(Array(1,2,3))
scala> val rdd2 = sc.parallelize(Array(3,4,5))
scala> val rdd3 = rdd1.intersection(rdd2)
```

如图 5-11 所示，rdd1 中有 3 个元素，即 1、2 和 3，rdd2 中有 3 个元素，即 3、4 和 5，执行 rdd1.intersection (rdd2)以后得到的结果 rdd3 中，包含 1 个元素，即 3。

（9）subtract( )

subtract( )操作会对两个 RDD 进行差集运算，并返回新的 RDD，整个过程不会对元素进行去重。下面是一个具体实例。

```scala
scala> val rdd1 = sc.parallelize(Array(1,2,3))
scala> val rdd2 = sc.parallelize(Array(3,4,5))
scala> val rdd3 = rdd1.subtract(rdd2)
```

如图 5-12 所示，rdd1 中有 3 个元素，即 1、2 和 3，rdd2 中有 3 个元素，即 3、4 和 5，执行 rdd1.subtract(rdd2)以后得到的结果 rdd3 中，包含 2 个元素，即 1 和 2，也就是说，最终返回的是在 rdd1 中存在但在 rdd2 中不存在的元素。

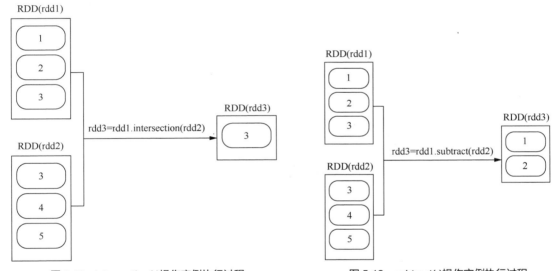

图 5-11　intersection( )操作实例执行过程　　　　图 5-12　subtract( )操作实例执行过程

（10）zip( )

zip( )操作会把两个 RDD 中的元素以键值对的形式进行合并。需要注意的是，在使用 zip( )操作时，需要确保两个 RDD 中的元素个数是相同的。下面是一个具体实例。

```scala
scala> val rdd1 = sc.parallelize(Array(1,2,3))
scala> val rdd2 = sc.parallelize(Array("Hadoop","Spark","Flink"))
scala> val rdd3 = rdd1.zip (rdd2)
```

如图 5-13 所示，rdd1 中有 3 个元素，即 1、2 和 3，rdd2 中有 3 个元素，即"Hadoop"、"Spark"和"Flink"，执行 rdd1.zip(rdd2)以后得到的结果 rdd3 中，包含 3 个元素，即(1,"Hadoop")、(2,"Spark")和(3,"Flink")。

2. 行动操作

行动操作是真正触发计算的操作。Spark 程序只有执行到行动操作时，才会执行真正的计算，从文件中加载数据，完成一次又一次转换操作，最终完成行动操作得到结果。表 5-2 列出了常用的 RDD 行动操作。

RDD 操作（行动）

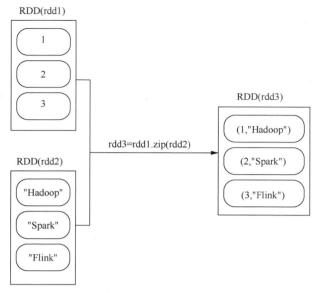

图 5-13　zip( )操作实例执行过程

表 5–2　　　　　　　　　　　　　　　常用的 RDD 行动操作

操作	含义
count( )	返回数据集中的元素个数
collect( )	以数组的形式返回数据集中的所有元素
first( )	返回数据集中的第一个元素
take(n)	以数组的形式返回数据集中的前 n 个元素
reduce(func)	通过函数 func( )（输入两个参数并返回一个值）聚合数据集中的元素
foreach(func)	将数据集中的每个元素传递到函数 func( )中运行

下面通过一个实例来介绍表 5-2 中的各种行动操作，这里同时给出了在 spark-shell 环境中执行的代码及其执行结果。

```
scala> val  rdd=sc.parallelize(Array(1,2,3,4,5))
rdd: org.apache.spark.rdd.RDD[Int]=ParallelCollectionRDD[1] at parallelize at <console>:24
scala> rdd.count()
res0: Long = 5
scala> rdd.first()
res1: Int = 1
scala> rdd.take(3)
res2: Array[Int] = Array(1,2,3)
scala> rdd.reduce((a,b)=>a+b)
res3: Int = 15
scala> rdd.collect()
res4: Array[Int] = Array(1,2,3,4,5)
scala> rdd.foreach(elem=>println(elem))
1
2
3
4
5
```

这里首先使用 sc.parallelize(Array(1,2,3,4,5))生成了一个 RDD，变量名称为 "rdd"，rdd 中包含 5 个元素，分别是 1、2、3、4 和 5，所以，rdd.count( )语句执行后返回的结果是 5。执行 rdd.first( )语

句后，会返回 rdd 的第 1 个元素，即 1。执行完 rdd.take(3)语句后，会以数组的形式返回 rdd 中的前 3 个元素，即 Array(1,2,3)。执行完 rdd.reduce((a,b)=>a+b)语句后，会得到对 rdd 中的所有元素进行求和以后的结果，即 15。在执行 rdd.reduce((a,b)=>a+b)时，系统会把 rdd 的第 1 个元素 1 传给参数 a，把 rdd 的第 2 个元素 2 传给参数 b，执行 a+b 得到求和结果 3；然后，把这个求和结果 3 传给参数 a，把 rdd 的第 3 个元素 3 传给参数 b，执行 a+b 得到求和结果 6；接着，把 6 传给参数 a，把 rdd 的第 4 个元素 4 传给参数 b，执行 a+b 得到求和结果 10；最后，把 10 传给参数 a，把 rdd 的第 5 个元素 5 传给参数 b，执行 a+b 得到求和结果 15。接下来，执行 rdd.collect( )，以数组的形式返回 rdd 中的所有元素，可以看出，执行结果是一个数组 Array(1,2,3,4,5)。在这个实例的最后，执行了语句 rdd.foreach(elem=>println(elem))，该语句会依次遍历 rdd 中的元素，把当前遍历到的元素赋值给变量 elem，并使用 println(elem)输出 elem 的值。实际上，rdd.foreach(elem=>println(elem))可以被简化成 rdd.foreach(println)，效果是一样的。

需要特别强调的是，当采用 Local 部署模式在单机上执行时，rdd.foreach(println)语句会输出一个 RDD 中的所有元素。但是，当采用集群模式执行时，在 Worker 节点上执行输出语句的结果是输出到 Worker 节点的 stdout 中，而不是输出到任务控制节点的驱动器中，因此，任务控制节点的驱动器中的 stdout 是不会显示输出语句的这些输出内容的。为了能够把所有 Worker 节点上的输出信息显示到驱动器中，就需要使用 collect( )方法。例如，rdd.collect( ).foreach(println)。但是，由于 collect( )方法会把各个 Worker 节点上的所有 RDD 元素都抓取到驱动器中，这可能会导致驱动器所在节点发生内存溢出。因此，当只需要输出 RDD 的部分元素时，可以采用类似 rdd.take(100).foreach(println)这样的语句。

3. 惰性机制

所谓惰性机制是指，整个转换过程只记录了转换的轨迹，并不会发生真正的计算，只有遇到行动操作时，才会触发从头到尾的真正的计算。这里给出一段简单的代码来解释 Spark 的惰性机制。

```scala
scala> val lines = sc.textFile("data.txt")
scala> val lineLengths = lines.map(s => s.length)
scala> val totalLength = lineLengths.reduce((a, b) => a + b)
```

上面 3 行语句中，第 1 行语句中的 textFile( )是一个转换操作，执行后，系统只会记录这次转换，并不会真正从 HDFS 中读取 data.txt 文件的数据到内存中；第 2 行语句的 map( )也是一个转换操作，系统只是记录这次转换，不会真正执行 map( )方法；第 3 行语句的 reduce( )是一个行动操作，这时，系统会生成一个作业，触发真正的计算。也就是说，这时才会从 HDFS 中加载 data.txt 的数据到内存，生成 lines 这个 RDD，lines 中的每个元素都是一行文本；然后，对 lines 执行 map( )方法，计算这个 RDD 中每个元素的长度（即一行文本包含的单词个数），得到新的 RDD，即 lineLengths，这个 RDD 中的每个元素都是 Int 类型的，表示文本的长度；最后，在 lineLengths 上调用 reduce( )方法，执行 RDD 元素求和，得到所有文本长度的总和。

5.1.3 持久化

在 Spark 中，RDD 采用惰性机制，每次遇到行动操作，才会从头开始执行计算，这对迭代计算而言，代价是很大的，因为迭代计算经常需要多次重复使用同一组数据。下面是在迭代计算中重复使用同一个 RDD 的例子：

持久化

```scala
scala> val list = List("Hadoop","Spark","Hive")
list: List[String] = List(Hadoop, Spark, Hive)
scala> val rdd = sc.parallelize(list)
rdd: org.apache.spark.rdd.RDD[String] = ParallelCollectionRDD[22] at parallelize at
<console>:29
scala> println(rdd.count())  //行动操作，触发一次真正从头到尾的计算
```

```
3
scala> println(rdd.collect().mkString(","))   //行动操作，触发一次真正从头到尾的计算
Hadoop,Spark,Hive
```

实际上，可以通过持久化（缓存）机制来避免这种重复计算的开销，具体方法是使用 persist( ) 方法将一个 RDD 标记为持久化，之所以说"标记为持久化"，是因为出现 persist( ) 的地方，并不会马上计算生成 RDD 并把它持久化，而是要等到遇到第一个行动操作触发真正计算以后，才会对计算结果进行持久化，持久化后的 RDD 将会被保留在计算节点的内存中，以供后面的行动操作重复使用。

persist( ) 的圆括号中包含的是持久化级别参数，可以有如下不同的级别。

（1）persist(MEMORY_ONLY)：表示将 RDD 作为反序列化的对象存储于 JVM 中，如果内存不足，就要按照最近最少使用（Least Recently Used，LRU）原则替换缓存中的内容。

（2）persist(MEMORY_AND_DISK)：表示将 RDD 作为反序列化的对象存储在 JVM 中，如果内存不足，超出的分区将会被存放在磁盘上。

一般而言，使用 cache( ) 方法时，会调用 persist(MEMORY_ONLY)。针对上面的实例，增加持久化语句以后的执行过程如下。

```
scala> val  list = List("Hadoop","Spark","Hive")
list: List[String] = List(Hadoop, Spark, Hive)
scala> val  rdd = sc.parallelize(list)
rdd: org.apache.spark.rdd.RDD[String] = ParallelCollectionRDD[22] at parallelize at
<console>:29
scala> rdd.cache()   //会调用 persist(MEMORY_ONLY)，但是，语句执行到这里，并不会缓存 rdd，因为这
时 rdd 还没有被计算生成
scala> println(rdd.count()) //第一次行动操作，触发一次真正从头到尾的计算，这时上面的 rdd.cache()
才会被执行，把这个 rdd 放到缓存中
3
scala> println(rdd.collect().mkString(",")) //第二次行动操作，不需要触发从头到尾的计算，只需要
重复使用上面缓存中的 rdd
Hadoop,Spark,Hive
```

持久化 RDD 会占用内存空间，当不再需要某个持久化的 RDD 时，就可以使用 unpersist( ) 方法手动地把这个持久化的 RDD 从缓存中移除，释放内存空间。

5.1.4 分区

1. 分区的作用

RDD 是弹性分布式数据集，通常 RDD 很大，会被分成很多个分区，分别保存在不同的节点上。如图 5-14 所示，一个集群中包含 4 个工作节点，分别是 WorkerNode1、WorkerNode2、WorkerNode3 和 WorkerNode4，假设有两个 RDD，

分区（分区的作用和原则）

即 rdd1 和 rdd2，其中，rdd1 包含 5 个分区，即 p1、p2、p3、p4 和 p5，rdd2 包含 3 个分区，即 p6、p7 和 p8。

对 RDD 进行分区的第一个功能是增加并行度。例如，在图 5-14 中，rdd2 的 3 个分区 p6、p7 和 p8 分布在 3 个不同的工作节点 WorkerNode2、WorkerNode3 和 WorkerNode4 上，这 3 个工作节点就可以分别启动 1 个线程来对这 3 个分区的数据进行并行处理，从而增加了任务的并行度。

对 RDD 进行分区的第二个功能是减少通信开销。在分布式系统中，通信的代价是巨大的，控制数据分布以获得最少的网络传输可以极大地提升整体性能。Spark 程序可以通过控制 RDD 的分区方式来减少网络通信的开销。下面通过一个实例来解释为什么通过分区可以减少网络通信开销。

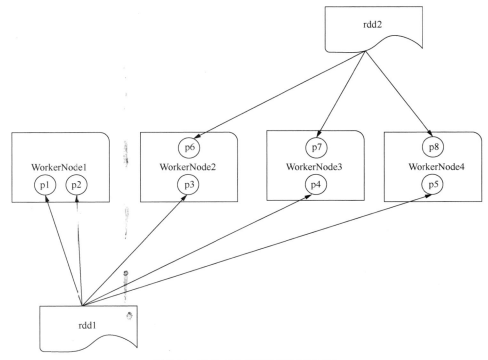

图 5-14　RDD 分区被保存到不同节点上

连接（Join）是查询分析中经常发生的一种操作。假设在某种应用中需要对两个表进行连接操作，第 1 个表是一个很大的用户信息表 UserData（UserId、UserInfo），其中 UserId 和 UserInfo 是 UserData 表的两个字段，UserInfo 包含某个用户所订阅的主题信息；第 2 个表是 Events（UserId、LinkInfo），这个表比较小，只记录了过去 5min 内发生的事件，即某个用户访问了哪个链接。为了对用户访问情况进行统计，需要周期性地对 UserData 和 Events 这两个表进行连接操作，以获得(UserId,UserInfo,LinkInfo)这种形式的结果，从而知道某个用户订阅的是哪个主题，以及访问了哪个链接。

可以用 Spark 来实现上述应用场景。在执行 Spark 作业时，首先，UserData 表会被加载到内存中，生成 RDD（假设 RDD 的名称为"userData"），RDD 中的每个元素是(UserId,UserInfo)这种形式的键值对，即 key 是 UserId，value 是 UserInfo；Events 表也会被加载到内存中，生成 RDD（假设名称为"events"），RDD 中的每个元素是(UserId,LinkInfo)这种形式的键值对，key 是 UserId，value 是 LinkInfo。由于 UserData 是一个很大的表，通常会被存放到 HDFS 文件中，Spark 系统会根据每个 RDD 元素的数据来源，把每个 RDD 元素放在相应的节点上。例如，从工作节点 u_1 上的 HDFS 文件块（Block）中读取到的记录，其生成的 RDD 元素（(UserId,UserInfo)形式的键值对），就会被放在节点 u_1 上；从节点 u_2 上的 HDFS 文件块中读取到的记录，其生成的 RDD 元素会被放在节点 u_2 上……最终，userData 这个 RDD 的元素就会分布在节点 $u_1,u_2,\cdots,u_m$ 上。

然后，执行连接操作 userData.join(events)得到连接结果。如图 5-15 所示，在默认情况下，连接操作会将两个数据集中的所有的 key 的哈希值都求出来，将哈希值相同的记录传送到同一台机器上，之后在该机器上对所有 key 相同的记录进行连接操作。例如，对 userData 这个 RDD 而言，它在节点 u_1 上的所有 RDD 元素，就需要根据 key 的值计算哈希值，然后根据哈希值分发到 $j_1,j_2,\cdots,j_k$ 这些节点上；在节点 u_2 上的所有 RDD 元素，也需要根据 key 的值计算哈希值，然后根据哈希值分发到 $j_1,j_2,\cdots,j_k$ 这些节点上；同理，$u_3,u_4,\cdots,u_m$ 等节点上的 RDD 元素，都需要进行同样的操作。对 events 这个 RDD 而言，也需要执行同样的操作。可以看出，在这种情况下，每次进行连接操作都会有数据混洗的情况，造成了很大的网络传输开销。

　　实际上，由于 userData 这个 RDD 要比 events 大很多，所以可以选择对 userData 进行分区。例如，可以采用哈希分区方法，把 userData 这个 RDD 分区成 m 个分区，这些分区分布在节点 $u_1,u_2,\cdots,u_m$ 上。对 userData 进行分区以后，在执行连接操作时，就不会产生图 5-15 中的数据混洗情况。如图 5-16 所示，由于已经对 userData 根据哈希值进行了分区，因此在执行连接操作时，不需要对 userData 中的每个元素求哈希值以后再分发到其他节点上，只需要对 events 这个 RDD 的每个元素求哈希值（采用和 userData 同样的哈希函数），然后根据哈希值把每个 events 中的 RDD 元素分发到对应的节点 $u_1,u_2,\cdots,u_m$ 上。整个过程中，只有 events 发生了数据混洗和网络通信，而 userData 的数据都是在本地引用的，不会产生网络传输开销。由此可以看出，Spark 通过数据分区，对于一些特定类型的操作（比如 join( )、leftOuterJoin( )、groupByKey( )、reduceByKey( )等），可以大大降低网络传输开销。

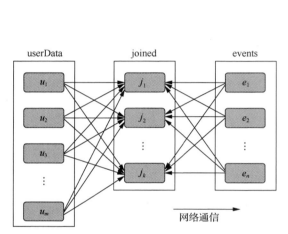

图 5-15　未分区时对 UserData 和 Events 两个表进行
连接操作

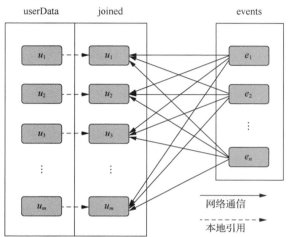

图 5-16　采用分区以后对 UserData 和 Events 两个表进行
连接操作

2. 分区的原则

　　RDD 分区的一个原则是使分区的个数尽量等于集群中的 CPU 核心数目。对不同的 Spark 部署模式（Local 部署模式、Standalone 部署模式、Spark on YARN 部署模式、Spark on Mesos 部署模式等）而言，都可以通过设置 spark.default.parallelism 这个参数的值，来配置默认的分区数目。一般而言，各种部署模式下的默认分区数目如下。

　　（1）Local 部署模式：默认为本地机器的 CPU 数目，若设置了 local[N]，则默认为 N。

　　（2）Standalone 或 Spark on YARN 部署模式：在集群中所有 CPU 核心数目总和和 2 这二者中取较大值作为默认值。

　　（3）Spark on Mesos 部署模式：默认的分区数为 8。

3. 设置分区的个数

　　可以手动设置分区的数量，主要包括两种方式：（1）创建 RDD 时手动指定分区个数；（2）使用 repartition( )方法重新设置分区个数。

　　（1）创建 RDD 时手动指定分区个数

　　在调用 textFile( )和 parallelize( )方法的时候手动指定分区个数即可，语法格式如下。

分区（设置分区的方法）

```
sc.textFile(path, partitionNum)
```

　　其中，path 参数用于指定要加载的文件的地址，partitionNum 参数用于指定分区个数。下面是分区的实例。

```
scala> val  array = Array(1,2,3,4,5)
```

```
scala> val  rdd = sc.parallelize(array,2)  //设置两个分区
```

对 parallelize( )而言，如果没有在方法中指定分区数，则默认为 spark.default.parallelism。对 textFile( ) 而言，如果没有在方法中指定分区数，则默认为 min(defaultParallelism,2)，其中 defaultParallelism 对应的 就是 spark.default.parallelism。如果是从 HDFS 中读取文件，则分区数为文件分片数（如 128MB/片）。

（2）使用 repartition( )方法重新设置分区个数

通过转换操作得到新 RDD 时，直接调用 repartition( )方法即可。示例如下。

```
scala> val  data = sc.textFile("file:///usr/local/spark/mycode/rdd/word.txt",2)
data: org.apache.spark.rdd.RDD[String] = file:///usr/local/spark/mycode/rdd/word.txt
MapPartitionsRDD[12] at textFile at <console>:24
scala> data.partitions.size  //显示 data 这个 RDD 的分区数量
res2: Int=2
scala> val  rdd = data.repartition(1)  //对 data 这个 RDD 进行重新分区
rdd: org.apache.spark.rdd.RDD[String] = MapPartitionsRDD[11] at repartition at :26
scala> rdd.partitions.size
res4: Int = 1
```

4．自定义分区函数

Spark 提供了自带的哈希分区函数（HashPartitioner）与区域分区函数（RangePartitioner），能够 满足大多数应用场景的需求。与此同时，Spark 也支持自定义分区方式，即通过提供一个自定义的 Partitioner 对象来控制 RDD 的分区方式，从而利用专业知识进一步减少通信开销。需要注意的是， Spark 的分区函数针对的是(key,value)类型的 RDD，也就是说，RDD 中的每个元素都是(key,value)类 型的，然后分区函数根据 key 对 RDD 元素进行分区。因此，当需要对一些非(key,value)类型的 RDD 进行自定义分区时，需要首先把 RDD 元素转换为(key,value)类型，然后使用分区函数。

要实现自定义分区，需要定义一个类，这个自定义类需要继承 org.apache.spark.Partitioner 类，并 实现下面 3 个方法。

（1）numPartitions: Int，用于返回创建出来的分区数。

（2）getPartition(key: Any): Int，用于返回给定键的分区编号（0~numPartitions−1）。

（3）equals( )，Java 中判断相等性的标准方法。

下面是一个实例，要求根据 key 值的最后一位数字将 RDD 元素写到不同的文件中。例如，10 写入 part-00000，11 写入 part-00001，12 写入 part-00002。创建一个代码文件 TestPartitioner.scala，输 入以下代码。

```
import org.apache.spark.{Partitioner, SparkContext, SparkConf}
//自定义分区类，需要继承 org.apache.spark.Partitioner 类
class MyPartitioner(numParts:Int) extends Partitioner{
    //覆盖分区数
    override def numPartitions: Int = numParts
    //覆盖分区编号获取函数
    override def getPartition(key: Any): Int = {
      key.toString.toInt%10
    }
}
object TestPartitioner {
    def main(args: Array[String]) {
      val conf=new SparkConf()
      val sc=new SparkContext(conf)
      //模拟 5 个分区的数据
      val data=sc.parallelize(1 to 10,5)
      //将 RDD 元素根据 key 值尾号分成 10 个分区，将 key 值分别写到 10 个文件
      data.map((_,1)).partitionBy(new MyPartitioner(10)).map(_._1).saveAsTextFile
```

```
("file:///usr/local/spark/mycode/rdd/partitioner")
    }
  }
```

上面的代码中，val data=sc.parallelize(1 to 10,5)这行代码执行后，会生成一个名称为 data 的 RDD，这个 RDD 中包含了 1,2,3,…,9,10 这 10 个 Int 类型的元素，并被分成 5 个分区。data.map((_,1))表示把 data 中的每个 Int 类型元素取出来，转换成(key,value)类型元素，比如，把 1 这个元素取出来后转换成(1,1)，把 2 这个元素取出来后转换成(2,1)，因为自定义分区函数要求 RDD 元素的类型必须是(key,value)类型。partitionBy(new MyPartitioner(10))表示调用自定义分区函数，把(1,1),(2,1),(3,1),…,(10,1)这些 RDD 元素根据 key 值尾号分成 10 个分区。分区完成后，再使用 map(_._1)，把(1,1),(2,1),(3,1),…,(10,1)等(key,value)类型元素的 key 提取出来，得到 1,2,3,…,10。最后调用 saveAsTextFile( )方法把 RDD 的 10 个 Int 类型的元素写入本地文件中。

使用 sbt 工具对 TestPartitioner.scala 进行编译打包，并使用"spark-submit"命令将其提交到 Spark 中运行。运行结束后可以看到，在本地文件系统的"file:///usr/local/spark/mycode/rdd/partitioner"目录下面生成了 part-00000,part-00001,part-00002,…,part-00009 和_SUCCESS 等文件。其中，part-00000 文件中包含数字 10，part-00001 文件中包含数字 1，part-00002 文件中包含数字 2。

5.1.5　一个综合实例

假设有一个本地文件 word.txt，里面包含很多行文本，每行文本由多个单词构成，单词之间用空格分隔。可以使用如下语句进行词频统计（即统计每个单词出现的次数）。

综合实例（一）

```
scala> val  lines = sc.           //代码一行放不下，可以在圆点后按 Enter 键，在下行继续输入
     |  textFile("file:///usr/local/spark/mycode/wordcount/word.txt")
scala> val wordCount = lines.flatMap(line => line.split(" ")).
     |  map(word => (word, 1)).reduceByKey((a, b) => a + b)
scala> wordCount.collect()
scala> wordCount.foreach(println)
```

图 5-17 演示了上面的词频统计程序的执行过程。

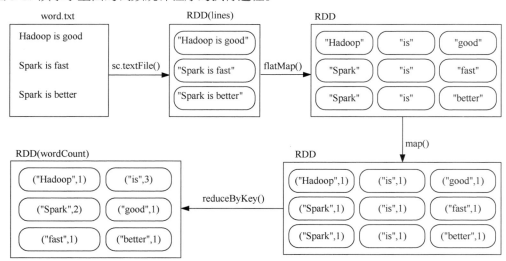

图 5-17　词频统计程序执行过程

在实际应用中，word.txt 文件可能非常大，会被保存到 HDFS 中，Spark 和 Hadoop 会统一部署在一个集群上，如图 5-18 所示，HDFS 的名称节点（HDFS NN）和 Spark 的主节点（Spark Master）可

以分开部署，而 HDFS 的数据节点（HDFS DN）和 Spark 的从节点（Spark Worker）会部署在一起。
这时采用 Spark 进行分布式处理，可以大大提高词频统计程序的执行效率，因为 Spark 的从节点可以
就近处理和自己部署在一起的 HDFS 的数据节点中的数据。

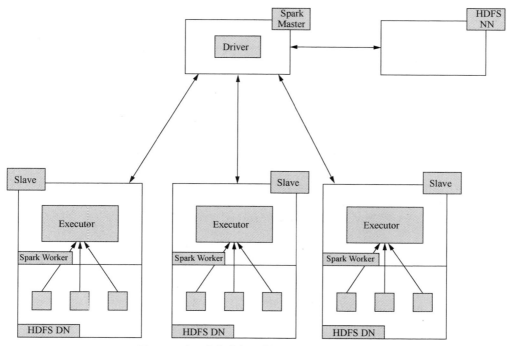

图 5-18　在一个集群中同时部署 Hadoop 和 Spark

对词频统计程序 WordCount 而言，如图 5-19 所示，该程序分布式运行在每个 Slave 节点的每个
分区上，统计本分区内的单词个数，然后将它传回给驱动器，再由驱动器合并来自各个分区的所有
单词个数，形成最终的单词数。

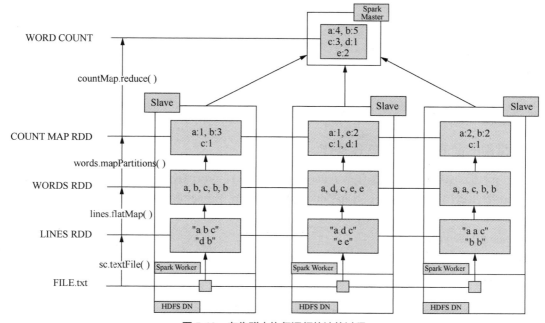

图 5-19　在集群中执行词频统计的过程

5.2 键值对 RDD

键值对 RDD 是指每个 RDD 元素都是(key,value)键值对，是一种常见的 RDD，可以应用于很多的场景。

5.2.1 键值对 RDD 的创建

键值对 RDD 的创建主要有两种方式：（1）从文件中加载生成 RDD；（2）通过并行集合（数组）创建 RDD。

键值对 RDD 的创建

1. 从文件中加载生成 RDD

首先使用 textFile( )方法从文件中加载数据，然后使用 map( )方法转换得到相应的键值对 RDD。示例如下。

```
scala> val lines = sc.textFile("file:///usr/local/spark/mycode/pairrdd/word.txt")
lines: org.apache.spark.rdd.RDD[String] = file:///usr/local/spark/mycode/pairrdd/
word.txtMapPartitionsRDD[1] at textFile at <console>:27
scala> val pairRDD = lines.flatMap(line => line.split(" ")).map(word => (word,1))
pairRDD: org.apache.spark.rdd.RDD[(String, Int)] = MapPartitionsRDD[3] at map at <console>:29
scala> pairRDD.foreach(println)
(i,1)
(love,1)
(hadoop,1)
…
```

上面的语句中，map(word => (word,1))方法的作用是，取出 RDD 中的每个元素，也就是每个单词，赋值给 word，然后把 word 转换成(word,1)键值对。

2. 通过并行集合（数组）创建 RDD

下面从一个列表创建一个键值对 RDD。

```
scala> val list = List("Hadoop","Spark","Hive","Spark")
list: List[String] = List(Hadoop, Spark, Hive, Spark)
scala> val rdd = sc.parallelize(list)
rdd: org.apache.spark.rdd.RDD[String] = ParallelCollectionRDD[11] at parallelize at
<console>:29
scala> val pairRDD = rdd.map(word => (word,1))
pairRDD: org.apache.spark.rdd.RDD[(String, Int)] = MapPartitionsRDD[12] at map at <console>:31
scala> pairRDD.foreach(println)
(Hadoop,1)
(Spark,1)
(Hive,1)
(Spark,1)
```

5.2.2 常用的键值对 RDD 转换操作

常用的键值对 RDD 转换操作包括 reduceByKey(func)、groupByKey( )、keys、values、sortByKey( )、sortBy( )、mapValues(func)、join( )、combineByKey( )、aggregateByKey( )、flatMapValues( )等。

常用的键值对 RDD 转换操作（一）

1. reduceByKey(func)

reduceByKey(func)的功能是，使用 func( )函数合并具有相同键的值。例如，有一个键值对 RDD 包含 4 个元素，分别是("Hadoop",1)、("Spark",1)、("Hive",1)和("Spark",1)。可以使用 reduceByKey( )操作得到每个单词的出现次数，代码及其执行结果如下。

```
scala> pairRDD.reduceByKey((a,b)=>a+b).foreach(println)
(Spark,2)
```

```
(Hive,1)
(Hadoop,1)
```

2. groupByKey( )

groupByKey( )的功能是，对具有相同键的值进行分组。例如，有 4 个键值对("spark",1)、("spark",2)、("hadoop",3)和("hadoop",5)，采用 groupByKey( )后得到的结果是("spark",(1,2))和("hadoop",(3,5))，代码及其执行结果如下。

```
scala> pairRDD.groupByKey()
res15: org.apache.spark.rdd.RDD[(String, Iterable[Int])] = ShuffledRDD[15] at groupByKey
at <console>:34
```

reduceByKey( )和 groupByKey( )的区别：reduceByKey( )用于对每个 key 对应的多个 value 进行聚合操作，并且聚合操作可以通过函数 func( )进行自定义；groupByKey( )也可以对每个 key 进行操作，但是，对每个 key 只会生成一个 value-list，groupByKey( )本身不能自定义函数，需要先用 groupByKey( )生成 RDD，然后才能对此 RDD 通过 map( )进行自定义函数操作。

实际上，对于一些操作，可以通过 reduceByKey( )得到结果，也可以通过组合使用 groupByKey( )和 map( )得到结果，二者是"殊途同归"的，下面是一个实例。

```
scala> val words = Array("one", "two", "two", "three", "three", "three")
scala> val wordPairsRDD = sc.parallelize(words).map(word => (word, 1))
scala> val wordCountsWithReduce = wordPairsRDD.reduceByKey(_+_)
scala> val wordCountsWithGroup = wordPairsRDD.
     | groupByKey().map(t => (t._1, t._2.sum))
```

上面的语句中，wordPairsRDD.reduceByKey(_+_)使用了 Scala 语言的占位符语法，它和 wordPairsRDD.reduceByKey((a,b)=>a+b)是等价的。wordPairsRDD.groupByKey( ).map(t => (t._1, t._2.sum))这个语句中，首先使用 groupByKey( )把所有 key 相同的 value 都组织成一个 value-list，保存在一个可迭代的集合 Iterable 中，执行 groupByKey( )操作后得到的 RDD 的每个元素都采用(key,value-list)的形式；然后在执行 map( )操作时，将每个(key,value-list)形式的 RDD 元素依次取出来，赋值给 t，t._1 就是一个 key，t._2 就是一个 value-list，由于 t._2 是被保存在一个可迭代的集合 Iterable 中的，所以可以使用集合上的 sum( )函数（即 t._2.sum）直接对集合中的所有元素进行求和。

可以看出，上面得到的 wordCountsWithReduce 和 wordCountsWithGroup 是完全一样的，但是，它们的内部运算过程是不同的。

3. keys

键值对 RDD 中每个元素都采用(key,value)的形式，keys 操作只会把键值对 RDD 中的 key 返回，形成一个新的 RDD。例如，有一个键值对 RDD，名称为"pairRDD"，包含 4 个元素，分别是("Hadoop",1)、("Spark",1)、("Hive",1)和("Spark",1)，可以使用 keys 取出所有的 key 并输出，代码及其执行结果如下。

常用的键值对 RDD
转换操作（二）

```
scala> pairRDD.keys
res17: org.apache.spark.rdd.RDD[String] = MapPartitionsRDD[17] at keys at <console>:34
scala> pairRDD.keys.foreach(println)
Hadoop
Spark
Hive
Spark
```

4. values

values 操作只会把键值对 RDD 中的 value 返回，形成一个新的 RDD。例如，有一个键值对 RDD，名称为"pairRDD"，包含 4 个元素，分别是("Hadoop",1)、("Spark",1)、("Hive",1)和("Spark",1)，可以使用 values 取出所有的 value 并输出，代码及其执行结果如下。

```
scala> pairRDD.values
res0: org.apache.spark.rdd.RDD[Int] = MapPartitionsRDD[2] at values at <console>:34
```

```
scala> pairRDD.values.foreach(println)
1
1
1
1
```

5．sortByKey( )

sortByKey( )的功能是返回一个根据 key 排序的 RDD。例如，有一个键值对 RDD，名称为"pairRDD"，包含 4 个元素，分别是("Hadoop",1)、("Spark",1)、("Hive",1)和("Spark",1)，使用 sortByKey( )的效果如下。

```
scala> pairRDD.sortByKey()
res0: org.apache.spark.rdd.RDD[(String, Int)] = ShuffledRDD[2] at sortByKey at <console>:34
scala> pairRDD.sortByKey().foreach(println)
(Hadoop,1)
(Hive,1)
(Spark,1)
(Spark,1)
```

6．sortBy( )

sortByKey( )的功能是返回一个根据 key 排序的 RDD，而 sortBy( )则可以根据其他字段对 RDD 进行排序。下面展示的是使用 sortByKey( )的效果。

```
scala> val d1 = sc.parallelize(Array(("c",8),("b",25),("c",17),("a",42),("b",4),
("d",9),("e",17),("c",2),("f",29),("g",21),("b",9)))
scala> d1.reduceByKey(_+_).sortByKey(false).collect
res2: Array[(String, Int)] = Array((g,21),(f,29),(e,17),(d,9),(c,27),(b,38),(a,42))
```

sortByKey(false)括号中的参数 false 表示按照降序排序，如果没有提供参数 false，则默认按照升序排序。从上面排序后的效果可以看出，所有键值对都按照 key 的降序进行了排序，因此输出 Array((g,21),(f,29),(e,17),(d,9),(c,27),(b,38),(a,42))。

但是，如果要根据 21、29、17 等数值进行排序，sortByKey( )就无能为力了，必须使用 sortBy( )，代码如下。

```
scala> val d2 = sc.parallelize(Array(("c",8),("b",25),("c",17),("a",42),("b",4),
("d",9),("e",17),("c",2),("f",29),("g",21),("b",9)))
scala> d2.reduceByKey(_+_).sortBy(_._2,false).collect
res4: Array[(String, Int)] = Array((a,42),(b,38),(f,29),(c,27),(g,21),(e,17),(d,9))
```

上面的语句中，sortBy(_._2,false)中的"_._2"表示每个键值对 RDD 元素的 value，也就是根据 value 来排序，false 表示按照降序排序。

7．mapValues(func)

mapValues(func)的功能是对键值对 RDD 中的每个 value 都应用一个函数，但是，key 不会发生变化。例如，有一个键值对 RDD，名称为"pairRDD"，包含 4 个元素，分别是("Hadoop",1)、("Spark",1)、("Hive",1)和("Spark",1)，下面使用 mapValues( )把所有 RDD 元素的 value 都增加 1。

```
scala> pairRDD.mapValues(x => x+1)
res2: org.apache.spark.rdd.RDD[(String, Int)] = MapPartitionsRDD[4] at mapValues at
<console>:34
scala> pairRDD.mapValues(x => x+1).foreach(println)
(Hadoop,2)
(Spark,2)
(Hive,2)
(Spark,2)
```

8．join( )

join( )表示内连接，对于给定的两个分别为(K,V1)和(K,V2)类型的输入数据集，只有在两个数据集中都存在的 key 才会被输出，最终得到一个(K,(V1,V2))类型的数据集。下面是一个连接操作实例。

```
scala> val pairRDD1 = sc.
     | parallelize(Array(("spark",1),("spark",2),("hadoop",3),("hadoop",5)))
scala> val pairRDD2 = sc.parallelize(Array(("spark","fast")))
scala> pairRDD1.join(pairRDD2)
scala> pairRDD1.join(pairRDD2).foreach(println)
(spark,(1,fast))
(spark,(2,fast))
```

从上面的代码及其执行结果可以看出，pairRDD1 中的键值对("spark",1)和 pairRDD2 中的键值对("spark","fast")，因为二者具有相同的 key（即"spark"），所以会产生连接结果("spark",(1,"fast"))。

9. combineByKey( )

combineByKey(createCombiner,mergeValue,mergeCombiners,partitioner,mapSideCombine)中的各个参数的含义如下。

（1）createCombiner：在第一次遇到 key 时创建组合器函数，将 RDD 中的 V 类型值转换成 C 类型值（V => C）。

（2）mergeValue：合并值函数，再次遇到相同的 key 时，将通过 createCombiner 得到的 C 类型值与这次传入的 V 类型值合并成一个 C 类型值（(C,V)=>C）。

（3）mergeCombiners：合并组合器函数，将 C 类型值两两合并成一个 C 类型值。

（4）partitioner：使用已有的或自定义的分区函数，默认是 HashPartitioner( )。

（5）mapSideCombine：是否在 Map 端进行组合操作，默认为 true。

下面通过一个实例来解释如何使用 combineByKey( )操作。假设有一些销售数据，数据采用键值对的形式，即(公司,当月收入)，要求使用 combineByKey( )操作求出每个公司的总收入和每月平均收入，并保存在本地文件中。

为了实现该实例，可以创建一个代码文件 Combine.scala，并输入如下代码。

```
import org.apache.spark.SparkContext
import org.apache.spark.SparkConf
object Combine {
    def main(args: Array[String]) {
        val conf = new SparkConf().setAppName("Combine").setMaster("local")
        val sc = new SparkContext(conf)
        val data = sc.parallelize(Array(("company-1",88),("company-1",96),("company-1",
85),("company-2",94),("company-2",86),("company-2",74),("company-3",86),("company-3",88),
("company-3",92)),3)
        val res = data.combineByKey(
            (income) => (income,1),
            ( acc:(Int,Int), income ) => ( acc._1+income, acc._2+1 ),
            ( acc1:(Int,Int), acc2:(Int,Int) ) => ( acc1._1+acc2._1, acc1._2+acc2._2 )
        ).map({ case (key, value) => (key, value._1, value._1/value._2.toFloat) })
        res.repartition(1).saveAsTextFile("file:///usr/local/spark/mycode/rdd/result")
    }
}
```

下面解释一下代码的执行过程。val data = sc.parallelize( )用来创建一个 RDD，即 data，data 中的每个元素都是(key,value)键值对，如("company-1",88)和("company-1",96)。val res = data.combineByKey( )语句用来计算每个公司的总收入和每月平均收入，combineByKey( )函数中使用了 3 个参数，即 createCombiner、mergeValue 和 mergeCombiners，另外两个参数（partitioner 和 mapSideCombine）都采用默认值。为了让代码中 combineByKey( )的参数值和参数名称之间的对应关系更加清晰，表 5-3 给出了二者的对应关系。

表 5-3　　　　　　　　　Combine.scala 代码中 combineByKey( )的参数值

参数名称	参数值
createCombiner	(income) => (income,1)
mergeValue	(acc:(Int,Int), income) => (acc._1+income, acc._2+1)
mergeCombiners	(acc1:(Int,Int), acc2:(Int,Int)) => (acc1._1+acc2._1, acc1._2+acc2._2)

在执行 data.combineByKey( )时，首先，系统取出 data 中的第 1 个 RDD 元素，即("company-1",88)，key 是"company-1"，这个 key 是第一次遇到，因此，Spark 会为这个 key 创建一个组合器函数 createCombiner( )，负责把 value 从 V 类型值转换成 C 类型值。这里 createCombiner( )的值是一个匿名函数，即(income) => (income,1)，系统会把"company-1"这个 key 对应的 value 赋值给 income，也就是把 88 赋值给 income，然后执行函数体部分，把 income 转换成一个元组(income,1)，因此，88 会被转换成(88,1)，从 V 类型值变成 C 类型值。然后，系统取出 data 中的第 2 个 RDD 元素，即("company-1",96)，key 是"company-1"，这次遇到的是相同的 key，因此，系统会使用合并值函数 mergeValue( )，将通过 createCombiner( )得到的 C 类型值与这次传入的 V 类型值合并成一个 C 类型值。这里 mergeValue( )的值是一个匿名函数，即(acc:(Int,Int), income) => (acc._1+income, acc._2+1)，也就是使用这个匿名函数作为合并值函数，系统会把("company-1",96)中的 96 这个 V 类型值赋值给 income，把之前已经得到的(88,1)这个 C 类型值赋值给 acc，然后执行函数体部分，其中 acc._1+income 语句会把 88 和 96 相加，acc._2+1 语句将将(88,1)中的 1 增加 1，得到新的 C 类型值(184,2)。实际上，在 C 类型值(184,2)中，184 就是 company-1 这个公司两个月的收入总和，2 表示两个月。通过这种方式，下次再扫描到一个 key 为"company-1"的键值对时，又会把该公司的收入累加进来，最终得到"company-1"对应的 C 类型值(m,n)，其中 m 表示总收入，n 表示月份总数，用 m 除以 n 就可以得出该公司的每月平均收入。同理，当扫描到的 RDD 元素的 key 是"company-2"或者 key 是"company-3"时，系统也会执行类似上述的过程。这样，就可以得到每个公司对应的 C 类型值(m,n)。

由于 RDD 元素被分成了多个分区，在实际应用中，多个分区可能位于不同的机器上，因此需要根据 mergeCombiners( )，对不同机器上的统计结果进行汇总。这里 mergeCombiners( )的值是一个匿名函数，即(acc1:(Int,Int), acc2:(Int,Int)) => (acc1._1+acc2._1, acc1._2+acc2._2)，其功能是对两个 C 类型值进行合并，得到一个 C 类型值。例如，假设在一台机器上，key 为"company-1"对应的统计结果是一个 C 类型值(m1,n1)，在另一台机器上 key 为"company-1"对应的统计结果是一个 C 类型值(m2,n2)，则 acc1 取值为(m1,n1)，acc2 取值为(m2,n2)，acc1._1+acc2._1 就是 m1+m2，acc1._2+acc2._2 就是 n1+n2，最终得到一个合并后的 C 类型值(m1+m2,n1+n2)。

map({ case (key, value) => (key, value._1, value._1/value._2.toFloat) })语句用来求出每个公司的总收入和每月平均收入。输入给 map( )的每个 RDD 元素类似("company-1",(432,5))这种形式，因此，(key, value._1, value._1/value._2.toFloat)的结果就类似("company-1",432,86.4)这种形式。最后，res.repartition(1)语句用来把 RDD 从 3 个分区变成 1 个分区，这样可以保证所有生成的结果都保存到一个文件（即 part-00000）中。

使用 sbt 工具对 Combine.scala 进行编译打包，然后使用"spark-submit"命令将其提交并运行，执行后，在"file:///usr/local/spark/mycode/rdd/result"目录下可以看到 part-00000 文件和_SUCCESS 文件（该文件可以不用考虑），part-00000 文件里面包含的结果如下。

```
(company-3,266,88.666664)
(company-1,269,89.666664)
(company-2,254,84.666664)
```

在 Combine.scala 中，如果没有使用 res.repartition(1)把 RDD 从 3 个分区变成 1 个分区，则 res 这个 RDD 还是会有 3 个分区，那么执行后在"file:///usr/local/spark/mycode/rdd/result"目录下会看到 part-00000、part-00001、part-00002 这 3 个文件和_SUCCESS 文件。其中，part-00000 文件中包含("company-3",266,88.666664)，part-00001 文件中包含("company-1",269,89.666664)，part-00002 文件中包含("company-2",254,84.666664)。

10. aggregateByKey( )

aggregateByKey(zeroValue)(seqOp,combOp)是一个柯里化方法，有两个参数体，各个参数的含义如下。

（1）zeroValue：用于设置聚合时的初始值。需要注意的是，初始值并非总是

常用的键值对 RDD
转换操作（四）

数字，有时候可能是集合。

（2）seqOp：用于将值 V 聚合到类型为 U 的对象中。

（3）combOp：用于跨分区聚合，对数据进行最终的汇总时调用此操作。

实际上，**aggregateByKey( )**是对 **combineByKey( )**的封装，二者的原理基本相同。

下面是一个具体实例，在这个实例中，我们会统计每个用户访问过的网址集合。

```scala
scala> val rdd1=sc.parallelize(Array(("USER1","URL1"),("USER2","URL1"),("USER1",
"URL1"),("USER1","URL2"),("USER2","URL3")))
scala> val rdd2=rdd1.aggregateByKey(collection.mutable.Set[String]())(
     | (urlSet,url)=>urlSet+url,
     | (urlSet1,urlSet2)=>urlSet1++=urlSet2)
scala> rdd2.collect
res12: Array[(String, scala.collection.mutable.Set[String])] = Array((USER1,Set(URL1,
URL2)), (USER2,Set(URL1, URL3)))
```

11. flatMapValues(func)

flatMapValues( )操作与 mapValues( )类似。每个元素（键值对）的值被函数 func( )映射为一系列的值，然后这些值与原 RDD 中的键组成一系列新的键值对。

下面给出一个实例来演示 flatMapValues( )与 mapValues( )的区别。

```scala
scala> val rdd1=sc.parallelize(Array(("file1","storm/hadoop/spark/flink"),("file1","hbase/
hdfs/spark/flink"),("file2","zookeeper/flink/hadoop/hive"),("file2","flink/hive/flume")))
scala> val rdd2=rdd1.flatMapValues(_.split("/"))
scala> rdd2.collect
res0: Array[(String, String)] = Array((file1,storm), (file1,hadoop), (file1,spark),
(file1,flink), (file1,hbase), (file1,hdfs), (file1,spark), (file1,flink), (file2,zookeeper),
(file2,flink), (file2,hadoop), (file2,hive), (file2,flink), (file2,hive), (file2,flume))
scala> val rdd3=rdd1.mapValues(_.split("/"))
scala> rdd3.collect
res1: Array[(String, Array[String])] = Array((file1,Array(storm, hadoop, spark, flink)),
(file1,Array(hbase, hdfs, spark, flink)), (file2,Array(zookeeper, flink, hadoop, hive)),
(file2,Array(flink, hive, flume)))
```

图 5-20 演示了 flatMapValues( )和 mapValues( )的操作结果对比。

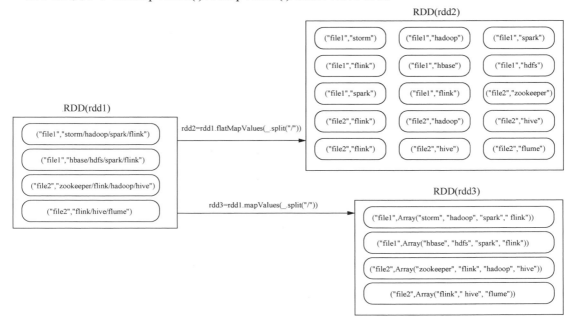

图 5-20　flatMapValues( )和 mapValues( )的操作结果对比

5.2.3 一个综合实例

综合实例（二）

给定一组键值对("spark",2)、("hadoop",6)、("hadoop",4)、("spark",6)，键值对的 key 表示图书名称，value 表示某天图书销量，现在需要计算每个键对应的平均值，也就是计算每种图书的每天平均销量，具体语句如下。

```scala
scala> val rdd = sc.
     | parallelize(Array(("spark",2),("hadoop",6),("hadoop",4),("spark",6)))
scala> rdd.mapValues(x => (x,1)).reduceByKey((x,y) => (x._1+y._1,x._2 + y._2)).
     | mapValues(x => (x._1 / x._2)).collect()
```

如图 5-21 所示，val rdd = sc.parallelize( )执行后，生成一个名称为 rdd 的 RDD，里面包含 4 个 RDD 元素，即("Spark",2)、("Hadoop",6)、("Hadoop",4)、("Spark",6)。rdd.mapValues(x => (x,1))操作会把 rdd 中的每个元素依次取出来，并对该元素的 value 使用 x => (x,1)这个匿名函数进行转换。例如，扫描到("Spark",2)这个元素时，就会把该元素的 value（也就是 2）转换成一个元组(2,1)，将转换后得到的("Spark",(2,1))放入新的 RDD（假设为 rdd1）。同理，("Hadoop",6)、("Hadoop",4)、("Spark",6)也会被分别转换成("Hadoop",(6,1))、("Hadoop",(4,1))、("Spark",(6,1))，放入 rdd1 中。

reduceByKey((x,y) => (x._1+y._1,x._2 + y._2))，会对 rdd1 中相同的 key 所对应的所有 value 进行聚合运算。例如，("Hadoop",(6,1))和("Hadoop",(4,1))，这两个键值对具有相同的 key，因此，reduceByKey( )操作首先会得到"Hadoop"这个 key 对应的 value-list，即((6,1),(4,1))，然后使用匿名函数(x,y) => (x._1+y._1,x._2 + y._2)对这个 value-list 进行聚合运算，这时会把(6,1)赋值给参数 x，把(4,1)赋值给参数 y，因此，x._1 和 y._1 分别是 6 和 4，x._2 和 y._2 都是 1，(x._1+y._1,x._2 + y._2)就是(10,2)。如果 value-list 还有更多的元素，例如，假设 value-list 是((6,1),(4,1),(3,1))，那么刚才计算得到的(10,2)就会作为新的 x，(3,1)作为新的 y，继续执行计算。reduceByKey( )操作结束后得到的新的 RDD（假设为 rdd2）中包含 2 个元素，分别是("Hadoop",(10,2))和("Spark",(8,2))。

mapValues(x => (x._1 / x._2))会对 rdd2 中的每个元素的 value 进行变换。例如，当扫描到 RDD 中的第 1 个元素("Hadoop",(10,2))时，会对该元素的 value（即(10,2)）进行变换。这时，x._1 是 10，x._2 是 2，x._1 / x._2 就是 5。因此，经过变换后得到的结果("Hadoop",5)就会被放入新的 RDD（假设为 rdd3）。最终，执行结果的 RDD 中包含("Hadoop",5)和("Spark",4)。

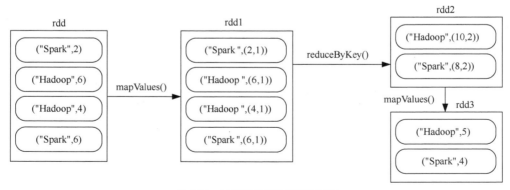

图 5-21　计算图书平均销量的过程

5.3　数据读写

本节介绍在 RDD 编程中如何进行文件数据读写。

5.3.1 本地文件系统的数据读写

本地文件系统的数据
读写

1. 从文件中读取数据创建 RDD

从本地文件系统中读取数据，可以采用 textFile( )方法：可以为 textFile( )方法提供一个本地文件或目录地址，如果是一个文件地址，它会加载该文件，如果是一个目录地址，它会加载该目录下的所有文件的数据。下面读取一个本地文件 word.txt，语句如下。

```
scala> val textFile = sc.
      | textFile("file:///usr/local/spark/mycode/wordcount/word.txt")
```

需要注意的是，在上面的语句中，val textFile 中的 textFile 是变量名称，sc.textFile( )中的 textFile 是方法名称，二者同时使用时要注意区分，它们所代表的含义是不同的。执行上面语句后，并不会马上显示结果，因为 Spark 采用惰性机制。可以使用如下的行动操作查看 textFile 中的内容。

```
scala> textFile.first()
```

正因为 Spark 采用了惰性机制，在执行转换操作的时候，即使执行了错误的语句，spark-shell 也不会马上报错，而是等到执行行动操作的语句时才会启动真正的计算，那个时候转换操作语句中的错误就会显示出来，示例如下。

```
scala> val textFile = sc.
      | textFile("file:///usr/local/spark/mycode/wordcount/word123.txt")
```

上面的语句中使用了一个根本就不存在的 word123.txt，执行上面的语句时，spark-shell 不会报错，因为没有遇到行动操作 first( )之前，加载操作是不会真正执行的。

2. 把 RDD 写入文本文件中

可以使用 saveAsTextFile( )方法把 RDD 中的数据保存到文本文件中。需要注意的是，saveAsTextFile( ) 中提供的参数不是文件地址，而是一个目录地址，因为 Spark 通常在分布式环境下执行，RDD 会存在多个分区，由多个任务对这些分区进行并行计算，每个分区的计算结果都会保存到一个单独的文件中。例如，如果 RDD 有 3 个分区，调用 saveAsTextFile( )方法就会产生 part-00001、part-00002、part-00003 及_SUCCESS 文件，其中 part-00001、part-00002 和 part-00003 包含 RDD 中的数据，_SUCCESS 文件只用来表示写入操作已经成功执行，该文件是空的，可以忽略该文件。因此，在 Spark 编程中，需要改变传统单机环境下编程的思维习惯。在单机编程中，我们已经习惯把数据保存到一个文件中，而因为 RDD 被分成多个分区，由多个任务并行执行计算，分布式编程框架 Spark 通常会产生多个文件，我们需要为这些文件提供一个保存目录，因此需要为 saveAsTextFile( )方法提供一个目录地址，而不是一个文件地址。saveAsTextFile( )要求开发者为其提供一个事先不存在的保存目录，如果事先已经存在该目录，Spark 就会报错。所以，如果是在独立应用程序中执行，最好在执行 saveAsTextFile( )之前先判断目录是否存在。

下面把 textFile 变量中的内容写回到另外一个目录 writeback 中，命令如下。

```
scala> val textFile = sc.
      | textFile("file:///usr/local/spark/mycode/wordcount/word.txt")
scala> textFile.
      | saveAsTextFile("file:///usr/local/spark/mycode/wordcount/writeback")
```

上面的语句执行后，打开一个新的 Linux 终端，进入"/usr/local/spark/mycode/wordcount/"目录，可以看到这个目录下面多了一个名称为"writeback"的子目录。进入 writeback 子目录后，可以看到该目录中生成了两个文件 part-00000 和_SUCCESS（可以忽略），part-00000 文件就包含刚才写入的数据。之所以 writeback 目录下只包含一个 part 文件——part-00000，而不是多个 part 文件，是因为我们在启动并进入 spark-shell 环境时，使用了如下命令。

```
$ cd /usr/local/spark
$ ./bin/spark-shell
```

在上面的启动命令中，"spark-shell" 命令后面没有带上任何参数，则系统默认采用 Local 部署模式启动 spark-shell，即只使用一个 Worker 线程本地化运行 Spark（完全不并行）。而且，在读取文件时，sc.textFile("file:///usr/local/spark/mycode/wordcount/word.txt") 语句的圆括号中的参数只有文件地址，并没有包含分区数量，因此生成的 textFile 这个 RDD 就只有一个分区，这就导致 saveAsTextFile( ) 最终生成的文件只有一个 part-00000。作为对比，下面在读取文件时进行分区，命令如下。

```scala
scala> val textFile = sc.
     | textFile("file:///usr/local/spark/mycode/wordcount/word.txt",2)
scala> textFile.
     | saveAsTextFile("file:///usr/local/spark/mycode/wordcount/writeback")
```

上面的语句执行后，可以在 writeback 子目录下看到两个 part 文件，即 part-00000 和 part-00001。

3. JSON 文件的读取

JavaScript 对象表示法（JavaScript Object Notation，JSON）是一种轻量级的数据交换格式，它基于 ECMAScript 规范的一个子集，采用完全独立于编程语言的文本格式来存储和表示数据。简洁和清晰的层次结构使 JSON 成为理想的数据交换语言，不仅易于阅读和编写，也易于机器解析和生成，并能够有效提高网络传输效率。Spark 提供了一个 JSON 样例数据文件，存放在 "/usr/local/spark/examples/src/main/ resources/people.json"（注意，"/usr/local/spark/" 是 Spark 的安装目录）中。people.json 文件内容如下。

```
{"name":"Michael"}
{"name":"Andy", "age":30}
{"name":"Justin", "age":19}
```

对于 JSON 文件的读写，更多使用 Spark SQL 提供的 DataFrame API（见第 6 章）实现，因此，这里只介绍如何从 JSON 文件中读取数据生成 RDD，关于如何把 RDD 保存成 JSON 文件，这里不做介绍。把本地文件系统中的 people.json 文件加载到 RDD 中，语句如下。

```scala
scala> val jsonStr = sc.
   | textFile("file:///usr/local/spark/examples/src/main/resources/people.json")
scala> jsonStr.foreach(println)
{"name":"Michael"}
{"name":"Andy", "age":30}
{"name":"Justin", "age":19}
```

下面介绍如何编写程序完成对 JSON 数据的解析工作。Scala 中有一个自带的 JSON 库——scala.util. parsing.json.JSON，可以实现对 JSON 数据的解析，JSON.parseFull(jsonString:String) 函数以一个 JSON 字符串作为输入对象并进行解析，如果解析成功，则返回一个 Some(map: Map[String, Any])，如果解析失败，则返回 None。

新建一个 JSONRead.scala 代码文件，输入以下内容。

```scala
import org.apache.spark.SparkContext
import org.apache.spark.SparkContext._
import org.apache.spark.SparkConf
import scala.util.parsing.json.JSON
object JSONRead {
    def main(args: Array[String]) {
        val inputFile = "file:///usr/local/spark/examples/src/main/resources/people.json"
        val conf = new SparkConf().setAppName("JSONRead")
        val sc = new SparkContext(conf)
        sc.setLogLevel("ERROR")
        val jsonStrs = sc.textFile(inputFile)
        val result = jsonStrs.map(s => JSON.parseFull(s))
        result.foreach( {r => r match {
                        case Some(map: Map[String, Any]) => println(map)
                        case None => println("Parsing failed")
```

```
                                        case other => println("Unknown data structure: " + other)
                                }
                        }
                )
        }
}
```

在上面的程序中，val jsonStrs = sc.textFile(inputFile)语句执行后，会生成一个名称为 jsonStrs 的
RDD，这个 RDD 中的每个元素都是来自 people.json 文件中的一行，即一个 JSON 字符串。val result =
jsonStrs.map(s => JSON.parseFull(s))语句会对 jsonStrs 中的每个元素（即每个 JSON 字符串）进行解析，
解析后的结果会被存放到一个新的 RDD（即 result）中。如果解析成功，则返回 Some(map: Map[String,
Any])，如果解析失败，则返回 None。所以，result 中的元素，或是 Some(map: Map[String, Any])，或
是 None。result.foreach( )语句执行时，会依次扫描 result 中的元素，并对当前取出的元素进行模式匹
配，如果是 Some(map: Map[String, Any])，就将其输出，如果是 None，就输出 "Parsing failed"。

把 simple.sbt 文件设置为如下内容。

```
name := "Simple Project"
version := "1.0"
scalaVersion := "2.12.15"
libraryDependencies += "org.apache.spark" %% "spark-core" % "3.2.0"
libraryDependencies += "org.scala-lang.modules" %% "scala-parser-combinators" % "1.0.4"
```

使用 sbt 工具把 JSONRead.scala 代码文件编译打包成 JAR 包，通过 "spark-submit" 命令运行程
序，会输出如下信息。

```
Map(name -> Michael)
Map(name -> Andy, age -> 30.0)
Map(name -> Justin, age -> 19.0)
```

5.3.2　HDFS 的数据读写

HDFS 的数据读写

从 HDFS 中读取数据，也采用 textFile( )方法，可以为 textFile( )方法提供一个
HDFS 文件或目录地址，如果是一个文件地址，它会加载该文件，如果是一个目
录地址，它会加载该目录下的所有文件的数据。下面读取一个 HDFS 文件，具体
语句如下。

```
scala> val textFile = sc.textFile("hdfs://localhost:9000/user/hadoop/word.txt")
scala> textFile.first()
```

需要注意的是，为 textFile( )方法提供的文件地址的格式可以有多种，如下面的 3 条语句是等价的。

```
scala> val textFile = sc.textFile("hdfs://localhost:9000/user/hadoop/word.txt")
scala> val textFile = sc.textFile("/user/hadoop/word.txt")
scala> val textFile = sc.textFile("word.txt")
```

同样，可以使用 saveAsTextFile( )方法把 RDD 中的数据保存到 HDFS 文件中，命令如下。

```
scala> val textFile = sc.textFile("word.txt")
scala> textFile.saveAsTextFile("writeback")
```

5.3.3　读写 MySQL 数据库

读写 MySQL 数据库

Spark 可以操作很多种数据库，如 MySQL、HBase、TiDB 和 MongoDB 等，
这里以 MySQL 为例，介绍 Spark 读写数据库的方法。

1. 准备工作

这里采用 MySQL 数据库来存储和管理数据。在 Linux 系统中安装 MySQL 数
据库的方法，这里不做介绍，具体安装方法可以参考高校大数据课程公共服务平台本书页面 "实验
指南" 栏目的 "在 Ubuntu 中安装 MySQL"。

安装成功后，在 Linux 中启动 MySQL 数据库，命令如下。

```
$ service mysql start
$ mysql -u root -p  #会提示输入密码
```

在 MySQL Shell 环境中，输入并执行下面的 SQL 语句，完成数据库和表的创建。

```
mysql> create database spark;
mysql> use spark;
mysql> create table student (id int(4), name char(20), gender char(4), age int(4));
mysql> insert into student values(1,'Xueqian','F',23);
mysql> insert into student values(2,'Weiliang','M',24);
mysql> select * from student;
```

要想顺利连接 MySQL 数据库，还需要使用 MySQL 数据库驱动程序。读者可到 MySQL 官网下载 MySQL 的 JDBC 驱动程序，或者直接到高校大数据课程公共服务平台本书页面的"下载专区"的"软件"目录中下载驱动程序文件 mysql-connector-java-5.1.40.tar.gz。这里假设驱动程序文件被保存到"~/Downloads"目录下，然后使用如下命令把驱动程序文件解压缩到 Spark 的安装目录"/usr/local/spark/jars"下。

```
$ cd ~/Downloads
$ sudo tar -zxvf mysql-connector-java-5.1.40.tar.gz -C /usr/local/spark/jars
```

2. 从 MySQL 数据库中读取数据

执行如下命令新建一个代码文件 ReadMySQL.scala。

```
$ cd ~/sparkapp/src/main/scala  #假设该目录已经存在
$ vim ReadMySQL.scala
```

ReadMySQL.scala 的代码内容如下。

```
import java.sql.DriverManager
import org.apache.spark.rdd.JdbcRDD
import org.apache.spark.{SparkConf,SparkContext}
object ReadMySQL{
  def main(args: Array[String]) {
    val conf = new SparkConf().setAppName("ReadMySQL").setMaster("local[2]")
    val sc = new SparkContext(conf)
    sc.setLogLevel("ERROR")
    val inputMySQL = new JdbcRDD(sc,
      () => {
        Class.forName("com.mysql.jdbc.Driver")
        DriverManager.getConnection("jdbc:mysql://localhost:3306/spark?useUnicode=
true&characterEncoding=utf8","root","123456")
        // "root" 是数据库用户名，"123456" 是密码
      },
      "SELECT * FROM student where id >= ? and id <= ?;",
      1, //设置条件查询中 id 的下界
      2, //设置条件查询中 id 的上界
      1, //设置分区数
      r => (r.getInt(1),r.getString(2),r.getString(3),r.getInt(4))
    )
    inputMySQL.foreach(println)
    sc.stop()
  }
}
```

在 sparkapp 目录下新建 simple.sbt 文件并输入以下内容。

```
name := "Simple Project"
version := "1.0"
scalaVersion := "2.12.15"
libraryDependencies += "org.apache.spark" %% "spark-core" % "3.2.0"
```

执行如下命令对代码进行编译打包。

```
$ cd ~/sparkapp
$ /usr/local/sbt/sbt package
```

然后执行如下命令运行程序。

```
$ cd ~/sparkapp
$ /usr/local/spark/bin/spark-submit \
> --jars \
> /usr/local/spark/jars/mysql-connector-java-5.1.40/mysql-connector-java-
5.1.40-bin.jar \
> --class "ReadMySQL" \
> ./target/scala-2.12/simple-project_2.12-1.0.jar
```

程序执行成功后会得到如下结果。

```
(1,Xueqian,F,23)
(2,Weiliang,M,24)
```

3. 向 MySQL 数据库写入数据

在 "~/sparkapp/src/main/scala" 目录下新建一个代码文件 WriteMySQL.scala，其内容如下。

```scala
import java.sql.DriverManager
import org.apache.spark.rdd.JdbcRDD
import org.apache.spark.{SparkConf,SparkContext}

object WriteMySQL{
  def main(args: Array[String]) {
    val conf = new SparkConf().setAppName("WriteMySQL").setMaster("local[2]")
    val sc = new SparkContext(conf)
    sc.setLogLevel("ERROR")
    Class.forName("com.mysql.jdbc.Driver")
    val rddData = sc.parallelize(List((3,"Rongcheng","M",26),(4,"Guanhua","M",27)))
    rddData.foreachPartition((iter:Iterator[(Int,String,String,Int)]) => {
      val conn = DriverManager.getConnection("jdbc:mysql://localhost:3306/
spark?useUnicode=true&characterEncoding=utf8","root","123456")
      conn.setAutoCommit(false)
      val preparedStatement = conn.prepareStatement("INSERT INTO student(id,name,
gender,age) VALUES (?,?,?,?)")
      iter.foreach(t => {
        preparedStatement.setInt(1,t._1)
        preparedStatement.setString(2,t._2)
        preparedStatement.setString(3,t._3)
        preparedStatement.setInt(4,t._4)
        preparedStatement.addBatch()
      })
      preparedStatement.executeBatch()
      conn.commit()
      conn.close()
    })
    sc.stop()
  }
}
```

对代码进行编译打包，然后执行如下命令运行程序。

```
$ /usr/local/spark/bin/spark-submit \
> --jars \
> /usr/local/spark/jars/mysql-connector-java-5.1.40/mysql-connector-java-5.1.40-
bin.jar \
> --class "WriteMySQL" \
> ./target/scala-2.12/simple-project_2.12-1.0.jar
```

执行上面的命令后，可以到 MySQL Shell 环境中使用 SQL 语句查询 student 表，可以发现新增加的两条记录，具体命令及其执行结果如下。

```
mysql> select * from student;
+------+-----------+--------+------+
| id | name | gender | age |
+------+-----------+--------+------+
| 1 | Xueqian | F | 23 |
| 2 | Weiliang | M | 24 |
| 3 | Rongcheng | M | 26 |
| 4 | Guanhua | M | 27 |
+------+-----------+--------+------+
4 rows in set (0.00 sec)
```

5.4 综合实例

本节介绍 RDD 编程的 3 个综合实例，包括求 Top N 个数据的值、文件排序和二次排序。

5.4.1 求 Top N 个数据的值

假设在某个目录下有若干个文本文件，每个文本文件里面包含很多行数据，每行数据由 4 个字段的值构成，不同字段值之间用逗号隔开，4 个字段分别为 orderid、userid、payment 和 productid，要求求出 Top N 个 payment 值。下面是样例文件 file1.txt 的内容。

求 Top N 个数据的值

```
1,1768,50,155
2,1218,600,211
3,2239,788,242
4,3101,28,599
5,4899,290,129
6,3110,54,1201
7,4436,259,877
8,2369,7890,27
```

实现上述功能的代码文件 TopN.scala 的内容如下。

```scala
import org.apache.spark.{SparkConf, SparkContext}
object TopN {
  def main(args: Array[String]): Unit = {
    val conf = new SparkConf().setAppName("TopN").setMaster("local")
    val sc = new SparkContext(conf)
    sc.setLogLevel("ERROR")
    val lines = sc.textFile("file:///home/hadoop/file1.txt",2)
    var num = 0;
    val result = lines.filter(line => (line.trim().length > 0) && (line.split(",").length
== 4))
      .map(_.split(",")(2))
      .map(x => (x.toInt,""))
      .sortByKey(false)
      .map(x => x._1).take(5)
      .foreach(x => {
        num = num + 1
        println(num + "\t" + x)
      })
    sc.stop()
  }
}
```

在 TopN.scala 的代码中，val lines = sc.textFile( )语句会从文本文件中读取所有行的内容，以生成一个 RDD，即 lines，这个 RDD 中的每个元素都是一个字符串，也就是文本文件中的一行。lines.filter( ) 语句会把空行和字段数量不等于 4 的行都丢弃，只保留那些正好包含 orderid、userid、payment 和 productid 这 4 个字段值的行。然后，在新得到的 RDD（假设为 rdd1）上执行 map(_.split(",")(2))操作，rdd1 中的每个元素（即一行内容）被 split( )方法拆分成 4 个字符串，保存到数组中。例如，"1,1768,50,155"这个字符串会被转换成数组 Array("1","1768","50","155")，然后，把数组的第 3 个元素（即 payment 字段的值）取出来放到新的 RDD（假设为 rdd2）中，这样，最终得到的 rdd2 就包含所有 payment 字段的值（实际上，这时每个 RDD 元素还是 String 类型的，而不是 Int 类型的）。接下来，在 rdd2 上调用 map(x => (x.toInt,""))方法，把 rdd2 中的每个元素从 String 类型转换成 Int 类型，并且生成(key,value)键值对放到新的 RDD（假设为 rdd3）中，其中 key 是 payment 字段的值，value 是空字符串。之所以要把 RDD 元素转换成(key,value)键值对，是因为 sortByKey( )操作要求 RDD 的元素必须是(key,value)键值对。接着，对 rdd3 调用 sortByKey(false)，就可以实现对 rdd3 中的所有元素都按照 key 的降序排序，也就是按照 payment 字段值的降序排序，假设排序后得到的新的 RDD 为 rdd4。在 rdd4 上执行 map (x => x._1)操作，就是把 rdd4 中的每个元素(key,value)中的 key 取出来，这样得到的新的 RDD（假设为 rdd5）中的每个元素就是字段 payment 的值，而且是按照降序排序的。然后，take(5)操作会取出 Top 5 个 payment 字段的值，得到新的 RDD（假设为 rdd6）。最后，在 rdd6 上执行 foreach( ) 操作，输出所有 RDD 元素。

5.4.2　文件排序

假设某个目录下有多个文本文件,每个文件中的每一行内容均为一个整数。要求读取所有文件中的整数，进行排序后，输出到一个新的文件中，输出的内容为每行两个整数，第一个整数为第二个整数的排序位次，第二个整数为原待排序的整数。图 5-22 给出了一个样例。

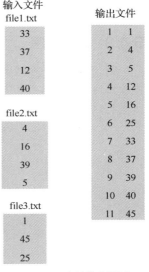

图 5-22　文件排序样例

实现上述功能的代码文件 FileSort.scala 的内容如下。

```scala
import org.apache.spark.SparkContext
import org.apache.spark.SparkContext._
import org.apache.spark.SparkConf
import org.apache.spark.HashPartitioner
object FileSort {
    def main(args: Array[String]) {
        val conf = new SparkConf().setAppName("FileSort")
        val sc = new SparkContext(conf)
        val dataFile = "file:///home/hadoop/data"
        val lines = sc.textFile(dataFile,3)
        var index = 0
        val result = lines.filter(_.trim().length>0).map(n=>(n.trim.toInt,"")).
partitionBy(new HashPartitioner(1)).sortByKey().map(t => {
            index += 1
            (index,t._1)
        })
        result.saveAsTextFile("file:///home/hadoop/result")
        sc.stop()
    }
}
```

FileSort.scala 代码中，"file:///home/hadoop/data"目录下有 3 个文件 file1.txt、file2.txt 和 file3.txt。val lines = sc.textFile(dataFile,3)语句会从 3 个文本文件中加载数据，生成一个 RDD，即 lines。lines.filter(_.trim( ).length>0)操作会把空行丢弃，并得到一个新的 RDD（假设为 rdd1）。然后，在 rdd1 上执行 map(n=>(n.trim.toInt,""))操作，把每个 String 类型的元素取出来后，去除它们尾部的空格并将它们转换成 Int 类型，再生成一个(key,value)键值对（从而可以在后面使用 sortByKey( )），放入一个新的 RDD（假设为 rdd2）中。接着，在 rdd2 上执行 partitionBy(new HashPartitioner(1))操作，也就是对 rdd2 进行重新分区，变成一个分区，因为在分布式环境下，只有把所有分区合并成一个分区，才能让所有整数排序后总体有序，这里假设重新分区后得到的新的 RDD 为 rdd3。接下来，在 rdd3 上执行 sortByKey( )，对所有 RDD 元素进行升序排序，假设排序后得到的新的 RDD 为 rdd4。再接着，在 rdd4 上执行 map( )操作，把 rdd4 的每个元素(key,value)中的 key 取出来（即 t._1），构建键值对(index,t._1)放入 result 中，其中 index 就是整数的排序位次，t._1 就是原待排序的整数。最后，对 result 调用 saveAsTextFile( )方法，把 RDD 元素保存到文件中。

5.4.3　二次排序

二次排序

对于一个给定的文件 file1.txt，如图 5-23 所示，现在需要对文件中的数据进行二次排序，即首先根据第 1 列数据降序排序，如果第 1 列数据相等，则根据第 2 列数据降序排序。

输入文件file1.txt		输出结果	
5	3	8	3
1	6	5	6
4	9	5	3
8	3	4	9
4	7	4	7
5	6	3	2
3	2	1	6

图 5-23　二次排序样例

二次排序的具体实现步骤如下。

第 1 步：混入 Ordered 和 Serializable 特质，实现自定义的用于排序的 key。

第 2 步：将要进行二次排序的文件加载进来生成(key,value)类型的 RDD。

第 3 步：使用 sortByKey( )，基于自定义的 key 进行二次排序。

第 4 步：去除排序的 key，只保留排序的结果。

二次排序的关键在于要实现自定义的用于排序的 key。假设有一个名称为 rdd1 的 RDD，每个元素都是(key,value)键值对，分别是(1,"a")、(2,"b")和(3,"c")。执行 rdd1.sortByKey(false)，就可以让这 3 个元素按照 key 的降序排序，即(3,"c") 、(2,"b")和（1,"a"）。之所以 sortByKey( )可以直接对 1、2、3 这 3 个 key 进行降序排序，是因为 1、2 和 3 都是 Int 类型的，sortByKey( )会隐式地把 key 的类型从 Int 转换为 Ordered[Int]，让 1、2、3 这些 key 转变成可比较的对象，进而进行排序。换言之，如果不同的 key 是不可比较的对象，则无法用于排序。

同理，为了实现二次排序，我们也需要自定义一个可用于排序的 key。下面新建一个代码文件 SecondarySortKey.scala，定义一个用于二次排序的 key 的类，代码如下。

```
package cn.edu.xmu.spark
class SecondarySortKey(val first:Int,val second:Int) extends Ordered[SecondarySortKey]
with Serializable {
    def compare(other:SecondarySortKey):Int = {
        if (this.first - other.first !=0) {
                this.first - other.first
```

```
        } else {
          this.second - other.second
        }
      }
    }
```

在 SecondarySortKey.scala 代码中，我们定义了一个 key 的类 SecondarySortKey，在这个类的构造器中提供了两个参数 first 和 second，在进行二次排序时，首先根据 first 的值降序排序，如果 first 的值相等，则根据 second 的值降序排序。为了让 key 能够支持排序，必须让 SecondarySortKey 类混入 Ordered 特质。另外，为了让 key 能够在分布式环境下进行网络传输，必须使其支持序列化，所以又混入了 Serializable 特质。在 SecondarySortKey 类中混入 Ordered 特质后，需要实现 Ordered 中的 compare( )方法。通过这种方式定义了 SecondarySortKey 类后，我们只要让每个 key 都是 SecondarySortKey 类的对象，就可以让这些 key 变得可比较，从而可以用于二次排序。

下面是实现二次排序功能的代码文件 SecondarySortApp.scala 的具体内容。

```
package cn.edu.xmu.spark
import org.apache.spark.SparkConf
import org.apache.spark.SparkContext
object SecondarySortApp {
  def main(args:Array[String]){
        val conf = new SparkConf().setAppName("SecondarySortApp").setMaster("local")
        val sc = new SparkContext(conf)
        val lines = sc.textFile("file:///home/hadoop/file1.txt", 1)
        val pairWithSortKey = lines.map(line=>(new SecondarySortKey(line.split(" ")(0).
toInt, line.split(" ")(1).toInt),line))
        val sorted = pairWithSortKey.sortByKey(false)
        val sortedResult = sorted.map(sortedLine =>sortedLine._2)
        sortedResult.collect().foreach (println)
        sc.stop()
  }
}
```

在 SecondarySortApp.scala 的代码中，val lines = sc.textFile( )语句会从文件中加载数据，生成一个 RDD，即 lines，这个 RDD 中的每个元素都是一行文本，如"5 3"。在执行 lines.map( )操作时，lines 中的每个 RDD 元素会首先被 split( )方法拆分成数组。例如，"5 3"被拆分后得到一个数组 Array("5","3")。然后，分别取出数组中的两个元素，作为 SecondarySortKey 类的构造器的两个参数，使用 new SecondarySortKey( )生成一个 SecondarySortKey 类的对象，如 SecondarySortKey(5,3)。接着，再用 SecondarySortKey(5,3)这个对象作为 key，把"5 3"作为 value，构建一个键值对(SecondarySortKey(5,3), "5 3")。同理，"1 6"和"4 9"也会分别被转换成键值对(SecondarySortKey(1,6), "1 6")和(SecondarySortKey(4,9), "4 9")。经过这种转换后，这些 key 就变成了可比较的对象，可以用于二次排序。所以，执行 pairWithSortKey.sortByKey(false)时，对(SecondarySortKey(1,6), "1 6")和(SecondarySortKey(4,9), "4 9") 这两个 RDD 元素而言，因为 SecondarySortKey(4,9)对象会排在 SecondarySortKey(1,6)对象前面，所以"4 9"也就相应地会排在"1 6"前面。这样，pairWithSortKey 这个 RDD 中的所有 String 类型的 value，都会因为 key 的降序排序而呈现出降序排序的效果。这样就得到了二次排序后的新的 RDD，即 sorted。

sorted 中的每个元素是类似(SecondarySortKey(1,6), "1 6")这种形式的，而我们只需要输出 value，也就是输出"1 6"。所以，sorted.map(sortedLine =>sortedLine._2)语句的功能就是只把 sorted 中的每个 RDD 元素的 value 输出，这些 value 的输出顺序就是我们所期望的二次排序后的顺序。

5.5 本章小结

本章介绍了 RDD 编程基础知识，主要介绍了 RDD 的各种操作，无论多复杂的 Spark 应用程序，最终都是借助这些 RDD 操作来实现的。

RDD 编程都是从创建 RDD 开始的，可以通过多种方式创建得到 RDD。例如，从本地文件或者 HDFS 中读取数据并创建 RDD，或者使用 parallelize( )方法从一个集合中读取数据并创建 RDD。

创建 RDD 后，就可以对 RDD 执行各种操作，包括转换操作和行动操作，本章通过多个实例详细介绍了每种操作的使用方法。另外，通过持久化，可以把 RDD 保存在内存或者磁盘中，避免多次重复计算。通过对 RDD 进行分区，不仅可以增加程序并行度，而且在一些应用场景中可以降低网络通信开销。

键值对 RDD 是一种常见的 RDD 类型，在 Spark 编程中经常被使用，本章介绍了键值对 RDD 的各种操作，并给出了一个综合实例。

此外，本章还介绍了文件数据读写。最后，本章给出了 3 个综合实例。

实验 4　RDD 编程初级实践

一、实验目的

（1）熟悉 Spark 的 RDD 基本操作及键值对操作。
（2）学会使用 RDD 编程解决具体的实际问题。

二、实验平台

操作系统：Ubuntu 16.04 及以上。
Spark 版本：3.2.0。

三、实验内容和要求

1. spark–shell 交互式编程

请读者到高校大数据课程公共服务平台本书页面"下载专区"中的"数据集"中下载 chapter5-data1. txt，该数据集包含某大学计算机系学生的成绩，数据格式如下所示。

```
Tom,DataBase,80
Tom,Algorithm,50
Tom,DataStructure,60
Jim,DataBase,90
Jim,Algorithm,60
Jim,DataStructure,80
…
```

请根据给定的实验数据，在 spark-shell 中通过编程计算以下内容：
（1）该系总共有多少名学生；
（2）该系共开设多少门课程；
（3）学生 Tom 的总成绩和平均分分别是多少；
（4）每名同学选修的课程门数；
（5）该系 DataBase 课程共有多少人选修；
（6）各门课程的平均分是多少；
（7）使用累加器计算共有多少人选修了 DataBase 课程。

2. 编写独立应用程序实现数据去重

对于两个输入文件 A 和 B，编写 Spark 独立应用程序，对两个文件进行合并，并剔除其中重复的内容，得到一个新文件 C。下面是输入文件和输出文件的样例，供参考。

输入文件 A 的样例如下。

```
20170101    x
20170102    y
20170103    x
20170104    y
20170105    z
20170106    z
```

输入文件 B 的样例如下。

```
20170101    y
20170102    y
20170103    x
20170104    z
20170105    y
```

将输入的文件 A 和 B 合并得到的输出文件 C 的样例如下。

```
20170101    x
20170101    y
20170102    y
20170103    x
20170104    y
20170104    z
20170105    y
20170105    z
20170106    z
```

3. 编写独立应用程序求解平均值问题

每个输入文件表示班级学生某个学科的成绩，每行内容由两个字段组成，第一个是学生名字，第二个是学生成绩。编写 Spark 独立应用程序求出每名学生的平均成绩，并输出到一个新文件中。下面是输入文件和输出文件的样例，供参考。

Algorithm 成绩如下。

```
小明 92
小红 87
小新 82
小丽 90
```

Database 成绩如下。

```
小明 95
小红 81
小新 89
小丽 85
```

Python 成绩如下。

```
小明 82
小红 83
小新 94
小丽 91
```

平均成绩如下。

```
(小明,89.67)
(小红,83.67)
(小新,88.33)
```

(小丽,88.67)

四、实验报告

<table>
<tr><td colspan="3" align="center">Spark 编程基础实验报告</td></tr>
<tr><td>题目：</td><td>姓名：</td><td>日期：</td></tr>
<tr><td colspan="3">实验环境：</td></tr>
<tr><td colspan="3">实验内容与完成情况：</td></tr>
<tr><td colspan="3">出现的问题：</td></tr>
<tr><td colspan="3">解决方案（列出遇到的问题和解决办法，列出没有解决的问题）：</td></tr>
</table>

第6章 Spark SQL

Spark SQL 是 Spark 中用于处理结构化数据的组件。它提供了一种通用的访问多种数据源的方式，可访问的数据源包括 Hive、Avro、Parquet、ORC、JSON 和 JDBC 等。Spark SQL 采用了 DataFrame [即带有模式（Schema）信息的 RDD]，支持用户在 Spark SQL 中通过执行 SQL 语句来实现对结构化数据的处理。目前 Spark SQL 支持 Scala、Java、Python 等编程语言。

本章首先介绍 Spark SQL 的发展历程、架构和特点等，然后介绍 DataFrame 及其创建方法和基本操作等，接下来介绍从 RDD 转换得到 DataFrame 的两种方法（即利用反射机制推断 RDD 模式和使用编程方式定义 RDD 模式），接着介绍如何使用 Spark SQL 读写数据库，最后介绍 DataSet。

6.1 Spark SQL 简介

本节介绍 Spark SQL 的前身——Shark，以及 Spark SQL 的架构、诞生原因和特点，并给出一个简单的 Spark SQL 编程实例。

6.1.1 从 Shark 说起

Hive 是一个基于 Hadoop 的数据仓库工具，提供了类似 SQL 语言的查询语言——HiveQL，用户可以通过 HiveQL 语句快速实现简单的 MapReduce 统计。Hive 自身可以自动将 HiveQL 语句快速转换成 MapReduce 任务进行运行。当用户

从 Shark 说起

在 Hive 中执行一段命令或查询（即 HiveQL 语句）时，Hive 需要与 Hadoop 交互工作来完成该操作。该命令或查询首先进入驱动模块，由驱动模块中的编译器进行解析编译，并由优化器对该操作进行优化计算，然后交给执行器去执行，执行器通常的任务是启动一个或多个 MapReduce 任务。图 6-1 描述了用户提交查询后，Hive 把该查询转化成 MapReduce 任务进行执行的详细过程。

Shark 提供了类似 Hive 的功能，与 Hive 不同的是，Shark 把查询转换成 Spark 任务，而不是 MapReduce 任务。为了实现与 Hive 的兼容，如图 6-2 所示，Shark 重用了 Hive 中的 HiveQL 解析、逻辑执行计划翻译、执行计划优化等逻辑，我们可以近似认为，Shark 仅将物理执行计划从 MapReduce 任务替换成 Spark 任务，也就是通过 Hive 的 HiveQL 解析功能，把 HiveQL 翻译成 Spark 上的 RDD 操作。Shark 的出现，使 SQL-on-Hadoop 的处理速度比 Hive 有了 10～100 倍的提高。

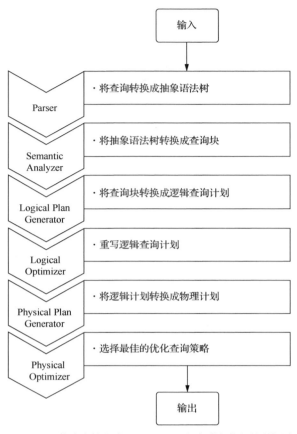

图 6-1　Hive 将查询转化成 MapReduce 任务进行执行的详细过程

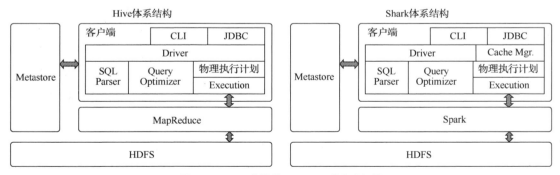

图 6-2　Shark 直接继承了 Hive 的各个组件

　　Shark 的设计导致了两个问题：一是执行计划优化完全依赖 Hive，不方便添加新的优化策略；二是 Spark 采用线程级并行，而 MapReduce 采用进程级并行，因此，Spark 在兼容 Hive 的实现上存在线程安全问题，导致 Shark 不得不使用另外一套独立维护的、打了补丁的 Hive 源代码分支。

　　Shark 的实现继承了大量的 Hive 代码，因而给优化和维护带来了大量的麻烦，特别是基于 MapReduce 设计的部分，成为整个项目的瓶颈。因此，在 2014 年，Shark 项目中止并转向 Spark SQL 的开发。

6.1.2　Spark SQL 的架构

Spark SQL 的架构

　　Spark SQL 的架构如图 6-3 所示，Spark SQL 在 Shark 原有的架构上重写了逻辑执行计划的优化部分，解决了 Shark 存在的问题。Spark SQL 在 Hive 兼容层面仅依赖 HiveQL 解析和 Hive 元数据，也就是说，从 HiveQL 被解析成抽象语法树（Abstract Syntax Tree，AST）起，剩余的工作就全部都由 Spark SQL 接管，即执行计划生成和优化都由 Catalyst（函数式关系查询优化框架）负责。Catalyst 是 Spark SQL 的重要组成部分，它是一个函数式可扩展的查询优化框架。在 Catalyst 的帮助下，Spark 开发者只需要编写简单的 SQL 语句就能驱动非常复杂的查询作业并能获得最佳性能表现。

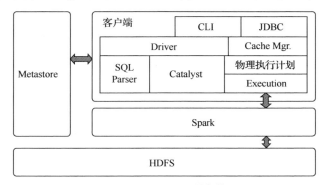

图 6-3　Spark SQL 的架构

Spark SQL 设计了不同于 RDD 的、一种新的数据抽象——DataFrame（即带有模式信息的 RDD），数据既可以来自 RDD，也可以来自 Hive、HDFS、Cassandra 等外部数据源，还可以是 JSON 格式的数据。Spark SQL 目前支持 Scala、Java、Python 等编程语言，支持 SQL-2003 规范，如图 6-4 所示。

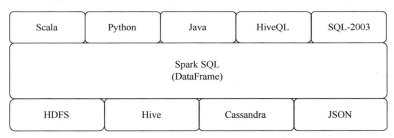

图 6-4　Spark SQL 支持的数据格式和编程语言

需要说明的是，尽管在上层使用 DataFrame 表达查询，但是在底层，查询都会被转换成紧凑的 RDD 代码用于最终的执行，这种策略可以显著提升 CPU 的效率和性能。

Spark 生态系统中的其他组件（包括 Structured Streaming 和 MLlib）也都是基于 DataFrame 表达查询的，都会将 DataFrame 作为结构化数据进行转化和操作，这些组件都需要依赖 Spark SQL 的服务，即借助于 Spark SQL 引擎（主要是 Catalyst）把基于 DataFrame 的查询转换成紧凑的 RDD 代码。

6.1.3　为什么推出 Spark SQL

关系数据库已经流行多年，最早是由图灵奖得主、有"关系数据库之父"之称的埃德加·弗兰克·科德于 1970 年提出的。由于具有规范的行和列结构，因此存储在关系数据库中的数据通常被称为"结构化数据"，用来查询和操作关系数据库的语言被称为"SQL"。由于关系数据库具有完备的数学理论基础、完善的事务管理机制和高效的查询处理引擎，因此得到了广泛的应用，并从 20 世纪 70 年代至今一直占据商业数据库应用的主流位置。目前主流的关系数据库有 Oracle、DB2、SQL Server、Sybase、MySQL 等。

尽管数据库的事务管理和查询机制较好地满足了银行、电信等各类商业公司的业务数据管理需求，但是关系数据库在大数据时代已经不能满足各种新增的用户需求。首先，用户需要对不同数据源执行各种操作，这些数据源中包括结构化和非结构化数据；其次，用户需要执行高级分析，如机器学习和图像处理，在实际大数据应用中，经常需要融合关系查询和复杂分析算法（如机器学习或图像处理），但是，一直以来都缺少这样的系统。

Spark SQL 填补了这片空白。首先，Spark SQL 可以提供 DataFrame API，可以对内部和外部的各种数据源执行各种关系操作；其次，Spark SQL 可以支持大量的数据源和数据分析算法，组合使用 Spark SQL 和 Spark MLlib（因为二者的数据抽象是一样的，都是基于 DataFrame 的），可以融合传统关系数据库的结构化数据管理能力和机器学习算法的数据处理能力，有效满足各种复杂的应用需求。

6.1.4　Spark SQL 的特点

Spark SQL 的特点如下。

（1）容易整合（集成）。Spark SQL 可以将 SQL 查询和 Spark 程序无缝集成，允许用户使用 SQL 或 DataFrame API 在 Spark 程序中查询结构化数据。

（2）统一的数据访问方式。Spark SQL 可以以相同方式连接到任何数据源，DataFrame 和 SQL 提供了访问各种数据源的方法，这些数据源包括 Hive、Avro、Parquet、ORC、JSON 和 JDBC。

（3）兼容 Hive。Spark SQL 支持 HiveQL 语法、Hive SerDes 和用户自定义函数（User Defined Function，UDF），允许用户访问现有的 Hive 仓库。

（4）标准的数据库连接。Spark SQL 支持 JDBC 或 ODBC。

6.1.5　Spark SQL 简单编程实例

在 RDD 编程中，使用的是 SparkContext 接口；在 Spark SQL 编程中，需要使用 SparkSession 接口。从 Spark 2.0 版本开始，Spark 使用全新的 SparkSession 接口替代 Spark 1.6 中的 SQLContext 和 HiveContext 接口，来实现对数据的加载、转换、处理等功能。SparkSession 实现了 SQLContext 和 HiveContext 所有功能。此外，

Spark 简单编程实例

SparkSession 也封装了 SparkContext、SparkConf 和 StreamingContext 等。也就是说，在 Spark 1.x 中，需要创建多种上下文对象（比如，创建 SparkContext 对象用于 RDD 编程，创建 SQLContext 对象用于 SQL 编程），这会让代码显得很烦琐；而在 Spark 2.x 和 Spark 3.x 中，应用只需要为每个 JVM 创建一个 SparkSession 对象，然后就可以用其执行各种 Spark 操作。

需要注意的是，虽然 SparkSession 对象已经包含其他所有的上下文对象（SparkContext、SparkConf 和 StreamingContext 等），可以为所有的 Spark 应用程序提供统一的入口，但用户仍然可以访问那些上下文对象及其方法，比如，可以继续使用 SparkContext 对象作为 RDD 编程的入口，因此，使用 SparkContext 或 SQLContext 的基于 1.x 版本的旧代码，仍然可以在 2.x 和 3.x 上正常运行。

SparkSession 支持从不同的数据源加载数据，以及把数据转换成 DataFrame，并且支持把 DataFrame 转换成 SQLContext 自身的表，然后使用 SQL 语句来操作数据。SparkSession 亦提供了对 HiveQL 以及其他依赖于 Hive 的功能的支持。

我们可以通过如下语句创建一个 SparkSession 对象。

```
import org.apache.spark.sql.SparkSession
val spark=SparkSession
          .builder
          .master("local[*]")
          .appName("SparkSessionExample")
          .getOrCreate()
```

实际上，在启动进入 spark-shell 以后，spark-shell 就默认提供了一个 SparkContext 对象（名称为"sc"）和一个 SparkSession 对象（名称为"spark"），因此，我们也可以不用特意声明一个 SparkSession 对象，而是直接使用 spark-shell 提供的 SparkSession 对象，即 spark。

下面给出一个具体实例，介绍 Spark SQL 的编程方法。

在 Linux 终端中，执行如下命令创建一个目录 sparkapp 作为应用程序根目录。

```
$ cd  ~                #进入用户主目录
$ mkdir ./sparkapp        #创建应用程序根目录，如果已经存在，则不用创建
$ mkdir -p ./sparkapp/src/main/scala    #创建所需的目录结构
```

在 "src/main/scala" 目录下创建一个代码文件 SparkSQLSimpleApp.scala，其内容如下。

```
1    /* SparkSQLSimpleApp.scala */
2    import org.apache.spark.sql.SparkSession
3    object SparkSQLSimpleApp {
4      def main(args: Array[String]) {
5        val logFile = "file:///usr/local/spark/README.md"
6        val spark = SparkSession
                    .builder
                    .master("local[*]")
                    .appName("Simple Application")
                    .getOrCreate()
7        val logData = spark.read.textFile(logFile).cache()
8        val numAs = logData.filter(line => line.contains("a")).count()
9        val numBs = logData.filter(line => line.contains("b")).count()
10       println(s"Lines with a: $numAs, Lines with b: $numBs")
11       spark.stop()
12     }
13   }
```

上面的第 6 行代码创建了一个名称为 "spark" 的 SparkSession 对象，第 7 行代码创建了一个名称为 "logData" 的 DataSet，第 8 行代码对 logData 执行 filter( )操作，得到包含单词 "a" 的行，然后执行 count( )操作统计出行数。

在 sparkapp 目录下创建一个文件 simple.sbt，并设置为如下内容。

```
name := "Simple Project"
version := "1.0"
scalaVersion := "2.12.15"
libraryDependencies += "org.apache.spark" %% "spark-sql" % "3.2.0"
```

执行如下命令，使用 sbt 工具对代码进行编译打包。

```
$ /usr/local/sbt/sbt package
```

然后，使用 "spark-submit" 命令提交并运行程序，具体命令如下。

```
$ cd ~/sparkapp
$ /usr/local/spark/bin/spark-submit \
> --class "SparkSQLSimpleApp" \
> ./target/scala-2.12/simple-project_2.12-1.0.jar 2>&1 | grep "Lines with a:"
```

上面命令的执行结果如下。

```
Lines with a: 65, Lines with b: 33
```

在上面这个例子中，我们不再使用 RDD，而是使用高层的结构化数据 DataFrame。从 Spark 2.x 开始，RDD 被降级为底层的 API，所有通过高层的 DataFrame API 表达的计算，都会被分解，生成优化好的底层的 RDD 操作，然后转化为 Scala 字节码，以发给执行器的 JVM，这些生成的 RDD 代码对用户而言是不可见的。

由于 SparkContext 成为 SparkSession 的成员变量，因此我们可以对 4.3.2 小节的 SimpleApp.scala 代码进行改写，使用 SparkSession 作为编程入口，具体如下。

```
import org.apache.spark.sql.SparkSession
object SimpleApp {
  def main(args: Array[String]) {
```

```
        val logFile = "file:///usr/local/spark/README.md"
        val spark = SparkSession
                .builder
                .master("local[*]")
                .appName("Simple Application")
                .getOrCreate()
        val sc = spark.sparkContext  //从 SparkSession 对象中获取 SparkContext 对象
        val logData = sc.textFile(logFile, 2).cache()
        val numAs = logData.filter(line => line.contains("a")).count()
        val numBs = logData.filter(line => line.contains("b")).count()
        println("Lines with a: %s, Lines with b: %s".format(numAs, numBs))
        spark.stop()
    }
}
```

需要注意的是，在对上面这个 SimpleApp.scala 文件进行编译打包时，需要使用和编译打包 SparkSQLSimpleApp.scala 所用到的相同的 simple.sbt。

6.2 结构化数据 DataFrame

结构化数据
DataFrame

Spark SQL 所使用的数据抽象并非 RDD，而是 DataFrame。DataFrame 的推出，让 Spark 具备了处理大规模结构化数据的能力，它不仅比原有的 RDD 转化方式更加简单易用，而且获得了更高的计算性能。Spark 能够轻松实现从 MySQL 到 DataFrame 的转化，并且支持 SQL 查询。

6.2.1 DataFrame 概述

RDD 是分布式的 Java 对象的集合，但是，对象内部结构对 RDD 而言却是不可知的。而 DataFrame 是一种以 RDD 为基础的表格型的数据结构，提供了详细的结构信息（每列都有名字，有表结构定义，每列都有特定的数据类型：Int 类型、String 类型、数组、映射表、实数、日期、时间戳等），就相当于关系数据库的一张表。如图 6-5 所示，当采用 RDD 时，每个 RDD 元素都是一个 Java 对象，即 Person 对象，但是，用户无法直接知道 Person 对象的内部结构信息；而采用 DataFrame 时，Person 对象的内部结构信息一目了然，它包含 Name、Age 和 Height 3 个字段，并且用户可以知道每个字段的数据类型。

Person
Person
Person

Person
Person
Person

RDD[Person]

Name	Age	Height
String	Int	Double
String	Int	Double
String	Int	Double

String	Int	Double
String	Int	Double
String	Int	Double

DataFrame

图 6-5　DataFrame 与 RDD 的区别

以结构化表格来组织数据，不仅使数据更容易让人理解，而且对行或列执行一些操作时也更容易处理。和 RDD 一样，DataFrame 也是不可变的，它的操作也分为转换和行动两种类型。采用

DataFrame 的计算过程也是"惰性"的，在转换过程中，Spark 只记录所有转换操作的血缘关系，并不会立即开始计算，而是要等到碰到行动操作时才会触发从头到尾的计算。对一个 DataFrame 而言，我们可以添加列或者改变已有列的名字和数据类型，这些操作都会创建新的 DataFrame，原有的 DataFrame 则会保留。

6.2.2 DataFrame 的优点

使用 DataFrame 作为数据抽象可以带来很多好处，比如，可以在 Spark 组件间获得更好的性能和更优的空间效率。DataFrame 的突出优点是表达能力强、简洁、易组合、风格一致。下面用一个实例来展示 DataFrame 强大的表达能力和组合能力。

给定一组键值对("spark",2)、("hadoop",6)、("hadoop",4)、("spark",6)，键值对的 key 表示图书名称，value 表示某天图书销量，现在需要计算每个键对应的平均值，也就是计算每种图书的每天平均销量。当使用 RDD 编程时，具体语句如下。

```
scala> val bookRDD = sc.
    | parallelize(Array(("spark",2),("hadoop",6),("hadoop",4),("spark",6)))
scala> val saleRDD = bookRDD.map(x=>(x._1,(x._2,1))).
    | reduceByKey((x,y)=>(x._1+y._1,x._2+y._2)).
    | map(x=>(x._1,x._2._1 / x._2._2)).collect()
```

可以看出，这段代码难度较高，可读性也较差。这段代码用于告诉 Spark 如何计算出查询结果。这段代码对 Spark 而言是效率较低的，且代码没有告诉 Spark 最终目的是什么。然而，如果使用 DataFrame API 来表达相同的查询，就会简单很多。

```
    scala> val bookDF = spark.
| createDataFrame(Array(("spark",2),("hadoop",6),("hadoop",4),("spark",6))).
| toDF("book","amount")
scala> val avgDF = bookDF.groupBy("book").agg(avg("amount"))
scala> avgDF.show()
+------+-----------+
|  book|avg(amount)|
+------+-----------+
| spark|        4.0|
|hadoop|        5.0|
+------+-----------+
```

可以看出，采用 DataFrame 编程后，代码的表达能力和简洁程度都提高了很多，因为我们用高层的领域专用语言（Domain Specified Language，DSL）算子和 API 告诉 Spark 去做什么。实际上，我们已经用这些算子组合出了查询语句。因为可以解析这条查询并理解我们的最终目的，所以，Spark 能对操作进行优化或重排，从而实现更高的执行效率。Spark 明确知道我们要做什么：按书名对图书进行分组，聚合每种图书的销量，然后计算出每种图书的每天平均销量。整个计算过程已经被我们用高层的算子组合成了一条查询语句，可见这种 API 的表达能力是很强的。

6.3 DataFrame 的创建和保存

DataFrame 的创建和保存

Spark 支持从多种数据源创建 DataFrame，也支持把 DataFrame 保存成各种数据格式。本节介绍在不同类型数据源（包括 Parquet、JSON、CSV、文本文件和序列集合）情况下，如何创建和保存 DataFrame。此外，Spark 也支持 MySQL 数据源，因为其操作稍微复杂一些，所以，放在 6.6 节单独介绍。需要说明的是，下面的实例都是以本地文件（路径开头是"file:///"）为例的，实际上也可以替换成 HDFS 文件（路径开头是"hdfs://"）。

6.3.1 Parquet

1. 从 Parquet 文件创建 DataFrame

Parquet 是 Spark 的默认数据源，很多大数据处理框架和平台都支持 Parquet 格式，它是一种开源的列式存储文件格式，提供多种 I/O 优化措施（比如压缩，以节省存储空间，支持快速访问数据列）。

存储 Parquet 文件的目录中包含_SUCCESS 文件和很多文件名如"part-×××××"的压缩文件。要把 Parquet 文件读入 DataFrame，需要指定格式和路径，具体实例如下。

```
scala> val filePath =
    | "file:///usr/local/spark/examples/src/main/resources/users.parquet"
scala> val df = spark.read.format("parquet").load(filePath)
scala> df.show()
+------+-------------+----------------+
|  name|favorite_color|favorite_numbers|
+------+-------------+----------------+
|Alyssa|         null|   [3, 9, 15, 20]|
|   Ben|          red|              []|
+------+-------------+----------------+
```

上面代码中的 users.parquet 是 Spark 在安装时自带的样例文件。

我们也可以使用如下方式读取 Parquet 文件生成 DataFrame。

```
scala> val filePath =
    | "file:///usr/local/spark/examples/src/main/resources/users.parquet"
scala> val df = spark.read.parquet(filePath)
```

2. 将 DataFrame 保存为 Parquet 文件

将 DataFrame 保存为 Parquet 文件的具体方法如下（在上面的代码基础上继续执行下面的代码）。

```
scala> df.write.format("parquet").mode("overwrite").option("compression","snappy").
    | save("file:///home/hadoop/otherusers")
```

上面的代码执行后，在本地文件系统中的"/home/hadoop/"目录下会生成一个名称为"otherusers"的目录，该目录下包含两个文件，即_SUCCESS 文件和文件名如"part-00000-××××
×.snappy.parquet"的文件，后者是使用 Snappy 压缩算法得到的压缩文件。如果要再次读取文件生成 DataFrame，load( )的参数中可以直接使用目录"file:///home/hadoop/otherusers"，也可以使用文件 file:///home/hadoop/otherusers/part-00000-×××××.snappy.parquet。

我们也可以使用如下方式把 DataFrame 保存为 Parquet 文件。

```
scala> df.write.parquet("file:///home/hadoop/otherusers")
```

6.3.2 JSON

1. 从 JSON 文件创建 DataFrame

JSON 是一种常见的数据模式，与 XML 相比，JSON 的可读性更强，更容易解析。JSON 有两种表示模式，即单行模式和多行模式，这两种模式 Spark 都支持。

从 JSON 文件创建 DataFrame 的具体方法如下。

```
scala> val filePath =
    | "file:///usr/local/spark/examples/src/main/resources/people.json"
scala> val df = spark.read.format("json").load(filePath)
scala> df.show()
+----+-------+
| age|   name|
+----+-------+
```

```
|null|Michael|
|  30|   Andy|
|  19| Justin|
+----+-------+
```

上面代码中的 people.json 是 Spark 在安装时自带的样例文件。

我们也可以使用如下方式读取 JSON 文件生成 DataFrame。

```
scala> val filePath =
     |   "file:///usr/local/spark/examples/src/main/resources/people.json"
scala> val df = spark.read.json(filePath)
```

2. 将 DataFrame 保存为 JSON 文件

将 DataFrame 保存为 JSON 文件的具体方法如下（在上面的代码基础上继续执行下面的代码）。

```
scala> df.write.format("json").mode("overwrite").
     |   save("file:///home/hadoop/otherpeople")
```

上面的代码执行后，在本地文件系统中的 "/home/hadoop/" 目录下会生成一个名称为 "otherpeople" 的目录，该目录下包含两个文件，即_SUCCESS 文件和文件名如 "part-00000-×××××.json" 的文件。如果要再次读取文件生成 DataFrame，load( )的参数中可以直接使用目录 "file:///home/hadoop/otherpeople"，也可以使用文件 file:///home/hadoop/otherpeople/part-00000-×××××.json。

我们也可以使用如下方式把 DataFrame 保存成 JSON 文件。

```
scala> df.write.json("file:///home/hadoop/otherpeople")
```

6.3.3 CSV

1. 从 CSV 文件创建 DataFrame

CSV 是一种将所有的数据字段默认用逗号隔开的文本文件格式，在这些默认用逗号隔开的字段中，每行表示一条记录。CSV 文件已经和普通的文本文件一样被广泛使用。

从 CSV 文件创建 DataFrame 的具体方法如下。

```
scala> val filePath =
     |   "file:///usr/local/spark/examples/src/main/resources/people.csv"
scala> val schema = "name STRING,age INT,job STRING"
scala> val df = spark.read.format("csv").schema(schema).option("header","true").
     |   option("sep",";").load(filePath)
scala> df.show()
+-----+---+---------+
| name|age|      job|
+-----+---+---------+
|Jorge| 30|Developer|
|  Bob| 32|Developer|
+-----+---+---------+
```

上面代码中的 people.csv 是 Spark 在安装时自带的样例文件。people.csv 文件中包含 3 行记录，第 1 行是表头，内容是 "name;age;job"，表明每条记录包含 3 个字段，第 2 行和第 3 行是数据内容。在上面的代码中，schema(schema)用于设置每行数据的模式，也就是每行记录包含哪些字段，每个字段采用什么数据类型；option("header","true")用于表明这个 CSV 文件是否包含表头；option("sep",";")用于表明这个 CSV 文件中字段之间使用的分隔符是分号，如果没有这个选项，则默认使用逗号作为分隔符。

我们也可以使用如下方式读取 CSV 文件生成 DataFrame。

```
scala> val filePath =
     |   "file:///usr/local/spark/examples/src/main/resources/people.csv"
scala> val schema = "name STRING,age INT,job STRING"
scala> val df = spark.read.schema(schema).option("header","true").
```

```
      |  option("sep",";").csv(filePath)
```

2. 将 DataFrame 保存为 CSV 文件

将 DataFrame 保存为 CSV 文件的具体方法如下（在上面的代码基础上继续执行下面的代码）。

```
scala> df.write.format("csv").mode("overwrite").
     |  save("file:///home/hadoop/anotherpeople")
```

上面的代码执行后，在本地文件系统中的"/home/hadoop/"目录下会生成一个名称为"anotherpeople"的目录，该目录下包含两个文件，即_SUCCESS 文件和文件名如"part-00000-×××××.csv"的文件。如果要再次读取文件生成 DataFrame，load( )的参数中可以直接使用目录"file:///home/hadoop/anotherpeople"，也可以使用文件 file:///home/hadoop/anotherpeople/part-00000-×××××.csv。

我们也可以使用如下方式把 DataFrame 保存成 CSV 文件。

```
scala> df.write.csv("file:///home/hadoop/anotherpeople")
```

6.3.4 文本文件

1. 从文本文件创建 DataFrame

从一个文本文件创建 DataFrame 的方法如下。

```
scala> val filePath =
     |  "file:///usr/local/spark/examples/src/main/resources/people.txt"
scala> val df = spark.read.format("text").load(filePath)
scala> df.show()
+-----------+
|      value|
+-----------+
|Michael, 29|
|   Andy, 30|
|  Justin, 19|
+-----------+
```

我们也可以使用如下方式读取文本文件生成 DataFrame。

```
scala> val filePath =
     |  "file:///usr/local/spark/examples/src/main/resources/people.txt"
scala> val df = spark.read.text(filePath)
```

2. 将 DataFrame 保存为文本文件

如果要把一个 DataFrame 保存成文本文件，则需要使用如下语句（在上面的代码基础上继续执行下面的代码）。

```
scala> df.write.text("file:///home/hadoop/newpeople")
```

上面的代码执行后，会生成目录"file:///home/hadoop/newpeople"，这个目录下会包含两个文件，part-00000-×××××.txt 和_SUCCESS。其中，part-00000-×××××.txt 文件中包含具体数据。

我们也可以使用如下方式把一个 DataFrame 保存成文本文件。

```
scala> df.write.format("text").save("file:///home/hadoop/newpeople")
```

6.3.5 序列集合

Spark 允许通过序列集合来创建 DataFrame，下面是一个具体实例。

```
scala> val df = spark.createDataFrame(
     |  List(("Xiaomei","Female","21"),
     |  ("Xiaoming","Male","22"),
     |  ("Xiaoxue","Female","23"))).
     |  toDF("name","sex","age")
df: org.apache.spark.sql.DataFrame = [name: string, sex: string … 1 more field]
```

```
scala> df.show()
+--------+------+---+
|    name|   sex|age|
+--------+------+---+
| Xiaomei|Female| 21|
|Xiaoming|  Male| 22|
| Xiaoxue|Female| 23|
+--------+------+---+
```

在上面的代码中，我们把一个列表作为参数传入 createDataFrame( )方法中，此时创建出的
DataFrame 中的列名是默认的，然后我们通过 toDF( )方法对每个列的列名进行了自定义。

在创建 DataFrame 时，还可以对每个列的数据类型进行定义，具体实例如下。

```
scala> import org.apache.spark.sql.Row
scala> import org.apache.spark.sql.types.{IntegerType,StringType}
scala> import org.apache.spark.sql.types.{StructField,StructType}
scala> val schema = StructType(List(StructField("name",StringType,true),
     | StructField("age",IntegerType,true),
     | StructField("sex",StringType,true)))
scala> val javaList = new java.util.ArrayList[Row]()
scala> javaList.add(Row("Xiaomei",21,"Female"))
scala> javaList.add(Row("Xiaoming",22,"Male"))
scala> javaList.add(Row("Xiaoxue",23,"Female"))
scala> val df = spark.createDataFrame(javaList,schema)
df: org.apache.spark.sql.DataFrame = [name: string, age: int … 1 more field]
scala>  df.show()
+--------+---+------+
|    name|age|   sex|
+--------+---+------+
| Xiaomei| 21|Female|
|Xiaoming| 22|  Male|
| Xiaoxue| 23|Female|
+--------+---+------+
```

6.4　DataFrame 的基本操作

面向 DataFrame 的编程大概分为 3 个步骤：

（1）输入数据；

（2）分析数据（执行 DSL 语句或 SQL 语句）；

（3）输出数据。

在 6.3 节中，我们介绍了第（1）步和第（3）步，现在来介绍第（2）步，即分析数据，也就是针
对 DataFrame 的各种操作。在操作 DataFrame 时，可以使用两种不同风格的语句，即 DSL 语句和 SQL
语句。需要说明的是，无论是执行 DSL 语句还是执行 SQL 语句，本质上都会被转换为对 RDD 的操作。

6.4.1　DSL 语法风格

DSL 意为"领域专用语言"，DSL 语句类似于 RDD 中的操作，允许开发者通过
调用方法对 DataFrame 内部的数据进行分析。

DataFrame 创建好以后，我们可以进行一些常用的 DataFrame 操作，包括
printSchema( )、show( )、select( )、filter( )、groupBy( )、sort( )、withColumn( )和 drop( )等。这里先从
Spark 自带的样例文件 people.json 创建一个名称为"df"的 DataFrame。

DSL 语法风格

```
scala> val filePath =
```

```
     | "file:///usr/local/spark/examples/src/main/resources/people.json"
scala> val df = spark.read.json(filePath)
```

1. printSchema( )

我们可以使用 printSchema( )操作输出 DataFrame 的模式信息，如图 6-6 所示。

2. show( )

show( )操作用于显示一个 DataFrame 的具体内容，如图 6-7 所示。

```
scala> df.printSchema()
root
 |-- age: long (nullable = true)
 |-- name: string (nullable = true)
```

图 6-6 printSchema( )操作的执行效果

```
scala> df.show()
+----+-------+
| age|   name|
+----+-------+
|null|Michael|
|  30|   Andy|
|  19| Justin|
+----+-------+
```

图 6-7 show( )操作的执行效果

3. select( )

select( )操作的功能是从 DataFrame 中选取部分列的数据。如图 6-8 所示，select( )操作选取了 name 和 age 这两个列，并且把 age 这个列的值增加 1。

select( )操作还可以实现对列的重命名。如图 6-9 所示，name 列被重命名为"username"。

```
scala> df.select(df("name"),df("age")+1).show()
+-------+---------+
|   name|(age + 1)|
+-------+---------+
|Michael|     null|
|   Andy|       31|
| Justin|       20|
+-------+---------+
```

图 6-8 select( )操作的执行效果

```
scala> df.select(df("name").as("username"),df("age")).show()
+--------+----+
|username| age|
+--------+----+
| Michael|null|
|    Andy|  30|
|  Justin|  19|
+--------+----+
```

图 6-9 重命名列的执行效果

4. filter( )

filter( )操作可以实现条件查询，找到满足条件要求的记录。如图 6-10 所示，df.filter(df("age")>20) 用于查询所有 age 字段的值大于 20 的记录。

5. groupBy( )

groupBy( )操作用于对记录进行分组。如图 6-11 所示，df.groupBy("age")表示根据 age 字段进行分组。

```
scala> df.filter(df("age")>20).show()
+---+----+
|age|name|
+---+----+
| 30|Andy|
+---+----+
```

图 6-10 filter( )操作的执行效果

```
scala> df.groupBy("age").count().show()
+----+-----+
| age|count|
+----+-----+
|  19|    1|
|null|    1|
|  30|    1|
+----+-----+
```

图 6-11 groupBy( )操作的执行效果

6. sort( )

sort( )操作用于对记录进行排序。如图 6-12 所示，df.sort(df("age").desc)表示根据 age 字段进行降序排序。df.sort(df("age").desc,df("name").asc)表示根据 age 字段进行降序排序，当 age 字段的值相同时，再根据 name 字段进行升序排序。

7. withColumn( )

withColumn( )操作用于为一个 DataFrame 增加一个新的

```
scala> df.sort(df("age").desc).show()
+----+-------+
| age|   name|
+----+-------+
|  30|   Andy|
|  19| Justin|
|null|Michael|
+----+-------+

scala> df.sort(df("age").desc,df("name").asc).show()
+----+-------+
| age|   name|
+----+-------+
|  30|   Andy|
|  19| Justin|
|null|Michael|
+----+-------+
```

图 6-12 sort( )操作的执行效果

列。虽然一个 DataFrame 本身是不可变的，但是我们依然可以通过创建另一个 DataFrame 来实现增加一个列。如图 6-13 所示，这里新建了一个名称为 "IfWithAge" 的列，该列的值取决于 age 这个列的值，如果 age 这个列有值，则 IfWithAge 列相应的值为 "YES"；如果 age 这个列的值是 "null"，则 IfWithAge 列相应的值为 "NO"。expr( )是 org.apache.spark.sql.functions 包提供的一个函数，它所接收的参数会被 Spark 解析为表达式，用于计算结果。

```
scala> import org.apache.spark.sql.functions.expr
import org.apache.spark.sql.functions.expr

scala> val df2 = df.withColumn(
    "IfWithAge",
    expr("CASE WHEN age is null THEN 'NO' ELSE 'YES' END"))
df2: org.apache.spark.sql.DataFrame = [age: bigint, name: string ... 1 more field]

scala> df2.show()
+----+-------+---------+
| age|   name|IfWithAge|
+----+-------+---------+
|null|Michael|       NO|
|  30|   Andy|      YES|
|  19| Justin|      YES|
+----+-------+---------+
```

图 6-13　withColumn( )操作的执行效果

8. drop( )

要想删除 DataFrame 中的一个列，可以使用 drop( )操作。如图 6-14 所示，这里使用 drop( )操作把 IfWithAge 这个列删除了。

```
scala> val df3 = df2.drop("IfWithAge")
df3: org.apache.spark.sql.DataFrame = [age: bigint, name: string]

scala> df3.show()
+----+-------+
| age|   name|
+----+-------+
|null|Michael|
|  30|   Andy|
|  19| Justin|
+----+-------+
```

图 6-14　drop( )操作的执行效果

9. 其他常用操作

DataFrame API 也提供了描述型的统计方法，比如 min( )、max( )、sum( )和 avg( )等，图 6-15 所示是一个具体实例。对于数据科学应用中其他常用的高级统计需求，读者可以参考官方文档，其中有对 stat( )、describe( )、correlation( )、covariance( )、sampleBy( )、approxQuantile( )、frequentItems( )等的介绍。

```
scala> import org.apache.spark.sql.{functions => F}
import org.apache.spark.sql.{functions=>F}

scala> df.select(F.sum("age"),F.avg("age"),F.min("age"),F.max("age")).show()
+--------+--------+--------+--------+
|sum(age)|avg(age)|min(age)|max(age)|
+--------+--------+--------+--------+
|      49|    24.5|      19|      30|
+--------+--------+--------+--------+
```

图 6-15　描述型统计方法的应用实例

6.4.2　SQL 语法风格

SQL 语法风格

1. 使用 SQL 语句操作 DataFrame

熟练使用 SQL 的开发者，可以直接使用 SQL 语句进行数据操作。相比于执行 DSL 语句，在执行 SQL 语句之前，需要通过 DataFrame 实例创建临时表。创建临时表的方法是调用 DataFrame 实例的 createTempView( )或 createOrReplaceTempView( )方法，二者的区别是，后者会进行判断。对 createOrReplaceTempView( )方法而言，如果在当前会话中存在相同名称的临时表，则用新表替换原来的临时表；如果在当前会话中不存在相同名称的临时表，则创建临时表。对 createTempView( )方法而言，如果在当前会话中存在相同名称的临时表，则会直接报错。下面是一个具体实例。

```
scala> val filePath =
     | "file:///usr/local/spark/examples/src/main/resources/people.json"
scala> val df = spark.read.json(filePath)
scala> df.show()
+----+-------+
| age|   name|
+----+-------+
|null|Michael|
|  30|   Andy|
|  19| Justin|
+----+-------+
scala> df.createTempView("people")
scala> spark.sql("SELECT * FROM people").show()
+----+-------+
| age|   name|
+----+-------+
|null|Michael|
|  30|   Andy|
|  19| Justin|
+----+-------+
scala> spark.sql("SELECT name FROM people WHERE age > 20").show()
+----+
|name|
+----+
|Andy|
+----+
```

2. SQL 函数

在分析数据的过程中编写的 SQL 语句有时会涉及对 SQL 函数的调用。Spark SQL 提供了丰富的系统函数供用户选择，一共有 200 多个，涵盖了大部分的日常应用场景，包括转换函数、数学函数、字符串函数、二进制函数、日期时间函数、正则表达式函数、JSON 函数、URL 函数、聚合函数、窗口函数和集合函数等。当 Spark SQL 提供的这些系统函数无法满足用户需求时，用户还可以创建用户自定义函数。关于 Spark 自带的 200 多个系统函数，这里不做介绍，感兴趣的读者可以参考 Spark 官网提供的资料。下面给出一个实例来介绍 SQL 函数的用法。

假设在一张用户信息表中有 name、age、create_time 这 3 列数据，这里要求使用 Spark 的系统函数 from_unixtime( )，将时间戳类型的 create_time 格式化成时间字符串，然后使用用户自定义函数将用户名转化为大写英文字母。具体实现代码如下。

```
scala> import org.apache.spark.sql.Row
scala> import org.apache.spark.sql.types._
scala> val schema = StructType(List(StructField("name",StringType,true),
     | StructField("age",IntegerType,true),
     | StructField("create_time",LongType,true)))
scala> val javaList = new java.util.ArrayList[Row]()
scala> javaList.add(Row("Xiaomei",21,System.currentTimeMillis()/1000))
scala> javaList.add(Row("Xiaoming",22,System.currentTimeMillis()/1000))
scala> javaList.add(Row("Xiaoxue",23,System.currentTimeMillis()/1000))
scala> val df = spark.createDataFrame(javaList,schema)
scala> df.show()
+--------+---+-----------+
|    name|age|create_time|
```

```
+--------+---+----------+
| Xiaomei| 21| 1644480595|
|Xiaoming| 22| 1644480607|
| Xiaoxue| 23| 1644480615|
+--------+---+----------+
scala> df.createTempView("user_info")
scala> spark.sql("SELECT name,age,from_unixtime(create_time,'yyyy-MM-dd HH:mm:ss') FROM
user_info").show()
+--------+---+----------------------------------------------+
|    name|age|from_unixtime(create_time, yyyy-MM-dd HH:mm:ss)|
+--------+---+----------------------------------------------+
| Xiaomei| 21|                          2022-02-10 00:09:55|
|Xiaoming| 22|                          2022-02-10 00:10:07|
| Xiaoxue| 23|                          2022-02-10 00:10:15|
+--------+---+----------------------------------------------+
scala> spark.udf.register("toUpperCaseUDF",(column:String)=>column.toUpperCase)
scala> spark.sql("SELECT toUpperCaseUDF(name),age,from_unixtime(create_time,
'yyyy-MM-dd HH:mm:ss') FROM user_info").show()
+-------------------+---+----------------------------------------------+
|toUpperCaseUDF(name)|age|from_unixtime(create_time, yyyy-MM-dd HH:mm:ss)|
+-------------------+---+----------------------------------------------+
|            XIAOMEI| 21|                          2022-02-10 00:09:55|
|           XIAOMING| 22|                          2022-02-10 00:10:07|
|           XIAOXUE| 23|                          2022-02-10 00:10:15|
+-------------------+---+----------------------------------------------+
```

在上面的代码中，通过调用 SparkSession 实例的 udf( )方法，返回一个 UDFRegistration 实例，然后通过调用该实例的 register( )方法来注册一个新的用户自定义函数，即(column:String)=>column.toUpperCase，并将该函数命名为"toUpperCaseUDF"，这表明在 SQL 语句中可以使用此名称来调用该函数。

6.5 从 RDD 转换得到 DataFrame

Spark 提供了两种方法来实现从 RDD 转换得到 DataFrame。
（1）利用反射机制推断 RDD 模式：利用反射机制来推断包含特定类型对象的 RDD 模式，适合用于对已知数据结构的 RDD 转换。
（2）使用编程方式定义 RDD 模式：使用编程方式来构造一个模式，并将其应用在已知的 RDD 上。

6.5.1 利用反射机制推断 RDD 模式

在 "/usr/local/spark/examples/src/main/resources/" 目录下，有一个 Spark 安装时自带的样例数据文件 people.txt，其内容如下。
```
Michael, 29
Andy, 30
Justin, 19
```
现在要把 people.txt 加载到内存中生成一个 DataFrame，并查询其中的数据。完整的代码及其执行过程如下。
```
scala> import org.apache.spark.sql.catalyst.encoders.ExpressionEncoder
import org.apache.spark.sql.catalyst.encoders.ExpressionEncoder
scala> import org.apache.spark.sql.Encoder
import org.apache.spark.sql.Encoder
scala> import spark.implicits._   //导入包，支持把一个 RDD 隐式转换为一个 DataFrame
import spark.implicits._
```

```
scala> case class Person(name: String, age: Long)  //定义一个case类
defined class Person
scala> val peopleDF = spark.sparkContext.
    | textFile("file:///usr/local/spark/examples/src/main/resources/people.txt").
    | map(_.split(",")).
    | map(attributes => Person(attributes(0), attributes(1).trim.toInt)).toDF()
peopleDF: org.apache.spark.sql.DataFrame = [name: string, age: bigint]
scala> peopleDF.createOrReplaceTempView("people") //必须把peopleDF注册为临时表才能供下面的
查询使用
scala> val personsDF = spark.sql("SELECT name,age FROM people WHERE age > 20")
//最终生成一个DataFrame，下面是系统执行上面的代码后返回的信息
personsDF: org.apache.spark.sql.DataFrame = [name: string, age: bigint]
scala> personsDF.map(t => "Name: "+t(0)+ ","+"Age: "+t(1)).show()
//DataFrame中的每个元素都是一行记录，包含name和age两个字段，分别用t(0)和t(1)来获取值
//下面是系统执行上面的代码后返回的信息
+------------------+
|             value|
+------------------+
|Name:Michael,Age:29|
| Name:Andy,Age:30|
+------------------+
```

在上面的代码中，首先通过 import 语句导入所需的包，然后定义了一个名称为 Person 的 case 类，也就是说，在利用反射机制推断 RDD 模式时，需要先定义一个 case 类，因为只有 case 类才能被 Spark 隐式地转换为 DataFrame。spark.sparkContext.textFile( )执行后，系统会把 people.txt 文件加载到内存中生成一个 RDD，每个 RDD 元素都是 String 类型的，3 个元素分别是"Michael,29"、"Andy,30"和"Justin,19"。然后，对这个 RDD 调用 map(_.split(","))方法得到一个新的 RDD，这个 RDD 中的 3 个元素分别是Array("Michael","29")、Array("Andy", "30")和 Array("Justin", "19")。接下来，继续对 RDD 执行map(attributes => Person(attributes(0), attributes(1).trim.toInt))操作，这时得到新的 RDD，每个元素都是一个 Person 对象，3 个元素分别是 Person("Michael",29)、Person ("Andy", 30)和 Person ("Justin", 19)。接着，对这个 RDD 执行 toDF( )操作，把 RDD 转换成 DataFrame。从 toDF( )操作执行后系统返回的信息可以看出，新生成的名称为"peopleDF"的 DataFrame 中，每条记录的模式信息是[name: string, age: bigint]。

生成 DataFrame 后，可以进行 SQL 查询。但是，Spark 要求必须把 DataFrame 注册为临时表，才能供后面的查询使用。因此，通过 peopleDF.createOrReplaceTempView("people")这条语句，把 peopleDF 注册为临时表，这个临时表的名称是"people"。

val personsDF= spark.sql("SELECT name,age FROM people WHERE age > 20")这条语句的功能是从临时表 people 中查询所有 age 字段的值大于 20 的记录。从语句执行后返回的信息可以看出，personsDF 也是一个 DataFrame。最终，通过 personsDF.map(t => "Name: "+t(0)+ ","+"Age: "+t(1)) .show( )操作，对 personsDF 中的元素进行格式化后再输出。

6.5.2 使用编程方式定义 RDD 模式

当无法提前定义 case 类时，就需要采用编程方式定义 RDD 模式。例如，现在需要通过编程方式把/usr/local/spark/examples/src/main/resources/people.txt 加载进来生成 DataFrame，并完成 SQL 查询。完成这项工作主要包含 3 个步骤，如图 6-16 所示。

使用编程方式定义
RDD 模式

第 1 步：制作"表头"。
第 2 步：制作"表中的记录"。
第 3 步：把"表头"和"表中的记录"拼装在一起。

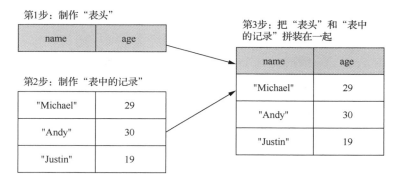

第1步：制作"表头"

name	age

第2步：制作"表中的记录"

"Michael"	29
"Andy"	30
"Justin"	19

第3步：把"表头"和"表中的记录"拼装在一起

name	age
"Michael"	29
"Andy"	30
"Justin"	19

图 6-16　通过编程方式定义 RDD 模式的实现过程

"表头"也就是表的模式，需要包含字段名称、字段类型和字段的值是否允许空值等信息，SparkSQL 提供了 StructType(fields:Seq[StructField])类来表示表的模式信息。生成一个 StructType 对象时，需要提供 fields 作为输入参数，fields 是一个集合类型，里面的每个集合元素都是 StructField 类型的。Spark SQL 中的 StructField(name, dataType, nullable)是用来表示表的字段信息的，其中 name 表示字段名称，dataType 表示字段的数据类型，nullable 表示字段的值是否允许为空值。

在制作"表中的记录"时，每条记录都应该被封装到一个 Row 对象中，并把所有记录的 Row 对象都保存到一个 RDD 中。

制作完"表头"和"表中的记录"后，可以通过 spark.createDataFrame( )语句把"表头"和"表中的记录"拼装在一起，得到一个 DataFrame，用于后续的 SQL 查询。

下面是利用 Spark SQL 查询 people.txt 的完整代码。

```scala
scala> import org.apache.spark.sql.types._
import org.apache.spark.sql.types._
scala> import org.apache.spark.sql.Row
import org.apache.spark.sql.Row
//生成字段
scala> val fields = Array(StructField("name",StringType,true),StructField("age",
IntegerType,true))
fields: Array[org.apache.spark.sql.types.StructField] = Array(StructField(name,
StringType,true), StructField(age,IntegerType,true))
scala> val schema = StructType(fields)
schema: org.apache.spark.sql.types.StructType = StructType(StructField(name,StringType,
true), StructField(age,IntegerType,true))
//从上面的信息中可以看出，schema 描述了模式信息，模式信息中包含 name 和 age 两个字段
//schema 就是"表头"
//下面加载文件生成 RDD
scala> val peopleRDD = spark.sparkContext.
     | textFile("file:///usr/local/spark/examples/src/main/resources/people.txt")
peopleRDD: org.apache.spark.rdd.RDD[String] = file:///usr/local/spark/examples/src/
main/resources/people.txt MapPartitionsRDD[1] at textFile at <console>:26
//对 peopleRDD 这个 RDD 中的每一个元素都进行解析
scala> val rowRDD = peopleRDD.map(_.split(",")).
     | map(attributes => Row(attributes(0),attributes(1).trim.toInt))
rowRDD: org.apache.spark.rdd.RDD[org.apache.spark.sql.Row] = MapPartitionsRDD[3] at map
at <console>:29
//上面得到的 rowRDD 就是"表中的记录"
//下面把"表头"和"表中的记录"拼装起来
scala> val peopleDF = spark.createDataFrame(rowRDD,schema)
peopleDF: org.apache.spark.sql.DataFrame = [name: string,age: int]
```

```
//必须注册为临时表才能供下面的查询使用
scala> peopleDF.createOrReplaceTempView("people")
scala> val results = spark.sql("SELECT name,age FROM people")
results: org.apache.spark.sql.DataFrame = [name: string,age: int]
scala> results.
     |  map(attributes => "name: " + attributes(0)+","+"age:"+attributes(1)).
     |  show()
+--------------------+
|               value|
+--------------------+
|name: Michael,age:29|
| name: Andy,age:30  |
| name: Justin,age:19|
+--------------------+
```

在上述代码中，数组 fields 是 Array(StructField("name",StringType,true), StructField("age", IntegerType,true))，里面包含字段的描述信息。val schema = StructType(fields)语句把 fields 作为输入，生成一个 StructType 对象，即 schema，里面包含表的模式信息，也就是"表头"。

通过上述步骤就得到了表的模式信息，相当于做好了"表头"，下面需要制作"表中的记录"。val peopleRDD = spark.sparkContext.textFile( )语句从 people.txt 文件中加载数据生成 RDD，名称为 "peopleRDD"，每个 RDD 元素都是 String 类型的，3 个元素分别是"Michael,29"、"Andy, 30"和 "Justin,19"。然后对这个 RDD 调用 map(_.split(","))方法得到一个新的 RDD，这个 RDD 中的 3 个元素分别是 Array("Michael","29")、Array("Andy", "30")和 Array("Justin", "19")。接下来，对这个 RDD 调用 map(attributes => Row(attributes(0), attributes(1).trim.toInt))操作得到一个新的 RDD，即 rowRDD。rowRDD 中的每个元素都是一个 Row 对象，也就是说，经过 map( )操作以后，Array("Michael","29") 被转换成 Row("Michael",29)，Array("Andy","30")被转换成 Row("Andy",30)，Array("Justin","19")被转换成 Row("Justin",19)。这样就完成了表中记录的制作，这时 rowRDD 包含 3 个 Row 对象。

下面需要把"表头"和"表中的记录"进行拼装，val peopleDF = spark.createDataFrame(rowRDD, schema)语句就实现了这个功能，它把"表头"schema 和"表中的记录"rowRDD 拼装在一起，得到一个 DataFrame，名称为"peopleDF"。

peopleDF.createOrReplaceTempView("people")语句把 peopleDF 注册为临时表，从而可以支持 SQL 查询。最后，执行 spark.sql("SELECT name,age FROM people")语句，查询得到结果 results，并使用 map( )方法对记录进行格式化，由于 results 里面的每条记录都包含两个字段，即 name 和 age，因此，attributes(0)表示 name 字段的值，attributes(1)表示 age 字段的值。

6.6 使用 Spark SQL 读写数据库

Spark SQL 附带了一个用 JDBC 从其他数据库读取数据的数据源 API。它简化了查询这些数据源的方式，因为其返回的是 DataFrame，所以，其可以获得 Spark SQL 的全部优势，包括性能优势以及与其他数据源的表进行连接的能力。这里介绍通过 JDBC 连接数据库的方法。

6.6.1 准备工作

这里的数据库准备工作和 5.3.3 小节的相同，如果之前已经完成，可以不用重复操作。这里采用 MySQL 数据库来存储和管理数据。在 Linux 系统中安装 MySQL 数据库的方法，这里不做介绍，具体安装方法可以参考高校大数据课程公共服务平台本书页面"实验指南"栏目的"在 Ubuntu 中安装 MySQL"。

安装成功以后，在 Linux 系统中启动 MySQL 数据库，命令如下。

MySQL 数据库准备
工作

```
$ service mysql start
$ mysql -u root -p #会提示输入密码
```

在 MySQL Shell 环境中，输入并执行下面的 SQL 语句完成数据库和表的创建。

```
mysql> create database spark;
mysql> use spark;
mysql> create table student (id int(4), name char(20), gender char(4), age int(4));
mysql> insert into student values(1,'Xueqian','F',23);
mysql> insert into student values(2,'Weiliang','M',24);
mysql> select * from student;
```

要想顺利连接 MySQL 数据库，还需要使用 MySQL 数据库驱动程序。读者可以从 MySQL 官网下载 MySQL 的 JDBC 驱动程序，或者直接到高校大数据课程公共服务平台本书页面"下载专区"中的"软件"目录中下载驱动程序文件 mysql-connector-java-5.1.40.tar.gz。这里假设文件被保存到"～/Downloads"目录下，我们使用如下命令把该驱动程序解压缩到 Spark 的安装目录"/usr/local/spark/jars"下。

```
$ cd ~/Downloads
$ sudo tar -zxvf mysql-connector-java-5.1.40.tar.gz -C /usr/local/spark/jars
```

启动 spark-shell。启动 spark-shell 时，必须指定 MySQL 连接驱动 JAR 包，命令如下。

```
$ cd /usr/local/spark
$ ./bin/spark-shell --jars \
>/usr/local/spark/jars/mysql-connector-java-5.1.40/mysql-connector-java-5.1.40-bin.jar \
> --driver-class-path \
>/usr/local/spark/jars/mysql-connector-java-5.1.40/mysql-connector-java-5.1.40-bin.jar
```

6.6.2 读取 MySQL 数据库中的数据

使用 Spark SQL 读写数据库

spark.read.format("jdbc")操作可以实现对 MySQL 数据库的读取。执行以下命令连接数据库、读取数据并显示。

```
scala> val jdbcDF = spark.read.format("jdbc").
     | option("url","jdbc:mysql://localhost:3306/spark").
     | option("driver","com.mysql.jdbc.Driver").
     | option("dbtable", "student").
     | option("user", "root").
     | option("password", "123456").
     | load()
scala> jdbcDF.show()
+---+--------+------+---+
| id| name|gender|age|
+---+--------+------+---+
| 1| Xueqian| F| 23|
| 2|Weiliang| M| 24|
+---+--------+------+---+
```

在通过 JDBC 连接 MySQL 数据库时，需要通过 option( )方法设置相关的连接参数，表 6-1 给出了各个 JDBC 连接参数及其含义。

表 6–1   JDBC 连接参数及其含义

参数名称	参数的值	含义
url	jdbc:mysql://localhost:3306/spark	数据库的连接地址
driver	com.mysql.jdbc.Driver	数据库的 JDBC 驱动程序
dbtable	student	所要访问的表
user	root	用户名
password	123456	用户密码

6.6.3 向 MySQL 数据库写入数据

在 MySQL 数据库中，已经创建了一个名称为“spark”的数据库，并创建了一个名称为“student”的表。下面将向 MySQL 数据库写入两条记录。为了对比数据库记录的变化，可以查看数据库的当前内容，如图 6-17 所示。

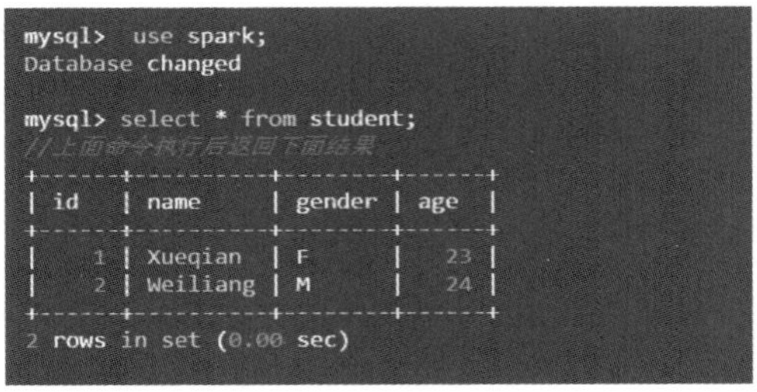

```
mysql>  use spark;
Database changed

mysql> select * from student;
//上面命令执行后返回下面结果
+------+-----------+--------+------+
| id   | name      | gender | age  |
+------+-----------+--------+------+
|    1 | Xueqian   | F      |   23 |
|    2 | Weiliang  | M      |   24 |
+------+-----------+--------+------+
2 rows in set (0.00 sec)
```

图 6-17　在 MySQL 数据库中查询 student 表

在 spark-shell 中，向 spark.student 表中插入两条记录的完整代码如下（为简洁起见，下面的代码中省略了命令提示符“scala>”，下面的代码需要在命令提示符后面执行）。

```
import org.apache.spark.sql.SparkSession
import java.util.Properties
import org.apache.spark.sql.types._
import org.apache.spark.sql.Row

//下面设置两条数据，表示两个学生的信息
val studentRDD = spark.sparkContext.parallelize(Array("3 Rongcheng M 26","4 Guanhua M 27")).map(_.split(" "))

//下面设置模式信息
val schema = StructType(List(StructField("id", IntegerType, true),StructField("name", StringType, true),StructField("gender", StringType, true),StructField("age", IntegerType, true)))

//下面创建 Row 对象，每个 Row 对象都是 rowRDD 中的一行
val rowRDD = studentRDD.map(p => Row(p(0).toInt, p(1).trim, p(2).trim, p(3).toInt))

//建立起 Row 对象和模式之间的对应关系，也就是把数据和模式对应起来
val studentDF = spark.createDataFrame(rowRDD, schema)

//下面创建一个 prop 变量，用来保存 JDBC 连接参数
val prop = new Properties()
prop.put("user","root") //表示用户名是 root
prop.put("password","123456") //表示密码是 123456
prop.put("driver","com.mysql.jdbc.Driver") //表示驱动程序是 com.mysql.jdbc.Driver

//下面连接数据库，采用 append 模式，表示追加记录到数据库 spark 的 student 表中
studentDF.write.mode("append").jdbc("jdbc:mysql://localhost:3306/spark","spark.student", prop)
```

执行上面的代码后，到 MySQL Shell 环境中使用 SQL 语句查询 student 表，可以发现新增加的两条记录，具体命令及其执行效果如下。

```
mysql> select * from student;
+------+-----------+--------+------+
| id | name | gender | age |
+------+-----------+--------+------+
| 1 | Xueqian | F | 23 |
| 2 | Weiliang | M | 24 |
| 3 | Rongcheng | M | 26 |
| 4 | Guanhua | M | 27 |
+------+-----------+--------+------+
4 rows in set (0.00 sec)
```

6.6.4　编写独立应用程序访问 MySQL

1.　读取 MySQL

这里采用独立应用程序的方式读取 MySQL 数据库内容。创建一个代码文件 SparkReadMySQL. scala，其内容如下。

```scala
import org.apache.log4j.{Level, Logger}
import org.apache.spark.sql.SparkSession

object SparkReadMySQL {
  def main(args: Array[String]): Unit ={
    Logger.getLogger("org").setLevel(Level.ERROR)
    val spark = SparkSession.builder().appName("SparkReadMySQL").getOrCreate()
    val df = spark.read
      .format("jdbc")
      .option("url", "jdbc:mysql://localhost:3306/spark")
      .option("driver", "com.mysql.jdbc.Driver")
      .option("dbtable", "student")
      .option("user", "root")
      .option("password", "123456")
      .load()

    df.show()
    spark.stop()
  }
}
```

simple.sbt 文件的内容和 6.1.5 小节的相同。对代码进行编译打包，然后执行如下命令运行程序。

```
$ /usr/local/spark/bin/spark-submit \
> --jars  \
> /usr/local/spark/jars/mysql-connector-java-5.1.40/mysql-connector-java-5.1.40-bin.jar \
> --class "SparkReadMySQL" \
> /home/hadoop/sparkapp/target/scala-2.12/simple-project_2.12-1.0.jar
```

2.　写入 MySQL

这里采用独立应用程序的方式把数据写入 MySQL 数据库。创建一个代码文件 SparkWriteMySQL. scala，其内容如下。

```scala
import java.util.Properties
import org.apache.spark.sql.types._
import org.apache.spark.sql.Row
import org.apache.log4j.{Level, Logger}
import org.apache.spark.sql.SparkSession

object SparkWriteMySQL {
  def main(args: Array[String]): Unit ={
    Logger.getLogger("org").setLevel(Level.ERROR)
    val spark = SparkSession.builder().appName("SparkWriteMySQL").getOrCreate()
    //下面我们设置两条数据来表示两个学生的信息
    val studentRDD = spark.sparkContext.parallelize(Array("3 Rongcheng M 26","4 Guanhua
M 27")).map(_.split(" "))

    //下面设置模式信息
    val schema = StructType(List(StructField("id", IntegerType, true),StructField("name",
StringType, true),StructField("gender", StringType, true),StructField("age", IntegerType,
true)))
```

```
//下面创建 Row 对象，每个 Row 对象都是 rowRDD 中的一行
val rowRDD = studentRDD.map(p => Row(p(0).toInt, p(1).trim, p(2).trim, p(3).toInt))

//建立起 Row 对象和模式之间的对应关系，也就是把数据和模式对应起来
val studentDF = spark.createDataFrame(rowRDD, schema)

//下面创建一个 prop 变量，用来保存 JDBC 连接参数
val prop = new Properties()
prop.put("user", "root") //表示用户名是 root
prop.put("password", "123456") //表示密码是 123456
prop.put("driver","com.mysql.jdbc.Driver") //表示驱动程序是 com.mysql.jdbc.Driver

//下面连接数据库，采用 append 模式，表示追加记录到数据库 spark 的 student 表中
studentDF.write.mode("append").jdbc("jdbc:mysql://localhost:3306/spark",
"spark.student", prop)
    spark.stop()
  }
}
```

对代码进行编译打包，然后执行如下命令运行程序。

```
$ /usr/local/spark/bin/spark-submit \
> --jars \
> /usr/local/spark/jars/mysql-connector-java-5.1.40/mysql-connector-java-5.1.40-
bin.jar \
> --class "SparkWriteMySQL" \
> /home/hadoop/sparkapp/target/scala-2.12/simple-project_2.12-1.0.jar
```

6.7 DataSet

DataFrame 的引入，可以让 Spark 更好地处理结构化数据的计算，但存在的一个主要问题是：缺乏编译时类型安全。为了解决这个问题，Spark 又引入了新的 DataSet API（DataFrame API 的类型扩展）。DataSet 是分布式的数据集合，它提供了强类型支持，也就是给 RDD 的每行数据都添加了类型约束。与 RDD 类似，DataSet 也是不可变的分布式数据单元。DataSet 是在 Spark 1.6 中添加的新的接口，它集中了 RDD 的优点（强类型和可以用强大的匿名函数），并且使用了 Spark SQL 优化过的执行引擎，使数据查询效率更高。DataSet 可以通过 JVM 的对象进行构建，可以用函数式的转换（map()、flatmap()、filter()）进行多种操作。

DataFrame 是 Spark 1.3 提出的，Spark 1.6 又引入了 DateSet，在 Spark 2.0 中，DataFrame 和 DataSet 合并为 DataSet。DataSet 包含 DataFrame 的功能，DataFrame 表示为 DataSet[Row]，即 DataSet 的子集。

在面向 DataSet、DataFrame 编程时，无论是执行 SQL 语句还是执行 DSL 语句，其本质都是将语句转换为对 RDD 的操作。

6.7.1 DataFrame、DataSet 和 RDD 的区别

这里以一个简单实例来阐述 DataFrame、DataSet 和 RDD 的区别。假设有两条数据，分别记录了张三和李四的年龄，图 6-18 和图 6-19 分别给出了 RDD 和 DataFrame 中的数据保存方式，图 6-20 和图 6-21 给出了 DataSet 中的两种数据保存方式。

DataFrame、DataSet 和 RDD 的区别

1，张三，23
2，李四，35

图 6-18　RDD 中的数据保存方式

ID:String	Name:String	Age:Int
1	张三	23
2	李四	35

图 6-19　DataFrame 中的数据保存方式

value:String
1，张三，23
2，李四，35

图 6-20　DataSet 中的数据保存方式之一

value:People(age:bigint,id:bigint,name:string)
People(id=1，name="张三"，age=23)
People(id=2，name="李四"，age=35)

图 6-21　DataSet 中的数据保存方式之二

表 6-2 给出了 RDD、DataFrame 和 DataSet 的概念对比。从表 6-2 中可以看出，RDD、DataFrame 和 DataSet 都是不可变的、具有分区的数据集。在模式方面，DataFrame 和 DataSet 都具有一定的模式，而 RDD 则不具有模式。在查询优化器方面，DataFrame 和 DataSet 都可以使用 Spark SQL 优化过的执行引擎，能够提前对查询计划进行优化，如图 6-22 所示，而 RDD 则不具备查询优化能力。在 API 级别方面，RDD 提供了较为低层的 API，而 DataFrame 和 DataSet 都提供了高层的 API，二者的底层都是基于 RDD 实现的。在类型安全方面，RDD 和 DataSet 都是类型安全的，而 DataFrame 并不是类型安全的。在检测语法错误方面，三者都在编译时检测。在检测分析错误方面，DataFrame 是在运行时检测的，而 RDD 和 DataSet 则是在编译时检测的。

表 6-2　　　　　　　　　　　　　RDD、DataFrame 和 DataSet 的概念对比

对比项	RDD	DataFrame	DataSet
不可变性	是	是	是
分区	是	是	是
模式	没有	有	有
查询优化器	没有	有	有
API 级别	低	高	高
是否类型安全	是	否	是
何时检测语法错误	编译时	编译时	编译时
何时检测分析错误	编译时	运行时	编译时

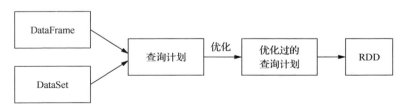

图 6-22　Spark SQL 中的查询优化

RDD 的优点：（1）相比于传统的 MapReduce 框架，Spark 在 RDD 中内置了很多函数操作（如 map( )、filter( )、sort( )等），方便处理结构化或非结构化数据；（2）面向对象编程，直接存储 Java 对象，类型转化比较安全。

RDD 的缺点：（1）没有针对特殊场景进行优化，比如，对结构化数据的处理相对 SQL 来说显得非常麻烦；（2）默认采用的是 Java 序列化方式，序列化结果比较大，而且数据存储在 Java 堆内存中，导致垃圾回收比较频繁。

DataFrame 的优点：（1）对结构化数据的处理非常方便，支持 Avro、CSV、Elasticsearch、Cassandra 等类型的数据，也支持 Hive、MySQL 等的传统数据表；（2）可以进行有针对性的优化，比如采用 Kryo 序列化，由于 Spark 中已经保存了数据结构元信息，因此序列化时就不需要带上元信息，这就大大减少了序列化的开销，而且数据保存在堆外内存中，减少了垃圾回收次数，所以运行更快。

DataFrame 的缺点：（1）不支持编译时的类型安全检测，运行时才能确定代码是否有问题；（2）对于对象支持不友好，RDD 内部数据直接以 Java 对象存储，而 DataFrame 内部存储的是 Row 对象，而不是自定义对象。

DataSet 整合了 RDD 和 DataFrame 的优点，支持结构化和非结构化数据；和 RDD 一样，DataSet 支持自定义对象存储；和 DataFrame 一样，DataSet 支持结构化数据的 SQL 查询；DataSet 采用堆外内存存储，垃圾回收比较高效。

在具体应用中应该采用 RDD、DataFrame 和 DataSet 中的哪一种呢？我们可以大体遵循以下原则决定。

（1）如果需要丰富的语义、高层次的抽象和特定情景的 API，则使用 DataFrame 或 DataSet。

（2）如果处理要求涉及 filter( )、map( )、aggregation( )、average( )、sum( )、SQL 查询或其他匿名函数，则使用 DataFrame 或 DataSet。

（3）如果希望在编译时获得更高的类型安全性，需要类型化的 JVM 对象，并且希望利用 Tungsten 编码进行高效的序列化和反序列化，则使用 DataSet。

（4）如果想统一和简化 Spark 的 API，则使用 DataFrame 或 DataSet。

（5）如果与 R 语言或 Python 语言结合使用，则使用 DataFrame。

（6）如果使用了用 RDD 编写的第三方包，则应该使用 RDD。

（7）如果需要更多的控制功能（比如想精确控制 Spark 怎么执行一条查询），尽量使用 RDD。

总体而言，DataFrame 和 DataSet 是 Spark SQL 提供的基于 RDD 的结构化数据抽象，既拥有 RDD 的不可变、分区等特性，又拥有类似于关系数据库的结构化信息。所以，基于 DataFrame API 和 DataSet API 开发出的程序会被自动优化，使开发人员不需要操作底层的 RDD API 来进行手动优化，大大提高了开发效率。但是，RDD API 对于非结构化数据的处理具有独特的优势，如文本流数据，而且更方便我们做底层的操作。所以，在实际开发中，我们还是要根据实际情况来选择使用哪种 API。

6.7.2 创建 DataSet

1. 使用 createDataset( )方法创建 DataSet

示例如下。

```
scala> val ds1 = spark.createDataset(1 to 5)
ds1: org.apache.spark.sql.Dataset[Int] = [value: int]
scala> ds1.show()
+--------+
|value|
+--------+
|       1|
|       2|
|       3|
|       4|
|       5|
+--------+
scala> val ds2 =
spark.createDataset(sc.textFile("file:///usr/local/spark/examples/src/main/resources/
people.txt"))
```

创建 DataSet

```
ds2: org.apache.spark.sql.Dataset[String] = [value: string]
scala> ds2.show()
+--------------+
|        value|
+--------------+
|Michael, 29|
|   Andy, 30|
| Justin, 19|
+--------------+
```

2. 通过 toDS 方法生成 DataSet

示例如下。

```
scala> case class Person(name:String,age:Int)
defined class Person
scala> val data = List(Person("ZhangSan",23),Person("LiSi",35))
data: List[Person] = List(Person(ZhangSan,23), Person(LiSi,35))
scala> val ds3 = data.toDS
ds3: org.apache.spark.sql.Dataset[Person] = [name: string, age: int]
scala> ds3.show()
+--------------+-----+
|      name|age|
+--------------+-----+
| ZhangSan| 23|
|      LiSi| 35|
+--------------+-----+
```

3. 通过 DataFrame 转换生成 DataSet

示例如下。

```
scala> case class Person(name:String,age:Long)
defined class Person
scala> val peopleDF=spark.read.json("file:///usr/local/spark/examples/src/main/
resources/people.json")
peopleDF: org.apache.spark.sql.DataFrame = [age: bigint, name: string]
scala> val peopleDS = peopleDF.as[Person]
peopleDS: org.apache.spark.sql.Dataset[Person] = [age: bigint, name: string]
scala> peopleDS.show()
+----+------------+
| age|     name|
+----+------------+
|null|Michael|
|  30|  Andy|
|  19| Justin|
+----+------------+
```

6.7.3　RDD、DataFrame 和 DataSet 之间的相互转换

图 6-23 给出了 RDD、DataFrame 和 DataSet 之间的相互转换方法。具体转换方法如下。

RDD、DataFrame 和 DataSet 之间的相互转换

（1）RDD 和 DataFrame 之间的转换：如果要把一个 RDD 转换成 DataFrame，可以采用 6.6 节中介绍的两种方法，即利用反射机制推断 RDD 模式（会调用 toDF( )方法）和使用编程方式定义 RDD 模式（会调用 createDataFrame( )方法）；如果要把一个 DataFrame 转换成 RDD，只需要直接在 DataFrame 上调用 rdd( )方法即可。

（2）RDD 和 DataSet 之间的转换：在一个指定了 case 类的 RDD 上调用 toDS( )方法，可以把一个 RDD 转换成 DataSet；在一个 DataSet 上调用 rdd( )方法，可以把它转换为 RDD。

（3）DataSet 和 DataFrame 之间的转换：在一个 DataSet 上调用 toDF( )方法，可以把它转换为 DataFrame；反过来，在一个 DataFrame 上调用 as[case 类]，就可以将其转换为 DataSet。

1. RDD 和 DataFrame 之间的转换

6.5.1 小节已经介绍了使用 toDF( )方法实现从 RDD 到 DataFrame 的转换，这里不再赘述，只介绍从 DataFrame 到 RDD 的转换，这种情况下需要调用 DataFrame 的 rdd( )方法。示例如下。

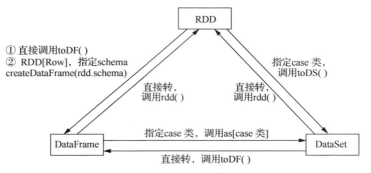

图 6-23　RDD、DataFrame 和 DataSet 之间的相互转换方法

```
scala> val peopleDF =
spark.read.format("json").load("file:///usr/local/spark/examples/src/main/resources/
people.json")
peopleDF: org.apache.spark.sql.DataFrame = [age: bigint, name: string]
scala> val peopleRDD = peopleDF.rdd
peopleRDD: org.apache.spark.rdd.RDD[org.apache.spark.sql.Row] = MapPartitionsRDD[49] at
rdd at <console>:28
scala> peopleRDD.collect()
res9: Array[org.apache.spark.sql.Row] = Array([null,Michael], [30,Andy], [19,Justin])
```

2. RDD 和 DataSet 之间的转换

示例如下。

```
scala> import spark.implicits._
import spark.implicits._
scala> case class Person(name: String, age: Long)
defined class Person
scala> val peopleRDD = spark.sparkContext.
     |  textFile("file:///usr/local/spark/examples/src/main/resources/people.txt").
     |  map(_.split(",")).map(attributes => Person(attributes(0), attributes(1).trim.toInt))
peopleRDD: org.apache.spark.rdd.RDD[Person] = MapPartitionsRDD[53] at map at <console>:31
scala> val peopleDS = peopleRDD.toDS
peopleDS: org.apache.spark.sql.Dataset[Person] = [name: string, age: bigint]
scala> val anotherPeopleRDD = peopleDS.rdd
anotherPeopleRDD: org.apache.spark.rdd.RDD[Person] = MapPartitionsRDD[55] at rdd at
<console>:31
```

3. DataFrame 和 DataSet 之间的转换

示例如下。

```
scala> case class Person(name:String,age:Int)
defined class Person
scala> val data = List(Person("ZhangSan",23),Person("LiSi",35))
data: List[Person] = List(Person(ZhangSan,23), Person(LiSi,35))
scala>  val peopleDS = data.toDS
peopleDS: org.apache.spark.sql.Dataset[Person] = [name: string, age: int]

scala> val peopleDF = peopleDS.toDF
```

```
peopleDF: org.apache.spark.sql.DataFrame = [name: string, age: int]
scala> val anotherPeopleDS = peopleDF.as[Person]
anotherPeopleDS: org.apache.spark.sql.Dataset[Person] = [name: string, age: int]
```

6.7.4 词频统计实例

词频统计实例

和 RDD、DataFrame 一样，DataSet 也提供了大量的操作方法，如 map( )、filter( )、groupByKey( )等，由于这些方法和 RDD、DataFrame 提供的方法基本类似，因此，这里不再详细介绍。这里通过一个词频统计实例来介绍 DataSet 的使用方法。下面这段代码的功能是，读取一个文本文件，对文件中的单词进行切分，最后统计出每个单词出现的次数。

```
package cn.edu.xmu
import org.apache.spark.sql.SparkSession
object DataSetWordCount {
  def main(args: Array[String]) {
    val spark = SparkSession.builder.master("local[*]").appName("Demo").getOrCreate()
    import spark.implicits._
    val data = spark.read.text("file:///usr/local/spark/README.md").as[String]
    val words = data.flatMap(value=>value.split(" "))
    val groupedWords = words.groupByKey(_.toLowerCase)
    val counts=groupedWords.count()
    counts.show()
    spark.stop()
  }
}
```

6.8　本章小结

在大数据的处理框架上提供 SQL 支持，一方面可以简化开发人员的编程工作，另一方面可以用大数据技术实现对结构化数据的高效复杂分析。本章在开头部分介绍的数据仓库 Hive，就相当于提供了一种编程语言接口，只要用户执行 HiveQL 语句，它就可以自动把 HiveQL 语句转化为底层的 MapReduce 程序。Shark 在设计上完全照搬了 Hive，实现了从 SQL 语句到 Spark 程序的转换。但是，Shark 存在很多设计上的缺陷，因此，Spark SQL 摒弃了 Shark 的设计思路，进行了组件的重新设计，获得了较好的性能。

本章还介绍了 Spark SQL 的数据抽象 DataFrame，它是一个由多个列组成的结构化的分布式数据集合，相当于关系数据库中的一张表。DataFrame 是 Spark SQL 中的基本概念之一，可以从多种数据源进行创建，如结构化的数据集、Hive 表、外部数据库或者 RDD 等。DataFrame 创建好后，我们可以进行一些常用的 DataFrame 操作，包括 printSchema( )、select( )、filter( )、groupBy( )、sort( )等。从 RDD 转换得到 DataFrame，有时候可以实现自动隐式转换，但是，有时候需要通过编程的方式实现转换，主要有两种方式，即利用反射机制推断 RDD 模式和使用编程方式定义 RDD 模式。

本章最后介绍了 DataSet，讲解了 DataFrame、DataSet 和 RDD 的区别，具体何时使用哪种数据抽象，我们需要根据具体的应用场景而定。

6.9　习题

1. 请阐述 Hive 中 SQL 查询转化为 MapReduce 任务的具体过程。
2. 请阐述 Shark 和 Hive 的关系以及 Shark 有什么缺陷。

3. 请阐述 Shark 与 Spark SQL 的关系。

4. 请分析 Spark SQL 出现的原因。

5. RDD 和 DataFrame 有什么区别？

6. Spark SQL 支持读写哪些类型的数据？

7. 从 RDD 转换得到 DataFrame 有哪两种方式？

8. 使用编程方式定义 RDD 模式的基本步骤是什么？

9. 为了使 Spark SQL 能够访问 MySQL，需要做哪些准备工作？

10. DataFrame、DataSet 和 RDD 的区别是什么？

实验 5　Spark SQL 编程初级实践

一、实验目的

（1）通过实验掌握 Spark SQL 的基本编程方法。

（2）熟悉从 RDD 到 DataFrame 的转换方法。

（3）熟悉利用 Spark SQL 管理来自不同数据源的数据。

二、实验平台

操作系统：Ubuntu 16.04 及以上。

Spark 版本：3.2.0。

数据库：MySQL。

三、实验内容和要求

1. Spark SQL 基本操作

将下列 JSON 格式的数据复制到 Linux 系统中，并保存为 employee.json。

```
{ "id":1 , "name":" Ella","age":36 }
{ "id":2 , "name":"Bob","age":29 }
{ "id":3 , "name":"Jack","age":29 }
{ "id":4 , "name":"Jim","age":28 }
{ "id":4 , "name":"Jim","age":28 }
{ "id":5 , "name":"Damon" }
{ "id":5 , "name":"Damon" }
```

为 employee.json 创建 DataFrame，并通过编写 Scala 语句完成下列操作：

（1）查询所有数据；

（2）查询所有数据，并去除重复的数据；

（3）查询所有数据，输出时去除 id 字段；

（4）筛选出 age>30 的记录；

（5）将数据按 age 分组；

（6）将数据按 name 升序排列；

（7）取出前 3 行数据；

（8）查询所有记录的 name 列，并为其设置别名 "username"；

（9）查询年龄 age 的平均值；

（10）查询年龄 age 的最小值。

2. 编程实现将 RDD 转换为 DataFrame

源文件内容（包含 id、name、age）如下。

```
1,Ella,36
2,Bob,29
3,Jack,29
```

请将数据复制并保存到 Linux 系统中，将文件命名为"employee.txt"，实现从 RDD 转换得到 DataFrame，并按"id:1,name:Ella,age:36"的格式输出 DataFrame 的所有数据。请写出程序代码。

3. 编程实现利用 DataFrame 读写 MySQL 数据库中数据

（1）在 MySQL 数据库中新建数据库 sparktest，再创建表 employee，其中包含表 6-3 所示的两行数据。

表 6–3　　　　　　　　　　　　　　employee 表原有数据

id	name	gender	age
1	Alice	F	22
2	John	M	25

（2）配置 Spark，通过 JDBC 连接 MySQL，编程实现利用 DataFrame 插入表 6-4 所示的两行数据到 MySQL 中，最后输出 age 的最大值和 age 的总和。

表 6–4　　　　　　　　　　　　　　employee 表新增数据

id	name	gender	age
3	Mary	F	26
4	Tom	M	23

四、实验报告

Spark 编程基础实验报告		
题目：	姓名：	日期：

实验环境：

实验内容与完成情况：

出现的问题：

解决方案（列出遇到的问题和解决办法，列出没有解决的问题）：

07 第7章 Spark Streaming

流计算是一种典型的大数据计算模式，可以对源源不断到达的流数据进行实时处理分析。Spark Streaming 是构建在 Spark 上的流计算框架，它扩展了 Spark 处理大规模流数据的能力，使 Spark 可以同时支持批处理与流处理，因此，越来越多的企业应用开始使用 Spark，其采用的架构逐渐从 Hadoop+Storm 架构转向 Spark 架构。

本章首先介绍流计算概念、流计算框架和流计算处理流程等，然后介绍 Spark Streaming 工作机制和程序编写的基本步骤，并阐述使用基本数据源和高级数据源 Kafka 时的流计算程序编写方法，最后介绍转换操作和输出操作。

7.1 流计算概述

流计算概述

本节首先介绍静态数据和流数据的区别，以及针对这两种数据的计算模式，即批量计算和实时计算；然后介绍流计算的概念、框架和处理流程。

7.1.1 静态数据和流数据

数据总体上可以分为静态数据和流数据。

1. 静态数据

如果把数据存储系统比作一个水库，那么存储在数据存储系统中的静态数据就像水库中的水一样，是静止不动的。很多企业为了支持决策分析而构建的数据仓库系统，其体系架构如图 7-1 所示，其中存放的大量历史数据就是静态数据。这些数据来自不同的数据源，利用 ETL（Extract-Transform-Load）工具加载到数据仓库中，并且不会发生更新，技术人员可以利用数据挖掘和联机分析处理（Online Analytical Processing，OLAP）分析工具从这些静态数据中找到对企业有价值的信息。

2. 流数据

近年来，在 Web 应用、网络监控、传感监测、电信金融、生产制造等领域，兴起了一种新的数据密集型应用——流数据，即数据以大量、快速、时变的流形式持续到达。以传感监测为例，在大气中放置 PM2.5 传感器实时监测大气中 PM2.5 的浓度，监测数据会源源不断地实时传输到数据中心，监测系统对数据进行实时分析，预判空气质量变化趋势，如果空气质量在未来一段时间内会达到影响人体健康的程度，就启动应急响应机制。在电子商务中，淘宝网等网站可以从用户单击流、浏览历史和行为（如放入购物车）中实时发现用户的即时购买意图和兴趣，为之实时推荐相关商品，从而有效提高商品销量，同时增加用户的购物满意度，可谓一举两得。

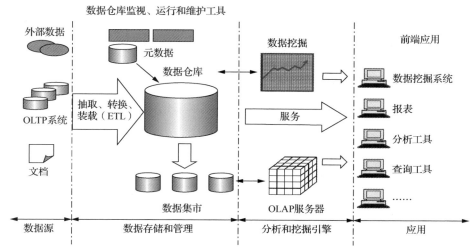

图 7-1　数据仓库系统体系架构

从概念上而言，流数据（或数据流）是指在时间分布和数量上无限的一系列动态数据集合体；数据记录是流数据的最小组成单元。流数据具有如下特征。

（1）数据快速持续到达，潜在大小也许是无穷无尽的。

（2）数据来源众多，格式复杂。

（3）数据量大，但是不太关注存储，一旦流数据中的某个元素经过处理，则该元素要么被丢弃，要么被归档存储。

（4）注重数据的整体价值，不过分关注个别数据。

（5）数据顺序颠倒，或者数据不完整，系统无法控制将要处理的新到达的数据元素的顺序。

7.1.2　批量计算和实时计算

对静态数据和流数据的处理，对应着两种截然不同的计算模式，即批量计算和实时计算，如图 7-2 所示。批量计算以静态数据为对象，可以在很充裕的时间内对海量数据进行批量处理，计算得到有价值的信息。Hadoop 就是典型的批处理模型，由 HDFS 和 HBase 存放大量的静态数据，由 MapReduce 负责对海量数据执行批量计算。

流数据不适合采用批量计算，因为流数据不适合用传统的关系模型建模，不能把源源不断的流数据保存到数据库中，流数据被处理后，一部分进入数据库成为静态数据，其他部分则直接被丢弃。传统的关系数据库通常用于满足信息实时交互处理需求。例如，零售系统和银行系统中，每次有一笔业务发生，用户通过和关系数据库系统进行交互，就可以把相应记录写入磁盘，并支持对记录进行随机读写操作。但是，关系数据库并不是为存储快速、连续到达的流数据而设计的，不支持连续处理，把这类数据库用于流数据处理，不仅成本

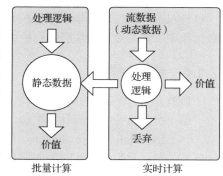

图 7-2　数据的两种计算模式

高，而且效率低。

流数据必须采用实时计算，实时计算最重要的一个需求是能够实时得到计算结果，一般要求响应速度为秒级。当只需要处理少量数据时，实现实时计算并不是问题；但是，在大数据时代，不仅数据格式复杂、数据来源众多，而且数据量巨大，这就对实时计算提出了很大的挑战。因此，针对流数据的实时计算——流计算应运而生。

7.1.3 流计算概念

图 7-3 所示是流计算示意，流计算平台实时采集来自不同数据源的海量数据，通过实时分析处理，获得有价值的信息并将其作为反馈结果。

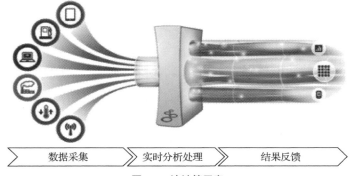

图 7-3 流计算示意

总的来说，流计算秉承一个基本理念，即数据的价值随着时间的流逝而降低。因此，当事件出现时就应该立即进行处理，而不是缓存起来进行批量处理。为了及时处理流数据，就需要一个低延迟、可扩展、高可靠的处理引擎。一个流计算系统应满足如下需求。

（1）高性能：这是处理大数据的基本要求，如每秒处理几十万条数据。

（2）海量式：支持 TB 级甚至是 PB 级的数据规模。

（3）实时性：必须保证一个较低的延迟时间，响应速度达到秒级，甚至毫秒级。

（4）分布式：支持大数据的基本架构，必须能够平滑扩展。

（5）易用性：能够快速进行开发和部署。

（6）可靠性：能可靠地处理流数据。

针对不同的应用场景，相应的流计算系统会有不同的需求，但是，针对海量数据的流计算，在数据采集、数据处理中都应达到秒级的响应速度要求。

7.1.4 流计算框架

目前业内已涌现出许多的流计算框架与平台，这里做一个简单的汇总。

第 1 类是商业级的流计算平台，代表如下。

（1）IBM InfoSphere Streams：商业级高级计算平台，可以帮助用户开发应用程序来快速提取、分析和关联来自数千个实时源的信息。

（2）IBM StreamBase：IBM 开发的一款商业流计算系统，在金融部门和政府部门使用。

第 2 类是开源流计算框架，代表如下。

（1）Twitter Storm：免费、开源的分布式实时计算系统，可简单、高效、可靠地处理大量的流数据。

（2）Yahoo! S4（Simple Scalable Streaming System）：开源流计算平台，是通用的、分式的、可

扩展的、分区容错的、可插拔的流式系统。

第 3 类是为企业支持自身业务开发的流计算框架，虽然未开源，但有不少的学习资料可供用户了解、学习，代表如下。

（1）Dstream：百度开发的通用实时流数据计算系统。

（2）Super Mario：基于 Erlang 语言和 Zookeeper 模块开发的高性能流数据处理框架。

此外，业界也涌现出了像 SQLStream 这样专门致力于实时大数据流处理服务的企业。

7.1.5　流计算处理流程

传统的数据处理流程如图 7-4 所示，用户需要先采集数据并存储在数据库管理系统中，之后便可以通过查询操作和数据库管理系统进行交互，最终得到查询结果。但是，这样的流程隐含了如下两个前提。

（1）存储的数据是旧的。当对数据做查询的时候，存储的静态数据已经是过去某一时刻的快照，这些数据在查询时可能已不具备时效性了。

（2）需要用户主动发出查询。也就是说，用户是主动发出查询来获取结果的。

流计算处理流程如图 7-5 所示，一般包含 3 个阶段：数据实时采集、数据实时计算和数据实时查询。

图 7-4　传统的数据处理流程　　　　　　图 7-5　流计算处理流程

1. 数据实时采集

数据实时采集阶段通常会采集多个数据源的海量数据，需要保证实时性、低延迟与稳定可靠。以日志数据为例，由于分布式集群的广泛应用，数据分散存储在不同的机器上，因此需要实时汇总来自不同机器上的日志数据。

目前有许多互联网公司发布的开源分布式日志采集系统均可满足每秒数百 MB 的数据采集和传输需求，如领英的 Kafka 及基于 Hadoop 的 Chukwa 和 Flume 等。

数据采集系统的基本架构一般有 3 个部分，如图 7-6 所示。

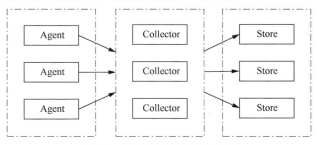

图 7-6　数据采集系统的基本架构

（1）Agent：主动采集数据，并把数据推送到 Collector 部分。

（2）Collector：接收多个 Agent 的数据，并实现有序、可靠、高性能的转发。

（3）Store：存储 Collector 转发过来的数据。

但对流计算来说，一般在 Store 部分不进行数据的存储，而是将采集的数据直接发送给流计算平台进行实时计算。

2. 数据实时计算

数据实时计算阶段会对采集的数据进行实时的分析和计算。数据实时计算的流程如图 7-7 所示，流处理系统接收数据采集系统不断发来的实时数据，实时地进行分析计算，并反馈实时结果。经流处理系统处理后的数据，可视情况进行存储，以便之后进行分析计算。在时效性要求较高的场景中，处理之后的数据也可以直接丢弃。

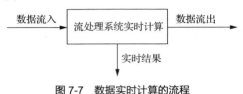

图 7-7   数据实时计算的流程

3. 数据实时查询

流计算的第 3 个阶段是数据实时查询，经由流处理系统得出的结果可供用户进行实时查询、展示或存储。在传统的数据处理流程中，用户需要主动发出查询才能获得想要的结果。而在流计算处理流程中，数据实时查询可以不断更新结果，并将用户所需的结果实时推送给用户。虽然通过对传统的数据处理系统进行定时查询，也可以实现不断更新结果和结果推送，但通过这样的方式获取的结果，仍然是根据过去某一时刻的数据得到的结果，与实时结果有本质的区别。

由此可见，流处理系统与传统的数据处理系统有如下不同之处。

（1）流处理系统处理的是实时的数据，而传统的数据处理系统处理的是预先存储好的静态数据。

（2）用户通过流处理系统获取的是实时结果，而通过传统的数据处理系统获取的是过去某一时刻的结果。并且，流处理系统无须用户主动发出查询，它可以主动将实时查询结果推送给用户。

7.2   Spark Streaming

Spark Streaming 是构建在 Spark 上的实时计算框架，它扩展了 Spark 处理大规模流式数据的能力。Spark Streaming 可结合批处理和交互式查询，因此适用于一些需要对历史数据和实时数据进行结合分析的应用场景。

Spark Streaming

7.2.1   Spark Streaming 简介

Spark Streaming 是 Spark 的核心组件之一，为 Spark 提供了可拓展、高吞吐、可容错的流计算能力。如图 7-8 所示，Spark Streaming 可整合多种输入数据源，如 Kafka、Flume、HDFS，甚至是普通的 TCP 套接字。经处理后的数据可存储至文件系统、数据库，或显示在仪表盘中。

图 7-8   Spark Streaming 支持的输入数据源、输出数据源

Spark Streaming 的基本原理是将实时输入数据流以时间片（通常为 0.5～2s）为单位进行拆分，然后采用 Spark 引擎以类似批处理的方式处理每个时间片数据，执行流程如图 7-9 所示。

图 7-9　Spark Streaming 执行流程

Spark Streaming 主要的抽象是离散化数据流（Discretized Stream，DStream）。在内部实现上，Spark Streaming 的输入数据流按照时间片（如 1 s）分成一段一段的，每一段数据转换为 Spark 中的一个 RDD，并且对 DStream 的操作最终会被转变为对相应的 RDD 的操作。例如，如图 7-10 所示，在进行单词的词频统计时，一个又一个句子会像流水一样源源不断地到达，Spark Streaming 会把数据流切分成一段一段的，每段形成一个 RDD，即 RDD @ time 1、RDD @ time 2、RDD @ time 3 和 RDD @ time 4 等，每个 RDD 里面都包含一些句子，这些 RDD 就构成了一个 DStream（名称为"lines"）。对这个 DStream 执行 flatMap( )操作时，实际上会被转换成针对每个 RDD 进行 flatMap( )操作，转换得到的每个新的 RDD 中都包含一些单词，这些新的 RDD（即 RDD @ result 1、RDD @ result 2、RDD @ result 3、RDD @ result 4 等）又构成了一个新的 DStream（名称为"words"）。整个流式计算可根据业务需求对这些中间结果做进一步处理，或者存储到外部设备中。

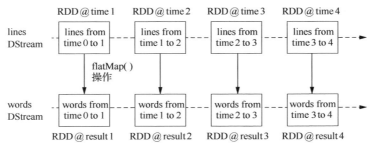

图 7-10　对 Dstream 的操作

7.2.2　Spark Streaming 与 Storm 的对比

Spark Streaming 和 Storm 最大的区别在于，Spark Streaming 无法实现毫秒级的流计算，而 Storm 可以实现毫秒级响应。

Spark Streaming 无法实现毫秒级的流计算，是因为其将流数据分解为一系列批处理作业，在这个过程中，会产生多个 Spark 作业，且每一段数据的处理都会经过 Spark DAG 分解、任务调度等过程，需要一定的开销。Spark Streaming 难以满足对实时性要求非常高的场景（如高频实时交易），但足以胜任其他流式准实时计算场景。相比之下，Storm 处理的数据单位为元组，只会产生极小的延迟。

Spark Streaming 构建在 Spark 上，一方面是因为 Spark 的低延迟（100 ms 以上）执行引擎可以用于实时计算；另一方面，相比于 Storm，RDD 更容易做高效的容错处理。此外，Spark Streaming 采用的小批量处理方式，使它可以同时兼容批量数据处理和实时数据处理的逻辑与算法，因此适用于一些需要将历史数据和实时数据进行联合分析的特定应用场合。

7.2.3　从 Hadoop+Storm 架构转向 Spark 架构

为了能同时进行批处理与流处理，企业应用中通常会采用 Hadoop+Storm 架构（也称为 Lambda 架构）。图 7-11 给出了采用 Hadoop+Storm 架构的一个实例，在这种架构中，Hadoop 和 Storm 框架部署在资源管理框架 YARN（或 Mesos）之上，接受统一的资源管理和调度，并共享底层的数据存储（HDFS、HBase、Cassandra 等）。Hadoop 负责对批量历史数据的实时查询和离线分析，而 Storm 则负责对流数据的实时处理。

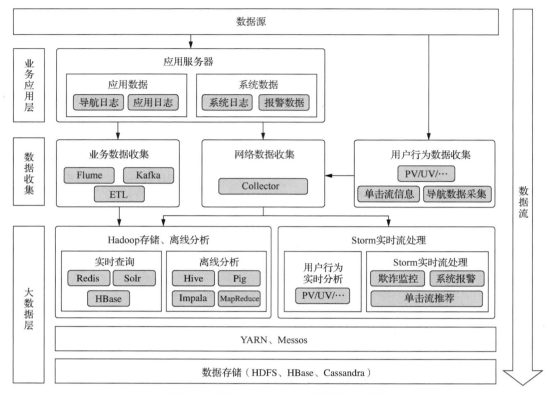

图 7-11　采用 Hadoop+Storm 架构的一个实例

但是，上述这种架构的部署较为烦琐。由于 Spark 同时支持批处理与流处理，因此对某些类型的企业应用而言，从 Hadoop+Storm 架构转向 Spark 架构就成为一种很自然的选择，如图 7-12 所示。采用 Spark 架构具有如下优点：

（1）实现一键式安装和配置、线程级别的任务监控和告警；

（2）降低硬件集群部署、软件维护、任务监控和应用开发的难度；

（3）便于做成统一的硬件、计算平台资源池。

需要说明的是，正如前面介绍的那样，Spark Streaming 无法实现毫秒级的流计算，因此，对于需要毫秒级实时响应的企业应用，仍然需要采用流计算框架（如 Storm）。

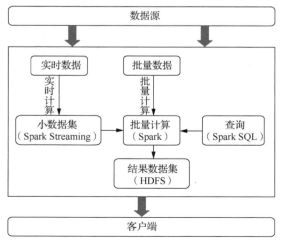

图 7-12　用 Spark 架构满足批处理和流处理需求

7.3　DStream 操作概述

DStream 操作概述

本节介绍 Spark Streaming 工作机制、编写 Spark Streaming 程序的基本步骤以及创建 StreamingContext 对象的方法。

7.3.1　Spark Streaming 工作机制

如图 7-13 所示，在 Spark Streaming 中有一种组件 Receiver，其作为一个长期运行的任务运行在执行器上，每个 Receiver 都会负责一个 DStream 输入流（如从文件中读取数据的文件流、套接字流或者从 Kafka 中读取数据的输入流等）。Receiver 组件接收到数据源发来的数据后，会提交给 Spark Streaming 程序进行处理。处理后的结果，可以交给可视化组件进行可视化展示，也可以写入 HDFS、HBase 中。

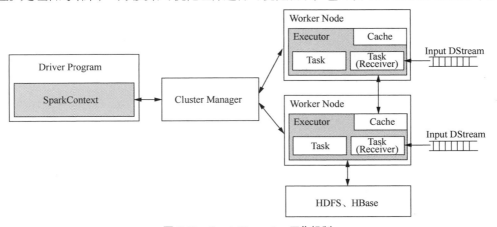

图 7-13　Spark Streaming 工作机制

7.3.2　编写 Spark Streaming 程序的基本步骤

编写 Spark Streaming 程序的基本步骤如下。

（1）通过创建输入 DStream（Input Dstream）来定义输入源。流计算处理的数据是来自输入源的，这些输入源会源源不断地产生数据，并将这些数据发送给 Spark Streaming，由 Receiver 组件接收到以后，交给用户自定义的 Spark Streaming 程序进行处理。

（2）通过对 DStream 应用转换操作和输出操作来定义流计算。流计算过程通常是用户自定义的，需要调用各种 DStream 操作来实现用户自定义的处理逻辑。

（3）调用 StreamingContext 对象的 start( ) 方法来开始接收数据和处理流程。

（4）通过调用 StreamingContext 对象的 awaitTermination( ) 方法来等待流计算进程结束，或者可以通过调用 StreamingContext 对象的 stop( ) 方法来手动结束流计算进程。

7.3.3　创建 StreamingContext 对象

在 RDD 编程中需要生成一个 SparkContext 对象，在 Spark SQL 编程中需要生成一个 SparkSession 对象，同理，如果要编写一个 Spark Streaming 程序，就需要首先生成一个 StreamingContext 对象，它是 Spark Streaming 程序的入口。

登录 Linux 系统后，启动并进入 spark-shell，进入 spark-shell 后就已经获得了一个默认的 SparkConext 对象，也就是 sc。因此，我们可以采用如下命令来创建 StreamingContext 对象：

```
scala> import org.apache.spark.streaming._
```

```
scala> val  ssc = new StreamingContext(sc, Seconds(1))
```

new StreamingContext(sc, Seconds(1))的两个参数中，sc 表示 SparkContext 对象，Seconds(1)表示在对 Spark Streaming 的数据流进行分段时，每 1s 切成一个分段。可以调整分段大小，比如使用 Seconds(5)就表示每 5s 切成一个分段。但是，该系统无法实现毫秒级的分段，因此，Spark Streaming 无法实现毫秒级的流计算。

如果是编写一个独立的 Spark Streaming 程序，而不是在 spark-shell 中运行代码，则需要在代码文件中通过如下命令来创建 StreamingContext 对象。

```
import  org.apache.spark._
import  org.apache.spark.streaming._
val  conf = new SparkConf().setAppName("TestDStream").setMaster("local[2]")
val  ssc = new StreamingContext(conf, Seconds(1))
```

7.4　基本数据源

Spark Streaming 可以对来自不同类型数据源的数据进行处理，包括基本数据源和高级数据源（如 Kafka、Flume 等）。其中，基本数据源包括文件流、套接字流和 RDD 队列流等。

7.4.1　文件流

在文件流的应用场景中，需要让编写的 Spark Streaming 程序一直对文件系统中的某个目录进行监听，一旦发现有新的文件生成，Spark Streaming 就会自动把文件内容读取过来，并使用用户自定义的处理逻辑进行处理。

文件流

1.　在 spark-shell 中创建文件流

首先，在 Linux 系统中打开第一个终端（为了便于区分多个终端，这里称为"数据源终端"），创建一个 logfile 目录，命令如下。

```
$ cd  /usr/local/spark/mycode
$ mkdir  streaming
$ cd  streaming
$ mkdir  logfile
```

接着，在 Linux 系统中打开第二个终端（为了便于区分多个终端，这里称为"流计算终端"），启动并进入 spark-shell，然后依次执行如下语句。

```
scala> import  org.apache.spark.streaming._
scala> val  ssc = new StreamingContext(sc, Seconds(20))
scala> val  lines = ssc.
     | textFileStream("file:///usr/local/spark/mycode/streaming/logfile")
scala> val  words = lines.flatMap(_.split(" "))
scala> val  wordCounts = words.map(x => (x, 1)).reduceByKey(_ + _)
scala> wordCounts.print()
scala> ssc.start()
scala> ssc.awaitTermination()
```

在上面的代码中，ssc.textFileStream( )语句用于创建一个文件流类型的输入源。接下来的 lines.flatMap( )、words.map( )和 wordCounts.print( )是流计算过程，负责对文件流中发送过来的文件内容进行词频统计。ssc.start( )语句用于启动流计算过程，实际上，当在 spark-shell 中输入 "ssc.start( )" 并按 Enter 键后，Spark Streaming 就开始进行循环监听。最后一行中的 ssc.awaitTermination( )是无法输入的，但是，为了确保程序完整性，这里还是给出了 ssc.awaitTermination( )。我们可以使用组合键 Ctrl+C，在任何时候手动停止这个流计算过程。

在 spark-shell 中输入 "ssc.start( )" 后，程序就自动进入循环监听状态，屏幕上会不断显示如下类似信息。

```
//这里省略若干信息
------------------------------------------
Time: 1479431100000 ms
------------------------------------------

//这里省略若干信息
------------------------------------------
Time: 1479431120000 ms
------------------------------------------

//这里省略若干信息
------------------------------------------
Time: 1479431140000 ms
------------------------------------------
```

这时可以切换到数据源终端，在"/usr/local/spark/mycode/streaming/logfile"目录下新建一个 log.txt 文件，在文件中输入一些英文语句后保存并退出文件编辑器。然后切换到流计算终端，最多等待 20s，就可以看到词频统计结果。

2. 采用独立应用程序方式创建文件流

首先，创建代码目录和代码文件 TestStreaming.scala。在 Linux 系统中，关闭之前打开的所有 Linux 终端，重新打开一个终端（为了便于区分多个终端，这里称为"流计算终端"），执行如下命令。

```
$ cd  /usr/local/spark/mycode
$ mkdir  streaming    #如果已经存在该目录，则不用创建
$ cd  streaming
$ mkdir  file
$ cd  file
$ mkdir  -p  src/main/scala
$ cd  src/main/scala
$ vim  TestStreaming.scala
```

然后，在 TestStreaming.scala 代码文件里面输入以下代码。

```
import org.apache.spark._
import org.apache.spark.streaming._
object WordCountStreaming {
  def main(args: Array[String]) {
    val sparkConf = new SparkConf().setAppName("WordCountStreaming").setMaster("local[2]")
            //设置为本地运行模式，两个线程，一个用于监听，另一个用于处理数据

    val ssc = new StreamingContext(sparkConf, Seconds(2))    //时间间隔为2s

    val lines = ssc.textFileStream("file:///usr/local/spark/mycode/streaming/logfile")
            //这里采用本地文件，当然也可以采用 HDFS 文件

    val words = lines.flatMap(_.split(" "))
    val wordCounts = words.map(x => (x, 1)).reduceByKey(_ + _)
    wordCounts.print()
    ssc.start()
    ssc.awaitTermination()
  }
}
```

在"/usr/local/spark/mycode/streaming/file"目录下创建一个 simple.sbt 文件，在该文件中输入以下代码。

```
name := "Simple Project"
version := "1.0"
scalaVersion := "2.12.15"
libraryDependencies += "org.apache.spark" %% "spark-core" % "3.2.0"
libraryDependencies += "org.apache.spark" % "spark-streaming_2.12" % "3.2.0" % "provided"
```

使用 sbt 工具对代码进行编译打包，命令如下。

```
$ cd /usr/local/spark/mycode/streaming/file
$ /usr/local/sbt/sbt package
```

打包成功后，就可以执行以下命令启动这个程序。

```
$ cd /usr/local/spark/mycode/streaming/file
$ /usr/local/spark/bin/spark-submit \
> --class "WordCountStreaming" \
> ./target/scala-2.12/simple-project_2.12-1.0.jar
```

在流计算终端执行上面的命令后，程序就进入循环监听状态。新建另一个 Linux 终端（这里称为"数据源终端"），在"/usr/local/spark/mycode/streaming/logfile"目录下再新建一个 log2.txt 文件，在文件里面输入一些单词，保存文件并退出文件编辑器。再次切换回流计算终端，最多等待 20s，按 Ctrl+C 或 Ctrl+D 组合键停止监听程序，就可以看到流计算终端中输出单词统计信息。

7.4.2 套接字流

套接字流

Spark Streaming 可以通过套接字流（Socket）端口监听并接收数据，然后进行相应处理。

1. Socket 的工作原理

在网络编程中，大量的数据交换都是通过 Socket 实现的。Socket 的工作原理和日常生活中的电话交流非常类似。在日常生活中，用户 A 要打电话给用户 B，首先，用户 A 拨号，用户 B 听到电话铃声后提起电话，这时 A 和 B 就建立起了连接，两人就可以通话了。等交流结束后，挂断电话结束此次电话交流。Socket 的工作原理与此类似，即"connect（拨电话）-write/read（交流）-close（挂电话）"模式。如图 7-14 所示，TCP 服务器端先初始化 Socket（socket( )），然后与端口绑定（bind( )），对端口进行监听（listen( )），调用 accept( )方法进入阻塞状态，等待 TCP 客户端连接。TCP 客户端初始化一个 Socket，然后连接服务器（connect( )），如果连接成功，这时 TCP 客户端与 TCP 服务器端的连接就建立了。TCP 客户端发送请求数据，TCP 服务器端接收请求并处理请求，然后把回应数据发送给 TCP 客户端（write( )），TCP 客户端读取数据（read( )），最后关闭连接（close( )），一次交互结束。

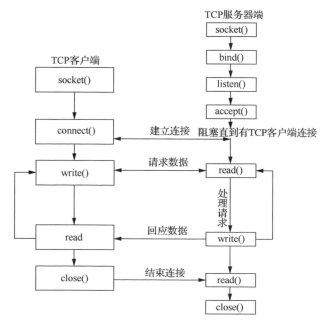

图 7-14 Socket 的工作原理

2. 使用套接字流作为数据源

在使用套接字流作为数据源的应用场景中，Spark Streaming 程序就是图 7-14 所示的 Socket 通信的 TCP 客户端，它通过 Socket 方式请求数据，获取数据后启动流计算过程进行处理。

下面编写一个 Spark Streaming 独立应用程序来实现这个应用场景。首先创建代码目录和代码文件 NetworkWordCount.scala。关闭 Linux 系统中已经打开的所有终端，新建一个终端（为了便于区分，这里称为"流计算终端"），在该终端中执行如下命令。

```
$ cd /usr/local/spark/mycode
$ mkdir streaming #如果已经存在该目录，则不用创建
$ cd streaming
$ mkdir socket
$ cd socket
$ mkdir -p src/main/scala #如果已经存在该目录，则不用创建
$ cd /usr/local/spark/mycode/streaming/socket/src/main/scala
$ vim NetworkWordCount.scala #这里使用 vim 编辑器创建文件
```

在代码文件 NetworkWordCount.scala 中输入如下内容。

```scala
import org.apache.spark._
import org.apache.spark.streaming._
object NetworkWordCount {
  def main(args: Array[String]) {
    if (args.length < 2) {
      System.err.println("Usage: NetworkWordCount <hostname> <port>")
      System.exit(1)
    }
    val sparkConf = new SparkConf().setAppName("NetworkWordCount").setMaster("local[2]")
    val sc = new SparkContext(sparkConf)
    sc.setLogLevel("ERROR")
    val ssc = new StreamingContext(sc, Seconds(1))
    val lines = ssc.socketTextStream(args(0), args(1).toInt)
    val words = lines.flatMap(_.split(" "))
    val wordCounts = words.map(x => (x, 1)).reduceByKey(_ + _)
    wordCounts.print()
    ssc.start()
    ssc.awaitTermination()
  }
}
```

在上面的代码中，sc.setLogLevel("ERROR")用于设置 Log4j 的日志级别，从而使在程序运行过程中，wordCounts.print( )语句的输出信息能够得到正确显示，不会被其他大量 INFO 级别的信息淹没；ssc.socketTextStream( )用于创建一个套接字流类型的输入源。ssc.socketTextStream( )有两个输入参数，其中 args(0)提供了主机地址，args(1).toInt 提供了通信端口号，TCP 客户端使用该主机地址和端口号与 TCP 服务器端建立通信。lines.flatMap( )、words.map( )和 wordCounts.print( )是自定义的处理逻辑，用于实现对源源不断到达的流数据进行词频统计。

在"/usr/local/spark/mycode/streaming/socket"目录下创建一个 simple.sbt 文件，在文件中输入以下代码。

```
name := "Simple Project"
version := "1.0"
scalaVersion := "2.12.15"
libraryDependencies += "org.apache.spark" % "spark-streaming_2.12" % "3.2.0" % "provided"
```

使用 sbt 工具对代码进行编译打包，命令如下。

```
$ cd /usr/local/spark/mycode/streaming/socket
$ /usr/local/sbt/sbt package
```

打包成功后，就可以执行以下命令启动这个程序。

```
$ cd /usr/local/spark/mycode/streaming/socket
$ /usr/local/spark/bin/spark-submit \
> --class "NetworkWordCount" \
> ./target/scala-2.12/simple-project_2.12-1.0.jar \
> localhost 9999
```

执行上面的命令后，就会在当前的流计算终端中顺利启动 TCP 客户端。现在，再打开一个新的 Linux 终端（这里称为"数据源终端"），启动一个 TCP 服务器端，让该服务器端接收客户端的请求，并给客户端不断发送数据流。通常，Linux 发行版中带有 NetCat（简称 nc），我们可以使用如下命令生成一个 TCP 服务器端。

```
$ nc -lk 9999
```

在上面的命令中，-l 这个参数表示启动监听模式，也就是作为 TCP 服务器端，nc 程序会监听本机（localhost）的 9999 号端口，只要监听到来自客户端的连接请求，就会与客户端建立连接通道，把数据发送给客户端；-k 参数表示多次监听，而不是只监听 1 次。

由于之前已经在流计算终端运行了 NetworkWordCount 程序，该程序扮演了 TCP 客户端的角色，会向本机的 9999 号端口发起连接请求，所以数据源终端的 nc 程序就会监听到本机的 9999 号端口有来自客户端（NetworkWordCount 程序）的连接请求，于是会建立服务器端（nc 程序）和客户端（NetworkWordCount 程序）之间的连接通道。连接通道建立以后，nc 程序就会把我们在数据源终端手动输入的内容全部发送给流计算终端的 NetworkWordCount 程序进行处理。为了测试程序运行效果，在数据源终端执行上面命令后，我们可以通过键盘输入一行英文句子并按 Enter 键，反复多次输入英文句子并按 Enter 键，nc 程序会自动把一行又一行的英文句子不断发送给流计算终端的 NetworkWordCount 程序。在流计算终端内，NetworkWordCount 程序会不断接收到 nc 程序发来的数据，每隔 1s 就会进行词频统计并输出词频统计信息，在流计算终端中会出现类似如下的结果。

```
-------------------------------------------
Time: 1479431100000 ms
-------------------------------------------
(hello,1)
(world,1)
-------------------------------------------
Time: 1479431120000 ms
-------------------------------------------
(hadoop,1)
-------------------------------------------
Time: 1479431140000 ms
-------------------------------------------
(spark,1)
```

3. 使用 Socket 编程实现自定义数据源

在前面的实例中，我们采用了 nc 程序作为数据源。现在把数据源修改一下，不使用 nc 程序，而是采用自己编写的程序作为 Socket 数据源。

关闭 Linux 系统中已经打开的所有终端，新建一个终端（这里称为"数据源终端"），在该终端中执行如下命令新建一个代码文件 DataSourceSocket.scala。

```
$ cd /usr/local/spark/mycode/streaming/socket/src/main/scala
$ vim DataSourceSocket.scala
```

在 DataSourceSocket.scala 中输入如下代码。

```
import java.io.{PrintWriter}
import java.net.ServerSocket
import scala.io.Source
object DataSourceSocket {
```

```
    def index(length: Int) = { //返回 0 ~ length-1 的一个随机数
      val rdm = new java.util.Random
      rdm.nextInt(length)
    }
    def main(args: Array[String]) {
      if (args.length != 3) {
        System.err.println("Usage: <filename> <port> <millisecond>")
        System.exit(1)
      }
      val fileName = args(0)   //获取文件路径
      val lines = Source.fromFile(fileName).getLines.toList   //读取文件中所有行的内容
      val rowCount = lines.length   //计算文件的行数
      val listener = new ServerSocket(args(1).toInt)   //创建监听特定端口的 ServerSocket 对象
      while (true) {
        val socket = listener.accept()
        new Thread() {
          override def run = {
            println("Got client connected from: " + socket.getInetAddress)
            val out = new PrintWriter(socket.getOutputStream(), true)
            while (true) {
              Thread.sleep(args(2).toLong)   //设置每隔多长时间发送一次数据
              val content = lines(index(rowCount))   //从 lines 列表中取出一个元素
              println(content)
              out.write(content + '\n')   //写入要发送给客户端的数据
              out.flush()   //发送数据给客户端
            }
            socket.close()
          }
        }.start()
      }
    }
}
```

上面代码的功能是，从一个文件中读取内容，把文件的每一行作为一个字符串，每次随机选择文件中的一行，源源不断地发送给客户端（即 NetworkWordCount 程序）。DataSourceSocket 程序在运行时，需要为该程序提供 3 个参数，即<filename>、<port>和<millisecond>，其中<filename>表示作为数据源的文件的路径，<port>表示 Socket 通信的端口号，<millisecond>表示 TCP 服务器端（即 DataSourceSocket 程序）每隔多长时间向客户端发送一次数据。

val lines = Source.fromFile(fileName).getLines.toList 语句执行后，文件中的所有行的内容都会被读取到列表 lines 中。val listener = new ServerSocket(args(1).toInt)语句用于在服务器端创建监听特定端口（端口号是 args(1).toInt）的 ServerSocket 对象，ServerSocket 负责接收客户端的连接请求。val socket = listener.accept( )语句执行后，listener 会进入阻塞状态，一直等待客户端的连接请求。一旦 listener 监听到在特定端口（如 9999）上有来自客户端的请求，就会执行 new Thread( )，生成新的线程，负责和客户端建立连接，并发送数据给客户端。

由于之前已经在"/usr/local/spark/mycode/streaming/socket/"目录下创建了 simple.sbt 文件，所以现在可以直接使用 sbt 工具对代码进行编译打包，命令如下。

```
$ cd /usr/local/spark/mycode/streaming/socket
$ /usr/local/sbt/sbt package
```

DataSourceSocket 程序需要把一个文本文件作为输入参数，所以，在启动这个程序之前，我们需要先创建一个文本文件/usr/local/spark/mycode/streaming/socket/word.txt 并随便输入几行英文语句，然后就可以在当前终端（数据源终端）执行如下命令启动 DataSourceSocket 程序。

```
$ cd /usr/local/spark/mycode/streaming/socket
$ /usr/local/spark/bin/spark-submit \
> --class "DataSourceSocket" \
> ./target/scala-2.12/simple-project_2.12-1.0.jar \
> ./word.txt 9999 1000
```

DataSourceSocket 程序启动后，会一直监听 9999 号端口，一旦监听到客户端的连接请求，就会建立连接，每隔 1000ms（1s）向客户端发送一次数据。

下面就可以启动客户端，即 NetworkWordCount 程序。新建一个终端（这里称为"流计算终端"），执行以下命令启动 NetworkWordCount 程序。

```
$ cd /usr/local/spark/mycode/streaming/socket
$ /usr/local/spark/bin/spark-submit \
> --class "NetworkWordCount" \
> ./target/scala-2.12/simple-project_2.12-1.0.jar \
> localhost 9999
```

执行上面的命令后，就可以在当前的流计算终端顺利启动 TCP 客户端，它会向本机的 9999 号端口发起 Socket 连接。在数据源终端内正在运行的 DataSourceSocket 程序，一直在监听 9999 号端口，一旦监听到 NetworkWordCount 程序的连接请求，就会建立连接，每隔 1000ms（1s）向 NetworkWordCount 程序发送一次数据。流计算终端内的 NetworkWordCount 程序接收到数据后，就会执行词频统计，输出类似如下的统计信息。

```
-------------------------------------------
Time: 1479431100000 ms
-------------------------------------------
(hello,1)
(world,1)
-------------------------------------------
Time: 1479431120000 ms
-------------------------------------------
(hadoop,1)
-------------------------------------------
Time: 1479431140000 ms
-------------------------------------------
(spark,1)
```

7.4.3　RDD 队列流

RDD 队列流

在编写 Spark Streaming 应用程序的时候，可以调用 StreamingContext 对象的 queueStream( )方法来创建基于 RDD 队列的 DStream。例如，streamingContext.queueStream(queueOfRDD)，其中 queueOfRDD 就是一个 RDD 队列。

这里给出一个 RDD 队列流的实例，在该实例中，每隔 1s 创建一个 RDD 放入队列，Spark Streaming 每隔 2s 就从队列中取出数据进行处理。

在 Linux 系统中打开一个终端，在 "/usr/local/spark/mycode/streaming/rddqueue" 目录下新建一个 QueueStream.scala 代码文件，并在该代码文件中输入以下代码。

```
package org.apache.spark.examples.streaming
import org.apache.spark.SparkConf
import org.apache.spark.rdd.RDD
import org.apache.spark.streaming.StreamingContext._
import org.apache.spark.streaming.{Seconds, StreamingContext}
object QueueStream {
  def main(args: Array[String]) {
    val sparkConf = new SparkConf().setAppName("TestRDDQueue").setMaster("local[2]")
    val ssc = new StreamingContext(sparkConf, Seconds(2))
```

```
    val rddQueue =new scala.collection.mutable.SynchronizedQueue[RDD[Int]]()
    val queueStream = ssc.queueStream(rddQueue)
    val mappedStream = queueStream.map(r => (r % 10, 1))
    val reducedStream = mappedStream.reduceByKey(_ + _)
    reducedStream.print()
    ssc.start()
    for (i <- 1 to 10){
        rddQueue += ssc.sparkContext.makeRDD(1 to 100,2)
        Thread.sleep(1000)
    }
    ssc.stop()
  }
}
```

在上面的代码中，val queueStream = ssc.queueStream(rddQueue)语句用于创建一个 RDD 队列流类型的数据源。在该程序中，Spark Streaming 会每隔 2s 从 rddQueue 这个队列中取出数据（即若干个 RDD）进行处理。

val mappedStream = queueStream.map(r => (r % 10, 1))语句会对 queueStream 中的每个 RDD 元素进行转换。例如，如果取出的 RDD 元素是 67，该元素就会被转换成一个元组(7,1)。

val reducedStream = mappedStream.reduceByKey(_+_)语句负责统计每个余数的出现次数。reducedStream.print( )负责输出统计结果。

执行 ssc.start( )语句后，流计算过程就开始了，Spark Streaming 会每隔 2s 从 rddQueue 这个队列中取出数据（即若干个 RDD）进行处理。但是，这时的 RDD 队列 rddQueue 中没有任何 RDD 存在，所以下面通过一个 for (i <-1 to 10)语句，不断向 rddQueue 这个队列中加入新生成的 RDD。ssc.sparkContext.makeRDD(1 to 100,2)的功能是创建一个 RDD，这个 RDD 被分成两个分区，RDD 中包含 100 个元素，即 1,2,3,…,99,100。

执行 10 次 for 语句后，ssc.stop( )语句被执行，整个流计算过程停止。

下面就可以运行 QueueStream 程序。在 "/usr/local/spark/mycode/streaming/rddqueue" 目录下创建一个 simple.sbt 文件，然后使用 sbt 工具进行编译打包，并执行如下命令运行该程序。

```
$ cd /usr/local/spark/mycode/streaming/rddqueue
$ /usr/local/spark/bin/spark-submit \
> --class "org.apache.spark.examples.streaming.QueueStream" \
> ./target/scala-2.12/simple-project_2.12-1.0.jar
```

执行上面的命令后，程序就开始运行，我们可以看到类似下面的结果。

```
-------------------------------------------
Time: 1479522100000 ms
-------------------------------------------
(4,10)
(0,10)
(6,10)
(8,10)
(2,10)
(1,10)
(3,10)
(7,10)
(9,10)
(5,10)
```

7.5　高级数据源

Spark Streaming 是用来进行流计算的组件，我们可以把 Kafka（或 Flume）作为数据源，让 Kafka

（或 Flume）产生数据发送给 Spark Streaming 应用程序，Spark Streaming 应用程序再对接收到的数据进行实时处理，从而完成一个典型的流计算过程。这里仅以 Kafka 为例进行介绍。

7.5.1 Kafka 简介

Kafka 是一种高吞吐量的分布式发布/订阅消息系统。为了帮助读者更好地理解和使用 Kafka，这里介绍一下 Kafka 的有关概念。

- Broker：Kafka 集群包含一个或多个服务器，这些服务器被称为 Broker。
- Topic：每条发布到 Kafka 集群的消息都有一个类别，这个类别被称为 Topic。物理上不同 Topic 的消息分开存储，逻辑上一个 Topic 的消息虽然保存于一个或多个 Broker 上，但用户只需指定消息的 Topic，即可生产或消费数据，而不必关心数据存于何处。
- Partition：是物理上的概念，每个 Topic 包含一个或多个 Partition。
- Producer：负责发布消息到 Kafka Broker。
- Consumer：消息消费者，通过 Kafka Broker 读取消息的客户端。
- Consumer Group：每个 Consumer 属于一个特定的 Consumer Group，可为每个 Consumer 指定 Group Name，若不指定 Group Name，则属于默认的 Consumer Group。

7.5.2 Kafka 准备工作

使用 Kafka 作为
Spark Streaming
数据源（准备工作）

1. 安装 Kafka

读者可以访问 Kafka 官网下载 Kafka 稳定版本 kafka_2.12-2.6.0.tgz，或者直接到高校大数据课程公共服务平台本书页面"下载专区"的"软件"目录中下载安装文件 kafka_2.12-2.6.0.tgz。为了让 Spark Streaming 应用程序能够顺利使用 Kafka 数据源，在下载 Kafka 安装文件的时候要注意，Kafka 版本号一定要和自己计算机上已经安装的 Scala 版本号对应。本书所使用的 Spark 版本号是 3.2.0，Scala 版本号是 2.12，所以，一定要选择版本号以 2.12 开头的 Kafka。例如，在 Kafka 官网中可以下载安装文件 kafka_2.12-2.6.0.tgz，前面的 2.12 就是支持的 Scala 版本号，后面的 2.6.0 是 Kafka 自身的版本号。假设下载后的文件被放在"~/Downloads"目录下。执行如下命令完成 Kafka 的安装。

```
$ cd ~/Downloads
$ sudo tar -zxf kafka_2.12-2.6.0.tgz -C /usr/local
$ cd /usr/local
$ sudo mv kafka_2.12-2.6.0 kafka
$ sudo chown -R hadoop ./kafka
```

2. 启动 Kafka

登录 Linux 系统，打开 1 个终端，执行下面的命令启动 Zookeeper 服务。

```
$ cd /usr/local/kafka
$ ./bin/zookeeper-server-start.sh config/zookeeper.properties
```

注意，执行上面的命令后，终端窗口会返回一堆信息，然后停住不动，没有回到 Shell 命令提示符状态，这时不要误以为死机了，其实 Zookeeper 服务已经启动，正处于服务状态。所以，不要关闭这个终端窗口，一旦关闭，Zookeeper 服务就停止了。

打开第 2 个终端，然后执行下面的命令启动 Kafka 服务。

```
$ cd /usr/local/kafka
$ ./bin/kafka-server-start.sh config/server.properties
```

同样，执行上面的命令后，终端窗口会返回一堆信息，然后停住不动，没有回到 Shell 命令提示符状态，这时，同样不要误以为死机了，而是 Kafka 服务已经启动，正处于服务状态。所以，不要关闭这个终端窗口，一旦关闭，Kafka 服务就停止了。

当然，还有一种方式是采用下面加了"&"的命令。

```
$ cd /usr/local/kafka
$ bin/kafka-server-start.sh config/server.properties &
```

这样，Kafka 就会在后台运行，即使关闭了这个终端，Kafka 也会一直在后台运行。不过，采用这种方式时，我们往往会忘记还有 Kafka 在后台运行，所以，建议暂时不要用这种方式。

3. 创建 Topic

打开第 3 个终端，然后执行下面的命令创建一个自定义名称为"wordsender"的 Topic。

```
$ cd /usr/local/kafka
$ ./bin/kafka-topics.sh --create --zookeeper localhost:2181 \
> --replication-factor 1 --partitions 1 \
> --topic wordsender
```

接着，可以执行如下命令，查看名称为"wordsender"的 Topic 是否已经成功创建。

```
$ ./bin/kafka-topics.sh --list --zookeeper localhost:2181
```

再打开一个终端（称其为"监控输入终端"），执行如下命令监控 Kafka 接收到的文本。

```
$ cd /usr/local/kafka
$ bin/kafka-console-consumer.sh \
> --bootstrap-server localhost:9092 --topic wordsender
```

到这里，与 Kafka 相关的准备工作就顺利结束了。注意，这些终端窗口都不要关闭，要继续留着，后面会使用到。

7.5.3　Spark 准备工作

Kafka 和 Flume 等高级数据源，需要依赖独立的库（JAR 包），因此，我们需要为 Spark 添加相关 JAR 包。访问 Maven Pepository 官网下载 spark-streaming-kafka-0-10_2.12-3.2.0.jar 和 spark-token-provider-kafka-0-10_2.12-3.2.0.jar 文件，其中 2.12 表示 Scala 的版本号，3.2.0 表示 Spark 的版本号。读者也可以直接到高校大数据课程公共服务平台本书页面"下载专区"的"软件"目录中下载这两个文件。然后，把这两个文件复制到 spark 目录的 jars 目录（即"/usr/local/spark/jars"目录）下。此外，还需要把"/usr/local/kafka/libs"目录下的 kafka-clients-2.6.0.jar 文件复制到 spark 目录的 jars 目录下。

7.5.4　编写 Spark Streaming 程序使用 Kafka 数据源

1. 编写生产者（Producer）程序

新打开一个终端，然后执行如下命令创建代码目录和代码文件。

使用 Kafka 作为
Spark Streaming
数据源（编写生产者
程序）

```
$ cd /usr/local/spark/mycode
$ mkdir kafka
$ cd kafka
$ mkdir -p src/main/scala
$ cd src/main/scala
$ vim KafkaWordProducer.scala
```

这里使用 vim 编辑器新建了 KafkaWordProducer.scala，它是用来产生一系列字符串的，会产生随机的整数序列，每个整数会被当作一个单词提供给 KafkaWordCount 程序去进行词频统计。在 KafkaWordProducer.scala 中输入以下代码。

```
import java.util.HashMap
import org.apache.kafka.clients.producer.{KafkaProducer, ProducerConfig, ProducerRecord}
import org.apache.spark.SparkConf
import org.apache.spark.streaming._
import org.apache.spark.streaming.kafka010._
object KafkaWordProducer {
  def main(args: Array[String]) {
```

```
        if (args.length < 4) {
            System.err.println("Usage: KafkaWordProducer <metadataBrokerList> <topic> " +
                "<messagesPerSec> <wordsPerMessage>")
            System.exit(1)
        }
    val Array(brokers, topic, messagesPerSec, wordsPerMessage) = args
    //Zookeeper 属性设置
    val props = new HashMap[String, Object]()
    props.put(ProducerConfig.BOOTSTRAP_SERVERS_CONFIG, brokers)
    props.put(ProducerConfig.VALUE_SERIALIZER_CLASS_CONFIG,
        "org.apache.kafka.common.serialization.StringSerializer")
    props.put(ProducerConfig.KEY_SERIALIZER_CLASS_CONFIG,
        "org.apache.kafka.common.serialization.StringSerializer")
    val producer = new KafkaProducer[String, String](props)
    //发送信息
    while(true) {
        (1 to messagesPerSec.toInt).foreach { messageNum =>
            val str = (1 to wordsPerMessage.toInt).map(x => scala.util.Random.nextInt(10).
toString)
                .mkString(" ")
                            print(str)
                            println()
            val message = new ProducerRecord[String, String](topic, null, str)
            producer.send(message)
        }
        Thread.sleep(1000)
    }
  }
}
```

2. 编写消费者（Consumer）程序

在"/usr/local/spark/mycode/kafka/src/main/scala"目录下创建代码文件 KafkaWordCount. scala，用于进行单词词频统计，它会对 KafkaWordProducer 发送过来的单词进行词频统计。该代码文件的内容如下。

使用 Kafka 作为
Spark Streaming
数据源（编写消费者
程序、编译运行程序）

```
import org.apache.spark._
import org.apache.spark.SparkConf
import org.apache.spark.rdd.RDD
import org.apache.spark.streaming._
import org.apache.spark.streaming.kafka010._
import org.apache.spark.streaming.StreamingContext._
import org.apache.spark.streaming.kafka010.KafkaUtils
import org.apache.kafka.common.serialization.StringDeserializer
import org.apache.spark.streaming.kafka010.LocationStrategies.PreferConsistent
import org.apache.spark.streaming.kafka010.ConsumerStrategies.Subscribe

object KafkaWordCount{
    def main(args:Array[String]){
        val sparkConf = new SparkConf().setAppName("KafkaWordCount").setMaster("local[2]")
        val sc = new SparkContext(sparkConf)
        sc.setLogLevel("ERROR")
        val ssc = new StreamingContext(sc,Seconds(10))
        ssc.checkpoint("file:///usr/local/spark/mycode/kafka/checkpoint")  //设置检查点，如果
存放在 HD 中，则写成类似 ssc.checkpoint("/user/hadoop/checkpoint")这种形式，但是，要先启动 Hadoop
        val kafkaParams = Map[String, Object](
            "bootstrap.servers" -> "localhost:9092",
```

```
    "key.deserializer" -> classOf[StringDeserializer],
    "value.deserializer" -> classOf[StringDeserializer],
    "group.id" -> "use_a_separate_group_id_for_each_stream",
    "auto.offset.reset" -> "latest",
    "enable.auto.commit" -> (true: java.lang.Boolean)
)
val topics = Array("wordsender")
val stream = KafkaUtils.createDirectStream[String, String](
    ssc,
    PreferConsistent,
    Subscribe[String, String](topics, kafkaParams)
)
stream.foreachRDD(rdd => {
    val offsetRange = rdd.asInstanceOf[HasOffsetRanges].offsetRanges
    val maped: RDD[(String, String)] = rdd.map(record => (record.key,record.value))
    val lines = maped.map(_._2)
    val words = lines.flatMap(_.split(" "))
    val pair = words.map(x => (x,1))
    val wordCounts = pair.reduceByKey(_+_)
    wordCounts.foreach(println)
})
ssc.start
ssc.awaitTermination
}
}
```

在 KafkaWordCount.scala 的代码中，ssc.checkpoint( )用于创建检查点，实现容错功能。在 Spark Streaming 中，如果是文件流类型的数据源，Spark 自身的容错机制可以保证数据不会发生丢失。但是，对于 Flume 和 Kafka 等数据源，当数据源源不断到达时，这些数据会首先被放入缓存中，尚未被处理，可能会发生丢失。为了避免系统失败时发生数据丢失，可以通过 ssc.checkpoint( )创建检查点。但是，需要注意的是，检查点之后的数据仍然可能发生丢失，如果要保证数据不发生丢失，可以开启 Spark Streaming 的预写式日志（Write Ahead Logs，WAL）功能。开启预写式日志后，所接收数据的正确性只有在数据被预写到日志以后 Receiver 才会确认，这样当系统发生失败导致缓存中的数据丢失时，就可以从日志中恢复丢失的数据。预写式日志需要额外的开销，因此，在默认情况下，Spark Streaming 的预写式日志功能是关闭的，如果要开启该功能，需要设置 SparkConf 的属性 "spark.streaming.receiver.writeAheadLog.enable"为"true"。ssc.checkpoint( )在创建检查点的同时，系统也把检查点的文件写入路径 "file:///usr/local/spark/mycode/kafka/checkpoint" 作为预写式日志的存放路径。

3.　编译打包程序

经过前面的步骤，现在在 "/usr/local/spark/mycode/kafka/src/main/scala" 目录下就有了以下 3 个代码文件：KafkaWordProducer.scala、KafkaWordCount.scala、StreamingExamples.scala。

执行下面的命令新建一个 simple.sbt 文件。

```
$ cd /usr/local/spark/mycode/kafka/
$ vim simple.sbt
```

在 simple.sbt 中输入以下代码。

```
name := "Simple Project"
version := "1.0"
scalaVersion := "2.12.15"
libraryDependencies += "org.apache.spark" %% "spark-core" % "3.2.0"
libraryDependencies += "org.apache.spark" %% "spark-streaming" % "3.2.0" % "provided"
libraryDependencies += "org.apache.spark" %% "spark-streaming-kafka-0-10" % "3.2.0"
libraryDependencies += "org.apache.kafka" % "kafka-clients" % "2.6.0"
```

然后执行下面的命令进行编译打包。

```
$ cd /usr/local/spark/mycode/kafka/
$ /usr/local/sbt/sbt  package
```

打包成功后，就可以执行程序来测试效果了。

4. 运行程序

首先，启动 Hadoop。如果在前面的 KafkaWordCount.scala 代码文件中采用了 ssc.checkpoint ("/user/hadoop/checkpoint")这种形式，这时的检查点是被写入 HDFS 的，因此需要启动 Hadoop。启动 Hadoop 的命令如下。

```
$ cd /usr/local/hadoop
$ ./sbin/start-dfs.sh
```

启动 Hadoop 成功后，就可以测试刚才生成的词频统计程序了。

要注意，之前已经启动了 Zookeeper 服务和 Kafka 服务，因为之前那些终端窗口都没有关闭，所以这些服务一直在运行。如果不小心关闭了之前的终端窗口，那就参照前面的内容，再次启动 Zookeeper 服务、启动 Kafka 服务。

然后，新打开一个终端，执行如下命令，运行 KafkaWordProducer 程序，生成一些单词（是一堆整数形式的单词）。

```
$cd /usr/local/spark/mycode/kafka/
$ /usr/local/spark/bin/spark-submit \
> --class "KafkaWordProducer"  \
> ./target/scala-2.12/simple-project_2.12-1.0.jar \
> localhost:9092 wordsender 3 5
```

注意，上面的命令中，"localhost:9092 wordsender 3 5"是提供给 KafkaWordProducer 程序的 4 个输入参数，第 1 个参数 "localhost:9092" 是 Kafka 的 Broker 的地址，第 2 个参数 "wordsender" 是 Topic 的名称，我们在 KafkaWordCount.scala 代码中已经将 Topic 名称确定，所以，KafkaWordCount 程序只能接收名称为 "wordsender" 的 Topic。第 3 个参数 "3" 表示每秒发送 3 条消息，第 4 个参数 "5" 表示每条消息包含 5 个单词（实际上就是 5 个整数）。

执行上面的命令后，屏幕上会不断滚动出现类似如下的新单词。

```
3 3 6 3 4
9 4 0 8 1
0 3 3 9 3
0 8 4 0 9
8 7 2 9 5
…
```

不要关闭这个终端窗口，让它一直不断发送单词。再打开一个终端，执行下面的命令，运行 KafkaWordCount 程序，进行词频统计。

```
$ cd /usr/local/spark/mycode/kafka/
$ /usr/local/spark/bin/spark-submit \
> --class "KafkaWordCount" \
> ./target/scala-2.12/simple-project_2.12-1.0.jar
```

执行上面的命令后，就启动了词频统计功能，屏幕上会显示如下类似信息。

```
(4,134)
(8,117)
(7,144)
(5,128)
(6,137)
(0,158)
(2,128)
(9,134)
(3,139)
```

```
(1,131)
…
```

这些信息说明，Spark Streaming 应用程序顺利接收到 Kafka 发来的单词信息，并进行词频统计，得到结果。

7.6　转换操作

在流计算应用场景中，数据流会源源不断地到达，Spark Streaming 会把连续的数据流切分成一个又一个分段，如图 7-10 所示，然后对每个分段内的 DStream 数据进行处理，也就是对 DStream 进行各种转换操作，包括无状态转换操作和有状态转换操作。

7.6.1　DStream 无状态转换操作

对 DStream 无状态转换操作而言，其不会记录历史状态信息，每次对新的批次数据进行处理时，只会记录当前批次数据的状态。7.4.2 小节介绍的词频统计程序 NetworkWordCount 就采用无状态转换，每次统计都只统计当前批次到达的单词的词频，和之前批次的单词无关，不会进行历史词频的累计。表 7-1 给出了常用的 DStream 无状态转换操作。

DStream 无状态
转换操作

表 7–1　　　　　　　　　　　常用的 DStream 无状态转换操作

操作	含义
map(func)	对源 DStream 的每个元素，采用 func( )函数进行转换，得到一个新 DStream
flatMap(func)	与 map( )相似，但是每个输入项可以被映射为零个或者多个输出项
filter(func)	返回一个新的 DStream，其仅包含源 DStream 中满足函数 func( )的项
repartition(numPartitions)	通过创建更多或者更少的分区来改变 DStream 的并行程度
reduce(func)	利用函数 func( )聚集源 DStream 中每个 RDD 的元素，返回一个包含单元素 RDD 的新 DStream
count( )	统计源 DStream 中每个 RDD 的元素数量
union(otherStream)	返回一个新的 DStream，其包含源 DStream 和其他 DStream 的元素
countByValue( )	应用于元素类型为 K 的 DStream 上，返回一个元素为(K,V)键值对的新 DStream，每个键的值是键在原 DStream 的每个 RDD 中的出现次数
reduceByKey(func, [numTasks])	当在一个由(K,V)键值对组成的 DStream 上执行该操作时，返回一个新的由(K,V)键值对组成的 DStream，每一个 key 的值均由给定的 reduce( )方法（func( )）聚集起来
join(otherStream, [numTasks])	当应用于两个 DStream（一个包含(K,V)键值对，一个包含(K,W)键值对）时，返回一个包含(K,(V,W))键值对的新 DStream
cogroup(otherStream, [numTasks])	当应用于两个 DStream（一个包含(K,V)键值对，一个包含(K,W)键值对）时，返回一个包含(K, Seq[V], Seq[W])的元组
transform(func)	通过对源 DStream 的每个 RDD 应用 Func( )函数，创建一个新的 DStream，支持在新 DStream 中做任何 RDD 操作

7.6.2　DStream 有状态转换操作

DStream 有状态转换操作包括滑动窗口转换操作和 updateStateByKey( )操作。

1.　滑动窗口转换操作

DStream 有状态
转换操作（滑动窗口
转换操作）

如图 7-15 所示，事先设定一个滑动窗口的长度（也就是窗口的持续时间），设定滑动窗口的时间间隔（每隔多长时间执行一次计算），让窗口按照指定时间间隔在源 DStream 上滑动，每次窗口停放的位置上都会有一部分 DStream（或者一部分 RDD）被框入窗口内，形成一个小段的 Dstream。我们可以启动对这个小段 DStream 的计算，也就是对 DStream 执行各种转换操作。表 7-2 给出了常用的滑动窗口转换操作。

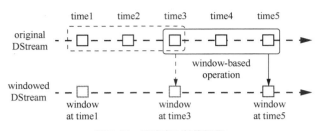

图 7-15　滑动窗口转换操作

表 7-2　　　　　　　　　　　常用的滑动窗口转换操作

操作	含义
window(windowLength, slideInterval)	基于源 DStream 产生的窗口化的批量数据，计算得到一个新 DStream
countByWindow(windowLength, slideInterval)	返回流中元素的滑动窗口数
reduceByWindow(func, windowLength, slideInterval)	返回一个单元素流。利用函数 func( )对滑动窗口内的元素进行聚集，得到一个单元素流。函数 func( )必须满足结合律，从而可以支持并行计算
reduceByKeyAndWindow(func, windowLength, slideInterval, [numTasks])	应用到一个(K,V)键值对组成的 DStream 上时，会返回一个由(K,V)键值对组成的新 DStream。每一个 key 的值均由给定的 reduce( )方法（func( )方法）进行聚合计算。注意：在默认情况下，这个算子利用了 Spark 默认的并发任务数去分组，我们可以通过 numTasks 参数的设置来指定不同的任务数
reduceByKeyAndWindow(func, invFunc, windowLength, slideInterval, [numTasks])	reduceByKeyAndWindow( )操作中，每个窗口的 reduce( )值是基于先前窗口的 reduce( )值进行增量计算得到的。它会对进入滑动窗口的新数据进行 reduce( )操作，并对离开窗口的老数据进行逆向 reduce( )操作。但是，它只能用于可逆 reduce( )，即那些 reduce( )方法都有一个对应的逆向 reduce( )方法（以 InvFunc 参数传入）
countByValueAndWindow(windowLength, slideInterval, [numTasks])	应用到一个由(K,V)键值对组成的 DStream 上，返回一个由(K,V)键值对组成的新 DStream。每个 key 的值都是其在滑动窗口中出现的频率

2. updateStateByKey 转换操作

之前介绍的滑动窗口转换操作，只能对当前窗口内的数据进行计算，无法在不同批次之间维护状态。如果要跨批次维护状态，就必须使用 updateStateByKey( )操作。updateStateByKey( )首先会根据 key 对 DStream 中的数据做计算，然后对各个批次的数据进行累加。updateStateByKey(updateFunc)函数的输入参数 updateFunc 是一个函数，该函数的类型如下。

DStream 有状态
转换操作
（updateStateByKey
操作）

```
(Seq[V],Option[S]) => Option[S]
```

其中，V 和 S 表示数据类型，如 Int。可以看出，updateFunc( )函数的第 1 个输入参数采用 Seq[V]类型，表示当前 key 对应的所有 value；第 2 个输入参数采用 Option[S]类型，表示当前 key 的历史状态；函数返回结果类型为 Option[S]，表示当前 key 的新状态。

对于当前批次的数据，updateStateByKey( )会根据 key 做计算。对于某个 key，updateStateByKey( )会把该 key 对应的所有 value 进行归并，得到(key,value-list)的形式，其中 value-list 被封装到序列 Seq[V] 中。然后，在 update Func( )函数中，用户可以定义自己的处理逻辑，通过 updateFunc( )函数的第 2 个输入参数获取当前 key 的历史状态，然后计算得到当前 key 的新状态，新状态被封装成 Option[S] 类型数据，作为函数返回值。

这里仍然以词频统计为例介绍 updateStateByKey( )操作。对有状态转换操作而言，本批次的词频统计会在之前批次的词频统计结果的基础上进行不断累加，所以，最终统计得到的词频是所有批次的单词的总的词频统计结果。

在 "/usr/local/spark/mycode/streaming/stateful/" 目录下新建一个代码文件 NetworkWordCountStateful. scala，输入以下代码。

```
import org.apache.spark._
import org.apache.spark.streaming._
```

```
object NetworkWordCountStateful {
  def main(args: Array[String]) {
    //定义状态更新函数
    val updateFunc = (values: Seq[Int], state: Option[Int]) => {
      val currentCount = values.foldLeft(0)(_ + _)
      val previousCount = state.getOrElse(0)
      Some(currentCount + previousCount)
    }

    val sparkConf = new SparkConf().setMaster("local[2]").setAppName
("NetworkWordCountStateful")
    val sc = new SparkContext(sparkConf)
    sc.setLogLevel("ERROR")
    val ssc = new StreamingContext(sc, Seconds(5))
    ssc.checkpoint("file:///usr/local/spark/mycode/streaming/stateful/")    //设置检查
点，检查点具有容错机制
    val lines = ssc.socketTextStream("localhost", 9999)
    val words = lines.flatMap(_.split(" "))
    val wordDstream = words.map(x => (x, 1))
    val stateDstream = wordDstream.updateStateByKey[Int](updateFunc)
    stateDstream.print()
    ssc.start()
    ssc.awaitTermination()
  }
}
```

　　NetworkWordCountStateful 程序中，val lines =ssc.socketTextStream("localhost", 9999)这行语句定义了一个套接字流类型的数据源，这个数据源可以由 nc 程序产生。需要注意的是，在代码中，已经确定了 TCP 客户端会向主机名为"localhost"的 9999 号端口发起 Socket 通信请求，所以，后面在启动 nc 程序时，需要把端口号设置为 9999。

　　val stateDstream = wordDstream.updateStateByKey[Int](updateFunc)这行语句用于进行词频统计，updateStateByKey( )函数的输入参数是 updateFunc( )函数。updateFunc( )函数是一个用户自定义函数，它在 NetworkWordCountStateful.scala 中的定义如下。

```
val updateFunc = (values: Seq[Int], state: Option[Int]) => {
    val currentCount = values.foldLeft(0)(_ + _)
    val previousCount = state.getOrElse(0)
    Some(currentCount + previousCount)
  }
```

　　可以看出，updateFunc( )函数有两个输入参数，即 values:Seq[Int]和 state:Option[Int]。在进行当前批次数据的词频统计时，updateStateByKey( )会根据 key 对当前批次内的所有(key,value)进行计算，当处理到某个 key 时，updateStateByKey( )会把所有 key 相同的(key,value)都进行归并，得到(key,value-list)的形式，其中 value-list 被封装成 Seq[Int]类型数据。然后，当前 key 对应的 value-list 和历史状态信息（以前批次的词频统计累加结果），分别通过 values 和 state 这两个输入参数传递给 updateFunc( )函数，我们在编程时可以直接使用 values 和 state。updateFunc( )函数中包含我们自定义的词频统计处理逻辑，其中 val currentCount = values.foldLeft(0)(_ + _)这行语句会对当前 key 对应的 value-list 进行汇总求和，val previousCount = state.getOrElse(0)这行语句用于获取当前 key 对应的历史状态信息（以前批次的词频统计累加结果），也就是当前 key 在历史所有批次数据中出现的总次数。历史状态信息 state 是被封装成 Option 类型的，对 Option 类型而言，可以把它看作一个容器，只不过这个容器中要么只包含一个元素（被包装在 Some( )中返回），要么就不存在元素（返回 None）。对于当前的 key，如果以前曾经出现过，就会存在统计结果，该统计结果被保存在与这个 key 对应的历史状态信息中；如果这个

key 在以前所有历史批次中都没有出现，在当前批次中是第一次出现，就不会存在历史统计结果，也就不会存在历史状态信息。state.getOrElse(0)的含义是，如果 state 中存在元素（即存在历史词频统计结果），就获得历史词频统计结果；如果 state 中不存在元素（即没有历史统计结果），就返回 0。Some(currentCount + previousCount)会把当前 key 的历史统计结果和当前统计结果进行求和，得到最新的词频统计结果，并封装成 Some( )类型数据返回。

在"/usr/local/spark/mycode/streaming/stateful/"目录下新建一个 simple.sbt 文件，然后使用 sbt 工具进行编译打包。打包成功后，在当前 Linux 终端（称为"流计算终端"）内执行如下命令提交并运行程序。

```
$ cd /usr/local/spark/mycode/streaming/stateful
$ /usr/local/spark/bin/spark-submit \
> --class "NetworkWordCountStateful" \
> ./target/scala-2.12/simple-project_2.12-1.0.jar
```

执行上述命令后，NetworkWordCountStateful 程序就启动了，它会向主机名为"localhost"的 9999 号端口发起 Socket 通信请求。这里我们让 nc 程序作为 TCP 服务器端，也就是让 NetworkWordCountStateful 程序和 nc 程序建立 Socket 连接。一旦 Socket 连接建立，NetworkWordCountStateful 程序就会接收来自 nc 程序的数据，并进行词频统计。下面新打开一个终端（称为"数据源终端"），执行如下命令启动 nc 程序并手动输入一些单词。

```
$ nc -lk 9999
#在这个窗口中手动输入一些单词
hadoop
spark
hadoop
spark
hadoop
spark
```

切换到刚才的流计算终端，可以看到已经输出了类似如下的词频统计信息。

```
-------------------------------------------
Time: 1479890485000 ms
-------------------------------------------
(spark,1)
(hadoop,1)
-------------------------------------------
Time: 1479890490000 ms
-------------------------------------------
(spark,2)
(hadoop,3)
```

从上面的词频统计信息可以看出，Spark Streaming 每隔 5s 执行一次词频统计，并且每次词频统计都包含历史的词频统计结果。

7.7 输出操作

输出操作

在 Spark 应用中，外部系统经常需要使用 Spark Streaming 处理后的数据，因此，用户需要采用输出操作把 DStream 输出到文本文件或关系数据库中。

7.7.1 把 DStream 输出到文本文件中

把 DStream 输出到文本文件比较简单，只需要在 DStream 上调用 saveAsTextFiles( )方法即可。下面对 NetworkWordCountStateful.scala 中的代码做简单修改，生成新的代码文件 NetworkWordCountStatefulTxt.scala，

把生成的词频统计结果写入文本文件中。

NetworkWordCountStatefulTxt.scala 代码文件的内容如下。

```
import org.apache.spark._
import org.apache.spark.streaming._
object NetworkWordCountStatefulTxt {
  def main(args: Array[String]) {
    //定义状态更新函数
    val updateFunc = (values: Seq[Int], state: Option[Int]) => {
     val currentCount = values.foldLeft(0)(_ + _)
     val previousCount = state.getOrElse(0)
     Some(currentCount + previousCount)
    }

    val sparkConf = new SparkConf().setMaster("local[2]").setAppName
("NetworkWordCountStateful")
    val sc = new SparkContext(sparkConf)
    sc.setLogLevel("ERROR")
    val ssc = new StreamingContext(sc, Seconds(5))
    ssc.checkpoint("file:///usr/local/spark/mycode/streaming/stateful/")      //设置检查
点，检查点具有容错机制
    val lines = ssc.socketTextStream("localhost", 9999)
    val words = lines.flatMap(_.split(" "))
    val wordDstream = words.map(x => (x, 1))
    val stateDstream = wordDstream.updateStateByKey[Int](updateFunc)
    stateDstream.print()
    //下面是新增的语句，把DStream保存到文本文件中
    stateDstream.saveAsTextFiles("file:///usr/local/spark/mycode/streaming/
dstreamoutput/output")
    ssc.start()
    ssc.awaitTermination()
  }
}
```

对 NetworkWordCountStatefulTxt.scala 代码文件进行编译打包，然后提交并运行，就可以把词频统计结果写入"/usr/local/spark/mycode/streaming/dstreamoutput/output"目录中。我们可以发现，在这个目录下，生成了很多文本文件，内容如下。

```
output -1479951955000
output -1479951960000
output -1479951965000
output -1479951970000
output -1479951975000
output -1479951980000
output -1479951985000
```

在 NetworkWordCountStatefulTxt 程序中，流计算过程每 5s 执行一次，每次执行都会把词频统计结果写入一个新的文本文件，所以会生成多个文本文件。

7.7.2　把 Dstream 输出到关系数据库中

启动 MySQL 数据库，我们在第 6 章中已经创建了一个名称为"spark"的数据库，现在继续在 spark 数据库中创建一个名称为"wordcount"的表，我们需要在 MySQL Shell 中执行如下命令。

```
mysql> use spark;
mysql> create table wordcount (word char(20), count int(4));
```

修改 NetworkWordCountStateful.scala 中的代码，生成新的代码文件 NetworkWordCountStatefulMySQL.

scala，在里面增加保存数据到数据库的语句，修改后的代码如下。

```scala
import java.sql.{PreparedStatement, Connection, DriverManager}
import java.util.concurrent.atomic.AtomicInteger
import org.apache.spark.SparkConf
import org.apache.spark.SparkContext
import org.apache.spark.streaming.{Seconds, StreamingContext}
import org.apache.spark.streaming.StreamingContext._
object NetworkWordCountStatefulMySQL {
  def main(args: Array[String]) {
    //定义状态更新函数
    val updateFunc = (values: Seq[Int], state: Option[Int]) => {
      val currentCount = values.foldLeft(0)(_ + _)
      val previousCount = state.getOrElse(0)
      Some(currentCount + previousCount)
    }
    val sparkConf = new SparkConf().setMaster("local[2]").setAppName
("NetworkWordCountStatefulMySQL")
    val sc = new SparkContext(sparkConf)
    sc.setLogLevel("ERROR")
    val ssc = new StreamingContext(sc, Seconds(5))
    //设置检查点，检查点具有容错机制
    ssc.checkpoint("file:///usr/local/spark/mycode/streaming/dstreamoutput/")
    val lines = ssc.socketTextStream("localhost", 9999)
    val words = lines.flatMap(_.split(" "))
    val wordDstream = words.map(x => (x, 1))
    val stateDstream = wordDstream.updateStateByKey[Int](updateFunc)
    stateDstream.print()
    //下面是新增的语句，把 DStream 保存到 MySQL 数据库中
    stateDstream.foreachRDD(rdd => {          //函数体的左花括号
      //内部函数
      def func(records: Iterator[(String,Int)]) {
        var conn: Connection = null
        var stmt: PreparedStatement = null
        try {
          val url = "jdbc:mysql://localhost:3306/spark"
          val user = "root"
          val password = "123456"  //数据库密码是 123456
          conn = DriverManager.getConnection(url, user, password)
          records.foreach(p => {
            val sql = "insert into wordcount(word,count) values (?,?)"
            stmt = conn.prepareStatement(sql);
            stmt.setString(1, p._1.trim)
            stmt.setInt(2,p._2.toInt)
            stmt.executeUpdate()
          })
        } catch {
          case e: Exception => e.printStackTrace()
        } finally {
          if (stmt != null) {
            stmt.close()
          }
          if (conn != null) {
            conn.close()
          }
        }
```

```
        }
        val repartitionedRDD = rdd.repartition(3)
        repartitionedRDD.foreachPartition(func)
    }) //函数体的右花括号
    ssc.start()
    ssc.awaitTermination()
  }
}
```

在 NetworkWordCountStatefulMySQL.scala 的代码中，stateDstream.foreachRDD( )语句负责把 DStream 保存到 MySQL 数据库中。由于 DStream 是由一系列 RDD 构成的，因此 stateDstream.foreachRDD( )操作会遍历 stateDstream 中的每个 RDD，并把 RDD 中的每个(key,value)都保存到 MySQL 数据库中。当遍历到 stateDstream 中的某一个 RDD 时，该 RDD 会被赋值给 foreachRDD( ) 方法的圆括号内的变量 rdd。然后执行 val repartitionedRDD = rdd.repartition(3)语句，对 rdd 进行重新分区。接下来执行 repartitionedRDD.foreachPartition(func)语句。foreachPartition(func)函数的输入参数是函数 func( )，这是一个内部函数，它的功能是把当前分区内的所有(key,value)都保存到数据库中。

对代码进行编译打包后，执行如下命令运行程序。

```
$ /usr/local/spark/bin/spark-submit \
> --jars \
> /usr/local/spark/jars/mysql-connector-java-5.1.40/mysql-connector-java-5.1.40-bin.jar \
> --class "NetworkWordCountStatefulMySQL" \
> /home/hadoop/sparkapp/target/scala-2.12/simple-project_2.12-1.0.jar
```

需要注意的是，MySQL 数据库驱动程序 mysql-connector-java-5.1.40-bin.jar 在 6.6.1 小节中已经被放到了 Spark 的 jars 目录下。程序运行成功后，在 MySQL Shell 中使用如下命令查询结果。

```
mysql> select * from wordcount;
```

7.8　本章小结

Spark Streaming 是 Spark 生态系统中实现流计算功能的组件。本章介绍了 Spark Streaming 的设计原理，它把连续的数据流切分成多个分段，每个分段都使用 Spark 引擎进行批处理，从而间接实现了流处理的功能。由于 Spark 是基于内存的计算框架，因此 Spark Streaming 具有较好的实时性。

本章还介绍了编写 Spark Streaming 程序的基本步骤，给出了创建 StreamingContext 对象的方法。同时，本章以文件流、套接字流和 RDD 队列流等作为基本数据源，详细描述了 Spark Streaming 程序的编写方法。Spark Streaming 还可以和 Kafka、Flume 等数据采集工具进行组合使用，把这些数据采集工具作为数据源。

Dstream 转换操作包括无状态转换操作和有状态转换操作，前者无法维护历史批次的状态信息，而后者可以在跨批次数据之间维护历史状态信息。

本章最后介绍了把 DStream 输出到文本文件和关系数据库中的方法。

7.9　习题

1. 请阐述静态数据和流数据的区别。
2. 请阐述批量计算和实时计算的区别。
3. 对一个流计算系统而言，在功能设计上应该实现哪些需求？
4. 典型的流计算框架有哪些？
5. 请阐述流计算的处理流程。

6. 请阐述数据采集系统的各个组成部分的功能。
7. 请阐述数据实时计算的基本流程。
8. 请阐述 Spark Streaming 的基本设计原理。
9. 请对 Spark Streaming 与 Storm 进行比较，它们各自有什么优缺点？
10. 企业应用中的 Hadoop+Storm 架构是如何部署的？
11. 请阐述 Spark Streaming 的工作机制。
12. 请阐述编写 Spark Streaming 程序的基本步骤。
13. Spark Streaming 主要包括哪 3 种类型的基本数据源？
14. 请阐述 DStream 有状态转换操作和无状态转换操作的区别。

实验 6　Spark Streaming 编程初级实践

一、实验目的

（1）通过实验学习使用 Scala 语音编程，实现文件和数据的生成。
（2）掌握使用文件作为 Spark Streaming 数据源的编程方法。

二、实验平台

操作系统：Ubuntu 16.04 及以上。
Spark 版本：3.2.0。
Scala 版本：2.12.15。

三、实验内容和要求

1. 以随机时间间隔在一个目录下生成大量文件，文件随机命名，文件中包含随机生成的一些英文语句，每个英文语句内部的单词之间用空格隔开。
2. 实时统计每 10s 新出现的单词数量。
3. 实时统计最近 1min 内每个单词的出现次数（每 10s 统计 1 次）。
4. 实时统计每个单词累计出现的次数，并将结果保存到本地文件（每 10s 统计 1 次）。

四、实验报告

Spark 编程基础实验报告		
题目：	姓名：	日期：
实验环境：		
实验内容与完成情况：		
出现的问题：		
解决方案（列出遇到的问题和解决办法，列出没有解决的问题）：		

08 第8章 Structured Streaming

Spark 在 2016 年启动了 Structured Streaming 项目一个使用 Spark 2.0 全新设计开发的流计算引擎,其整合了批处理和流处理。Structured Streaming 可以使用支持多种编程语言的 DataFrame/DataSet API 来表示流聚合、事件时间窗口、流处理与批处理的连接等操作,系统通过检查点和预写式日志可以确保端到端的完全一致性容错。

本章首先介绍 Structured Streaming 的设计理念,说明其与 Spark SQL 和 Spark Streaming 的关系,并以一个简单的实例来介绍 Structured Streaming 程序的编写步骤与测试运行。接着详细介绍程序的 I/O 操作,包括自带的输入源、输出模式和输出接收器等。然后介绍流处理里面重要的容错机制,包括如何从检查点进行故障恢复,以及在故障恢复中如果对查询进行变更、会存在哪些限制等。接下来介绍 Structured Streaming 新引入的事件时间,介绍如何以数据生成的时间而不是 Spark 接收到数据的时间来进行数据处理,并介绍用水印来处理迟到数据的机制。最后介绍如何实现查询的管理和监控。本章的所有源代码,可以从高校大数据课程公共服务平台本书页面"下载专区"的"代码/第 8 章"中下载。

8.1 概述

Structured Streaming 是一种基于 Spark SQL 引擎构建的、可扩展且可容错的流处理引擎。通过一致的 API,Structured Streaming 使使用者可以像编写批处理程序一样编写流处理程序,降低了使用者的学习难度。提供端到端的完全一致性是 Structured Streaming 的关键目标之一,为了实现这一目标,Spark 设计了输入源、执行引擎和接收器,以便对处理的进度进行更可靠的跟踪,使之可以通过重启或重新处理来处理任何类型的故障。如果所使用的源具有偏移量来跟踪流的读取位置,那么引擎可以使用检查点和预写式日志来记录每个触发时期正在处理的数据的偏移量范围。此外,如果使用的接收器是"幂等"的,那么通过使用重放、对"幂等"接收数据进行覆盖等操作,Structured Streaming 可以确保在任何故障下达到端到端的完全一致性。

Spark 一直在更新,从 Spark 2.3.0 开始引入持续流式处理模型,可以将原先流处理的延迟降低到毫秒级。

本节首先介绍 Spark Streaming 的不足之处（正是因为 Spark Streaming 存在一定的缺陷，才有 Structured Streaming 的诞生），然后介绍 Structured Streaming 的设计理念，并给出它的两种处理模型，即微批处理和持续处理，最后介绍 Structured Streaming 和 Spark SQL、Spark Streaming 的关系，并对不同流处理技术进行比较。

8.1.1　Spark Streaming 的不足之处

Spark Streaming 采用了 DStream API，DStream API 是基于 Spark 批处理的 RDD API 构建的，有和 RDD 一样的基础语义和容错模型。虽然 Spark Streaming 可以满足大多数流处理场景的应用需求，但是，它并非无懈可击，以下是 Spark Streaming 的不足之处。

Spark Streaming 的不足之处

（1）无法实现毫秒级延迟。Spark Streaming 的微批处理模型无法实现毫秒级的延迟，实际的延迟通常在秒级（在某些情况下最低可以达到半秒级），这使它无法满足需要毫秒级响应的企业应用需求。

（2）缺少流、批一体的 API。尽管 DStream 和 RDD 有一致的 API（支持同样的操作和语义），但在将批处理作业改为流处理作业时，开发人员仍需要显式修改代码以使用不同的类。

（3）缺少对逻辑计划和物理计划的执行隔离。Spark 流处理执行物理计划的顺序就是开发人员指定的顺序。物理计划被人为明确指定后就没有了自动优化的空间，因此，开发人员需要通过手动优化代码来获得更好的性能。

（4）缺少对事件时间窗口的原生支持。DStream 只能基于 Spark 流处理收到每条记录的时间（也就是处理时间）来定义窗口操作。但是，很多使用场景需要根据记录生成的时间（也就是事件时间）来计算窗口聚合结果，而不是实际收到或处理事件的时间。这种缺少对事件时间窗口的原生支持令开发人员很难用 Spark 流处理构建流水线。

Spark Streaming 的上述不足促进了 Structured Streaming 的诞生，并且前者深刻地影响了后者的设计理念。

8.1.2　Structured Streaming 的设计理念

基于从 Spark Streaming 中获取的经验教训，Structured Streaming 在设计之初就明确了一个核心理念：实现流处理流水线要和实现批处理流水线一样简单。

Structured Streaming 在设计上借鉴了 Google MillWheel 和 Google Dataflow 模型的设计思想。Structured Streaming 的关键设计思想是将实时数据流视为一张正在不断添加数据的表，这种新的流处理模型和批处理模型非常类似。我们可以把流

Structured Streaming 的设计理念和处理模型

计算等同于在一个静态表上的批处理查询，Spark 会在不断添加数据的无界表上进行计算，并进行增量查询。如图 8-1 所示，数据流上到达的数据项，每一项都被原样添加到无界表，最终形成了一个新的无界表。

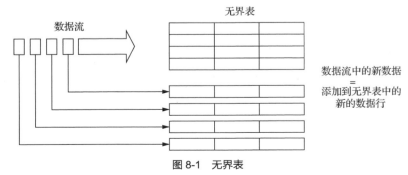

图 8-1　无界表

在无界表上对数据进行查询将生成结果表，系统每隔一定的周期会触发对无界表的计算并更新结果表。如图 8-2 所示，在时间线上，每 1s 为一个触发周期，在 $t=1s$ 时，数据量较少，查询出结果后将结果输出到接收器。在 $t=2s$ 时，数据量增加，查询出结果后将结果输出到接收器。在 $t=3s$ 时，数据量再次增加，如同前面 2s 一样查询并输出。

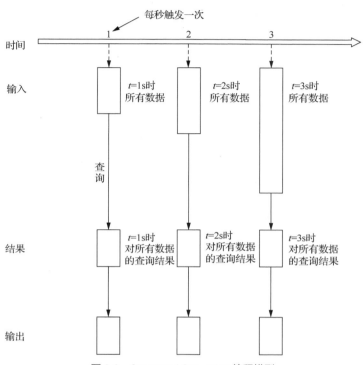

图 8-2　Structured Streaming 编程模型

8.1.3　Structured Streaming 的处理模型

Structured Streaming 有微批处理和持续处理两种处理模型，默认使用微批处理模型，本章的所有实例也都采用微批处理模型。

1. 微批处理

Structured Streaming 默认使用微批处理模型，这意味着 Spark 流计算引擎会定期检查流数据源，并对自上一批次结束后到达的新数据执行批量查询。如图 8-3 所示，在这个处理模型中，驱动程序通过将当前待处理数据的偏移量保存到预写式日志中，来为数据处理进度设置检查点，以便今后可以使用它来重新启动或恢复查询。为了获得确定性的重新执行（Deterministic Re-executions）和端到端语义，在下一次微批处理之前，就要将该微批处理所要处理的数据的偏移量范围保存到日志中。所以，当前到达的数据需要等待先前的短任务处理完成，且它的偏移量范围被记入日志后，才能在下一个短任务中得到处理，这会导致数据到达和得到处理并输出结果之间的延时超过 100ms。

2. 持续处理

微批处理的数据延迟对于大多数实际的流式工作负载（如 ETL 和监控）已经足够了，然而，一些场景确实需要更低的延迟，比如在金融行业的信用卡欺诈交易识别中，需要在犯罪分子盗刷信用卡后立刻识别并阻止，但是又不想让合法交易的用户感觉到延迟，从而影响用户的使用体验，这就需要在 10～20ms 的时间内对每笔交易进行欺诈识别，这时不能使用微批处理模型，而需要使用持续处理模型。

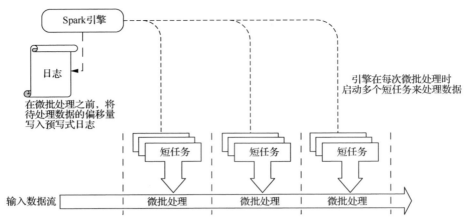

图 8-3　Structured Streaming 的微批处理模型

　　Spark 从 2.3.0 版本开始引入持续处理的试验性功能，可以实现流计算的毫秒级延迟。在使用持续处理模型时，Spark 不再根据触发器来周期性启动任务，而是启动一系列的连续读取、处理和写入结果的长时间运行的任务。如图 8-4 所示，为了缩短延迟，引入新的算法为查询设置检查点，在每个任务的输入数据流中，一个特殊标记的记录被注入，当任务遇到标记时，任务把处理后的数据的偏移量异步地报告给引擎，引擎接收到所有写入接收器的经任务处理后的数据的偏移量后，将这些偏移量写入预写式日志。由于检查点的写入是完全异步的，任务可以持续处理，所以，延迟可以缩短到毫秒级。也正由于写入是异步的，数据流在出现故障后可能被处理一次以上，所以持续处理只能做到"至少一次"的一致性。因此，我们需要注意到，虽然持续处理模型能比微批处理模型获得更好的实时响应性能，但是，这是以牺牲一致性为代价的，微批处理可以保证端到端的完全一致性，而持续处理只能做到"至少一次"的一致性。

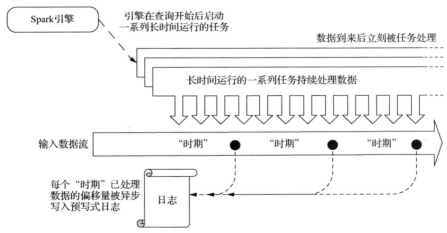

图 8-4　Structured Streaming 的持续处理模型

8.1.4　Structured Streaming 和 Spark SQL、Spark Streaming 的关系

Structured Streaming 和 Spark SQL、Spark Streaming 的关系

　　Structured Streaming 处理的数据跟 Spark Streaming 处理的一样，也是源源不断的数据流，二者的区别在于，Spark Streaming 采用的数据抽象是 DStream（本质上就是一系列 RDD），而 Structured Streaming 采用的数据抽象是 DataFrame/DataSet。Structured Streaming 可以使用 Spark SQL 的 DataFrame/DataSet 来处理数据流。虽然 Spark SQL 也是采用 DataFrame/DataSet 作为数据抽象的，但是 Spark SQL 只能处理

静态的数据，而 Structured Streaming 可以处理结构化的数据流。这样，Structured Streaming 就将 Spark SQL 和 Spark Streaming 二者的特性结合起来。Structured Streaming 可以对 DataFrame/DataSet 应用前文提到的各种操作，包括 select( )、groupBy( )、map( )、filter( )、flatMap( )等。此外，Spark Streaming 只能实现秒级的实时响应，而 Structured Streaming 由于采用了全新的设计方式，采用微批处理模型时可以实现 100ms 级的实时响应，采用持续处理模型时可以支持毫秒级的实时响应。

从长期发展来看，Structured Streaming 最终是会取代 Spark Streaming 的。但是，在目前阶段，一方面 Structured Streaming 的成熟度还不太高，另一方面大量的流处理应用不可能也没有必要马上迁移至 Structured Streaming（目前的很多企业应用场景还是可以继续使用 Spark Streaming 的，毕竟很多企业应用不需要毫秒级的响应），因此，Spark Streaming 在今后很长一段时间内还将继续活跃。

Structured Streaming 与其他流处理技术的对比

8.1.5　Structured Streaming 与其他流处理技术的对比

目前，市场上有很多开源的流处理技术，如 Storm、Storm Trident、Spark Streaming、Structured Streaming、Flink 等。表 8-1 从不同维度对这些流处理技术做了比较。

表 8–1　　　　　　　　　　　　　　　不同流处理技术的对比

	Storm	Storm Trident	Spark Streaming	Structured Streaming	Flink
流模型	原生流	微批	微批	增量微批	原生流
API	组合式	组合式	声明式	声明式	声明式
消息送达保证	至少一次	恰好一次	恰好一次	恰好一次	恰好一次
容错性	ACK	ACK	RDD 检查点机制	RDD 检查点机制、状态存储	RDD 检查点机制、状态存储
状态管理	无	专用算子	专用 DStream	状态算子	状态算子
吞吐量	低	中	高	高	高
延迟	低	中	中	中	低
成熟度	高	高	高	中	高
功能完备性	低	中	中	高	高

从表 8-1 可以看出，Structured Streaming 的最大竞争对手是 Flink。Flink 虽然在 2014 年才进入 Apache 孵化器，但其表现出了很好的后发优势，尤其在流处理这一块，在设计之初就参考了 Google Dataflow 的设计思想，到现在已经相对成熟，2016 年 3 月就发布了 1.0 版本，而 Structured Streaming 到 2017 年 6 月才正式宣布可以用于生产环境。

目前 Spark 是大数据领域的佼佼者，坐拥全球顶级的资源，相信 Structured Streaming 在未来也会获得迅猛的发展。

8.2　Structured Streaming 程序的编写与测试运行

编写 Structured Streaming 程序的基本步骤包括：
（1）导入 Spark 模块；
（2）创建 SparkSession 对象；
（3）创建输入源；
（4）定义流计算过程；
（5）启动流计算并输出结果。
下面通过一个简单的实例来演示 Structured Streaming 程序从编写到运行的整

编写 Structured Streaming 程序的基本步骤

个过程。程序实现的功能：包含很多行英文语句的数据流源源不断地到达，Structured Streaming 程序对每行英文语句进行拆分，并统计每个单词出现的频率。

8.2.1 编写程序

1. 导入 Spark 模块

导入 Spark 模块的代码如下。

```
import org.apache.spark.sql.SparkSession
import org.apache.spark.sql.functions.split
import org.apache.spark.sql.streaming.Trigger
```

由于程序中需要用到拆分字符串和展开数组内所有单词的功能，所以引用了来自 org.apache.spark.sql.functions 的 split( )和 flatMap( )方法。程序中还要使用触发器 Trigger，因此导入 org.apache.spark.sql.streaming.Trigger。

2. 创建 SparkSession 对象

创建一个 SparkSession 对象，代码如下。

```
val spark = SparkSession
 .builder
 .appName("StructuredNetworkWordCount")
 .getOrCreate()

spark.sparkContext.setLogLevel("WARN")
```

关于上述代码，这里做如下说明。

（1）SparkSession 的设计遵循了工厂设计模式（Factory Design Pattern），遵循工厂设计模式的好处在于，可以使用一个统一的接口来创建一系列的新对象，真正的创建过程可以由子类来决定具体实例化哪个工厂类。比如，上面的代码中只要加入 enableHiveSupport 就可以创建支持 Hive 的 SparkSession。SparkSession 将原先使用的 SparkConf、SparkContext、SQLContext、HiveContext 等封装在内部，使使用者无须关注具体的上下文构建细节。

（2）appName 用于设置应用的名称，使用一个能标识应用的唯一字符串即可。getOrCreate( )会检查当前进程是否有 SparkSession，如果有则直接返回，否则检查是否全局存在一个默认的 SparkSession，如果有则直接返回，否则重新建立一个，并设置当前 SparkSession 为全局默认的 SparkSession，然后返回。

（3）最后一行的作用为设置日志级别，设置为只输出警告以上级别的信息，排除 INFO 等日志级别的干扰，这样可以避免在运行过程中输出大量不必要的信息。

3. 创建输入源

创建一个输入源，从监听本机 9999 号端口的服务那里接收文本数据，具体语句如下。

```
val lines = spark
         .readStream
         .format("socket")
         .option("host", "localhost")
         .option("port", 9999)
         .load()
```

其中，readStream 与原先静态 DateFrame 的 read( )类似。format( )用于定义输入源（关于输入源的内容，将在 8.3 节详细介绍，输入源可以是 File 源、Kafka 源、Socket 源或 Rate 源等）。然后，在 option( )内传入用于设置输入源的多个选项。上面的代码中使用了 Socket 源，并设置了监听服务的位置（localhost）和端口（9999）。load( )方法表示载入数据，结果保存在名称为"lines"的 DataFrame 内。lines 表示一个包含文本数据流的无界表，表内包含一列名为"value"的字符串，数据流中的每一行字符串都会成为表中的一行。

4. 定义流计算过程

有了输入源后，接着需要定义与流计算过程相关的查询语句，具体如下。

```
import spark.implicits._
val words = lines.as[String].flatMap(_.split(" "))
val wordCounts = words.groupBy("value").count()
```

在这里使用表达式对 value 进行拆分和展开。使用 as[String]将 DataFrame 转换为字符串数据集，再使用 flatMap( )操作将每一行拆分为多个单词。其中，split(" ")表示以空格作为分隔符，把每一行字符串分割成多个单词。最后，通过对 value 使用 groupBy( )函数进行分组计数。

需要注意的是，以上只定义了对数据流的查询，并未真正执行。

5. 启动流计算并输出结果

定义完查询语句后，下面就可以开始真正执行流计算，具体语句如下。

```
val query = wordCounts
    .writeStream
    .outputMode("complete")
    .format("console")
    .trigger(Trigger.ProcessingTime("8 seconds"))
    .start()

query.awaitTermination()
```

其中，writeStream 执行后返回的接口可用于定义输出细节，使用的输出接收器是通过 format( )来定义的，上面的代码中使用控制台作为输出接收器，输出模式为 Complete 模式（输出模式将在 8.4 节详细介绍）。trigger( )用于定义微批处理的间隔时间，start( )方法用于启动流计算过程。由于数据流会持续到达，为防止查询处于活动状态时被退出，需要使用 awaitTermination( )方法，使查询在后台持续运行，直到接收到用户的退出指令才退出。一旦流计算过程被启动，程序会一直运行，并且每隔 8s 对当前收集到的数据流进行计算。

8.2.2　测试运行

上面分步骤描述了编写一个 Structured Streaming 程序的细节，在运行这个程序之前，需要在终端中执行以下命令创建代码目录和代码文件。

```
$ cd /usr/local/spark/mycode/structuredstreaming
$ mkdir socket
$ cd socket
$ mkdir -p src/main/scala
$ cd src/main/scala
$ vim StructuredNetworkWordCount.scala
```

在 StructuredNetworkWordCount.scala 中输入以下代码。

```
import org.apache.spark.sql.SparkSession
import org.apache.spark.sql.functions._
import org.apache.spark.sql.streaming.Trigger

object StructuredNetworkWordCount{
    def main(args: Array[String]) {
        val spark = SparkSession
                .builder
                .appName("StructuredNetworkWordCount")
                .getOrCreate()

        spark.sparkContext.setLogLevel("ERROR")
```

```
            val lines = spark
                .readStream
                .format("socket")
                .option("host", "localhost")
                .option("port", 9999)
                .load()

            import spark.implicits._
            val words = lines.as[String].flatMap(_.split(" "))

            val wordCounts = words.groupBy("value").count()

            val query = wordCounts
                .writeStream
                .outputMode("complete")
                .format("console")
                .trigger(Trigger.ProcessingTime("8 seconds"))
                .start()

            query.awaitTermination()
        }
}
```

然后，在终端中执行以下命令新建一个 simple.sbt 文件。

```
$ cd /usr/local/spark/mycode/structuredstreaming/socket
$ vim simple.sbt
```

在 simple.sbt 文件中输入以下代码。

```
name := "Simple Project"
version := "1.0"
scalaVersion := "2.12.15"
libraryDependencies += "org.apache.spark" %% "spark-sql" % "3.2.0"
```

接着，在终端中执行以下命令进行编译打包。

```
$ cd /usr/local/spark/mycode/structuredstreaming/socket
$ /usr/local/sbt/sbt package
```

编译打包成功后，程序就可以提交给 Spark 运行了。Structured Streaming 程序运行过程中需要访问 HDFS，因此，需要启动 HDFS，具体命令如下。

```
$ cd /usr/local/hadoop
$ ./sbin/start-dfs.sh
```

新开一个终端（记作"数据源终端"），执行如下命令。

```
$ nc -lk 9999
```

再新开一个终端（记作"流计算终端"），执行以下命令，通过执行"spark-submit"命令提交并运行程序。

```
$ cd /usr/local/spark/mycode/structuredstreaming/socket
$ /usr/local/spark/bin/spark-submit \
> --class "StructuredNetworkWordCount" \
> ./target/scala-2.12/simple-project_2.12-1.0.jar
```

为了模拟文本数据流，可以在数据源终端内用键盘不断输入一行行英文语句，nc 程序会把这些数据发送给 StructuredNetworkWordCount 程序进行处理。例如，输入如下数据。

```
apache spark
apache hadoop
```

流计算终端窗口会输出类似如下的结果。

```
-------------------------------------------
```

```
Batch: 0
-------------------------------------------
+------+-----+
| value|count|
+------+-----+
|apache|    1|
| spark|    1|
+------+-----+


-------------------------------------------
Batch: 1
-------------------------------------------
+------+-----+
| value|count|
+------+-----+
|apache|    2|
| spark|    1|
|hadoop|    1|
+------+-----+
...
```

输出结果中"Batch"后面的数字表明这是第几次微批处理，系统每隔 8s 会启动一次微批处理并输出数据。如果要停止运行程序，可以按组合键 Ctrl+C。

8.3 输入源

在 8.2 节的 StructuredNetworkWordCount.scala 中，使用 format("socket")定义了一个 Socket 源。实际上，Spark 有多个内置的输入源，如 File 源、Kafka 源、Socket 源和 Rate 源等。

8.3.1 File 源

1. File 源简介

File 源

File 源（或称为"文件源"）以文件流的形式读取某个目录中的文件，支持的文件格式有 CSV、JSON、ORC、Parquet、TXT 等。需要注意的是，文件放置到指定目录的操作应当是原子性的，即不能长时间在指定目录内打开文件并写入内容，而是应当采取大部分操作系统都支持的、通过将内容写入临时文件后移动文件到指定目录的方式来完成。

File 源的选项（option）主要包括如下内容。

（1）path：输入目录的路径，所有文件格式通用。path 支持 glob 通配符路径，但是目录或 glob 通配符路径的格式不支持以多个逗号分隔的形式。

（2）maxFilesPerTrigger：每个触发器中要处理的最大新文件数（默认无最大值）。

（3）latestFirst：是否优先处理最新文件，当有大量文件积压时，设置为 True 可以优先处理最新文件，默认为 False。

（4）fileNameOnly：是否仅根据文件名而不是完整路径来检查新文件，默认为 False。如果设置为 True，以下文件将被视为相同的文件，因为它们的文件名"dataset.txt"相同。

```
"file:///dataset.txt"
"s3://a/dataset.txt"
"s3n://a/b/dataset.txt"
"s3a://a/b/c/dataset.txt"
```

特定的文件格式也有其特定的一些选项，具体可以参阅 Spark 手册中关于 DataStreamReader 的说明。以 CSV 文件作为 File 源为例，以下为示例代码。

```
val csvDF = spark
    .readStream
    .format("csv")
    .option("seq", ";")
    .load("SOME_DIR")
```

其中，seq 选项指定了 CSV 文件中的间隔符号。

2．一个简单实例

这里以一个 JSON 格式文件的处理为例来演示 File 源的使用方法，主要包括以下两个步骤。

第一步，创建程序，生成 JSON 格式的 File 源测试数据。

第二步，创建程序，对数据进行统计。

（1）创建程序，生成 JSON 格式的 File 源测试数据。

为了演示 JSON 格式文件的处理，这里随机生成一些 JSON 格式的文件来进行测试。打开一个终端，在终端中执行以下命令创建代码目录和代码文件。

```
$ cd /usr/local/spark/mycode/structuredstreaming
$ mkdir file
$ cd file
$ mkdir -p src/main/scala
$ cd src/main/scala
$ vim SparkFilesourceGenerate.scala
```

在 SparkFilesourceGenerate.scala 中输入以下代码。

```
package org.apache.spark.example.email
import java.io.{File, PrintWriter}
import java.text.SimpleDateFormat
import java.util.Date
import scala.util.Random

object SparkFilesourceGenerate{
    val TEST_DATA_TEMP_DIR = "/home/hadoop/tmp/"
    val TEST_DATA_DIR = "/home/hadoop/tmp/testdata/"

    val ACTION_DEF = List("login", "logout", "purchase")
    val DISTRICT_DEF = List("fujian", "beijing", "shanghai", "guangzhou")

    //测试环境的搭建，判断目录是否存在，如果存在则删除旧数据，并建立目录
    def test_setUp(): Unit = {
        val dir = new File(TEST_DATA_DIR)
        if(dir.exists()) {
            val files : Array[File] = dir.listFiles()
            for(file <- files) {
                del(file)
            }
        }
        dir.delete()
        //创建目录
        dir.mkdir()
    }

    //删除文件及子目录
    def del(file : File): Unit = {
        if(file.isDirectory) {
```

```
                val files = file.listFiles()
                for(f <- files) {
                        del(f)
                }
        }
        else if(file.isFile()) {
                file.delete()
        }
}
//测试环境的恢复，对目录进行清理
def test_tearDown(): Unit = {
    val dir = new File(TEST_DATA_DIR)
    if(dir.exists()) {
            val files : Array[File] = dir.listFiles()
            for(file <- files) {
                    del(file)
            }
    }
    dir.delete()
}


//生成测试文件
def write_and_move(filename: String, data : String): Unit = {
    val file = new File(TEST_DATA_TEMP_DIR + filename)
    val writer = new PrintWriter(file)
    writer.write(data)
    writer.close()
    file.renameTo(new File(TEST_DATA_DIR + filename))
}

def main(args: Array[String]): Unit = {
    test_setUp()

    for(i <- 1 to 1000) {
            val filename = "e-mail-" + i + ".json"
            var content = ""
            for(j <- 1 to 100) {
                    //内容是不超过100行的随机JSON数据
                    //格式为{"evenTime":1546939167,"action":"logout","district":
"fujian"}\n
                    val eventime = new Date().getTime.toString.substring(0, 10)
                    val action_def = Random.shuffle(ACTION_DEF).head
                    val district_def = Random.shuffle(DISTRICT_DEF).head
                    content = content + "{\"eventTime\": " + eventime + ", \"action\":
\"" + action_def + "\", \"district\": \"" + district_def + "\"}\n"
            }
            write_and_move(filename, content)
            Thread.sleep(1000)
    }
    test_tearDown()
  }
}
```

这段代码首先搭建测试环境，清空测试数据所在的目录，接着使用 for 语句循环 1000 次来生成 1000 个文件，文件名的格式为 "e-mail-数字.json"，文件内容是 100 行的随机 JSON 数据，数据的格式类似如下：

```
{"eventTime": 1546939167, "action": "logout", "district": "fujian"}\n
```

其中，eventTime、action、district 的值均为随机的。测试数据用于模拟电子商城记录的用户行为，可能是登录、退出或者购买，并记录用户所在的省份。让程序运行一段时间，每生成一个文件后休眠 1s。在临时目录内生成的文件，通过移动（write_and move）的原子操作移动到测试目录。

（2）创建程序，对数据进行统计。

在终端中执行以下命令创建代码目录和代码文件。

```
$ cd /usr/local/spark/mycode/structuredstreaming/file
$ cd file/src/main/scala
$ vim StructuredEMailPurchaseCount.scala
```

在 StructuredEMailPurchaseCount.scala 中输入以下代码。

```scala
package org.apache.spark.example.email
import org.apache.spark.sql.SparkSession
import org.apache.spark.sql.functions._
import org.apache.spark.sql.types._
import org.apache.spark.sql.streaming.Trigger

object StructuredEMailPurchaseCount{
    //定义 JSON 文件的路径常量
    val TEST_DATA_DIR_SPARK = "file:///home/hadoop/tmp/testdata/"

    def main(args: Array[String]): Unit =  {
        //定义模式，由时间戳类型的 eventTime、字符串类型的 action 和 district 组成
        val schema = StructType(Array(
            StructField("eventTime", TimestampType, true),
            StructField("action", StringType, true),
            StructField("district", StringType, true)))

        val spark = SparkSession
            .builder
            .appName("StructuredEMailPurchaseCount")
            .getOrCreate()

        spark.sparkContext.setLogLevel("ERROR")

        val lines = spark
            .readStream
            .format("json")
            .schema(schema)
            .option("maxFilesPerTrigger", 100)
            .load(TEST_DATA_DIR_SPARK)

        import spark.implicits._

        val windowDuration = "1 minutes"

        val windowedCounts = lines
            .filter($"action" === "purchase")
            .groupBy($"district", window($"eventTime", windowDuration))
            .count()
            .sort(asc("window"))

        val query = windowedCounts
            .writeStream
            .outputMode("complete")
```

```
                    .format("console")
                    .option("truncate", "false")
                    .trigger(Trigger.ProcessingTime("10 seconds"))
                    .start()

            query.awaitTermination()
    }
}
```

（3）测试运行程序。

程序运行过程需要访问 HDFS，因此，需要启动 HDFS，命令如下。

```
$ cd /usr/local/hadoop
$ sbin/start-dfs.sh
```

在终端中执行以下命令新建一个 simple.sbt 文件。

```
$ cd /usr/local/spark/mycode/structuredstreaming/file
$ vim simple.sbt
```

在 simple.sbt 文件中输入以下代码。

```
name := "Simple Project"
version := "1.0"
scalaVersion := "2.12.15"
libraryDependencies += "org.apache.spark" %% "spark-sql" % "3.2.0"
```

然后，在终端中执行以下命令进行编译打包。

```
$ cd /usr/local/spark/mycode/structuredstreaming/file
$ /usr/local/sbt/sbt package
```

新开一个终端，执行如下命令生成测试数据。

```
$ cd /home/hadoop
$ mkdir tmp //创建一个临时目录 tmp
$ cd /usr/local/spark/mycode/structuredstreaming/file
$ /usr/local/spark/bin/spark-submit \
> --class "org.apache.spark.example.email.SparkFilesourceGenerate" \
> ./target/scala-2.12/simple-project_2.12-1.0.jar
```

新开一个终端，执行如下命令运行 StructuredEMailPurchaseCount 程序。

```
$ cd /usr/local/spark/mycode/structuredstreaming/file
$ /usr/local/spark/bin/spark-submit \
> --class "org.apache.spark.example.email.StructuredEMailPurchaseCount" \
> ./target/scala-2.12/simple-project_2.12-1.0.jar
```

运行程序后，可以看到类似如下的输出结果。

```
-------------------------------------------
Batch: 0
-------------------------------------------
+---------+---------------------------------------------+-----+
|district |window                                       |count|
+---------+---------------------------------------------+-----+
|guangzhou|{2022-01-30 00:01:00, 2022-01-30 00:02:00}|451  |
|shanghai |{2022-01-30 00:01:00, 2022-01-30 00:02:00}|412  |
|beijing  |{2022-01-30 00:01:00, 2022-01-30 00:02:00}|436  |
|fujian   |{2022-01-30 00:01:00, 2022-01-30 00:02:00}|434  |
|beijing  |{2022-01-30 00:02:00, 2022-01-30 00:03:00}|47   |
|shanghai |{2022-01-30 00:02:00, 2022-01-30 00:03:00}|58   |
|guangzhou|{2022-01-30 00:02:00, 2022-01-30 00:03:00}|65   |
|fujian   |{2022-01-30 00:02:00, 2022-01-30 00:03:00}|65   |
+---------+---------------------------------------------+-----+
```

StructuredEMailPurchaseCount 程序的作用是过滤用户在电子商城里的购买记录，并根据省份以

1min 的事件时间窗口统计各个省份的购买量，按时间排序后输出。

8.3.2 Kafka 源

Kafka 源

Kafka 源是流处理最理想的输入源，因为它可以保证实时和容错。Kafka 源的选项包括如下内容。

（1）assign：用于消费的 Kafka Topic 和分区。

（2）subscribe：订阅的 KafkaTopic，以逗号分隔的 Topic 列表。

（3）subscribePattern：订阅的 Kafka Topic 正则表达式，可匹配多个 Topic。

（4）kafka.bootrap.servers：Kafka 服务器的列表，以逗号分隔的形如"host:port"的列表。

（5）startingOffsets：起始位置偏移量。

（6）endingOffsets：结束位置偏移量。

（7）failOnDataLoss：布尔值，表示是否在 Kafka 数据可能丢失（Topic 被删除或位置偏移量超出范围等）时触发流计算失败。一般应当禁止，以免误报。

示例代码如下。

```
val df = spark
    .readstream()
    .format("kafka")
    .option("subscribe", "input")
    .load()
```

下面通过一个实例来演示 Kafka 源的使用方法。在这个实例中，使用生产者程序每 0.1s 生成一个包含 2 个字母的单词，并写入 Kafka 的名称为"wordcount-topic"的 Topic 内。Spark 的消费者程序通过订阅 wordcount-topic，会源源不断地收到单词，并且每隔 8s 对收到的单词进行一次词频统计，把统计结果输出到 Kafka 的 Topic wordcount-result-topic 内，同时，通过 2 个监控程序检查 Spark 处理的输入和输出结果。

参照 7.5.2 小节内容下载 Kafka 安装文件 kafka_2.12-2.6.0.tgz，并完成 Kafka 的安装。访问 Maven Repository 官网下载 spark-sql-kafka-0-10_2.12-3.2.0.jar、kafka-clients-2.6.0.jar、commons-pool2-2.9.0.jar 和 spark-token-provider-kafka-0-10_2.12-3.2.0.jar 文件，将其放到"/usr/local/spark/jars"目录下，或者到高校大数据课程公共服务平台本书页面的"软件"目录下下载这些文件。

1. 启动 Kafka

首先需要启动 Kafka。在 Linux 系统中打开一个终端（记作"Zookeeper 终端"），执行下面的命令启动 Zookeeper 服务。

```
$ cd /usr/local/kafka
$ bin/zookeeper-server-start.sh config/zookeeper.properties
```

不要关闭这个终端窗口，一旦关闭，Zookeeper 服务就停止了。另打开一个终端（记作"Kafka 终端"），然后执行下面的命令启动 Kafka 服务。

```
$ cd /usr/local/kafka
$ bin/kafka-server-start.sh config/server.properties
```

不要关闭这个终端窗口，一旦关闭，Kafka 服务就停止了。

再打开一个终端，使用以下命令创建名为"wordcount-topic"的 Topic。

```
$ cd /usr/local/kafka
$ ./bin/kafka-topics.sh --create --zookeeper localhost:2181 \
> --replication-factor 1 --partitions 1 \
> --topic wordcount-topic
```

接着使用以下命令创建名为"wordcount-result-topic"的 Topic。

```
$ ./bin/kafka-topics.sh --create --zookeeper localhost:2181 \
```

```
> --replication-factor 1 --partitions 1 \
> --topic wordcount-result-topic
```

再新开一个终端（记作"监控输入终端"），执行如下命令监控 Kafka 收到的文本。

```
$ cd /usr/local/kafka
$ bin/kafka-console-consumer.sh \
> --bootstrap-server localhost:9092 --topic wordcount-topic
```

再新开一个终端（记作"监控输出终端"），执行如下命令监控输出的结果文本。

```
$ cd /usr/local/kafka
$ bin/kafka-console-consumer.sh \
> --bootstrap-server localhost:9092 --topic wordcount-result-topic
```

2．编写生产者（Producer）程序

在终端中执行以下命令创建代码目录和代码文件。

```
$ cd /usr/local/spark/mycode/structuredstreaming
$ mkdir kafka
$ cd kafka
$ mkdir src/main/scala
$ cd src/main/scala
$ vim KafkaDataProducer.scala
```

在 KafkaDataProducer.scala 中输入以下代码。

```scala
package org.apache.spark.example.kafka
import java.util.{Properties, Random}
import org.apache.kafka.clients.producer._
import java.io._

object KafkaDataProducer{
    def main(args:Array[String]){
        val prop = new Properties
        prop.put("bootstrap.servers","localhost:9092")
        prop.put("key.serializer", "org.apache.kafka.common.serialization.StringSerializer")
        prop.put("value.serializer", "org.apache.kafka.common.serialization.
StringSerializer")
        val producer = new KafkaProducer[Nothing, String](prop)
        while(true) {
            //生成字符串
            var lowercase:Array[Char] = new Array[Char](0)
            for( i <- 'a' to 'z') {
                lowercase = lowercase ++ Array(i)
            }
            var str = util.Random.shuffle(lowercase.toList).take(2)
            val word = new StringBuffer
            for(j <- str){
                word.append(j)
            }
            //word.toString是字符串
            var message = new ProducerRecord("wordcount-topic",word.toString)
            producer.send(message)
            Thread.sleep(100)
        }
    }
}
```

在上面的代码里，使用 util.Random.shuffle(lowercase.tolist).take(2)随机选择小写字母列表中的两个字母，并通过 StringBuffer 的 append( )操作对两个小写字母进行连接，再通过调用 toString( )方法得到一个包含两个字母的单词。

3. 编写消费者（Consumer）程序

在终端中执行以下命令创建 KafkaDataConsumer.scala 代码文件。

```
$ cd /usr/local/spark/mycode/structuredstreaming/kafka
$ cd src/main/scala
$ vim KafkaDataConsumer.scala
```

在 KafkaDataConsumer.scala 中输入以下代码。

```
package org.apache.spark.example.kafka
import org.apache.spark.sql.SparkSession
import org.apache.spark.sql.streaming.Trigger

object KafkaDataConsumer{
    def main(args: Array[String]) {
        val spark = SparkSession
            .builder
            .appName("StructuredKafkaWordCount")
            .getOrCreate()

        spark.sparkContext.setLogLevel("ERROR")

        val lines = spark
            .readStream
            .format("kafka")
            .option("kafka.bootstrap.servers", "localhost:9092")
            .option("subscribe", "wordcount-topic")
            .load()
            .selectExpr("CAST(value AS STRING)")

        import spark.implicits._
        val wordCounts = lines.groupBy("value").count()

        val query = wordCounts
            .selectExpr("CAST(value AS STRING) as key", "CONCAT(CAST(value AS STRING),
':', CAST(count AS STRING)) as value")
            .writeStream
            .outputMode("complete")
            .format("kafka")
            .option("kafka.bootstrap.servers", "localhost:9092")
            .option("topic", "wordcount-result-topic")
            .option("checkpointLocation", "file:///tmp/kafka-sink-cp")
            .trigger(Trigger.ProcessingTime("8 seconds"))
            .start()

        query.awaitTermination()
    }
}
```

KafkaDataConsumer.scala 的代码中存在 2 个 selectExpr。第 1 个 selectExpr 将 Kafka 的 Topic wordcount-topic 内的 value 转换成字符串，然后对其在一个触发周期（8s）内进行 groupBy( )操作，并用 count( )操作得到统计结果。为了观察输出，将结果 value 写到 Topic wordcount-result-topic 的 key 内，并通过 CONCAT( )函数将 value、冒号和计数拼接后写入 Kafka 的 value 内。最后，在监控输出终端输出 Kafka 的 Topic wordcount-result-topic 的 value 值。

4. 编译打包、运行程序

在终端中执行以下命令新建一个 simple.sbt 文件。

```
$ cd /usr/local/spark/mycode/structuredstreaming/kafka
```

```
$ vim simple.sbt
```

在 simple.sbt 文件中输入以下代码。

```
name := "Simple Project"
version := "1.0"
scalaVersion := "2.12.15"
libraryDependencies += "org.apache.spark" %% "spark-sql" % "3.2.0"
libraryDependencies += "org.apache.spark" %% "spark-sql-kafka-0-10" % "3.2.0" % Test
libraryDependencies += "org.apache.kafka" % "kafka-clients" % "2.6.0"
```

然后执行如下命令对程序进行编译打包。

```
$ cd /usr/local/spark/mycode/structuredstreaming/kafka
$ /usr/local/sbt/sbt package
```

编译打包成功后，新开一个终端（记作"生产者终端"），在终端中执行如下命令运行生产者程序。

```
$ cd /usr/local/spark/mycode/structuredstreaming/kafka
$ /usr/local/spark/bin/spark-submit \
> --jars "/usr/local/kafka/libs/*" \
> --class "org.apache.spark.example.kafka.KafkaDataProducer" \
> ./target/scala-2.12/simple-project_2.12-1.0.jar
```

此时在监控输入终端就可以看到生产者程序持续产生的由两个字母组成的单词。

再新开一个终端（记作"流计算终端"），在终端中执行如下命令运行消费者程序。

```
$ cd /usr/local/spark/mycode/structuredstreaming/kafka
$ /usr/local/spark/bin/spark-submit \
> --jars "/usr/local/kafka/libs/*:/usr/local/spark/jars/*" \
> --class "org.apache.spark.example.kafka.KafkaDataConsumer" \
> ./target/scala-2.12/simple-project_2.12-1.0.jar
```

消费者程序运行后，在监控输出终端可看到类似如下的输出结果。

```
sq:3
bl:6
lo:8
…
```

8.3.3 Socket 源

Socket 源和
Rate 源

Socket 源从本地或远程主机的某个端口服务上读取数据，数据的编码为 UTF-8。因为 Socket 源使用内存保存读取到的所有数据，并且远程主机的端口服务不能保证数据在出错后可以使用检查点或者指定当前已处理数据的偏移量来重放数据，所以 Socket 源无法提供端到端的容错保障。Socket 源一般仅用于测试或学习。

Socket 源的选项包括如下内容。

（1）host：主机 IP 地址或者域名，必须设置。

（2）port：端口号，必须设置。

（3）includeTimestamp：是否在数据行内包含时间戳。时间戳可以用来测试基于时间聚合的功能。

Socket 源的实例可以参考 8.2 节。

8.3.4 Rate 源

Rate 源可每秒生成特定数量的数据行，数据行中包含时间戳和值字段。时间戳是消息发送的时间，值是从开始到当前发送的消息的总个数，从 0 开始。Rate 源一般用于调试或性能基准测试。

Rate 源的选项包括如下内容。

（1）rowsPerSecond：每秒产生多少行数据，默认为 1。

（2）rampUpTime：用于设置数据的生成速度达到 rowsPerSecond 需要多长的启动时间，比秒更精细的粒度将会被截断为整数秒，默认为 0s。

（3）numPartitions：使用的分区数，默认是 Spark 的默认分区数。

Rate 源会尽可能使每秒生成的数据量达到 rowsPerSecond，可以通过调整 numPartitions，以尽快达到所需的速度。这几个参数的使用场景类似一辆汽车从 0km/h 加速到 100km/h 并以 100km/h 行驶的过程，通过增大功率（numPartitions），可以使加速时间（rampUpTime）更短。

我们可以用一小段代码来观察 Rate 源的数据行格式和生成数据的内容。首先，我们需要在终端中执行以下命令创建代码目录和代码文件。

```
$ cd /usr/local/spark/mycode/structuredstreaming
$ mkdir rate
$ cd rate
$ mkdir -p src/main/scala
$ cd src/main/scala
$ vim StructuredRate.scala
```

在 StructuredRate.scala 中输入以下代码。

```
import org.apache.spark.sql.SparkSession

object StructuredRate{
    def main(args: Array[String]): Unit = {
        val spark = SparkSession
            .builder
            .appName("TestRateStreamSource")
            .getOrCreate()

        spark.sparkContext.setLogLevel("ERROR")

        import spark.implicits._
        val lines = spark
            .readStream
            .format("rate")
            .option("rowsPerSecond", 5)
            .load()

        println(lines.schema)

        val query = lines
            .writeStream
            .outputMode("update")
            .format("console")
            .option("truncate", "false")
            .start()

        query.awaitTermination()
    }
}
```

然后，在终端中执行以下命令新建一个 simple.sbt 文件。

```
$ cd /usr/local/spark/mycode/structuredstreaming/rate
$ vim simple.sbt
```

在 simple.sbt 文件中输入以下代码。

```
name := "Simple Project"
version := "1.0"
```

```
scalaVersion := "2.12.15"
libraryDependencies += "org.apache.spark" %% "spark-sql" % "3.2.0"
```

接着，在终端中执行以下命令进行编译打包。

```
$ cd /usr/local/spark/mycode/structuredstreaming/rate
$ /usr/local/sbt/sbt package
```

编译打包成功后，程序就可以提交给 Spark 运行了。在这之前，我们需要在终端中执行以下命令启动 HDFS。

```
$ cd /usr/local/hadoop
$ ./sbin/start-dfs.sh
```

执行以下命令，通过"spark-submit"命令提交并运行程序。

```
$ cd /usr/local/spark/mycode/structuredstreaming/rate
$ /usr/local/spark/bin/spark-submit \
> --class "StructuredRate" \
> ./target/scala-2.12/simple-project_2.12-1.0.jar
```

上述命令执行后，会得到类似如下的结果。

```
StructType(List(StructField(timestamp,TimestampType,true),StructField(value,LongType,true)))
-------------------------------------------
Batch: 0
-------------------------------------------
+---------+-----+
|timestamp|value|
+---------+-----+
+---------+-----+


-------------------------------------------
Batch: 1
-------------------------------------------
+----------------------+-----+
|timestamp             |value|
+----------------------+-----+
|2022-01-30 16:06:03.008|0   |
|2022-01-30 16:06:03.208|1   |
|2022-01-30 16:06:03.408|2   |
|2022-01-30 16:06:03.608|3   |
|2022-01-30 16:06:03.808|4   |
|2022-01-30 16:06:04.008|5   |
|2022-01-30 16:06:04.208|6   |
|2022-01-30 16:06:04.408|7   |
|2022-01-30 16:06:04.608|8   |
|2022-01-30 16:06:04.808|9   |
|2022-01-30 16:06:05.008|10  |
|2022-01-30 16:06:05.208|11  |
|2022-01-30 16:06:05.408|12  |
|2022-01-30 16:06:05.608|13  |
|2022-01-30 16:06:05.808|14  |
|2022-01-30 16:06:06.008|15  |
|2022-01-30 16:06:06.208|16  |
|2022-01-30 16:06:06.408|17  |
|2022-01-30 16:06:06.608|18  |
|2022-01-30 16:06:06.808|19  |
+----------------------+-----+
```

输出的第一行的 StructType 语句就是通过 print(lines.schema)输出的数据行的格式。

8.4　输出操作

输出操作

为了保存流计算的结果，需要定义将结果以何种方式保存到哪个位置。流计算过程定义的 DataFrame/DataSet 结果，通过 writeStream( )方法将数据写入输出接收器，写入内容的多少是通过输出模式定义的，输出模式包括 Append 模式、Complete 模式和 Update 模式，其中 Append 模式为默认模式。流计算查询类型的不同，也会影响输出模式的选择。最终数据会写入输出接收器，系统内置的输出接收器包括 File 接收器、Kafka 接收器、Foreach 接收器、Console 接收器、Memory 接收器等，用户也可以自定义接收器。如果只是为了调试，可以选择 Console 接收器。如果用户对关系数据库操作比较熟悉，需要对数据集进行 SQL 查询以便完成更多有意义的分析，则可以使用 Memory 接收器。如果需要长期保存数据，建议使用 File 接收器。Foreach 接收器提供了较大的灵活性，可以通过循环对每条数据逐一进行处理，可将数据保存到任何地方。

8.4.1　启动流计算

DataFrame/DataSet 的 writeStream( )方法将会返回 DataStreamWriter 接口，该接口通过 start( )真正启动流计算，并将 DataFrame/DataSet 写入外部的输出接收器，DataStreamWriter 接口有以下几个主要函数。

（1）format：用于设置接收器类型。

（2）outputMode：用于设置输出模式，指定写入输出接收器的内容，可以是 Append 模式、Complete 模式或 Update 模式。

（3）queryName：用于设置查询的名称，可选，是用于标识查询的唯一名称。

（4）trigger：用于设置触发间隔，可选，如果未设定触发间隔，则系统将在上一次处理完成后立即检查新数据的可用性。如果由于先前的处理尚未完成导致超过触发间隔，则系统将在处理完成后立即触发新的查询。

（5）checkpointLocation：检查点位置选项（不同类型的接收器存在的通用选项）。某些接收器可以保证端到端的容错能力，这需要提前指定将检查点信息保存到文件系统内的位置，位置可以是与 HDFS 兼容的容错文件系统中的目录。

以下是一段示例代码。

```
import org.apache.spark.sql.streaming.Trigger
val query = wordcount
    .writeStream
    .outputMode("update")
    .format("console")
    .option("truncate", "false")
    .trigger(Trigger.ProcessingTime("8 seconds"))
    .start()
```

在这段示例代码里面，设定了输出模式为 Update 模式，接收器为 Console 接收器，并且对于长的字符串不做截断。

8.4.2　输出模式

输出模式用于指定写入输出接收器的内容，主要有以下几种。

（1）Append 模式：只有结果表中自上次触发间隔后增加的新行才会被写入外部的输出接收器。这种模式一般适用于不希望更改结果表中现有行的内容的使用场景。

（2）Complete 模式：已更新的完整的结果表可被写入外部的输出接收器。

（3）Update 模式：只有自上次触发间隔后结果表中发生更新的行才会被写入外部的输出接收器。

这种模式与 Complete 模式相比，输出较少，如果结果表的部分行没有更新，则不会输出任何与这些行相关的内容。当查询不包含聚合时，这个模式等同于 Append 模式。

不同的流计算查询类型支持不同的输出模式，二者之间的兼容性如表 8-2 所示。

表 8–2　　　　　　　　流计算查询类型和输出模式的兼容性

查询类型		支持的输出模式	备注
聚合查询	在事件时间字段上使用水印的聚合	Append、Complete、Update	Append 模式使用水印来清理旧的聚合状态。在 8.6.3 小节将介绍水印
	其他聚合	Complete、Update	
连接查询		Append	
其他查询		Append、Update	不支持 Complete 模式，因为无法将所有未分组数据保存在结果表内

以 8.2 节的实例代码为例，如果要使用 Append 输出模式，则必须设定水印或者不使用聚合查询，比如将原先使用 groupBy( )聚合的代码

```
val wordCounts = words.groupBy("value").count()
```

修改为如下代码。

```
val wordCounts = words.filter($"value" === "Hello")
```

8.4.3　输出接收器

系统内置了各种输出接收器，包括 File 接收器、Kafka 接收器、Foreach 接收器、Console 接收器、Memory 接收器等。其中，Console 接收器和 Memory 接收器仅用于调试。由于有些接收器无法保证输出的持久性，因此其不是容错的。表 8-3 给出了 Spark 内置的输出接收器的详细信息。

表 8–3　　　　　　　　Spark 内置的输出接收器的详细信息

输出接收器	支持的输出模式	选项	容错
File 接收器	Append	path：输出目录的路径必须指定	是，数据只会被处理一次
Kafka 接收器	Append、Complete、Update	选项较多，具体可查看 Kafka 对接指南	是，数据至少被处理一次
Foreach 接收器	Append、Complete、Update	无	依赖于 ForeachWriter 的实现
Console 接收器	Append、Complete、Update	numRows：每次触发后输出多少行，默认为 20。truncate：如果行太长是否截断，默认为"是"	否
Memory 接收器	Append、Complete	无	否。在 Complete 模式下，重启查询会重建全表

以 File 接收器为例，这里把 8.2 节的实例修改为使用 File 接收器，在终端中执行以下命令创建代码目录和代码文件。

```
$ cd /usr/local/spark/mycode/structuredstreaming
$ mkdir tofile
$ cd tofile
$ mkdir -p src/main/scala
$ cd src/main/scala
$ vim StructuredNetworkWordCountFileSink.scala
```

在 StructuredNetworkWordCountFileSink.scala 中输入以下代码。

```
import org.apache.spark.sql.SparkSession
import org.apache.spark.sql.functions._
import org.apache.spark.sql.streaming.Trigger

object StructuredNetworkWordCountFileSink{
    def main(args: Array[String]): Unit = {
        val spark = SparkSession
            .builder
            .appName("StructuredNetworkWordCountFileSink")
```

```
            .getOrCreate()

        spark.sparkContext.setLogLevel("ERROR")

        val lines = spark
            .readStream
            .format("socket")
            .option("host", "localhost")
            .option("port", 9999)
            .load()

        import spark.implicits._
        val words = lines.as[String].flatMap(_.split(" "))

        val all_length_5_words = words.filter(_.length() == 5)

        val query = all_length_5_words
            .writeStream
            .outputMode("append")
            .format("parquet")
            .option("path", "file:///home/hadoop/tmp/filesink")
            .option("checkpointLocation", "file:///home/hadoop/tmp/file-sink-cp")
            .trigger(Trigger.ProcessingTime("10 seconds"))
            .start()

        query.awaitTermination()
    }
}
```

然后，在终端中执行以下命令新建一个 simple.sbt 文件。

```
$ cd /usr/local/spark/mycode/structuredstreaming/tofile
$ vim simple.sbt
```

在 simple.sbt 文件中输入以下代码。

```
name := "Simple Project"
version := "1.0"
scalaVersion := "2.12.15"
libraryDependencies += "org.apache.spark" %% "spark-sql" % "3.2.0"
```

接着，在终端中执行以下命令进行编译打包。

```
$ cd /usr/local/spark/mycode/structuredstreaming/tofile
$ /usr/local/sbt/sbt package
```

编译打包成功后，程序就可以提交给 Spark 运行了。首先启动 HDFS，然后在 Linux 系统中新开一个终端（记作"数据源终端"），执行如下命令。

```
$ nc -lk 9999
```

再新开一个终端（记作"流计算终端"），执行如下命令。

```
$ cd /usr/local/spark/mycode/structuredstreaming/tofile
$ /usr/local/spark/bin/spark-submit \
> --class "StructuredNetworkWordCountFileSink " \
> ./target/scala-2.12/simple-project_2.12-1.0.jar
```

为了模拟文本数据流，可以在数据源终端内通过键盘不断输入一行行英文语句，并且让其中部分英语单词的长度等于 5，nc 程序会把这些数据发送给 StructuredNetworkWordCountFileSink 程序进行处理，长度为 5 的单词会被过滤出来，保存到文件中。

由于程序执行后不会在流计算终端中输出信息，这时可新开一个终端，执行如下命令查看 File 接收器保存的位置。

```
$ cd /home/hadoop/tmp/filesink
$ ls
```
我们可以看到以 Parquet 格式保存的类似如下的文件列表。
```
part-00000-2bd184d2-e9b0-4110-9018-a7f2d14602a9-c000.snappy.parquet
part-00000-36eed4ab-b8c4-4421-adc6-76560699f6f5-c000.snappy.parquet
part-00000-dde601ad-1b49-4b78-a658-865e54d28fb7-c000.snappy.parquet
part-00001-eedddae2-fb96-4ce9-9000-566456cd5e8e-c000.snappy.parquet
_spark_metadata
```
我们可以使用"strings"命令查看文件内的字符串，具体命令如下。
```
$ strings part-00003-89584d0a-db83-467b-84d8-53d43baa4755-c000.snappy.parquet
```
这时就可以看到刚才输入的多个长度为 5 的单词。这些以 Parquet 格式保存的文件，可以在以后的其他查询内作为输入。

8.5　容错处理

容错处理

在复杂的网络和计算机环境里，故障是经常发生的，比如网络延迟、链路中断、系统崩溃、JVM 故障等，程序应当设计有效的、能够应对这些故障的、提高程序健壮性的机制。为了在故障发生后能够恢复计算，Spark 设计了输入源、执行引擎和接收器等多个松散耦合的组件来隔离故障。关于输入源或接收器的故障监控和恢复机制，以及 Spark 集群本身各个节点的恢复机制，这里不做讨论，本节只关注 Spark 程序的容错。由于"幂等"的存在，如果不考虑恢复中间状态，全部重新统计也可实现容错，但是这样会浪费中间计算的结果，导致能源和时间的损耗。在故障常态化情况下，在程序的设计阶段就应当考虑错误一定会发生，并且考虑解决方案。Spark 通过将程序区分为输入源、执行引擎和接收器等多个层次来保障容错。输入源通过位置偏移量来标记目前处理的位置，执行引擎通过检查点保存中间状态，接收器可以使用"幂等"的接收器来保障输出的稳定性。在任何时间发生故障，或者中断查询程序，只要程序在自动监控下恢复运行或者手动启动，整个查询均可快速恢复。

8.5.1　通过检查点恢复故障

Spark 程序一般要长时间运行，然而由于系统故障或者 JVM 故障导致程序退出、系统重启时，Spark 程序需要有能力恢复。正确配置容错环境包括选择容错的输入源、记录输入源位置偏移量、保存检查点和预写式日志中间状态，以及使用容错的接收器。其中，记录输入源位置偏移量、保存检查点和预写式日志中间状态由 Spark 引擎完成。使用者只需要提供检查点路径，Spark 引擎会保存用于恢复的必要的数据，比如在 8.4.3 小节的例子中，在 File 接收器内设置选项 checkpointLocation，如果发生故障，由于检查点和预写式日志保存了位置偏移量等信息，因此可以恢复之前的查询的进度和状态。

8.5.2　故障恢复中的限制

Spark 设计了分离的输入源和接收器，然而在程序停止运行或者故障发生后，有时候为了规避故障，需要修改部分程序代码并重启查询，如果仍使用旧的检查点数据来恢复程序运行，则部分代码的修改是不被允许的，或者即使允许，也可能会导致运行的结果有无法预估的错误。以下是关于参数修改的一些限定。

（1）输入源的类型和数量的更改：不被允许。

（2）输入源的参数的更改：部分不会影响到检查点状态的参数可以修改，比如修改 Kafka 的 maxOffsetsPerTrigger 等限速参数。而修改 Kafka 的 Topic 或者文件路径则不被允许。

（3）接收器类型的更改：File 接收器改为 Kafka 接收器是允许的，但是 Kafka 接收器只能接收到新的数据。Kafka 接收器改成 File 接收器，则不被允许。Kafka 接收器和 Foreach 接收器可以互相替换。

（4）接收器参数的更改：更改 File 接收器的路径不被允许。Kafka 接收器的输出 Topic 允许被更改。Foreach 接收器的自定义函数可以被更改。

（5）projection( )、filter( )、map( )等类似的操作，部分允许修改，比如增加或者删除过滤条件等。

（6）有状态的操作的更改：有些流计算查询操作需要保存状态数据到检查点，以便在数据持续到来时更新查询结果，这种操作的更改不被允许。

8.6 迟到数据处理

很多时候需要基于数据产生的时间而不是 Spark 接收到数据的时间来做分析。数据产生的时间是事件时间，也是数据本身嵌入的时间。比如，在处理某个 IoT 设备生成的事件，或者进行日志分析时，可能由于网络延迟或者时间没有与标准时间校准，希望使用数据生成的时间而不是 Spark 接收到它们的时间来进行处理。在 Spark 编程模型里，事件时间是数据行中的一列，基于窗口的聚合就是在事件时间上的特殊类型的分组和聚合。每个事件时间窗口是一个组，并且每个事件行可以属于多个窗口（或分组）。Spark 的这种编程模型，可以在静态数据集和数据流上一致地定义基于事件时间窗口的聚合查询。

使用这种编程模型，也可以很自然地处理比预计时间晚到的数据。由于网络延迟或时间误差等不可控原因，带事件时间的数据被 Spark 接收的顺序可能是错乱的。Spark 一直在更新结果表，同时在计算过程中会保留中间状态。对于迟到的数据，可以加入无界表内一并计算。但是，受制于中间状态数据存储的大小限制，不可能给迟到数据预留无限的存储空间，因此，Spark 引入了"水印"机制，用户可以指定迟到数据大小的阈值，让引擎清理旧状态数据，以避免存储无限制扩大，同时可以节省计算量。

8.6.1 事件时间

假设某个数据流中包含数据生成的时间，要计算每 10min 内接收到的数据流中的单词个数，每 5min 更新一次。如图 8-5 所示，在计算 10min 内收到的单词个数的时候，需要统计的事件时间窗口分别为 12:00—12:10、12:05—12:15、12:10—12:20 等。假设在 12:07 收到一个数据行，这个数据行应该增加对应的两个窗口的计数，即事件时间窗口 12:00—12:10 和事件时间窗口 12:05—12:15，因此，Spark 内部执行引擎关于计数的索引会同时基于分组关键字（即单词）和事件时间窗口这 2 个参数，结果表里面的每行的第 1 列为事件时间窗口，第 2 列为分组关键字，第 3 列才是计数结果。

事件时间和迟到数据

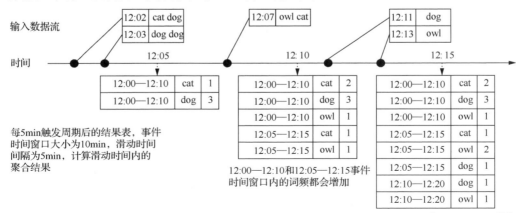

图 8-5 基于事件时间窗口和单词的聚合

8.6.2 迟到数据

现在考虑如果一个事件迟到，应用程序会发生什么。如图 8-6 所示，假设 12:04 生成的数据行 dog 在 12:11 到达（即被 Spark 应用程序接收），应用程序应该把该数据行当成 12:04 的数据（而不是 12:11 的数据）来更新事件时间窗口 12:00—12:10 内的词频信息（而不会更新事件时间窗口 12:05—12:15 内的词频信息）。如果不保存中间状态，则在 12:15 触发执行 Spark 应用程序时，由于计算的是 10min 内的数据流，所以只有 12:05 以后的聚合中间数据才有存在的必要。而 12:00—12:10 事件时间窗口的起始点已经早于 12:05，这部分聚合数据就会被 Spark 丢弃，从而导致 12:11 到达的数据行 dog（实际是 12:04 生成的）无法被用于更新 12:00—12:10 内的聚合数据。

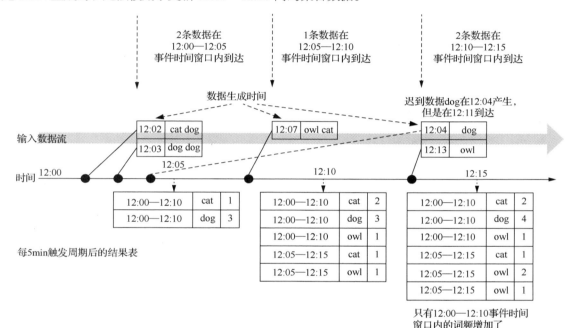

图 8-6 在滑动窗口分组聚合中迟到数据的处理

Spark 内部引擎的实现是保留内部状态的，以便让基于事件时间窗口的聚合可以更新旧的数据。但是，如果一个查询要运行多天，那么系统绑定的中间状态累积的数量也会随之增加。在实时计算中，旧的迟到数据的价值会随着时间的流逝而降低。为了释放系统资源，Spark 允许用户通过自定义水印来告知系统可以丢弃哪些在内存中的旧的状态。

8.6.3 水印

水印和多水印规则

水印可以让引擎自动更新数据中的当前事件时间，并清理旧的状态。在定义查询的水印时，可以指定事件时间列和数据预期的延迟阈值。对于从 T 时刻开始的特定窗口，引擎将保持状态，并允许通过迟到数据来更新状态，直到当前处理过的最大事件时间值减去延迟阈值大于 T。也就是说，在延迟阈值内的迟到数据将被聚合，而当数据迟到的程度超过延迟阈值时就会被丢弃。

定义水印需使用 withWatermark( ) 方法，下面是一个代码片段。

```
import spark.implicits._
val words = … //DataFrame 流的结构为 { timestamp: Timestamp, word: String }
```

```
//对窗口和字母进行聚合并计算计数
val windowedCounts = words
    .withWatermark("timestamp", "10 minutes")
    .groupBy(
        window($"timestamp", "10 minutes", "5 minutes"),
        $"word")
    .count()
```

在这个例子里，将查询的水印定义为 timestamp 列的值，并将允许数据延迟的阈值定义为"10 minutes"。

图 8-7 演示了水印的工作机制。水印设置为事件时间最大值减去 10min。在一次微批处理内，最大事件时间不会对本次微批处理有影响，只有在下一次微批处理中，才会将上一次微批处理内的最大事件时间作为当前的最大事件时间。如果迟到数据落在水印的上方，则该数据不会被丢弃；如果迟到数据落在水印的下方，则该数据会被丢弃。

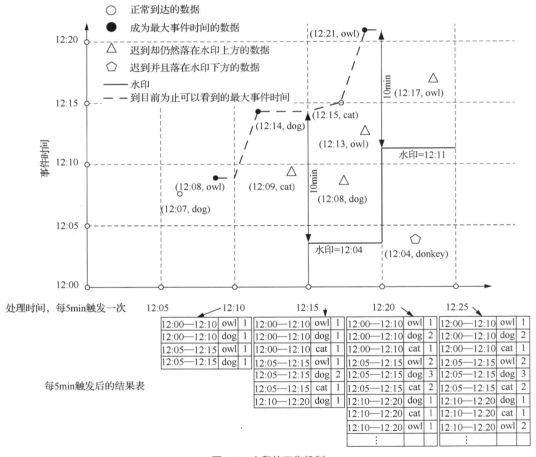

图 8-7　水印的工作机制

假设当前触发器的触发时间为 12:15，应用程序会处理事件时间窗口 12:10—12:15 内到达的所有数据。这时，所有数据的事件时间最大值为 12:14，如图 8-7 中的(12:14,dog)所示。于是等触发器处理完毕后，Spark 为下一次触发器（12:20）设置水印为 12：04（即事件时间最大值 12:14 减去 10min），该设置允许引擎保存自 12:04 以来的所有迟到数据可能会影响到的聚合的中间状态（从 12:00 开始），所以，下一次触发器于 12:20 被触发后，在事件时间窗口 12:15—12:20 内，迟到的事件(12:13,owl)和(12:08,dog)仍然会被保留，因为它们都落在水印的上方。同理，可以求得这时的事件时间最大值为

12:21，如图 8-7 中的(12:21,owl)所示，于是将下一次触发器（12:25）的水印更新为 12:11（即事件时间最大值 12:21 减去 10min）。当 12:25 触发器触发时，事件时间窗口 12:00—12:10 内的中间状态就会被清理（因为数据生成时间早于水印时间），所以，(12:04,donkey)会被丢弃，而(12:17,owl)会被保留。

　　因为水印不应该以任何方式影响任何批处理查询，所以在非数据流上使用水印是不可行的。水印的输出模式必须是 Append 模式或者 Update 模式。Complete 模式要求保留所有的聚合数据，导致中间状态无法被清理，因而无法使用水印。水印上的聚合操作不能脱离事件时间列或事件时间列的窗口，并且在使用聚合之前必须先调用 withWatermark( )，以便让水印可以被应用。

　　水印在语义上的保证是单向的。如果水印设置为 2h，那么它可以保证 2h 内延迟到达的数据一定会被处理；但是，对于延迟超过 2h 到达的数据，则不保证一定会被丢弃，这类数据有可能会被处理，当然，延迟时间越长，被处理的可能性越小。

8.6.4　多水印规则

　　如果一个查询来自多个输入源的联合或者连接，那么每个输入源都可以自定义一个单独的水印来跟踪中间状态。单个输入源定义的水印不会影响其他输入源。多个输入源可以定义不同的水印，Structured Streaming 会独立跟踪每个数据流中的事件时间，并分别计算延迟。此外，如果联合或连接查询存在有状态的操作，Structured Streaming 会选择一个全局的水印，来跟踪所有流计算的中间状态。默认情况下，为了保证所有流的迟到数据都会被处理，Structured Streaming 会选择一个最小的迟到的水印时间，也就是说，如果一个流允许数据迟到 10min，而另外一个流允许数据迟到 20min，那么全局的水印就会允许保留 20min 的中间状态。

　　但是，在某些时候，出于对查询速度的考虑，使用者会允许丢弃最慢的流的数据，所以，为了给使用者更多的选择，Spark 允许设置多水印规则。通过把 spark.sql.streaming.multipleWatermarkPolicy 从默认的 min 改为 max，就可以达到上述效果。

8.6.5　处理迟到数据的例子

　　这里通过一个实例来说明 Spark 如何处理迟到数据以及水印在迟到数据处理中的作用。在本实例中，我们将建立一个基于 CSV 文件的输入源，模拟实时写入 CSV 文件，并构造不同的正常到达和迟到的数据，然后在控制台中观察 Structured Streaming 的输出。CSV 文件内的每行包含 2 个字段，第一个字段为事件时间说明，

处理迟到数据的例子

如 "1h 以内延迟到达" "正常" 等，第二个字段为事件时间。我们对不同的事件时间说明和事件时间进行更改和组合，然后在控制台中观察不同的程序执行结果。

　　打开一个终端，在终端中执行以下命令创建代码目录和代码文件。

```
$ cd /usr/local/spark/mycode/structuredstreaming
$ mkdir watermark
$ cd watermark
$ mkdir -p src/main/scala
$ cd src/main/scala
$ vim StructuredNetworkWordCountWindowedDelay.scala
```

在 StructuredNetworkWordCountWindowedDelay.scala 中输入以下代码。

```
import java.io.{File, PrintWriter}
import org.apache.spark.sql.SparkSession
import org.apache.spark.sql.functions._
import org.apache.spark.sql.types._
import org.apache.spark.sql.streaming.Trigger

object StructuredNetworkWordCountWindowedDelay{
```

```scala
val TEST_DATA_DIR = "/home/hadoop/tmp/testdata/"
val TEST_DATA_DIR_SPARK = "file:///home/hadoop/tmp/testdata/"

def test_setUp(): Unit = {
    val dir = new File(TEST_DATA_DIR)
    if(dir.exists()) {
        val files : Array[File] = dir.listFiles()
        for(file <- files) {
            del(file)
        }
    }
    dir.delete()
    //创建目录
    dir.mkdir()
}


//删除文件及子目录
def del(file : File): Unit = {
    if(file.isDirectory) {

        val files = file.listFiles()
        for(f <- files) {
            del(f)
        }
    } else if(file.isFile()) {
        file.delete()
    }
}


//测试环境的恢复，对目录进行清理
def test_tearDown(): Unit = {
    val dir = new File(TEST_DATA_DIR)
    if(dir.exists()) {
        val files : Array[File] = dir.listFiles()
        for(file <- files) {
            del(file)
        }
    }
    dir.delete()
}

def write_to_csv(filename : String, data : String) : Unit = {
    val file = new File(TEST_DATA_DIR + filename)
    val writer = new PrintWriter(file)
    writer.write(data)
    writer.close()
}

def main(args: Array[String]): Unit = {
    test_setUp()
    //定义模式
    val schema = new StructType()
        .add("word", StringType, true)
        .add("eventTime", TimestampType, true)

    val spark = SparkSession
        .builder
```

```scala
        .appName("StructuredNetworkWordCountWindowedDelay")
        .getOrCreate()

spark.sparkContext.setLogLevel("ERROR")

val lines = spark
        .readStream
        .format("csv")
        .schema(schema)
        .option("sep", ";")
        .option("header", "false")
        .load(TEST_DATA_DIR_SPARK)

//定义窗口
val windowDuration = "1 hour"

import spark.implicits._
val windowedCounts = lines
        .withWatermark("eventTime", "1 hour")
        .groupBy($"word", window($"eventTime", windowDuration))
        .count()

val query = windowedCounts
        .writeStream
        .outputMode("update")
        .format("console")
        .option("truncate", "false")
        .trigger(Trigger.ProcessingTime("10 seconds"))
        .start()

write_to_csv("file1.csv","""
        正常;2022-01-31 08:00:00
        正常;2022-01-31 08:10:00
        正常;2022-01-31 08:20:00
        """)

query.processAllAvailable()

write_to_csv("file2.csv","""
        正常;2022-01-31 20:00:00
        1h 以内延迟到达;2022-01-31 10:00:00
        1h 以内延迟到达;2022-01-31 10:50:00
        """)

query.processAllAvailable()

write_to_csv("file3.csv","""
        正常;2022-01-31 20:00:00
        1h 外延迟到达;2022-01-31 10:00:00
        1h 外延迟到达;2022-01-31 10:50:00
        1h 以内延迟到达;2022-01-31 19:00:00
        """ )

query.processAllAvailable()
```

```
        query.stop()

        test_tearDown()
    }
}
```

然后，在终端中执行以下命令新建一个 simple.sbt 文件。

```
$ cd /usr/local/spark/mycode/structuredstreaming/watermark
$ vim simple.sbt
```

在 simple.sbt 文件中输入以下代码。

```
name := "Simple Project"
version := "1.0"
scalaVersion := "2.12.15"
libraryDependencies += "org.apache.spark" %% "spark-sql" % "3.2.0"
```

在终端中执行以下命令进行编译打包。

```
$ cd /usr/local/spark/mycode/structuredstreaming/watermark
$ /usr/local/sbt/sbt package
```

新开一个终端，执行如下命令创建目录。

```
$ cd /home/hadoop
$ mkdir -p tmp/testdata
```

再新开一个终端，执行如下命令运行程序。

```
$ cd /usr/local/spark/mycode/structuredstreaming/watermark/
$ /usr/local/spark/bin/spark-submit \
> --class "StructuredNetworkWordCountWindowedDelay" \
> ./target/scala-2.12/simple-project_2.12-1.0.jar
```

我们可以观察到类似如下的结果。

```
-------------------------------------------
Batch: 0
-------------------------------------------
+----+--------------------------------------------+-----+
|word|window                                      |count|
+----+--------------------------------------------+-----+
|正常 |[2022-01-31 08:00:00, 2022-01-31 09:00:00]|3    |
+----+--------------------------------------------+-----+


-------------------------------------------
Batch: 1
-------------------------------------------
+--------+--------------------------------------------+-----+
|word    |window                                      |count|
+--------+--------------------------------------------+-----+
|1h 以内延迟到达|[2022-01-31 10:00:00, 2022-01-31 11:00:00]|2    |
|正常     |[2022-01-31 20:00:00, 2022-01-31 21:00:00]|1    |
+--------+--------------------------------------------+-----+


-------------------------------------------
Batch: 2
-------------------------------------------
+--------+--------------------------------------------+-----+
|word    |window                                      |count|
+--------+--------------------------------------------+-----+
|1h 以内延迟到达|[2022-01-31 19:00:00, 2022-01-31 20:00:00]|1    |
|正常     |[2022-01-31 20:00:00, 2022-01-31 21:00:00]|2    |
+--------+--------------------------------------------+-----+
```

可以看到，1h 外延迟到达的数据会由于水印的设置导致被 Spark 丢弃，而 1h 以内延迟到达的数据则会被正常处理。

8.7 查询的管理和监控

查询的管理和监控

在 Spark 程序编写中，日志和监控是调试程序的重要手段。在 Spark 程序运行后，由于一般 Spark 程序会长时间运行，并且进程处于阻塞模式，如果无法对运行过程进行监控，也就无法判断程序是否已经运行或者是否正常运行，所以利用日志和监控是管理 Spark 程序并使之健壮的重要方式。Spark 运行过程中，会产生非常多的不同级别的日志，可以通过修改日志级别和跟踪查看日志信息，来观察运行中存在的警告或者错误信息。通过 Spark 自身提供的对象功能和异步推送的度量指标信息，用户可以非常方便地对 Spark 运行过程中的运行信息进行实时监控。

8.7.1 管理和监控的方法

查询时返回的 StreamingQuery 对象可用于对查询进行管理和监控。在 8.2 节的实例中，返回的 query 对象就是 StreamingQuery，这个对象包含 recentProgress、lastProgress、status 等多个属性。其中，recentProgress 可用于返回最近的多个由 StreamingQueryProgresss 构成的数组，返回的数组大小可以使用 spark.sql.streaming.numRecentProgressUpdates 来定义；lastProgress 可用于返回最近的那个 StreamingQueryProgress；status 可用于返回当前查询的状态。

可以在单个 SparkSession 中启动任意数量的查询，它们都会共享相同的集群资源并且并行运行。此外，可以使用 stream( )函数来获取 StreamingQueryManager 对象，用于管理当前活动的查询。如果在一个程序内启动了多个查询，则不能使用单个 StreamingQuery 对象的 awaitTermination( )来让程序阻塞直到查询结束，因为这会使一个查询结束后程序立刻退出，导致其他查询无法继续。这时候应当结合使用 StreamingQueryManager 的 awaitAnyTermination( )函数、active 属性和 resetTerminated( )函数，直到所有查询运行完成才退出程序。其中，awaitAnyTermination( )会在任意一个查询结束后停止阻塞，active 会返回当前上下文所有还在活动的查询，只要还有活动的查询存在，则可以使用 resetTerminated( )忽略已经结束的查询，并使 awaitAnyTermination( )可以继续用来阻塞程序。

8.7.2 一个监控的实例

本小节将对 8.2 节中的 StructuredNetworkWordCount.scala 进行修改，增加输出查询状态的代码并运行观察结果。在终端中执行以下命令创建代码目录和代码文件。

```
$ cd /usr/local/spark/mycode/structuredstreaming
$ mkdir monitor
$ cd monitor
$ mkdir -p src/main/scala
$ cd src/main/scala
$ vim StructuredNetworkWordCountWithMonitor.scala
```

在 StructuredNetworkWordCountWithMonitor.scala 中输入以下代码。

```
import org.apache.spark.sql.SparkSession
import org.apache.spark.sql.functions._
import org.apache.spark.sql.streaming.Trigger

object StructuredNetworkWordCountWithMonitor{
    def main(args: Array[String]) {
        val spark = SparkSession
```

```
            .builder
            .appName("StructuredNetworkWordCountWithMonitor")
            .getOrCreate()

    spark.sparkContext.setLogLevel("ERROR")

    val lines = spark
        .readStream
        .format("socket")
        .option("host", "localhost")
        .option("port", 9999)
        .load()

    import spark.implicits._
    val words = lines.as[String].flatMap(_.split(" "))

    val wordCounts = words.groupBy("value").count()

    val query = wordCounts
        .writeStream
        .outputMode("complete")
        .format("console")
        .queryName("write_to_console")
        .trigger(Trigger.ProcessingTime("8 seconds"))
        .start()

    while (true) {
        if (query.lastProgress != null) {
            if (query.lastProgress.numInputRows > 0) {
                println(query.lastProgress)
            }
        }
        println(query.status)
        Thread.sleep(5000)
    }
  }
}
```

与 8.2 节中的 StructuredNetworkWordCount.scala 的代码相比，上述代码增加了 queryName，去掉了 query.awaitTermination()，取而代之的是一个无限循环的代码段，在代码段内判断最近是否有新的处理数据，如果有，则输出 lastProgress 信息，输出 status 信息，并休眠 5s。

然后，在终端中执行以下命令新建一个 simple.sbt 文件。

```
$ cd /usr/local/spark/mycode/structuredstreaming/monitor
$ vim simple.sbt
```

在 simple.sbt 文件中输入以下代码。

```
name := "Simple Project"
version := "1.0"
scalaVersion := "2.12.15"
libraryDependencies += "org.apache.spark" %% "spark-sql" % "3.2.0"
```

在终端中执行以下命令进行编译打包。

```
$ cd /usr/local/spark/mycode/structuredstreaming/monitor
$ /usr/local/sbt/sbt package
```

编译打包成功后，程序就可以提交给 Spark 运行了。在这之前，需要在终端中执行以下命令启动 HDFS。

```
$ cd /usr/local/hadoop
$ ./sbin/start-dfs.sh
```

新开一个终端（记作"数据源终端"），执行如下命令。

```
$ nc -lk 9999
```

再新开一个终端（记作"流计算终端"），执行以下命令，通过"spark-submit"命令提交并运行程序。

```
$ cd /usr/local/spark/mycode/structuredstreaming/monitor
$ /usr/local/spark/bin/spark-submit \
> --class "StructuredNetworkWordCountWithMonitor" \
> ./target/scala-2.12/simple-project_2.12-1.0.jar
```

为了模拟文本数据流，可以在数据源终端通过键盘不断输入一行行英文语句，nc 程序会把这些数据发送给 StructuredNetworkWordCountWithMonitor 程序进行处理。例如，输入如下数据。

```
apache spark
apache hadoop
```

在流计算终端观察程序执行结果，可以看出，与 8.2 节中 StructuredNetworkWordCount.scala 的代码相比，本小节的代码执行后的输出结果中，多了类似如下的状态信息。

```
{'batchId': 0,
 'durationMs': {'addBatch': 4107,
                'getBatch': 219,
                'getOffset': 0,
                'queryPlanning': 345,
                'triggerExecution': 4736,
                'walCommit': 55},
 'id': '38846056-5b0a-4c06-894e-fa038a72617f',
 'inputRowsPerSecond': 0.25,
 'name': 'write_to_console',
 'numInputRows': 2,
 'processedRowsPerSecond': 0.4222972972972973,
 'runId': '57284b41-0800-48c9-9ae8-3b1ecaaa492c',
 'sink': {'description': 'org.apache.spark.sql.execution.streaming.
ConsoleSinkProvider@590dfde2'},
 'sources': [{'description': 'TextSocketSource[host: localhost, port: 9999]',
             'endOffset': 1,
             'inputRowsPerSecond': 0.25,
             'numInputRows': 2,
             'processedRowsPerSecond': 0.4222972972972973,
             'startOffset': None}],
 'stateOperators': [{'memoryUsedBytes': 13159,
                    'numRowsTotal': 2,
                    'numRowsUpdated': 2}],
 'timestamp': '2022-01-31T01:35:22.697Z'}

{'isDataAvailable': True,
 'isTriggerActive': False,
 'message': 'Waiting for next trigger'}
```

8.8 本章小结

本章首先介绍了 Structured Streaming 的设计理念以及它与 Spark SQL、Spark Streaming 的关系。Structured Streaming 和 Spark Streaming 一样，可以用来处理数据流，并且其整合了 Spark SQL 的 DataFrame/DataSet 来处理结构化的数据流。然后，本章以一个实例演示了编写 Structured Streaming 程序的基本步骤，并介绍了输入源、输出模式和输出接收器。Spark 的设计可以保证端到端的完全一致性，所以本章重点介绍了 Spark 如何处理容错，并以一个实例来展示迟到数据处理的详细情况。本章最后介绍了查询的管理和监控方法。

8.9 习题

1. 请阐述 Structured Streaming 与 Spark SQL 和 Spark Streaming 的关系。
2. 请总结编写 Structured Streaming 程序的基本步骤。
3. 请阐述 Append、Complete、Update 这 3 种输出模式的异同。
4. 请阐述微批处理和持续处理两种处理模型的实现差别。
5. 请阐述 Spark 如何使用事件时间和水印来处理迟到数据。
6. 对 Spark 程序中查询进行管理和监控，主要有哪些手段？

实验 7 Structured Streaming 编程初级实践

一、实验目的

（1）通过实验掌握 Structured Streaming 的基本编程方法。
（2）掌握日志分析的常规操作。

二、实验平台

操作系统：Ubuntu 16.04 及以上版本。
JDK 版本：1.8 及以上版本。
Spark 版本：3.2.0。
数据集：/var/log/syslog。

三、实验内容和要求

1. 通过 Socket 传送 Syslog 日志到 Spark

日志分析是大数据分析中较为常见的场景。在 UNIX 类操作系统中，Syslog 日志被广泛用于记录系统或者应用的日志。Syslog 日志通常被记录在本地文件内，如 Ubuntu 内的/var/log/syslog 文件；Syslog 日志也可以被发送给远程 Syslog 服务器。Syslog 日志中一般包括产生日志的时间、主机名、程序模块、进程名、进程 id 和日志内容等。

日志一般会通过 Kafka 等有容错保障的源发送，本实验为了简化，直接将 Syslog 日志通过 Socket 源发送。新开一个终端，执行如下命令。

```
$ tail -n+1 -f /var/log/syslog | nc -lk 9988
```

"tail"命令加"-n+1"代表从第一行开始输出文件内容。"-f"表示如果文件内容有增加则持续输出最新的内容。然后，通过管道把文件内容发送到 nc 程序（nc 程序可以进一步把数据发送给 Spark）。

如果/var/log/syslog 内的内容增加速度较慢，可以新开一个终端（记作"手动发送日志终端"），手动在终端执行如下命令来增加日志信息到/var/log/syslog 内。

```
$ logger 'I am a test error log message.'
```

2. 通过 Syslog 日志生成 DateFrame

Syslog 每行的数据类似以下：

```
Nov 24 13:17:01 spark CRON[18455]: (root) CMD (cd / && run-parts --report
/etc/cron.hourly)
```

最前面为时间，接着是主机名、进程名、可选的进程 id，冒号后是日志内容。请对 Syslog 日志进行解析并生成结构化数据 DataFrame。

3.　对 Syslog 日志进行查询

用 Spark 接收 nc 程序发送过来的日志信息，然后完成以下任务。

（1）统计 CRON 这个进程每小时生成的日志数，并以时间顺序排列日志，水印设置为 1min。

（2）统计每小时每个进程或者服务分别产生的日志总数，水印设置为 1min。

（3）输出所有内容含 "error" 的日志。

四、实验报告

<table>
<tr><td colspan="3">Spark 编程基础实验报告</td></tr>
<tr><td>题目：</td><td>姓名：</td><td>日期：</td></tr>
<tr><td colspan="3">实验环境：</td></tr>
<tr><td colspan="3">实验内容与完成情况：</td></tr>
<tr><td colspan="3">出现的问题：</td></tr>
<tr><td colspan="3">解决方案（列出遇到的问题和解决办法，列出没有解决的问题）：</td></tr>
</table>

09 第9章 Spark MLlib

　　MLib（Machine Learning Library）是 Spark 的机器学习库，旨在简化机器学习的工程实践，并能够方便地扩展到更大规模的数据。本章首先介绍机器学习的概念，然后介绍 MLib 的基本原理和算法，包括机器学习流水线，特征提取、转换和选择，以及分类、聚类、频繁模式挖掘、协同过滤等算法，最后介绍模型选择的工具和方法。

9.1　基于大数据的机器学习

基于大数据的机器学习

　　机器学习是人工智能领域中的一个科学分支，主要研究如何让计算机具备通过经验和数据进行自动学习和改进的能力。机器学习强调 3 个关键词，即算法、经验、性能，其处理过程如图 9-1 所示。在数据的基础上，通过算法构建出模型并对模型进行评估。所评估模型的性能如果达到要求，就用该模型来测试其他的数据；如果达不到要求，就要调整算法来重新建立模型，再次进行评估。如此循环往复，最终获得满意的模型，该模型可用于处理其他数据。机器学习技术和方法已经被成功应用到多个领域，如个性化推荐系统、金融反欺诈、语音识别、自然语言处理和机器翻译、模式识别、智能控制等。

图 9-1　机器学习处理过程

　　传统的机器学习算法，由于技术和单机存储的限制，只能在少量数据上使用，因此其依赖于数据抽样。但是在实际应用中，样本往往很难做到随机，导致机器学习的模型不是很准确，在测试数据方面效果也不太好。随着 HDFS 等分布式文件系统的出现，我们可以对海量数据进行存储和管理，并利用 MapReduce 框架在全量数据上进行机器学习，这在一定程度上解决了样本缺乏随机性的问题，提高了机器学习的精度。但是，正如第 1 章所述，MapReduce

自身存在缺陷，延迟高、磁盘 I/O 开销大、难以适用于多种应用场景，这使 MapReduce 无法高效地实现分布式机器学习算法。因为通常情况下，机器学习算法参数学习的过程都采用迭代计算，本次计算的结果要作为下一次迭代的输入。这个过程中，MapReduce 只能把中间结果存储到磁盘中，然后在下一次计算的时候重新从磁盘中读取数据，对于迭代频繁的算法，这是制约其性能的瓶颈。相比而言，Spark 立足于内存计算，适用于迭代计算，能很好地与机器学习算法相匹配，这也是近年来 Spark 平台流行的重要原因，业界的很多业务纷纷从 Hadoop 平台转向 Spark 平台。

在大数据上的机器学习，需要处理全量数据并进行大量的迭代计算，这就要求机器学习平台具备强大的处理能力和分布式计算能力。然而，对普通开发者来说，实现一个分布式机器学习算法仍然是一件极具挑战性的事情。为此，Spark 提供了一个基于海量数据的机器学习库，它提供了常用机器学习算法的分布式实现，对普通开发者而言，只需要有 Spark 编程基础，并且了解机器学习算法的基本原理和方法中相关参数的含义，就可以轻松地通过调用相应的 API 来实现基于海量数据的机器学习过程。同时，spark-shell 也提供即席查询的功能，算法工程师可以边写代码、边运行、边看结果。Spark 提供的各种高效的工具，使机器学习过程更加直观、便捷。例如，我们可以通过 sample( )函数非常方便地进行抽样。Spark 发展到目前，已经拥有了实时批计算、批处理、算法库、SQL、流计算等功能的模块，成为一个全平台的系统，把机器学习作为关键模块加入 Spark 中也是大势所趋。

9.2　机器学习库 MLlib 概述

机器学习库 MLlib
概述

MLlib 由一些通用的机器学习算法和工具组成，包括分类、回归、聚类、协同过滤、降维等，同时还包括底层的优化原语和高层的管道 API。具体来说，MLlib 主要包括以下几方面工具。

- 算法工具：常用的机器学习算法，如分类、回归、聚类和协同过滤等。
- 特征化工具：特征提取、转换、降维和选择工具。
- 流水线（Pipeline）：用于构建、评估和调整机器学习工作流的工具。
- 持久性工具：保存和加载算法、模型和管道。
- 实用工具：线性代数、统计、数据处理等工具。

Spark 在机器学习方面的发展非常快，已经支持了主流的统计和机器学习算法。纵观所有基于分布式架构的开源机器学习库，MLlib 以计算效率高而著称。MLlib 目前支持常见的机器学习算法，包括分类、回归、聚类和协同过滤等。表 9-1 列出了目前 MLlib 支持的主要机器学习算法。

表 9-1　　　　　　　　　　　目前 MLlib 支持的主要机器学习算法

类型	算法
基本统计 （Basic Statistics）	Summary Statistics, Correlations, Stratified Sampling, Hypothesis Testing, Random Data Generation
分类和回归 （Classification and Regression）	Support Vector Machines（SVM），Logistic Regression, Linear Regression, Naive Bayes, Decision Trees, Random Forest, Gradient-Boosted Trees
协同过滤 （Collaborative Filtering）	Alternating Least Squares（ALS）
聚类 （Clustering）	K-Means, Gaussian Mixture Model, Latent Dirichlet Allocation （LDA），Bisecting K-Means
降维 （Dimensionality Reduction）	Singular Value Decomposition（SVD），Principal Component Analysis（PCA）
特征提取和转换 （Feature Extraction and Transformation）	Term Frequency-Inverse Document Frequency（TF-IDF），Word2Vec, StandardScaler, Normalizer

MLlib 库从 1.2 版本以后分为两个包，即 spark.mllib 包和 spark.ml 包。

（1）spark.mllib 包含基于 RDD 的原始算法 API。spark.mllib 的历史比较长，在 MLlib1.0 以前的

版本中就已经出现，提供的算法实现都基于原始的 RDD。

（2）spark.ml 提供了基于 DataFrame 的、高层次的 API，其中，ML Pipeline API 可以用来构建机器学习流水线，弥补了原始 MLlib 库的不足，向用户提供了一个基于 DataFrame 的机器学习流水线式 API 套件。

使用 ML Pipeline API 可以很方便地进行数据处理、特征转换、规范化，以及将多个机器学习算法联合起来构建一个单一、完整的机器学习流水线。这种方式提供了更加灵活的方法，更符合机器学习过程的特点，也更容易从其他语言进行迁移。因此，Spark 官方推荐使用 spark.ml 包。如果新的算法能够适用于机器学习流水线，就应该将其放到 spark.ml 包中，如特征提取器和转换器（Transformer）等。需要注意的是，从 Spark 2.0 开始，基于 RDD 的 API 进入维护模式，即不增加任何新的特性。

本章内容采用 MLlib 的 spark.ml 包，从基本的机器学习算法入手来介绍 Spark 的机器学习库。

9.3 基本的数据类型

spark.ml 包提供了一系列基本数据类型以支持底层的机器学习算法，主要的基本数据类型包括本地向量、标注点、本地矩阵等。本地向量与本地矩阵作为公共接口提供简单数据模型，底层的线性代数操作由 Breeze 库和 jblas 库提供；标注点表示监督学习的训练样本。本节介绍这些基本数据类型的用法及数据源。

9.3.1 本地向量

本地向量分为稠密向量（DenseVector）和稀疏向量（SparseVector）两种。稠密向量使用双精度浮点数数组来表示每一维的元素，稀疏向量则基于一个整数、一个整数索引数组和一个双精度浮点数数组。例如，向量(1.0,0.0,3.0)的稠密向量表示形式是[1.0,0.0,3.0]，而稀疏向量表示形式则是(3,[0,2],[1.0,3.0])，其中 3 是向量的长度，[0,2]是向量中非 0 维度的索引，表示位置为 0、2 的两个元素为非零值，而[1.0,3.0]则是按索引排列的数组元素值。

基本数据类型（本地向量和标注点）

所有本地向量都以 org.apache.spark.ml.linalg.Vector 为基类，DenseVector 和 SparseVector 分别是它的两个继承类，故推荐使用 Vectors 工具类中定义的工厂方法来创建本地向量。需要注意的是，Scala 会默认引入 scala.collection.immutable.Vector，如果要使用 spark.ml 包提供的向量类型，则要显式地引入 org.apache.spark.ml.linalg.Vector 这个类。下面给出一个实例。

```scala
scala> import org.apache.spark.ml.linalg.{Vector, Vectors}
//创建一个稠密向量
scala> val dv: Vector = Vectors.dense(2.0, 0.0, 8.0)
dv: org.apache.spark.ml.linalg.Vector = [2.0,0.0,8.0]
//创建一个稀疏向量
//方法的第 2 个参数（数组）指定了非 0 元素的索引，而第 3 个参数（数组）则给出了非零元素的值
scala> val sv1: Vector = Vectors.sparse(3, Array(0, 2), Array(2.0, 8.0))
sv1: org.apache.spark.ml.linalg.Vector = (3,[0,2],[2.0,8.0])
//另一种创建稀疏向量的方法
//方法的第 2 个参数是一个序列，其中每个元素都是一个非零值的元组: (index,elem)
scala> val sv2: Vector = Vectors.sparse(3, Seq((0, 2.0), (2, 8.0)))
sv2: org.apache.spark.ml.linalg.Vector = (3,[0,2],[2.0,8.0])
```

9.3.2 标注点

标注点（Labeled Point）是一种带有标签（Label/Response）的本地向量，通常用在监督学习算法

中，它可以是稠密或稀疏的。由于标签是用双精度浮点数来存储的，因此标注点在回归（Regression）和分类（Classification）问题中均可使用。例如，对于二分类问题，正样本的标签为 1，则负样本的标签为 0；对于多类别的分类问题，标签则应是一个以 0 开始的索引序列：0,1,2,…。

标注点的实现类是 org.apache.spark.ml.feature.LabeledPoint，位于 org.apache.spark.ml.feature 包下，标注点的创建方法如下。

```scala
scala> import org.apache.spark.ml.linalg.Vectors //引入必要的包
import org.apache.spark.ml.linalg.Vectors
scala> import org.apache.spark.ml.feature.LabeledPoint
import org.apache.spark.ml.feature.LabeledPoint
//下面创建一个标签为1.0（分类中可视为正样本）的稠密向量标注点
scala> val pos = LabeledPoint(1.0, Vectors.dense(2.0, 0.0, 8.0))
pos: org.apache.spark.ml.feature.LabeledPoint = (1.0,[2.0,0.0,8.0])
//创建一个标签为0.0（分类中可视为负样本）的稀疏向量标注点
scala> val neg = LabeledPoint(0.0, Vectors.sparse(3, Array(0, 2), Array(2.0, 8.0)))
neg: org.apache.spark.ml.feature.LabeledPoint = (0.0,(3,[0,2],[2.0,8.0]))
```

在实际的机器学习问题中，稀疏向量数据是非常常见的。MLlib 提供了对 LIBSVM 格式数据的读取支持，该格式被广泛用于 LIBSVM、LIBLINEAR 等机器学习库。在该格式下，每一个带标签的标注点可用以下格式表示。

```
label index1:value1  index2:value2  index3:value3 …
```

其中，label 是该标注点的标签值，一系列 index×:value× 则代表了该标注点中所有非零元素的索引和元素值。需要特别注意的是，index× 是以 1 开始并递增的。

下面读取一个 LIBSVM 格式数据生成向量。

```scala
scala> val examples=spark.read.format("libsvm").
     | load("file:///usr/local/spark/data/mllib/sample_libsvm_data.txt")
examples: org.apache.spark.sql.DataFrame = [label: double, features: vector]
```

这里，spark 是 spark-shell 自动建立的 SparkSession，它的 read 属性是 org.apache.spark.sql 包下名为 "DataFrameReader" 的对象，该对象提供了读取 LIBSVM 格式数据的方法，使用非常方便。下面继续查看加载进来的标注点的值。

```scala
scala> examples.collect().head
res7: org.apache.spark.MLlib.regression.LabeledPoint = (0.0,(692,[127,128,129,130,
131,154,155,156,157,158,159,181,182,183,184,185,186,187,188,189,207,208,209,210,211,212,
213,214,215,216,217,235,236,237,238,239,240,241,242,243,244,245,262,263,264,265,266,267,
268,269,270,271,272,273,289,290,291,292,293,294,295,296,297,300,301,302,316,317,318,319,
320,321,328,329,330,343,344,345,346,347,348,349,356,357,358,371,372,373,374,384,385,386,399,
400,401,412,413,414,426,427,428,429,440,441,442,454,455,456,457,466,467,468,469,470,482,
483,484,493,494,495,496,497,510,511,512,520,521,522,523,538,539,540,547,548,549,550,603,
566,567,568,569,570,571,572,573,574,575,576,577,578,594,595,596,597,598,599,600,601,602,
604,622,623,624,625,626,627,628,629,630,651,652,653,654,655,656,657],
[51.0,159.0,253.0,
159.0,…
```

这里，examples.collect( )把 RDD 转换为向量，并取第一个元素的值。每个标注点共有 692 个维，其中，第 127 列对应的值是 51.0，第 128 列对应的值是 159.0，以此类推。

9.3.3　本地矩阵

本地矩阵具有 Int 类型的行、列索引和 Double 类型的元素值，它存储在单机上。MLlib 支持稠密矩阵（DenseMatrix）和稀疏矩阵（SparseMatrix）两种本地矩阵。稠密矩阵将所有元素的值存储在一个列优先（Column-major）的双精度浮点数数组中，

基本数据类型（本地矩阵和数据源）

而稀疏矩阵则将非零元素以列优先的稀疏矩阵存储（Compressed Sparse Column，CSC）格式进行存储。

本地矩阵的基类是 org.apache.spark.ml.linalg.Matrix，DenseMatrix 和 SparseMatrix 均是它的继承类。和本地向量类似，spark.ml 包也为本地矩阵提供了相应的工具类 Matrices，调用工厂方法即可创建实例。下面创建一个稠密矩阵。

```
scala> import org.apache.spark.ml.linalg.{Matrix, Matrices}  //引入必要的包
import org.apache.spark.ml.linalg.{Matrix, Matrices}
//下面创建一个3行2列的稠密矩阵[ [1.0,2.0], [3.0,4.0], [5.0,6.0] ]
//注意，这里的数组参数是列优先的，即按照列的方式从数组中提取元素
scala> val dm: Matrix = Matrices.dense(3, 2, Array(1.0, 3.0, 5.0, 2.0, 4.0, 6.0))
dm: org.apache.spark.ml.linalg.Matrix =
1.0  2.0
3.0  4.0
5.0  6.0
```

下面继续创建一个稀疏矩阵。

```
//创建一个3行2列的稀疏矩阵[ [9.0,0.0], [0.0,8.0], [0.0,6.0]]
//第1个数组参数表示列指针，即每一列元素的开始索引
//第2个数组参数表示行索引，即对应的元素属于哪一行
//第3个数组参数即按列优先排列的所有非零元素，通过列指针和行索引即可判断每个元素所在的位置
scala> val sm: Matrix = Matrices.sparse(3, 2, Array(0, 1, 3), Array(0, 2, 1),
Array(9.0,6.0,8.0))
sm: org.apache.spark.ml.linalg.Matrix =
3 x 2 CSCMatrix
(0,0) 9.0
(2,1) 6.0
(1,1) 8.0
```

这里创建了一个 3 行 2 列的稀疏矩阵[[9.0,0.0], [0.0,8.0], [0.0,6.0]]。Matrices.sparse( )的参数中，3表示行数，2 表示列数。第 1 个数组参数表示列指针，其长度=列数+1，表示每一列元素的开始索引。第 2 个数组参数表示行索引，即对应的元素属于哪一行，其长度=非零元素的个数。第 3 个数组参数即按列优先排列的所有非零元素。在上面的例子中，(0,1,3)表示第 1 列有 1（=1-0）个元素，第 2 列有 2（=3-1）个元素；(0, 2, 1)表示共有 3 个元素，分别在第 0、2、1 行。因此，可以推算出第 1 个元素位置在(0,0)，值是 9.0。

9.3.4 数据源

数据源是指正在使用的数据的来源地，比如 Parquet、CSV、JSON 等格式的文件。本小节将介绍 MLlib 中一些特定的数据源，包括图像数据源与 LIBSVM 数据源。

（1）图像数据源（Image Data Source）用于从一个目录中加载图像文件，它可以通过 Java 库中的 ImageIO 将压缩图像（JPEG、PNG 等格式的图像）加载为原始图像。加载的 DataFrame 有一个 StructType 列 image，其包含以图像模式存储的图像数据。image 列有如下属性。

- origin：StringType，表示图像的文件路径。
- height：IntegerType，表示图像的高度。
- width：IntegerType，表示图像的宽度。
- nChannels：IntegerType，表示图像的通道。
- mode：IntegerType，表示同 OpenCV 兼容的图像模式。
- data：BinaryType，表示按 OpenCV 兼容的顺序排列图像字节，在大多数情况下按行排列 BGR 像素点。

下面给出实例。

第 1 步：读取 Spark 自带的图像数据源中数据。

```scala
scala> val df = spark.read.format(
     |   "image").option("dropInvalid", true).load(
     |   "file:///usr/local/spark/data/mllib/images/origin/kittens")
```

第 2 步：输出 image 列的 origin 、width 和 height 属性值。

```scala
scala> df.select("image.origin", "image.width", "image.height").show(truncate=false)
+--------------------------------------------------------------------+-----+------+
|origin                                                              |width|height|
+--------------------------------------------------------------------+-----+------+
|file:///spark/data/mllib/images/origin/kittens/54893.jpg            |300  |311   |
|file:///spark/data/mllib/images/origin/kittens/DP802813.jpg         |199  |313   |
|file:///spark/data/mllib/images/origin/kittens/29.5.a_b_EGDP022204.jpg|300|200   |
|file:///spark/data/mllib/images/origin/kittens/DP153539.jpg         |300  |296   |
+--------------------------------------------------------------------+-----+------+
```

（2）MLlib 库提供 LibSVMDatasource 类来将 LIBSVM 格式的数据加载为 DataFrame。LIBSVM 是用 C++语言开发的一个开源机器学习库，主要提供有关支持向量机的算法。该库的数据格式是每一行代表一个稀疏的特征向量，格式为<label> <index1>:<value1> <index2>:<value2>…。其中<label>是数据样本的类别，<index>是索引，<value>是对应位置的特征的属性值。由于特征向量是稀疏的，所以其他索引对应的属性值默认为 0。转换后的 DataFrame 有两列：标签，以 Double 类型存储；特征，以 Vector 类型存储。

下面给出实例。

第 1 步：读取 Spark 自带的 LIBSVM 数据源中数据。

```scala
scala> scala> val df = spark.read.format("libsvm").
     | option("numFeatures","780").
     | load("file:///usr/local/spark/data/mllib/sample_libsvm_data.txt")
```

LibSVMDataSource 的 option 参数及其含义如表 9-2 所示。

表 9-2　　　　　　　　　　　LibSVMDataSource 的 option 参数及其含义

参数	含义
numFeatures	特征的数目。如果该参数未指定或参数值非正数，方法能够自动确定特征的数量，但会带来额外的开销
vectorType	特征向量的类型，取值为"sparse"或"dense"，默认值为"sparse"，即稀疏向量

第 2 步：输出结果。

```scala
scala> df.show(10)
+-----+--------------------+
|label|            features|
+-----+--------------------+
|  0.0|(780,[127,128,129…|
|  1.0|(780,[158,159,160…|
|  1.0|(780,[124,125,126…|
|  1.0|(780,[152,153,154…|
|  1.0|(780,[151,152,153…|
|  0.0|(780,[129,130,131…|
|  1.0|(780,[158,159,160…|
|  1.0|(780,[99,100,101,…|
|  0.0|(780,[154,155,156…|
|  0.0|(780,[127,128,129…|
+-----+--------------------+
only showing top 10 rows
```

9.4 基本的统计分析工具

spark.mllib 包提供了一些基本的统计分析工具，包括相关性、分层抽样、假设检验、随机数生成等。Spark 3.0 中，spark.ml 包迁移了相关性、假设检验及汇总统计等统计分析工具。本节将介绍 spark.ml 包中统计分析工具的一些典型用法。

9.4.1 相关性

计算两组数据之间的相关性是统计学中的常见运算。spark.ml 包提供了在多组数据之间计算两两相关性的方法。目前，支持的相关性方法有皮尔逊相关和斯皮尔曼相关，其相关系数可以反映两个变量之间变化趋势的方向及程度。

相关性

皮尔逊相关系数是一种线性相关系数，其计算公式为

$$\rho_{X,Y} = \mathrm{corr}(X,Y) = \frac{\mathrm{cov}(X,Y)}{\sigma_X \sigma_Y} = \frac{E[(X-\mu_X)(Y-\mu_Y)]}{\sigma_X \sigma_Y} \tag{9-1}$$

其中，X、Y 是两个输入的变量，μ_X、μ_Y 为期望值，σ_X、σ_Y 为标准差。皮尔逊相关系数的值等于协方差 $\mathrm{cov}(X,Y)$ 除以 X、Y 各自标准差的乘积 $\sigma_X\sigma_Y$。皮尔逊相关系数的输出范围为 $-1 \sim 1$，0 表示无相关性，正值表示正相关，负值表示负相关。相关系数的绝对值越大，相关性越强；相关系数越接近于 0，相关性越弱。

皮尔逊相关系数主要用于服从正态分布的变量，对于不服从正态分布的变量，可以使用斯皮尔曼相关系数进行相关性分析。斯皮尔曼相关系数可以更好地用于测量变量的排序关系，其计算公式为

$$\rho = 1 - \frac{6\sum_{i=1}^{n}(x_i - y_i)^2}{n(n^2 - 1)} \tag{9-2}$$

其中，x_i 表示 X_i 的秩次，y_i 表示 Y_i 的秩次，n 为总的观测样本数。

下面给出使用 spark.ml 包提供的方法进行相关性分析的实例。

第 1 步：导入相关性方法所需要的包。

```scala
scala> import org.apache.spark.ml.linalg.{Matrix, Vectors}
scala> import org.apache.spark.ml.stat.Correlation
scala> import org.apache.spark.sql.Row
```

第 2 步：创建实验数据，并转化成 DataFrame。

```scala
scala> val data = Seq(
     | Vectors.sparse(4, Seq((0, 2.0), (2, -1.0))),
     | Vectors.dense(3.0, 0.0, 4.0, 5.0),
     | Vectors.dense(6.0, 8.0, 0.0, 7.0))
data: Seq[org.apache.spark.ml.linalg.Vector] = List((4,[0,2],[2.0,-1.0]), [3.0,0.0,4.0,5.0],
[6.0,8.0,0.0,7.0])
scala> val df = data.map(Tuple1.apply).toDF("features")
df: org.apache.spark.sql.DataFrame = [features: vector]
```

第 3 步：调用 Correlation 包中的 corr() 函数来计算输入数据的相关性，默认为皮尔逊相关系数。

```scala
scala> val Row(coeff1: Matrix) = Correlation.corr(df, "features").head
coeff1: org.apache.spark.ml.linalg.Matrix =
1.0                    0.9707253433941511     -0.09078412990032037   0.8660254037844387
0.9707253433941511     1.0                    -0.3273268353539885    0.720576692122892
-0.09078412990032037   -0.3273268353539885    1.0                    0.4193139346887673
0.8660254037844387     0.720576692122892      0.4193139346887673     1.0
```

第 4 步：向 corr() 函数添加参数 "spearman"，来指定斯皮尔曼相关系数。

```scala
scala> val Row(coeff2: Matrix) = Correlation.corr(df, "features", "spearman").head
```

```
coeff2: org.apache.spark.ml.linalg.Matrix =
1.0                        0.8660254037844387        0.5        1.0
0.8660254037844387         1.0                       0.0        0.8660254037844387
0.5                        0.0                       1.0        0.5
1.0                        0.8660254037844387        0.5        1.0
```

9.4.2　假设检验

假设检验

假设检验是统计学中一个强大的工具，用来确定结果是否具有统计意义，以及该结果是否偶然发生。例如，在汽车无法启动的情境下，我们可以提出"因为没有汽油而无法启动汽车"的假设，在检查汽油剩余量后拒绝或接受假设。如果有汽油，则拒绝这个假设。接下来，我们可以继续假设"汽车无法启动是因为火花塞脏了"，检查火花塞是否脏并根据结果接受或拒绝假设。

卡方检验是用途非常广的一种假设检验方法，包括适合度检验和独立性检验。适合度检验用于验证一组观察值的次数分配是否异于理论上的分配。独立性检验用于验证从两个变量中抽出的配对观察值组是否互相独立。spark.ml 包目前支持皮尔逊卡方检验的独立性检验。

独立性检验一般采用列联表的形式记录观察数据，列联表是由两个以上的变量进行交叉分类得到的频数分布表。如果列联表共有 r 行 c 列，独立性检验的步骤为：首先建立假设，即 H_0:两变量相互独立，H_1:两变量相互不独立；接着计算自由度和卡方检验统计值，自由度的计算公式为

$$df = (r-1)(c-1) \tag{9-3}$$

卡方检验统计值的计算公式为

$$x^2 = \sum_{i=1}^{r} \sum_{j=1}^{c} \frac{(O_{i,j} - E_{i,j})^2}{E_{i,j}} \tag{9-4}$$

其中，$O_{i,j}$ 代表列联表第 i 行第 j 列的观测频数，$E_{i,j}$ 代表列联表第 i 行第 j 列的期望频数。根据设定的置信水平，查出自由度为 df 的卡方分布临界值，将它与根据公式（9-4）计算所得的卡方检验统计值比较，从而推测是否能拒绝 H_0 假设。下面给出使用 spark.ml 包提供的方法进行分析的实例。

第 1 步：导入卡方检验所需要的包。

```
scala> import org.apache.spark.ml.linalg.{Vector, Vectors}
scala> import org.apache.spark.ml.stat.ChiSquareTest
```

第 2 步：创建实验数据集，该数据集具有 5 个样本、2 个特征维度，标签有 1.0 和 0.0 两种。

```
scala> val data = Seq(
     |  (0.0, Vectors.dense(3.5, 40.0)),
     |  (0.0, Vectors.dense(3.5, 30.0)),
     |  (1.0, Vectors.dense(1.5, 30.0)),
     |  (0.0, Vectors.dense(1.5, 20.0)),
     |  (0.0, Vectors.dense(0.5, 10.0)))
data: Seq[(Double, org.apache.spark.ml.linalg.Vector)] = List((0.0,[3.5,40.0]),
(0.0,[3.5,30.0]), (1.0,[1.5,30.0]), (0.0,[1.5,20.0]), (0.0,[0.5,10.0]))
scala> val df = data.toDF("label", "features")
df: org.apache.spark.sql.DataFrame = [label: double, features: vector]
```

第 3 步：调用 ChiSquareTest 包中的 test( )函数，将(特征,标签)转换成一个列联矩阵，计算卡方检验的统计值。所有的标签和特征值是分类变量。

```
scala> val chi = ChiSquareTest.test(df, "features", "label").head
chi: org.apache.spark.sql.Row = [[0.3916056266767989,0.5987516330675617],WrappedArray(2,
3),[1.8750000000000002,1.875]]
```

第 4 步：分别获取卡方分布右尾概率、自由度、卡方检验的统计值。

```
scala> println(s"pValues = ${chi.getAs[Vector](0)}")
pValues = [0.3916056266767989,0.5987516330675617]
```

```
scala> println(s"degreesOfFreedom ${chi.getSeq[Int](1).mkString("[", ",", "]")}")
degreesOfFreedom [2,3]
scala> println(s"statistics ${chi.getAs[Vector](2)}")
statistics [1.8750000000000002,1.875]
```

9.4.3 汇总统计

构建一个数据集后，我们可以通过一些工具来获取数据的基本统计信息。在 Spark 3.0 中，我们可以使用 Summarizer 包的工具来查看列的最大值、最小值、平均值、总和、方差、标准差、非零数及总计数等信息。下面给出使用 Summarizer 包的工具来查看数据平均值和方差的实例。

汇总统计

第 1 步：导入汇总统计所需要的包。

```
scala> import org.apache.spark.ml.linalg.{Vector, Vectors}
scala> import org.apache.spark.ml.stat.Summarizer
scala> import spark.implicits._
scala> import Summarizer._
```

第 2 步：创建实验数据，两组数据的权重分别为 1.0 和 3.0，权重之和为 4.0。

```
scala> val data = Seq(
     | (Vectors.dense(1.0, 2.0, 4.0), 1.0),
     | (Vectors.dense(4.0, 3.0, 6.0), 3.0))
data: Seq[(org.apache.spark.ml.linalg.Vector, Double)] = List(([1.0,2.0,4.0],1.0),
([4.0,3.0,6.0],3.0))
scala> val df = data.toDF("features", "weight")
df: org.apache.spark.sql.DataFrame = [features: vector, weight: double]
```

第 3 步：计算得到数据的加权平均值和加权方差。

```
scala> val (meanVal, varianceVal) = df.select(metrics("mean", "variance").
     | summary($"features", $"weight").as("summary")).
     | select("summary.mean", "summary.variance").
     | as[(Vector, Vector)].first()
meanVal: org.apache.spark.ml.linalg.Vector = [3.25,2.75,5.5]
varianceVal: org.apache.spark.ml.linalg.Vector = [4.5,0.5,2.0]
```

第 4 步：计算得到数据无权重下的平均值和方差。

```
scala> val (meanVal2, varianceVal2) = df.select(mean($"features"), variance($"features")).
     | as[(Vector, Vector)].first()
meanVal2: org.apache.spark.ml.linalg.Vector = [2.5,2.5,5.0]
varianceVal2: org.apache.spark.ml.linalg.Vector = [4.5,0.5,2.0]
```

9.5 机器学习流水线

本节介绍机器学习流水线的概念及其工作过程。

机器学习流水线

9.5.1 流水线的概念

一个典型的机器学习过程从数据收集开始，要经历多个步骤才能得到需要的输出，通常会包含源数据 ETL、数据预处理、指标提取、模型训练与交叉验证、新数据预测等步骤。机器学习流水线（Machine Learning Pipeline）是对流水线式工作流程的一种抽象，它包含以下几个概念。

（1）DataFrame，即 Spark SQL 中的 DataFrame，可容纳各种数据类型。与 RDD 相比，它包含模式信息，类似于传统数据库中的二维表格。流水线用 DataFrame 来存储源数据。例如，DataFrame 中的列可以是文本、特征向量、真实标签和预测的标签等。

（2）转换器（Transformer），它可以将一个 DataFrame 转换为另一个 DataFrame。例如，一个模型就是一个转换器，它给一个不包含预测标签的测试数据集 DataFrame 加上标签，将其转换成另一个包含预测标签的 DataFrame。技术上，转换器实现了一个方法 transform( )，它通过附加一个或多个列，将一个 DataFrame 转换为另一个 DataFrame。

（3）评估器（Estimator），是机器学习算法或在训练数据上的训练方法的概念抽象，在机器学习流水线里，通常被用来操作 DataFrame 数据并生成一个转换器。评估器实现了方法 fit( )，它接收一个 DataFrame 并产生一个转换器。例如，一个随机森林算法就是一个评估器，它可以调用 fit( )，通过训练特征数据而得到一个随机森林模型。

（4）流水线（PipeLine），将多个工作流阶段（PipeLine Stage）连接在一起，形成机器学习的工作流，并获得结果输出。

（5）参数（Parameter），即用来设置转换器或者评估器的参数。所有转换器和评估器可共享用于指定参数的公共 API。

9.5.2　流水线的工作过程

要构建一个机器学习流水线，首先需要定义流水线中的各个 Pipeline Stage。Pipeline Stage 又被称为工作流阶段，包括用于处理特定问题的转换器和评估器，特定问题如指标提取和转换模型训练等。有了这些处理特定问题的转换器和评估器，就可以按照具体的处理逻辑，有序地组织 Pipeline Stage 并创建一个流水线。示例如下。

```
val pipeline = new Pipeline().setStages(Array(stage1,stage2,stage3,…))
```

在一个流水线中，上一个 Pipeline Stage 的输出，恰好是下一个 Pipeline Stage 的输入。流水线构建好以后，就可以把训练数据集作为输入参数，调用流水线实例的 fit( )方法，以流的方式来处理源训练数据。fit( )方法会返回一个 PipelineModel 类的实例，进而被用来预测测试数据的标签。更具体地说，流水线的各个阶段按顺序运行，输入的 DataFrame 在它通过每个阶段时都会被转换。对于转换器阶段，在 DataFrame 上会调用 transform( )方法，对于评估器阶段，先调用 fit( )方法来生成一个转换器，然后在 DataFrame 上调用该转换器的 transform( )方法。

例如，如图 9-2 所示，一个流水线具有 3 个阶段，前 2 个阶段（Tokenizer 和 HashingTF）是转换器，第 3 个阶段（Logistic Regression）是评估器；下面一行表示流经这个流水线的数据，其中圆柱表示 DataFrame。在原始 DataFrame 上调用 Pipeline.fit( )方法执行流水线，每个阶段的运行流程如下。

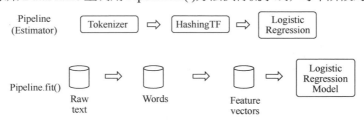

图 9-2　流水线的工作过程

（1）在 Tokenizer 阶段，调用 transform( )方法将原始文本文档拆分为单词，并向 DataFrame 中添加一个带有单词的新列。

（2）在 HashingTF 阶段，调用其 transform( )方法将 DataFrame 中的单词列转换为特征向量，并将这些向量作为一个新列添加到 DataFrame 中。

（3）在 Logistic Regression 阶段，由于它是一个评估器，因此会调用 LogisticRegression.fit( )产生一个转换器 LogisticRegressionModel；如果工作流有更多的阶段，则在将 DataFrame 传递到下一个阶段之前，会调用 LogisticRegressionModel 的 transform( )方法。

流水线本身就是一个评估器，因此，在流水线的 fit( )方法被调用之后，会产生一个流水线模型

（PipelineModel），这是一个转换器，可在测试数据的时候使用。如图 9-3 所示，流水线模型具有与原流水线相同的阶段数，但是，原流水线中的所有评估器都变为转换器。调用流水线模型的 transform( ) 方法时，测试数据按顺序通过流水线的各个阶段，每个阶段的 transform( ) 方法会更新数据集（DataFrame），并将其传递到下一个阶段。通过这种方式，流水线和流水线模型确保了训练数据和测试数据通过相同的特征处理步骤。这里给出的示例都是用于线性流水线的，即流水线中每个阶段使用由前一阶段产生的数据。但是，用户也可以构建一个 DAG（有向无环图）形式的流水线，以拓扑顺序指定每个阶段的输入和输出列名称。流水线的阶段必须是唯一的实例，相同的实例不应该两次插入流水线。但是，具有相同类型的两个阶段实例，可以放在同一个流水线中，流水线将使用不同的 id 创建不同的实例。此外，DataFrame 会对各阶段的数据类型进行描述，流水线和流水线模型会在实际运行流水线之前，做运行时的类型检查，编译时不会检查类型。

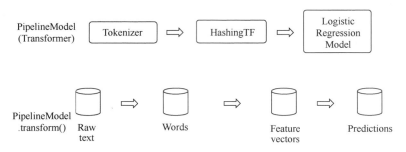

图 9-3　流水线模型的工作过程

MLlib 评估器和转换器，使用统一的 API 指定参数 Param 和 ParamMap。其中，Param 是一个描述自身包含文档的命名参数，而 ParamMap 是一组(参数,值)。将参数传递给算法主要有以下两种方法。

（1）设置实例的参数。例如，lr 是一个 LogisticRegression 实例，用 lr.setMaxIter(10)进行参数设置以后，可以使 lr.fit( )至多迭代 10 次。

（2）传递 ParamMap 给 fit( )或 transform( )方法。ParamMap 中的任何参数，都会覆盖先前通过set( )方法指定的参数。

需要特别注意，参数同时属于评估器和转换器的特定实例。如果同一个流水线中的两个算法实例（如 LogisticRegression 的实例 lr1 和 lr2）都需要设置 maxIter 参数，则可以建立一个 ParamMap，即 ParamMap(lr1.maxIter -> 10, lr2.maxIter -> 20)，然后将其传递给这个流水线。

9.6　特征提取、转换和选择及局部敏感哈希

机器学习过程中，输入数据的格式多种多样，为了满足相应机器学习算法的格式要求，一般需要对数据进行预处理。特征处理相关的算法大体分为以下 3 类。

（1）特征提取（Feature Extraction）：从原始数据中提取特征。

（2）特征转换（Feature Transformation）：缩放、转换或修改特征。

（3）特征选择（Feature Selection）：从较大特征集中选取特征子集。

本节将对特征提取、特征转换、特征选择及局部敏感哈希进行详细介绍。

9.6.1　特征提取

特征提取是指利用已有的特征计算出一个抽象程度更高的特征集，也指计算得到某个特征的算法。本小节将列举 spark.ml 包提供的特征提取操作，并讲解 TF-IDF 的操作实例。

特征提取

1. 特征提取操作

spark.ml 包提供的特征提取操作包括以下几种。

（1）TF-IDF。词频–逆向文件频率（Term Frequency–Inverse Document Frequency，TF-IDF）是文本挖掘领域常用的特征提取方法。给定一个语料库，TF-IDF 通过计算词语在语料库中的出现次数和在文档中的出现次数，来衡量每一个词语对于文档的重要程度，进而构建基于语料库的文档的向量化表达。

（2）Word2Vec。Word2Vec 是由谷歌提出的词嵌入（Word Embedding）向量化模型，有 CBOW 和 Skip-Gram 两种模型，spark.ml 包使用的是后者。

（3）CountVectorizer。CountVectorizer 可以看成 TF-IDF 的简化版本，它仅通过度量每个词语在文档中的出现次数（词频）来为每一个文档构建向量化表达，用户可以通过设置超参数来限制向量维度，过滤掉较少出现的词语。

（4）FeatureHasher。FeatureHasher 将一组原始特征映射到一个指定维度（通常比原始特征空间的维度小得多）的特征向量中，以达到降维的目的。其原理是利用哈希技巧（Hashing Trick）将特征映射为特征向量中的索引。

2. 特征提取的例子

TF-IDF 是一种在文本挖掘领域中广泛使用的特征提取方法，它可以体现一个文档中的词语在语料库中的重要程度。

词语用 t 表示，文档用 d 表示，语料库用 D 表示。词频 $Y_{TF}(t,d)$ 是词语 t 在文档 d 中的出现次数。文件频率 $Y_{DF}(t,D)$ 是语料库 D 中包含词语 t 的文档的个数。如果只使用词频来衡量重要性，很容易过度强调在文档中经常出现却没有太多实际信息的词语，如 "a" "the" 和 "of"。如果一个词语经常出现在语料库中的不同文档中，则意味着它并不能很好地对文档进行区分。TF-IDF 就是通过对文档信息进行数值化，从而衡量词语能提供多少信息来区分文档的。IDF 即逆文件频率定义如下。

$$IDF(t,D) = \ln \frac{|D|+1}{DF(t,D)+1} \tag{9-5}$$

其中，|D|是语料库中总的文档数。公式中使用 log 函数，当词语出现在所有文档中时，它的 IDF 值变为 0。$DF(t,D)+1$ 是为了避免分母为 0 的情况。TF-IDF 度量值表示如下。

$$TFIDF(t,d,D) = TF(t,d) \cdot IDF(t,D) \tag{9-6}$$

在 spark.ml 包中，TF-IDF 被分成两部分：TF(+hashing)和 IDF。

（1）TF（+hashing）是一个转换器，在文本处理中，它会接收词语的集合，然后把这些词语转换成固定长度的特征向量。这个算法在进行哈希的同时，会统计各个词语的词频。

（2）IDF。IDF 是一个评估器，在一个数据集上应用它的 fit() 方法，会产生一个 IDFModel。该 IDFModel 接收特征向量（由 HashingTF 产生），然后计算每一个词语的逆文件频率。IDF 会减小那些在语料库中文件频率较高的词语的权重。

Spark MLlib 中实现词频统计使用的是特征哈希的方式，原始特征通过哈希函数映射到一个索引，后面只需要统计这些索引的频率，就可以知道对应词语的频率。这种方式可以避免设计一个全局 1 对 1 的、词语到索引的映射，这个映射在映射大量语料库时需要花费很长的时间。但是需要注意，通过特征哈希的方式可能会将特征映射到同一个值，即不同的原始特征通过哈希函数映射后得到同一个值。为了降低这种情况出现的概率，只能对特征向量升维，提高哈希表的桶数，默认的特征向量的维度是 $2^{18} = 262144$。

下面是一个具体实例。首先，对一组句子使用分解器 Tokenizer，把每个句子划分成由多个单词构成的"词袋"；然后，对每一个"词袋"使用 HashingTF，将句子转换为特征向量；最后，使用 IDF 重新调整特征向量。具体代码如下。

第 1 步：导入 TF-IDF 所需要的包。

```scala
scala> import org.apache.spark.ml.feature.{HashingTF, IDF, Tokenizer}
```

第 2 步：创建一个集合，每一个句子代表一个文件。

```
scala> val sentenceData = spark.createDataFrame(Seq(
     |        (0, "I heard about Spark and I love Spark"),
     |        (0, "I wish Java could use case classes"),
     |        (1, "Logistic regression models are neat")
     |      )).toF("label", "sentence")
sentenceData: org.apache.spark.sql.DataFrame = [label: int, sentence: string]
```

第 3 步：用 Tokenizer 把每个句子分解成单词。

```
scala> val tokenizer = new Tokenizer().setInputCol("sentence").setOutputCol("words")
scala> val wordsData = tokenizer.transform(sentenceData)
scala> wordsData.show(false)
+-----+------------------------------------+-------------------------------------------+
|label|sentence                            |words                                      |
+-----+------------------------------------+-------------------------------------------+
|0    |I heard about Spark and I love Spark|[i, heard, about, spark, and, i, love, spark]|
|0    |I wish Java could use case classes  |[i, wish, java, could, use, case, classes] |
|1    |Logistic regression models are neat |[logistic, regression, models, are, neat]  |
+-----+------------------------------------+-------------------------------------------+
```

从输出结果可以看出，Tokenizer 的 transform( )方法把每个句子拆分成多个单词，这些单词构成一个"词袋"（里面装了很多个单词）。

第 4 步：用 HashingTF 的 transform( )方法把每个"词袋"都哈希成特征向量。这里设置哈希表的桶数为 2000。

```
scala> val hashingTF = new HashingTF().
     |        setInputCol("words").setOutputCol("rawFeatures").setNumFeatures(2000)
scala> val featurizedData = hashingTF.transform(wordsData)
scala> featurizedData.select("words","rawFeatures").show(false)
+---------------------------------------------+-----------------------------------------------------------------+
|words                                        |rawFeatures                                                      |
+---------------------------------------------+-----------------------------------------------------------------+
|[i, heard, about, spark, and, i, love, spark]|(2000,[240,333,1105,1329,1357,1777],[1.0,1.0,2.0,2.0,1.0,1.0])   |
|[i, wish, java, could, use, case, classes]   |(2000,[213,342,489,495,1329,1809,1967],[1.0,1.0,1.0,1.0,1.0,1.0,1.0])|
|[logistic, regression, models, are, neat]    |(2000,[286,695,1138,1193,1604],[1.0,1.0,1.0,1.0,1.0])           |
+---------------------------------------------+-----------------------------------------------------------------+
```

可以看出，"词袋"中的每一个单词都被哈希成了不同的索引。以"I heard about Spark and I love Spark"为例，表 9-3 给出 featurizedData.select("words","rawFeatures").show(false)执行后的第一行输出结果及其含义。

表 9-3　　　　　　　　　　　　　　　　第一行输出结果及其含义

输出结果	含义
2000	代表哈希表的桶数
[240,333,1105,1329,1357,1777]	代表"i""heard""about""and""love""spark"6 个单词的哈希值。注：哈希操作没有顺序性，所以索引 240 并不对应单词"i"
[1.0,1.0,2.0,2.0,1.0,1.0]	分别表示各单词的出现次数

第 5 步：调用 IDF( )方法来重新构造特征向量的规模，生成的变量 idf 是一个评估器，在特征向量上应用它的 fit( )方法，会产生一个 IDFModel（名称为"idfModel"）。

```
scala> val idf = new IDF().setInputCol("rawFeatures").setOutputCol("features")
scala> val idfModel = idf.fit(featurizedData)
```

第6步：调用 IDFModel 的 transform( )方法，得到每一个单词对应的 TF-IDF 度量值。

```
scala> val rescaledData = idfModel.transform(featurizedData)
rescaledData: org.apache.spark.sql.DataFrame = [label: int, sentence: string, words:
array<string>, rawFeatures: vector, features: vector]
scala> rescaledData.select("features", "label").show(false)
+--------------------------------------------------------------------------------
------------------------------------------------------------------------------
------+-----+|features               |label|
+--------------------------------------------------------------------------------
------------------------------------------------------------------------------
--+-----+
|(2000,[240,333,1105,1329,1357,1777],[0.6931471805599453,0.6931471805599453,
1.3862943611198906,0.5753641449035617,0.6931471805599453,0.6931471805599453]) |0   |
|(2000,[213,342,489,495,1329,1809,1967],[0.6931471805599453,0.6931471805599453,
0.6931471805599453,0.6931471805599453,0.28768207245178085,0.6931471805599453,
0.6931471805599453])                                                          |0   |
|(2000,[286,695,1138,1193,1604],[0.6931471805599453,0.6931471805599453,
0.6931471805599453,0.6931471805599453,0.6931471805599453])                    |1   |
+--------------------------------------------------------------------------------
------------------------------------------------------------------------------
------+-----+
```

"[240,333,1105,1329,1357,1777]" 代表 "i" "heard" "about" "and" "love" spark" 这 6 个单词的
哈希值。通过第一句与第二句的单词对照，可以推测出 1329 代表 "i"，而 1105 代表 "spark"，其 TF-IDF
度量值在第一句中分别是 0.5753641449035617 和 0. 6931471805599453。这两个单词都在第一句中出
现了两次，而 "i" 在第二句中还多出现了一次，从而导致 "i" 的 TF-IDF 度量值较低。相对而言，
用 "spark" 可以对文档进行更好的区分。通过 TF-IDF 得到的特征向量，在机器学习的后续步骤中可
以被应用到相关的机器学习算法中。

需要注意的是，为了方便调试和观察执行效果，本章的代码都是在 spark-shell 中执行的，实际上
也可以编写独立应用程序，用 sbt 编译打包后使用 "spark-submit" 命令提交并运行，具体方法和前几
章类似，这里不赘述，唯一的区别在于 simple.sbt 文件需要包含如下内容。

```
name := "Simple Project"
version := "1.0"
scalaVersion := "2.12.15"
libraryDependencies += "org.apache.spark" % "spark-mllib_2.12" % "3.2.0"
```

9.6.2 特征转换

机器学习处理过程经常需要对数据或者特征进行转换，通过转换可以消除
原始特征之间的相关性或者减少冗余，得到新的特征。本小节介绍 spark.ml
包提供的特征转换操作，并给出相关实例。

特征转换

1. 特征转换操作

spark.ml 包提供了大量的用于特征转换操作的类。

（1）Tokenizer

Tokenizer 可以将给定的文本数据进行分割（根据空格和标点），将文本中的句子变成独立的单词序
列，并转为小写形式。spark.ml 包还提供了 Tokenizer 的带规范表达式的升级版本，即 RegexTokenizer，
用户可以为其指定一个规范表达式作为分隔符或单词的模式（Pattern），还可以指定最小单词长度来
过滤掉那些很短的单词。

（2）StopWordsRemover

StopWordsRemover 可以将文本中的停止词（出现频率很高但对文本含义没有大的贡献的冠词、

介词和部分副词等）去除，spark.ml 包中已经自带了常见的西方语言的停止词表，用户可以直接使用。需要注意的是，StopWordsRemover 接收的文本必须是已经经过分词处理的单词序列。

（3）Ngram

Ngram 可以将经过分词的一系列单词序列转变成自然语言处理中常用的"n-gram"模型，即通过该单词序列可构造出的所有由连续相邻的 n 个单词构成的序列。需要注意的是，当单词序列长度小于 n 时，Ngram 不产生任何输出。

（4）Binarizer

Binarizer 可以根据某一给定的阈值将数值型特征转换为用 0.0 和 1.0 表示的二元特征。对给定的阈值来说，特征大于该阈值的样本会被映射为 1.0，反之则被映射为 0.0。

（5）PCA

主成分分析（Principal Component Analysis，PCA）是一种通过数据旋转变换进行降维的统计学方法，其本质是在线性空间中进行基变换，使变换后的数据投影在一组新的坐标轴上的方差最大化，并使变换后的数据在一个较低维度的子空间中尽可能地表示原有数据的性质。

（6）PolynomialExpansion

PolynomialExpansion 可以对给定的特征进行多项式展开操作，对于给定的度（如 3），它可以将原始的数值型特征扩展到相应次数的多项式空间（所有特征相乘组成的 3 次多项式集合构成的特征空间）中去。

（7）DCT

离散余弦变换（Discrete Cosine Transform，DCT）是快速傅里叶变换（Fast Fourier Transform，FFT）的一种衍生形式，是信号处理中常用的变换方法，它将给定的 N 个实数值序列从时域上转变到频域上。spark.ml 包中提供的 DCT 类使用的是 DCT-II 的实现。

（8）StringIndexer

StringIndexer 可以对一列类别型的特征（或标签）进行编码，使其数值化，索引从 0 开始。该过程可以使相应的特征（或标签）索引化，使某些无法接收类别型特征（或标签）的算法可以被使用，并提高决策树等机器学习算法的效率。

（9）IndexToString

与 StringIndexer 相对应，IndexToString 的作用是把已经索引化的一列特征（或标签）重新映射回原有的字符串形式。其主要使用场景一般是和 StringIndexer 配合，先用 StringIndexer 将特征（或标签）转化成特征（或标签）索引，进行模型训练，然后在预测特征（或标签）的时候把特征（或标签）索引转化成原有的字符串特征（或标签），原有特征（或标签）会从列的元数据中获取。

（10）OneHotEncoder

OneHotEncoder 会把一列类别型特征（或称名词性特征，Categorical/Nominal Feature）映射成一系列的二元连续型特征。原有的类别型特征有几种可能的取值，这一特征就会被映射成几个二元连续型特征，每一个特征代表一种取值，若某个样本表现出该特征，则取 1，否则取 0。

（11）VectorIndexer

VectorIndexer 可以将整个特征向量中的类别型特征处理成索引形式。当所有特征都已经被组织在一个向量中，而用户又想对其中某些类别型分量进行索引化处理时，VectorIndexer 可以根据用户设定的阈值，自动确定哪些分量是类别型的，并进行相应的转换。

（12）Interaction

Interaction 可以接收多个向量或浮点数类型的列，并基于这些向量生成一个包含从每个向量中取出一个元素计算乘积的所有组合的新向量（可以看成各向量的笛卡儿积的无序版本）。新向量的维度是参与变换的所有向量的维度之积。

（13）Normalizer

Normalizer 可以对给定的数据集进行规范化操作，即根据设定的范数（默认为 L2-norm），将每一个样本的特征向量的模进行单位化。规范化可以消除输入数据的量纲影响，已经广泛应用于文本挖掘等领域。

（14）StandardScaler

StandardScaler 可以对给定的数据集进行标准化操作，即将每一个维度的特征都进行缩放，以将其转变为具有单位方差及/或零均值的序列。

（15）RobustScaler

RobustScaler 可以去除数据的中位数，并根据给定的范围对数据进行缩放，该范围默认为四分位距（Interquartile Range，IQR），即第一四分位数和第三四分位数之间的距离。它的操作与 StandardScaler 的非常相似，但是使用的是中位数和四分位距，而不是平均值和标准差，这使它对异常值有很好的适应性。

（16）MinMaxScaler

MinMaxScaler 可以根据给定的最大值和最小值，将数据集中的各个特征缩放到该最大值和最小值范围之内，当没有具体指定最大值/最小值时，默认缩放到[0,1]区间。

（17）MaxAbsScaler

MaxAbsScaler 可以用每一维特征的最大绝对值对给定的数据集进行缩放，实际上是将每一维度的特征都缩放到[−1,1]区间中。

（18）Bucketizer

Bucketizer 可以对连续型特征进行离散化操作，使其转变为离散型特征。用户需要手动给出对特征进行离散化的区间的分割位置（如分为 n 个区间，则需要有 n+1 个分割值），该区间必须是严格递增的。

（19）ElementwiseProduct

ElementwiseProduct 适用于给整个特征向量进行加权操作，给定一个权重向量，指定每一特征的权值，它将用此向量对整个数据集进行相应的加权操作。其过程相当于代数学中的阿达玛乘积（Hadamard Product）。

（20）SQLTransformer

SQLTransformer 可以通过 SQL 语句对原始数据集进行处理，给定输入数据集和相应的 SQL 语句，它将根据 SQL 语句定义的选择条件对数据集进行变换。目前，SQLTransformer 只支持 SQL 的 SELECT 语句。

（21）VectorAssembler

VectorAssembler 可以将输入数据集的某些指定的列组织成单个向量。它特别适用于需要针对单个特征进行处理的场景，在处理结束后，它将所有特征组织到一起，送入那些需要向量输入的机器学习算法，如逻辑斯谛回归或决策树。

（22）VectorSizeHint

VectorSizeHint 允许用户明确指定一列向量的大小，这样 VectorAssembler 或其他可能需要知道向量大小的转换器就可以使用该列作为输入。

（23）QuantileDiscretizer

QuantileDiscretizer 可以看成 Bucketizer 的扩展版，它将连续型特征转化为离散型特征。不同的是，它无须用户给出离散化分割的区间位置，只需要给出期望的区间数，即会自动调用相关近似算法计算出相应的分割位置。

（24）Imputer

Imputer 使用数据列的平均数、中位数或众数来重新填充数据集中的缺失值（null、NaN），数据列的值必须是数值型的，默认填充策略是平均数。

2. 特征转换的例子

在机器学习处理过程中，为了方便相关算法的实现，经常需要把特征（一般是字符串）转化成整数索引，或是在计算结束后将整数索引还原为相应的标签。

spark.ml 包中提供了几个相关的转换器，如 StringIndexer、IndexToString、VectorIndexer 等，它们提供了十分方便的特征转换功能，如把特征（一般是字符串）转化成整数索引，并在计算结束时又把整数索引还原为标签。这些转换器都位于 org.apache.spark.ml.feature 包下。

（1）StringIndexer

StringIndexer 可以把一组字符串型标签编码成一组标签索引，索引的范围为 0 到标签数量。索引构建的顺序由标签的出现频率决定，优先编码出现频率较大的标签，所以，出现频率最高的标签的索引为 0。如果输入的数据是数值型的，则会将其转化成字符串型后再对其进行编码。

首先，引入所需要使用的类。

```scala
scala> import org.apache.spark.ml.feature.StringIndexer
```

其次，构建 1 个 DataFrame，设置 StringIndexer 的输入列和输出列的名称。

```scala
scala> val df1 = spark.createDataFrame(
     |    Seq((0, "a"), (1, "b"), (2, "c"), (3, "a"), (4, "a"), (5, "c"))
     |    ).toDF("id", "category")
df1: org.apache.spark.sql.DataFrame = [id: int, category: string]

scala> val indexer = new StringIndexer().
     |        setInputCol("category").
     |        setOutputCol("categoryIndex")
```

这里首先用 StringIndexer 读取数据集中的 category 列，把字符串型标签转化成标签索引，然后输出到 categoryIndex 列上。最后，通过 fit( )方法进行模型训练，用训练出的模型对原数据集进行处理，并通过 indexed1.show( )进行展示。

```scala
scala> val indexed1 = indexer.fit(df1).transform(df1)
indexed1: org.apache.spark.sql.DataFrame = [id: int, category: string, categoryIndex:
double]

scala> indexed1.show()
+---+--------+-------------+
| id|category|categoryIndex|
+---+--------+-------------+
|  0|       a|          0.0|
|  1|       b|          2.0|
|  2|       c|          1.0|
|  3|       a|          0.0|
|  4|       a|          0.0|
|  5|       c|          1.0|
+---+--------+-------------+
```

可以看到，StringIndexer 依次按照出现频率的高低对字符串型标签进行了排序，即出现最多的"a"被编码为 0.0，"c"被编码为 1.0，出现最少的"b"被编码为 2.0。

（2）IndexToString

与 StringIndexer 的作用相反，IndexToString 的作用是把一列标签索引重新映射回原有的字符串型标签。IndexToString 一般是和 StringIndexer 配合使用的。先用 StringIndexer 将字符串型标签转化成标签索引，进行模型训练，然后在预测标签的时候把标签索引转化成原有的字符串型标签。当然，Spark 也允许开发者使用自己提供的标签，下面是一段实例代码。

```scala
scala> import org.apache.spark.ml.feature.IndexToString
scala> val idx2str = new IndexToString().
     |        setInputCol("categoryIndex").
```

```
|          setOutputCol("originalCategory")
scala> val indexString = idx2str.transform(indexed1)
indexString: org.apache.spark.sql.DataFrame = [id: int, category: string, categoryIndex:
double, originalCategory: string]
scala> indexString.select("id", "originalCategory").show()
+---+----------------+
| id|originalCategory|
+---+----------------+
|  0|               a|
|  1|               b|
|  2|               c|
|  3|               a|
|  4|               a|
|  5|               c|
+---+----------------+
```

然后用 IndexToString 读取 categoryIndex 列上的标签索引，获得原有数据集的字符串型标签，输出到 originalCategory 列上。最后输出 originalCategory 列，我们就可以看到数据集中原有的字符串型标签。

（3）VectorIndexer

StringIndexer 对单个类别型特征进行转换。如果特征都已经被组织在一个向量中，用户又想对其中某些单个分量进行处理，此时可以利用 VectorIndexer 类进行转换。VectorIndexer 类的 maxCategories 参数可以自动识别类别型特征，并将原始值转换为类别索引，它基于特征值的数量来识别需要被类别化的特征。那些取值数最多不超过 maxCategories 的特征，将会被类型化并转化为索引。

下面的例子将实现读入一个数据集，使用 VectorIndexer 训练模型将类别型特征转换为索引。

首先，引入所需要的类，并构建数据集。

```
scala> import org.apache.spark.ml.feature.VectorIndexer
scala> import org.apache.spark.ml.linalg.{Vector, Vectors}
scala> val data = Seq(
     |          Vectors.dense(-1.0, 1.0, 1.0),
     |          Vectors.dense(-1.0, 3.0, 1.0),
     |          Vectors.dense(0.0, 5.0, 1.0))
data: Seq[org.apache.spark.ml.linalg.Vector] = List([-1.0,1.0,1.0], [-1.0,3.0,1.0],
[0.0,5.0,1.0])
scala> val df = spark.createDataFrame(data.map(Tuple1.apply)).toDF("features")
df: org.apache.spark.sql.DataFrame = [features: vector]
```

然后，构建 VectorIndexer 转换器，设置输入列和输出列，并进行模型训练。

```
scala> val indexer = new VectorIndexer().
     |          setInputCol("features").
     |          setOutputCol("indexed").
     |          setMaxCategories(2)
scala> val indexerModel = indexer.fit(df)
```

这里设置 maxCategories 为 2，即只有种类数小于或等于 2 的特征才会被认为是类别型特征，否则会被认为是连续型特征。

接下来，通过 VectorIndexerModel 的 categoryMaps 成员来获得被转换的特征及其映射，这里可以看到，共有两个特征被转换，分别是 0 号特征和 2 号特征。

```
scala> val categoricalFeatures: Set[Int] = indexerModel.categoryMaps.keys.toSet
categoricalFeatures: Set[Int] = Set(0, 2)
scala> println(s"Chose ${categoricalFeatures.size} categorical features: " +
categoricalFeatures.mkString(", "))
Chose 2 categorical features: 0, 2
```

最后，把模型应用于原有的数据，并输出结果。

```
scala> val indexed = indexerModel.transform(df)
indexed: org.apache.spark.sql.DataFrame = [features: vector, indexed: vector]
scala> indexed.show()
+--------------+--------------+
|      features|       indexed|
+--------------+--------------+
|[-1.0,1.0,1.0]|[1.0,1.0,0.0]|
|[-1.0,3.0,1.0]|[1.0,3.0,0.0]|
| [0.0,5.0,1.0]|[0.0,5.0,0.0]|
+--------------+--------------+
```

可以看出，只有种类数小于 2 的特征才会被认为是类别型特征，否则会被认为是连续型特征。第 0 列和第 3 列的特征由于种类数不超过 2，被划分成类别型特征，并被转化为索引；而第 2 列特征有 3 个值，因此不被类型化，而是被转换为索引。

9.6.3　特征选择

特征选择指的是在特征向量中选择出那些优秀的特征，组成新的、更精简的特征向量的过程。它在高维数据分析中十分常用，可以剔除掉冗余和无关的特征，提高机器学习的性能。本小节介绍特征选择的基本操作，并给出实例。

特征选择

1. 特征选择操作

（1）VectorSlicer

VectorSlicer 的作用类似于 MATLAB/NumPy 中的列切片，它可以根据给定的索引（整数索引或列名索引）选择出特征向量中的部分列，并生成新的特征向量。

（2）Rformula

Rformula 提供了一种 R 语言风格的特征向量列选择功能，用户可以为其传入一个 R 表达式，它会根据该表达式，自动选择相应的特征向量列形成新的特征向量。

（3）ChiSqSelector

ChiSqSelector 通过卡方选择进行特征选择，它的输入必须是一个已有标签的数据集，ChiSqSelector 会针对每一个特征与其标签的关系进行卡方检验，从而选择出那些在统计意义上区分度较大的特征。

（4）UnivariateFeatureSelector

UnivariateFeatureSelector 可以看成 ChiSqSelector 的扩展版，它也支持对连续型数据的特征选择，Spark 会自动根据特征类型和标签类型来选择评估函数。当特征与标签都为类别型时，评估函数使用的是 chi-squared，此时 UnivariateFeatureSelector 的功能就相当于 ChiSqSelector 的功能。当特征为连续型、标签为类别型时，评估函数为 ANOVATest( )。当特征与标签都为连续型时，评估函数使用的是 F-value( )。

（5）VarianceThresholdSelector

VarianceThresholdSelector 会将方差值小于人为给定的阈值的特征删除。阈值默认为 0，因此只有方差为 0 的特征，即所有值都相同的特征，会被删除。

2. 特征选择操作的例子

卡方选择是统计学上常用的一种有监督特征选择方法，它通过对特征和真实标签进行卡方检验，来判断该特征和真实标签的关联程度，进而确定是否对特征进行选择。

和 spark.ml 包中的大多数机器学习方法一样，spark.ml 包中的卡方选择也是以"评估器+转换器"的形式出现的，主要由 ChiSqSelector 和 ChiSqSelectorModel 两个类来实现。

首先，进行环境的设置，引入卡方选择所需要使用的类。

```
scala> import org.apache.spark.ml.feature.{ChiSqSelector, ChiSqSelectorModel}
scala> import org.apache.spark.ml.linalg.Vectors
```

其次，创建实验数据，这是一个具有 3 个样本、4 个特征维度的数据集，标签有 1 和 0 两种，我们将在此数据集上进行卡方选择。

```
scala> val df = spark.createDataFrame(Seq(
     | (1, Vectors.dense(0.0, 0.0, 18.0, 1.0), 1),
     | (2, Vectors.dense(0.0, 1.0, 12.0, 0.0), 0),
     | (3, Vectors.dense(1.0, 0.0, 15.0, 0.1), 0)
     | )).toDF("id", "features", "label")
df: org.apache.spark.sql.DataFrame = [id: int, features: vector … 1 more field]
scala> df.show()
+---+------------------+-----+
| id|          features|label|
+---+------------------+-----+
|  1|[0.0,0.0,18.0,1.0]|    1|
|  2|[0.0,1.0,12.0,0.0]|    0|
|  3|[1.0,0.0,15.0,0.1]|    0|
+---+------------------+-----+
```

然后，用卡方选择进行特征选择器的训练，为了便于观察，我们设置只选择和标签关联性最强的一个特征（可以通过 setNumTopFeatures( )方法进行设置）。

```
scala> val selector = new ChiSqSelector().
     | setNumTopFeatures(1).
     | setFeaturesCol("features").
     | setLabelCol("label").
     | setOutputCol("selected-feature")
```

最后，用训练出的模型对原数据集进行处理，可以看到，第 3 列特征作为最有用的特征列被选出。

```
scala> val selector_model = selector.fit(df)
scala> val result = selector_model.transform(df)
result: org.apache.spark.sql.DataFrame = [id: int, features: vector … 2 more fields]
scala> result.show(false)
+---+------------------+-----+----------------+
|id |features          |label|selected-feature|
+---+------------------+-----+----------------+
|1  |[0.0,0.0,18.0,1.0]|1.0  |[18.0]          |
|2  |[0.0,1.0,12.0,0.0]|0.0  |[12.0]          |
|3  |[1.0,0.0,15.0,0.1]|0.0  |[15.0]          |
+---+------------------+-----+----------------+
```

9.6.4　局部敏感哈希

局部敏感哈希（Locality Sensitive Hashing，LSH）是一种被广泛应用于聚类、近似最近邻（Approximate Nearest Neighbor, ANN）、近似相似度连接（Approximate Similarity Join）等操作的哈希方法，基本功能是将那些在特征空间中相邻的点尽可能地映射到同一个哈希桶中。

spark.ml 包目前提供了两种 LSH 方法。第一种是 BucketedRandomProjectionLSH，使用欧氏距离作为距离度量方法；第二种是 MinHash，使用雅卡尔（Jaccard）距离作为距离度量方法。显然，根据雅卡尔相似度的性质，它只能够处理二元向量。

9.7　分类算法

分类是一种重要的机器学习和数据挖掘技术。分类的目的是根据数据集的特点构造一个分类函数或分类模型（也称作分类器），分类模型能把未知类别的样本映射到给定类别中。

分类的具体规则可描述如下：给定一组训练数据的集合 T，T 的每一条记录都是包含若干条属性的特征向量，用向量 $\boldsymbol{X} = (x_1, x_2, \cdots, x_n)$ 表示。$x_i (i = 1, 2, \cdots, n)$ 可以有不同的值域，当一属性的值域为连续域时，该属性为连续属性（Numerical Attribute），否则为离散属性（Discrete Attribute）。用 $\boldsymbol{C} = (c_1, c_2, \cdots, c_k)$ 表示类别属性，即数据集有 k 个不同的类别。那么，T 就隐含了一个从向量 X 到类别属性 C 的映射函数：$f(\boldsymbol{X}) \rightarrow \boldsymbol{C}$。分类的目的就是分析输入数据，通过在训练集中的数据表现出来的特性，为每一个类找到一种准确的分类函数或者分类模型，采用该分类函数或者分类模型将隐含的映射函数表示出来。

构造分类模型的过程一般分为训练和测试两个阶段。在构造模型之前，将数据集随机地分为训练数据集和测试数据集。先使用训练数据集来构造分类模型，然后使用测试数据集来评估模型的分类准确率。如果认为模型的准确率可以接受，就可以用该模型对其他数据元组进行分类。一般来说，测试阶段的代价远低于训练阶段。

分类算法具有多种不同的类型，例如，支持向量机（Support Vector Machines，SVM）、决策树算法、贝叶斯算法等。spark.mllib 包支持各种分类算法，涉及的问题类型主要包含二分类、多分类和回归分析等。表 9-4 列出了 spark.mllib 包为不同类型问题提供的算法。

表 9-4   spark.mllib 包为不同类型问题提供的算法

问题类型	支持的算法
二分类	线性支持向量机、逻辑斯谛回归、决策树、随机森林、梯度上升树、朴素贝叶斯
多类分类	逻辑斯谛回归、决策树、随机森林、朴素贝叶斯
回归	线性最小二乘法、Lasso 回归、岭回归、决策树、随机森林、梯度上升树、保序回归

spark.mllib 包支持的算法较为完善，而且正逐步迁移到 spark.ml 包中。本节将介绍 spark.ml 包中一些典型的分类算法。

9.7.1　逻辑斯谛回归分类算法

逻辑斯谛回归是统计学习中的经典分类方法，其模型属于对数线性模型。逻辑斯谛回归的因变量可以是二分类的，也可以是多分类的。二项逻辑斯谛回归模型如下。

$$P(Y = 1 \mid \boldsymbol{x}) = \frac{\exp(\boldsymbol{w} \cdot \boldsymbol{x} + b)}{1 + \exp(\boldsymbol{w} \cdot \boldsymbol{x} + b)} \tag{9-7}$$

$$P(Y = 0 \mid \boldsymbol{x}) = \frac{1}{1 + \exp(\boldsymbol{w} \cdot \boldsymbol{x} + b)} \tag{9-8}$$

其中，$\boldsymbol{x} \in \mathbf{R}^n$ 是输入，$Y \in \{0,1\}$ 是输出，$\boldsymbol{w}$ 称为权值向量，b 称为偏置，$\boldsymbol{w} \cdot \boldsymbol{x}$ 为 $\boldsymbol{w}$ 和 $\boldsymbol{x}$ 的内积。参数估计的方法是在给定训练样本点和已知的公式后，对于一个或多个未知参数枚举参数的所有可能取值，找到最符合样本点分布的参数（或参数组合）。假设

$$P(Y = 1 \mid \boldsymbol{x}) = \pi(\boldsymbol{x}), \quad P(Y = 0 \mid \boldsymbol{x}) = 1 - \pi(x) \tag{9-9}$$

则采用极大似然法来估计 $\boldsymbol{w}$ 和 b，似然函数为

$$\prod_{i=1}^{N} \left[\pi(x_i)\right]^{y_i} \left[1 - \pi(x_i)\right]^{1 - y_i} \tag{9-10}$$

其中，N 是训练样本的个数，(x_i, y_i) 表示样本变量 x_i 对应的值为 y_i。为方便求解，对其对数似然进行估计。

$$L(\boldsymbol{w}) = \sum_{i=1}^{N} \{y_i \ln[\pi(x_i)] + (1 - y_i) \log[1 - \pi(x_i)]\} \tag{9-11}$$

从而对 $L(\boldsymbol{w})$ 求极大值，得到 $\boldsymbol{w}$ 的估计值。为了避免过拟合的问题，一般会对成本 $L(\boldsymbol{w})$ 增加规范化项

$$J(\boldsymbol{w}) = L(\boldsymbol{w}) + \gamma \left(\alpha |\boldsymbol{w}| + (1 - \alpha) \frac{1}{2} |\boldsymbol{w}|^2 \right) \tag{9-12}$$

其中，参数 γ 称为规范化系数，用于定义规范化项的权重；α 称为 ElasticNet 参数，取值介于 0 和 1 之间。$\alpha = 0$ 时采用 L2 规范化，$\alpha = 1$ 时采用 L1 规范化。求极值的方法可以是梯度下降法、梯度上升法等。

本小节以 Iris 数据集为例进行分析，该数据集的下载地址如下。

https://archive.ics.uci.edu/ml/machine-learning-databases/iris/iris.data

读者也可以直接到高校大数据课程公共服务平台本书页面"下载专区"的"数据集"中下载。Iris 数据集以鸢尾花的特征作为数据来源，包含 150 个数据，分为 3 类，每类 50 个数据，每个数据包含 4 个属性，该数据集是在数据挖掘、数据分类中常用的测试集、训练集。下面给出具体实验过程。

第 1 步：导入本地向量 Vector 和 Vectors，导入所需要的类。

```scala
scala> import org.apache.spark.ml.linalg.{Vector,Vectors}
scala> import org.apache.spark.ml.feature.{IndexToString, StringIndexer, VectorIndexer}
scala> import org.apache.spark.ml.classification.LogisticRegression
scala> import org.apache.spark.ml.{Pipeline,PipelineModel}
scala> import org.apache.spark.sql.Row
scala> import org.apache.spark.ml.classification.LogisticRegressionModel
scala> import org.apache.spark.ml.evaluation.MulticlassClassificationEvaluator
scala> import org.apache.spark.ml.feature.VectorAssembler
scala> import org.apache.spark.sql.types.DoubleType
```

第 2 步：使用 spark.read.csv( )方法读取 CSV 文件，再将 4 个特征转化为 Double 类型数据，最后利用 VectorAssembler( )将 4 个特征组合成向量。

```scala
scala> val path="file:///usr/local/spark/iris.data"
scala> val df_raw = spark.read.option(
     |    "inferSchema","true").csv(
     |    path).toDF("c0","c1","c2","c3","label")
scala> val df_double = df_raw.select(
     |    col("c0").cast(DoubleType),col("c1").cast(DoubleType),
     |    col("c2").cast(DoubleType),col("c3").cast(DoubleType),
     |    col("label"))
scala> val assembler = new VectorAssembler().setInputCols(
     |    Array("c0", "c1", "c2","c3")).setOutputCol("features")
scala> val data = assembler.transform(df_double).select("features","label")
scala> data.show()
+-----------------+-----------+
|         features|      label|
+-----------------+-----------+
|[5.1,3.5,1.4,0.2]|Iris-setosa|
|[4.9,3.0,1.4,0.2]|Iris-setosa|
|[4.7,3.2,1.3,0.2]|Iris-setosa|
|[4.6,3.1,1.5,0.2]|Iris-setosa|
|[5.0,3.6,1.4,0.2]|Iris-setosa|
|[5.4,3.9,1.7,0.4]|Iris-setosa|
|[4.6,3.4,1.4,0.3]|Iris-setosa|
|[5.0,3.4,1.5,0.2]|Iris-setosa|
|[4.4,2.9,1.4,0.2]|Iris-setosa|
|[4.9,3.1,1.5,0.1]|Iris-setosa|
|[5.4,3.7,1.5,0.2]|Iris-setosa|
|[4.8,3.4,1.6,0.2]|Iris-setosa|
|[4.8,3.0,1.4,0.1]|Iris-setosa|
|[4.3,3.0,1.1,0.1]|Iris-setosa|
```

```
|[5.8,4.0,1.2,0.2]|Iris-setosa|
|[5.7,4.4,1.5,0.4]|Iris-setosa|
|[5.4,3.9,1.3,0.4]|Iris-setosa|
|[5.1,3.5,1.4,0.3]|Iris-setosa|
|[5.7,3.8,1.7,0.3]|Iris-setosa|
|[5.1,3.8,1.5,0.3]|Iris-setosa|
+----------------+-----------+
only showing top 20 rows
```

第 3 步：分别获取标签列和特征列，进行索引并进行重命名。

```
scala> val labelIndexer = new StringIndexer().
     | setInputCol("label").setOutputCol("indexedLabel").fit(data)
scala> val featureIndexer = new VectorIndexer().
     | setInputCol("features").setOutputCol("indexedFeatures").fit(data)
```

第 4 步：设置 LogisticRegression( )的参数。这里设置循环次数为 100 次、规范化项为 0.3 等。具体可以设置的参数，读者可以通过 explainParams( )来获取，还能看到程序已经设置的参数的结果。

```
scala> val lr = new LogisticRegression().
     | setLabelCol("indexedLabel").
     | setFeaturesCol("indexedFeatures").
     | setMaxIter(100).
     | setRegParam(0.3).
     | setElasticNetParam(0.8)
scala> println("LogisticRegression parameters:\n" + lr.explainParams() + "\n")
```

LogisticRegression( )的参数及其含义如表 9-5 所示。

表 9-5   **LogisticRegression( )的参数及其含义**

参数	含义
elasticNetParam	Elastic Net 参数 α，α 介于 0 和 1 之间，默认为 0。当 α=0 时，采用 L2 规范化；当 α=1 时，采用 L1 规范化
family	用来设置描述模型的标签分类，可选项为 auto、binomial 和 multinomial，默认为 auto。 auto：自动选择分类的数量，如果分类数等于 1 或 2，设置为 binomial（二分类），否则设置为 multinomial。 binomial：二元逻辑斯谛回归。 multinomial：多元逻辑斯谛回归（softmax）
featuresCol	用来设置特征列名，默认为"features"
fitIntercept	用来设置是否匹配一个截距项，默认为 true
labelCol	用来设置标签列名，默认为"label"
maxIter	用来设置最大的迭代次数，默认为 100
predictionCol	用来设置预测列名，默认为"prediction"
probabilityCol	用来设置预测属于某一类的条件概率的列名，默认值为"probability"。因为不是所有的模型输出都是精确校准后的概率估计，所以这些概率应当视为置信度，而不是精确的概率估计
rawPredictionCol	用来设置原始预测值（也称为置信度）列名
regParam	用来设置正则化参数，默认为 0
standardization	用来设置是否在模型拟合前对训练特征进行标准化处理，默认为 true
threshold	用来设置二元分类预测的阈值，默认为 0.5
thresholds	多元分类中用来调整每一个分类预测概率的阈值参数，未定义默认值。阈值参数（数组的形式）的长度要等于分类数，每一个值都要大于 0（最多只能有一个值可能等于 0），p/t 值最大的类成为预测的类，其中 p 是属于某一个分类的原始概率，t 是每个分类的阈值参数
tol	用来设置迭代算法的收敛阈值（大于等于 0），默认为 1.0E-6
weightCol	用来设置权重列名，未定义默认值，如果没有设置或设置为空，则把所有实例的权重设为 1

第 5 步：设置一个 IndexToString 转换器，把预测的类别重新转化成字符串型的。构建一个机器学习流水线，设置各个阶段。上一个阶段的输出将作为本阶段的输入。

```scala
scala> val labelConverter = new IndexToString().setInputCol("prediction").
     | setOutputCol("predictedLabel").setLabels(labelIndexer.labels)
scala> val lrPipeline = new Pipeline().
     | setStages(Array(labelIndexer, featureIndexer, lr, labelConverter))
```

第 6 步：把数据集随机分成训练集和测试集，其中训练集占 70%。Pipeline 本质上是一个评估器，当 Pipeline 调用 fit( )的时候就产生了一个 PipelineModel，它是一个转换器。然后，这个 PipelineModel 就可以通过调用 transform 来进行预测，生成一个新的 DataFrame，即利用训练得到的模型对测试集进行验证。

```scala
scala> val Array(trainingData, testData) = data.randomSplit(Array(0.7, 0.3))
scala> val lrPipelineModel = lrPipeline.fit(trainingData)
scala> val lrPredictions = lrPipelineModel.transform(testData)
```

第 7 步：输出预测的结果。用 select( )选择要输出的列，用 collect( )获取所有行的数据，用 foreach( )把每行都输出。

```scala
scala> lrPredictions.
     | select("predictedLabel", "label", "features", "probability").collect().
     | foreach{case Row(predictedLabel: String, label:String,features:Vector, prob:Vector)
=> println(s"($label, $features) --> prob=$prob, predicted Label=$predictedLabel")}
…
(Iris-setosa, [4.4,2.9,1.4,0.2]) --> prob=[0.2624350739662679,0.19160655295857498,
0.5459583730751572], predicted Label=Iris-setosa(Iris-setosa, [4.6,3.6,1.0,0.2]) -->
prob=[0.2473632180957361,0.18060243561101244,0.5720343462932513], predicted Label=Iris-setosa
(Iris-setosa, [4.8,3.0,1.4,0.1]) --> prob=[0.2597529706621392,0.18432454082078972,
0.5559224885170712], predicted Label=Iris-setosa(Iris-versicolor, [4.9,2.4,3.3,1.0]) -->
prob=[0.3424659128771462,0.31400211670249883,0.34353197042035494], predicted Label=Iris-setosa
(Iris-setosa, [4.9,3.0,1.4,0.2]) --> prob=[0.2624350739662679,0.19160655295857498,
0.5459583730751572], predicted Label=Iris-setosa
(Iris-setosa, [4.9,3.1,1.5,0.1]) --> prob=[0.2635779329910567,0.18703879052941608,
0.5493832767795272], predicted Label=Iris-setosa
(Iris-versicolor, [5.0,2.0,3.5,1.0]) --> prob=[0.34863710327362973,0.31966039326144235,
0.3317025034649279], predicted Label=Iris-versicolor
(Iris-setosa, [5.0,3.2,1.2,0.2]) --> prob=[0.2548756158571469,0.186608731466228842,
0.55903706694805646], predicted Label=Iris-setosa
(Iris-setosa, [5.0,3.4,1.6,0.4]) --> prob=[0.2749323011344446,0.21249363890622694,
0.5125740599593285], predicted Label=Iris-setosa
(Iris-setosa, [5.0,3.5,1.6,0.6]) --> prob=[0.27934905017805023,0.22855938133781042,
0.4920915684841392], predicted Label=Iris-setosa
```

从上面的输出结果可以看出，其中输出了特征分别属于各个类的概率，并把概率最大的类作为预测值。

第 8 步：对训练的模型进行评估。创建一个 MulticlassClassificationEvaluator 实例，用 setter( )方法对预测分类的列名和真实分类的列名进行设置，然后计算预测的准确率。

```scala
scala> val evaluator = new MulticlassClassificationEvaluator().
     | setLabelCol("indexedLabel").setPredictionCol("prediction")
scala> val lrAccuracy = evaluator.evaluate(lrPredictions)
lrAccuracy: Double = 0.7430925163141574
```

从上面的结果中可以看到，预测的准确率约为 0.743093。

第 9 步：通过 Pipeline Model 来获取训练得到的逻辑斯谛模型。lrPipelineModel 是一个 PipelineModel，因此，可以通过调用它的 stages( )方法来获取模型，详细代码如下。

```scala
scala> val lrModel = lrPipelineModel.
     | stages(2).asInstanceOf[LogisticRegressionModel]
```

```
scala> println("Coefficients: \n " + lrModel.coefficientMatrix+"\nIntercept:
 "+lrModel.interceptVector+ "\n numClasses: "+lrModel.numClasses+"\n numFeatures:
"+lrModel.
 numFeatures)

Coefficients:
0.0  0.0  0.0                          0.0
0.0  0.0  0.0                          0.2847340583043941
0.0  0.0  -0.26450560395456046  -0.2835878997396014
Intercept: [-0.26268599491170097,-0.6341924545429073,0.8968784494546084]
numClasses: 3
numFeatures: 4
```

9.7.2 决策树分类算法

决策树分类算法

决策树（Decision Tree）是一种基本的分类与回归方法，这里主要介绍用于分类的决策树。决策树模型呈树形结构，其中，每个内部节点表示一个属性上的测试，每个分支代表一个测试输出，每个叶节点代表一种类别。学习时利用训练数据，根据损失函数最小化的原则建立决策树模型；预测时，对新的数据利用决策树模型进行分类。决策树学习通常包括 3 个步骤：特征选择、决策树的生成和决策树的剪枝。

1. 特征选择

特征选择的目的在于选取对训练数据具有分类作用的特征，这样可以提高决策树学习的效率。通常，特征选择的准则是信息增益（或信息增益比、基尼指数等），每次计算每个特征的信息增益（或信息增益比、基尼指数等），并比较它们的大小，选择信息增益最大（或信息增益比最大、基尼指数最小等）的特征。下面介绍特征选择的几个准则。

首先定义信息论中广泛使用的一个度量标准——熵（Entropy），它是表示随机变量不确定性的程度。熵越大，随机变量的不确定性就越大。而信息熵（Informational Entropy）表示得知某一特征后使信息的不确定性减少的程度。简单地说，一个属性的信息增益，就是由于使用这个属性分割样例而导致的期望熵降低的程度。信息增益、信息增益比和基尼指数的具体定义如下。

信息增益：特征 A 对训练数据集 D 的信息增益 $g(D,A)$，定义为训练数据集 D 的经验熵 $H(D)$ 与特征 A 给定条件下训练数据集 D 的经验条件熵 $H(D|A)$ 之差，即

$$g(D,A) = H(D) - H(D|A)$$
(9-13)

信息增益比：特征 A 对训练数据集 D 的信息增益比 $g_R(D,A)$，定义为其信息增益 $g(D,A)$ 与训练数据集 D 关于特征 A 的经验熵 $H_A(D)$ 之比，即

$$g_R(D,A) = \frac{g(D,A)}{H_A(D)}$$
(9-14)

其中，$H_A(D) = -\sum_{i=1}^{n} \frac{|D_i|}{|D|} \log_2 \frac{|D_i|}{|D|}$，$n$ 是特征 A 取值的个数。

基尼指数：分类问题中，假设有 K 个类，样本点属于第 K 类的概率为 p_k，则概率分布的基尼指数定义为

$$Gini(p) = \sum_{k=1}^{K} p_k(1-p_k) = 1 - \sum_{k=1}^{K} p_k^2$$
(9-15)

2. 决策树的生成

从根节点开始，对节点计算所有可能的特征的信息增益，选择信息增益最大的特征作为节点的特征，用该特征的不同取值建立子节点，再对子节点递归地重复以上操作，构建决策树；直到所有特征的信息增益均很小或没有特征可以选择为止，最后得到一棵决策树。

决策树需要有停止条件来终止其生长。一般来说，要求最低的条件是：该节点下面的所有记录都属于同一类，或者所有的记录属性都具有相同的值。这两种条件是停止决策树生长的必要条件，也是要求最低的条件。在实际运用中一般希望决策树提前停止生长，限定叶节点包含的最低数据量，以防止过度生长造成的过拟合问题。

3. 决策树的剪枝

决策树生成算法会递归地产生决策树，直到不能继续下去为止。这样产生的决策树往往对训练数据的分类很准确，对未知的测试数据的分类却没那么准确，即出现过拟合现象。解决这个问题的办法是考虑决策树的复杂度，对已生成的决策树进行简化，这个过程称为"剪枝"。

决策树的剪枝往往通过极小化决策树整体的损失函数来实现。一般来说，损失函数可以定义如下。

$$C_a(T) = C(T) + a|T| \tag{9-16}$$

其中，T 为任意子树，$C(T)$ 为对训练数据的预测误差（如基尼指数），$|T|$ 为子树的叶节点个数，$a \geq 0$ 且为参数，$C_a(T)$ 为参数是 a 时的子树 T 的整体损失，参数 a 权衡训练数据的拟合程度与模型的复杂度。对于固定的 a，一定存在使损失函数 $C_a(T)$ 的值最小的最优子树，将其表示为 T_a。当 a 大的时候，最优子树 T_a 偏小；当 a 小的时候，最优子树 T_a 偏大。

这里以 Iris 数据集为例进行决策树的聚类，下面给出具体实验步骤。

第 1 步：导入需要的包。

```
scala> import org.apache.spark.ml.classification.DecisionTreeClassificationModel
scala> import org.apache.spark.ml.classification.DecisionTreeClassifier
scala> import org.apache.spark.ml.{Pipeline,PipelineModel}
scala> import org.apache.spark.ml.evaluation.MulticlassClassificationEvaluator
scala> import org.apache.spark.ml.feature.VectorAssembler
scala> import org.apache.spark.sql.types.DoubleType
scala> import org.apache.spark.ml.linalg.{Vector,Vectors}
scala> import org.apache.spark.ml.feature.{IndexToString, StringIndexer, VectorIndexer}
```

第 2 步：创建一个 Iris 模式的 RDD 并转化成 DataFrame。

```
scala> val path="file:///usr/local/spark/iris.data"
scala> val df_raw = spark.read.option(
     |  "inferSchema","true").csv(
     |  path).toDF("c0","c1","c2","c3","label")
scala> val df_double = df_raw.select(
     |  col("c0").cast(DoubleType),col("c1").cast(DoubleType),
     |  col("c2").cast(DoubleType),col("c3").cast(DoubleType),
     |  col("label"))
scala> val assembler = new VectorAssembler().setInputCols(
     |  Array("c0", "c1", "c2","c3")).setOutputCol("features")
scala> val data = assembler.transform(df_double).select("features","label")
```

第 3 步：进一步处理特征和标签，把数据集随机分成训练集和测试集，其中训练集占 70%。

```
scala> val labelIndexer = new StringIndexer().
     |  setInputCol("label").setOutputCol("indexedLabel").fit(data)
scala> val featureIndexer = new VectorIndexer().setInputCol("features").
     |  setOutputCol("indexedFeatures").setMaxCategories(4).fit(data)
scala> val labelConverter = new IndexToString().
     |  setInputCol("prediction").setOutputCol("predictedLabel").
     |  setLabels(labelIndexer.labels)
scala> val Array(trainingData, testData) = data.randomSplit(Array(0.7, 0.3))
```

第 4 步：创建决策树模型 DecisionTreeClassifier( )，通过 setter( )方法来设置决策树的参数，也可以用 ParamMap( )来设置。这里仅设置特征列 FeaturesCol 和待预测列 LabelCol。具体可以设置的参数可以通过 explainParams( )来获取。

```
scala> val dtClassifier = new DecisionTreeClassifier().
```

```
                    | setLabelCol("indexedLabel").setFeaturesCol("indexedFeatures")
```

DecisionTreeClassifier( )的参数及其含义如表 9-6 所示。

表 9-6　　　　　　　　　　**DecisionTreeClassifier( )的参数及其含义**

参数	含义
checkpointInterval	用来设置检查点的区间（大于等于 1）或者使检查点不生效（-1），默认为 10。例如，10 就意味着缓存中每隔 10 次循环进行一次检查
featuresCol	用来设置特征列名，默认为"features"
impurity	用来设置信息增益的准则（大小写敏感），支持"entropy"和"gini"，默认为"gini"
labelCol	用来设置标签列名，默认为"label"
maxBins	用来设置用于离散化连续型特征以及选择在每个节点上如何对特征进行分裂的最大箱数，一定要大于等于 2，并且大于等于任意类别特征的类别数量，默认为 32
maxDepth	用来设置树的最大深度（大于等于 0），默认为 5。例如，depth 设为 0 是指只有一个根节点；depth 设为 1 是指有一个根节点和两个叶子节点
minInfoGain	用来设置可以将树分裂成一个树节点的最小信息增益，要求大于等于 0，默认为 0
minInstancesPerNode	用来设置分裂后每一个子节点上的最少实例数量，如果一次分裂会导致左孩子节点或右孩子节点的实例数量少于 minInstancesPerNode，则认为该次分裂是无效的，将舍弃该次分裂。要求大于等于 1，默认为 1
predictionCol	用来设置预测列名，默认为"prediction"
probabilityCol	用来设置预测属于某一类的条件概率的列名，默认值为"probability"。因为不是所有的模型输出都是精确校准后的概率估计，所以这些概率应当视为置信度，而不是精确的概率估计
rawPredictionCol	用来设置原始预测值（也称为置信度）的列名
seed	用来设置随机数种子，默认为 159147643
thresholds	多元分类中用来调整每一个分类预测概率的阈值参数，未定义默认值。阈值参数（数组的形式）的长度要等于分类数，每一个值都要大于 0（最多只能有一个值可能等于 0），p/t 值最大的类成为预测的类，其中 p 是属于某一个分类的原始概率，t 是每个分类的阈值参数
weightCol	用来设置权重列名，未定义默认值，如果没有设置或设置为空，则把所有实例的权重设为 1
minWeightFractionPerNode	每个孩子节点在拆分后必须拥有的加权样本数的最小分数。如果拆分导致左孩子节点或右孩子节点总权重的分数小于 minWeightFractionPerNode，则这次拆分将被视为无效的而被丢弃。应在区间[0.0,0.5)内，默认为 0.0
leafCol	用来设置叶子节点索引列名。通过先序方式预测每棵树中每个实例的叶子节点索引（默认为""）

第 5 步：构建机器学习流水线，在训练数据集上调用 fit( )进行模型训练，并在测试数据集上调用 transform( )方法进行预测。

```
scala> val  dtPipeline = new Pipeline().
     | setStages(Array(labelIndexer, featureIndexer, dtClassifier, labelConverter))
scala> val  dtPipelineModel = dtPipeline.fit(trainingData)
scala> val  dtPredictions = dtPipelineModel.transform(testData)
scala> dtPredictions.select("predictedLabel", "label", "features").show(10)
+--------------+---------------+-----------------+
| predictedLabel|          label|         features|
+--------------+---------------+-----------------+
|   Iris-setosa|    Iris-setosa|[4.6,3.2,1.4,0.2]|
|   Iris-setosa|    Iris-setosa|[4.7,3.2,1.3,0.2]|
|   Iris-setosa|    Iris-setosa|[4.8,3.1,1.6,0.2]|
|   Iris-setosa|    Iris-setosa|[4.9,3.0,1.4,0.2]|
|   Iris-setosa|    Iris-setosa|[4.9,3.1,1.5,0.1]|
|   Iris-setosa|    Iris-setosa|[5.0,3.0,1.6,0.2]|
|   Iris-setosa|    Iris-setosa|[5.0,3.3,1.4,0.2]|
|   Iris-setosa|    Iris-setosa|[5.0,3.4,1.5,0.2]|
|   Iris-setosa|    Iris-setosa|[5.0,3.5,1.6,0.6]|
|   Iris-setosa|    Iris-setosa|[5.1,3.5,1.4,0.3]|
|   Iris-setosa|    Iris-setosa|[5.1,3.7,1.5,0.4]|
|   Iris-setosa|    Iris-setosa|[5.1,3.8,1.5,0.3]|
scala> val  evaluator = new MulticlassClassificationEvaluator().
     | setLabelCol("indexedLabel").setPredictionCol("prediction")
scala> val  dtAccuracy = evaluator.evaluate(dtPredictions)
dtAccuracy: Double = 0.7754919499105546  //模型的预测准确率
```

第 6 步：通过调用 DecisionTreeClassificationModel 的 toDebugString( )方法，查看训练的决策树模型结构。

```
scala> val  treeModelClassifier = dtPipelineModel.
    | stages(2).asInstanceOf[DecisionTreeClassificationModel]
scala> println("Learned classification tree model:\n" + treeModelClassifier.toDebugString)
Learned classification tree model:
DecisionTreeClassificationModel (uid=dtc_d868805d4f5f) of depth 4 with 9 nodes
  If (feature 2 <= 1.9)
   Predict: 2.0
  Else (feature 2 > 1.9)
   If (feature 2 <= 4.9)
    If (feature 3 <= 1.6)
     Predict: 0.0
    Else (feature 3 > 1.6)
     If (feature 1 <= 3.0)
      Predict: 1.0
     Else (feature 1 > 3.0)
      Predict: 0.0
   Else (feature 2 > 4.9)
    Predict: 1.0
```

9.8　聚类算法

聚类又称群分析，是一种重要的机器学习和数据挖掘技术。聚类的目的是将数据集中的数据对象划分到若干个簇中，并且保证每个簇的样本尽量接近，不同簇的样本尽量远离。通过聚类生成的簇是一组数据对象的集合，簇满足以下两个条件：

（1）每个簇至少包含一个数据对象；

（2）每个数据对象仅属于一个簇。

聚类算法可形式化描述如下：给定一组数据的集合 D，D 的每一条记录都是包含若干属性的特征向量，用向量 $x = (x_1, x_2, \cdots, x_n)$ 表示。$x_i (i = 1, 2, \cdots, n)$ 可以有不同的值域，当一属性的值域为连续域时，该属性为连续属性，否则为离散属性。聚类算法将数据集 D 划分为 k 个不相交的簇 $\{C = c_1, c_2, \cdots, c_k\}$，其中 $c_i \cap c_j = \varnothing (i \neq j)$，且 $D = \bigcup_{i=1}^{k} c_i$。

聚类一般属于无监督分类的范畴，按照一定的要求和规律，在没有关于分类的先验知识的情况下，对数据进行区分和分类。聚类既可以作为一个单独过程，用于找寻数据内部的分布结构，也可以作为分类等其他学习任务的前驱过程。聚类算法可分为划分法（Partitioning Method）、层次法（Hierarchical Method）、基于密度的方法（Density-Based Method）、基于网格的方法（Grid-Based Method）、基于模型的方法（Model-Based Method）等。这些方法没有统一的评价指标，因为不同聚类算法的目标函数相差很大。有些聚类是基于距离的（如 K-Means），有些是假设先验分布的（如 GMM、LDA），有些是带有图聚类和谱分析性质的（如谱聚类），还有些是基于密度的（如 DBSCAN）。聚类算法应该嵌入问题中进行评价。

在 spark.ml 包中，已经实现的聚类算法包括 K 均值（K-Means）、潜在狄利克雷分布（Latent Dirichlet Allocation，LDA）、二分 K 均值（Bisecting K-Means）、高斯混合模型（Gaussian Mixture Model，GMM）等。本节介绍其中两种聚类算法，即 K-Means 聚类算法和 GMM 聚类算法。

9.8.1　*K*-Means 聚类算法

K-Means 是一个迭代求解的聚类算法，属于划分法，即首先创建 K 个划分，然后迭代地将样本从一个划分转移到另一个划分来改善最终聚类的质量。其过程

K-Means 聚类算法

大致如下：

（1）根据给定的 K 值，选取 K 个样本点作为初始划分中心；

（2）计算所有样本点到每一个划分中心的距离，并将所有样本点划分到距离最近的划分中心；

（3）计算每个划分中样本点的平均值，将其作为新的中心；

（4）循环进行第（2）～（3）步，直至最大迭代次数或划分中心的变化小于某一预定义阈值。

显然，初始划分中心的选取在很大程度上决定了最终聚类的质量。spark.ml 包内置的 KMeans 类，也提供了名为"K-Means"的初始划分中心选择方法，它是 KMeans++( )方法的并行化版本，其原理是令初始划分中心尽可能地互相远离。

spark.ml 包下的 KMeans( )方法位于 org.apache.spark.ml.clustering 包下。这里仍然使用 UCI 数据集中的 Iris 数据集进行实验。Iris 数据集的样本容量为 150，有 4 个实数值的特征，分别代表花朵 4 个部位的尺寸，以及该样本对应鸢尾花的亚种类型（共有 3 种亚种类型），如下所示。

```
5.1,3.5,1.4,0.2,setosa
...
5.4,3.0,4.5,1.5,versicolor
...
7.1,3.0,5.9,2.1,virginica
...
```

下面给出具体实验步骤。

第 1 步：引入必要的类。

```
scala> import org.apache.spark.ml.linalg.{Vector,Vectors}
scala> import org.apache.spark.ml.clustering.{KMeans,KMeansModel}
scala> import org.apache.spark.ml.evaluation.ClusteringEvaluator
scala> import org.apache.spark.ml.feature.VectorAssembler
scala> import org.apache.spark.sql.types.DoubleType
```

第 2 步：创建数据集。使用 spark.read.csv( )方法读取 CSV 文件，再将 4 个属性转化为 Double 类型，最后利用 VectorAssembler( )将 4 个属性组合成向量。

```
scala> val path="file:///usr/local/spark/iris.data"
scala> val df_raw = spark.read.option(
     | "inferSchema","true").csv(
     | path).toDF("c0","c1","c2","c3","label")
scala> val df_double = df_raw.select(
     | col("c0").cast(DoubleType),col("c1").cast(DoubleType),
     | col("c2").cast(DoubleType),col("c3").cast(DoubleType),
     | col("label"))
scala> val assembler = new VectorAssembler().setInputCols(
     | Array("c0", "c1", "c2","c3")).setOutputCol("features")
scala> val df = assembler.transform(df_double).select("features")
```

第 3 步：数据构建好后，即可创建 KMeans 实例，并进行参数设置。

```
scala> val kmeansmodel = new KMeans().setK(3).
       | setFeaturesCol("features").setPredictionCol("prediction").fit(df)
```

KMeans( )的参数及其含义如表 9-7 所示。

表 9-7 KMeans( )的参数及其含义

参数	含义
featuresCol	用于指明 DataFrame 中用于存储训练 KMeans 模型的特征列的名称，默认为"features"
predictionCol	用于指明 DataFrame 中用于存储 KMeans 模型的预测结果列的名称，默认为"prediction"
k	用于指明 KMeans 模型形成的簇的个数，默认为 2
maxIter	用于指明 KMeans 模型训练时最大的迭代次数，超过该迭代次数，即使残差尚未收敛，训练过程也不再继续，默认为 20
seed	用于指明 KMeans（初始化）过程中产生随机数的种子，默认值是使用类名的 Long 类型哈希值

续表

参数	含义
tol	用于指明 KMeans 模型训练时的残差收敛阈值，默认为 10^{-4}
initMode	用于指明 KMeans 模型训练时寻找初始划分中心的方法，默认为 K-Means( )（即 KMeans++( )的并行化版本）
InitSteps	用于指明使用 K-Means( )方法进行初始化时的步数，默认为 2
weightCol	用于设置权重列名，未定义默认值，如果没有设置或将其设置为空，则把所有实例的权重设为 1
distanceMeasure	用于指明计算样本距离的方式，可选"euclidean"和"cosine"

第 4 步：通过 transform( )方法对存储在 **df** 中的数据集进行整体处理，生成带有预测簇标签的数据集。

```scala
scala> val results = kmeansmodel.transform(df)
scala> results.collect().foreach(
     | row =>{ println( row(0) + " => cluster " + row(1))})

[4.6,3.2,1.4,0.2] => cluster 1
[5.3,3.7,1.5,0.2] => cluster 1
[5.0,3.3,1.4,0.2] => cluster 1
[7.0,3.2,4.7,1.4] => cluster 0
[6.4,3.2,4.5,1.5] => cluster 0
[6.9,3.1,4.9,1.5] => cluster 2
[5.5,2.3,4.0,1.3] => cluster 0
[6.5,2.8,4.6,1.5] => cluster 0
...
```

第 5 步：通过 KMeans 类自带的 **clusterCenters** 属性获取模型的所有划分中心情况。

```scala
scala> kmeansmodel.clusterCenters.foreach(
     | center => {
     |   println("Clustering Center:"+center)
     | })
Clustering Center:[5.883606557377049,2.740983606557377,4.388524590163936,1.4344262295081964]
Clustering Center:[6.8538461538461535,3.076923076923076,5.715384615384614,2.053846153846153]
Clustering Center:[5.005999999999999,3.4180000000000006,1.4640000000000002,0.2439999999999999]
```

第 6 步：使用 ClusteringEvaluator( )计算 Silhouette 分数来度量聚类的有效性，该值属于区间[-1,1]，且越接近 1 表示簇内样本距离越小，不属于同一簇的样本距离越大。在 K 值未知的情况下，可利用该值选取合适的 K 值。

```scala
scala> val evaluator = new ClusteringEvaluator()
scala> val silhouette = evaluator.evaluate(results)
silhouette: Double = 0.7354567373091194
```

9.8.2 GMM 聚类算法

GMM 是一种概率式的聚类算法，属于生成式模型，它假设所有的数据样本都是由某一个给定参数的多元高斯分布所生成的。具体地，给定类个数 K，对于给定样本空间中的样本 x，一个 GMM 的概率密度函数可以由 K 个多元高斯分布组合成的混合分布表示，即有

GMM 聚类算法

$$p(x) = \sum_{i=1}^{K} w_i \cdot p(x \mid \mu_i, \Sigma_i) \tag{9-17}$$

其中，$p(x \mid \mu, \Sigma)$ 是以 μ 为均值向量、Σ 为协方差矩阵的多元高斯分布的概率密度函数。可以看出，GMM 由 K 个不同的多元高斯分布共同组成，每一个分布被称为 GMM 中的一个成分（Component），而 w_i 为第 i 个多元高斯分布在混合模型中的权重，且有 $\sum_{i=1}^{K} w_i = 1$。

假设存在一个 GMM，那么样本空间中样本的生成过程是，以 $w_1, w_2, \cdots, w_K$ 作为概率选择出一个混合成分，根据该混合成分的概率密度函数采样出相应的样本。实际上，权重可以被直观理解成相应成分产生的样本占总样本的比例。利用 GMM 进行聚类的过程便是利用 GMM 生成数据样本的逆过程：给定聚类簇数 K，通过给定的数据集，以某一种参数估计方法，推导出每一个混合成分的参数（即均值向量 $\boldsymbol{\mu}$、协方差矩阵 $\boldsymbol{\Sigma}$ 和权重 $\boldsymbol{w}$），每一个多元高斯分布成分即对应聚类后的一个簇。

GMM 在训练时使用了极大似然估计法，最大化以下对数似然函数：

$$L = \ln \prod_{i=1}^{m} p(\boldsymbol{x}) \tag{9-18}$$

$$L = \sum_{i=1}^{m} \ln \left[\sum_{i=1}^{K} w_i \cdot p(\boldsymbol{x} \mid \mu_i, \Sigma_i) \right] \tag{9-19}$$

L 无法直接通过解析方式求得解，故可采用"期望-最大化"（Expectation-Maximization，EM）方法求解。具体过程如下。

（1）根据给定的 K 值，初始化 K 个多元高斯分布及其权重。

（2）根据贝叶斯定理，估计每个样本由每个成分生成的后验概率（EM 方法中的 E 步骤）。

（3）根据均值、协方差的定义及第（2）步中求出的后验概率，更新均值向量、协方差矩阵和权重（EM 方法中的 M 步骤）。

（4）重复第（2）～（3）步，直到对数似然函数增加值已小于收敛阈值或达到最大迭代次数。

参数估计过程完成后，对于每一个样本点，根据贝叶斯定理计算出其属于每一个簇的后验概率，并将样本划分到后验概率最大的簇上去。相对于 K-Means 等直接给出样本点的簇划分的聚类算法，GMM 这种给出样本点属于每个簇的概率的聚类算法，被称为软聚类（Soft Clustering / Soft Assignment）。

这里使用 UCI 数据集中的 Iris 数据集进行实验。下面给出具体实验步骤。

第 1 步：引入需要的包。GMM 在 org.apache.spark.ml.clustering 包下，具体实现分为两个类：用于抽象 GMM 的超参数并进行训练的 GaussianMixture 类和训练后的模型 GaussianMixtureModel 类。

```
scala> import org.apache.spark.ml.clustering.{GaussianMixture,GaussianMixtureModel}
scala> import org.apache.spark.ml.linalg.Vectors
```

第 2 步：创建数据集。使用 spark.read.csv( )方法读取 CSV 文件，再将 4 个属性转化为 Double 类型数据，最后利用 VectorAssembler( )将 4 个属性组合成向量。

```
scala> val path="file:///usr/local/spark/iris.data"
scala> val df_raw = spark.read.option(
     |   "inferSchema","true").csv(
     |   path).toDF("c0","c1","c2","c3","label")
scala> val df_double = df_raw.select(
     |   col("c0").cast(DoubleType),col("c1").cast(DoubleType),
     |   col("c2").cast(DoubleType),col("c3").cast(DoubleType),
     |   col("label"))
scala> val assembler = new VectorAssembler().setInputCols(
     |   Array("c0", "c1", "c2","c3")).setOutputCol("features")
scala> val df = assembler.transform(df_double).select("features")
```

第 3 步：数据构建好后，即可创建一个 GaussianMixture 对象，设置相应的超参数，并调用 fit( ) 方法来训练一个 GMM 模型 GaussianMixture。

```
scala> val gm = new GaussianMixture().setK(3).
     |     setPredictionCol("Prediction").
     |     setProbabilityCol("Probability")
scala> val gmm = gm.fit(df)
```

这里建立了一个简单的 GaussianMixture 对象并设定模型参数，设定其聚类数目为 3，其他参数取默认值。GaussianMixture( )的参数及其含义如表 9-8 所示。

表 9–8　　　　　　　　　　　　　GaussianMixture( )的参数及其含义

参数	含义
featuresCol	用于指明 DataFrame 中用于存储训练 GMM 的特征列的名称，默认为"features"
predictionCol	用于指明 DataFrame 中用于存储 GMM 的预测结果列的名称，默认为"prediction"
probabilityCol	用于指明 DataFrame 中用于存储 GMM 中每个样本的类条件概率（属于每一个簇的概率）向量的列名称，默认为"probability"
k	用于指明 GMM 中独立高斯分布的个数，即其他聚类方法中的簇的个数，默认为 2
maxIter	用于指明 GMM 训练时最大的迭代次数，超过该迭代次数，即使残差尚未收敛，训练过程也不再继续，默认为 100
seed	用于指明 GMM 训练过程中产生随机数的种子，默认值是使用类名的 Long 类型哈希值
tol	用于指明 GMM 训练时的残差收敛阈值，默认为 10^{-2}
weightCol	用于设置权重列名，未定义默认值，如果没有设置或将其设置为空，则把所有实例的权重设为 1

第 4 步：调用 transform( )方法处理数据集并进行输出。除了可以得到样本的聚簇归属预测，GMM 还可以得到样本属于各个聚簇的概率（Probability 列）。

```
scala> val  result = gmm.transform(df)
scala> result.show(150, false)
+--------------+----------+------------------------------------------------------------+
|features      |Prediction|Probability                                                 |
+--------------+----------+------------------------------------------------------------+
|[5.1,3.5,1.4,0.2]|0      |[0.9999999999999951,4.682229962936943E-17,4.868372929920407E-15] |
|..............|..        |.........................................................   |
|[5.6,2.8,4.9,2.0]|1      |[8.920203149708086E-16,0.5988576194515217,0.4011423805484774]   |
|..............|..        |.........................................................   |
|[6.3,2.7,4.9,1.8]|2      |[5.703158630226758E-16,0.022033640207248576,0.9779663597927509] |
+--------------+----------+------------------------------------------------------------+
```

第 5 步：得到模型后即可查看模型的相关参数。与 *K*-Means 不同，GMM 不直接给出划分中心，而是给出各个混合成分（多元高斯分布）的参数。GaussianMixtureModel 类的 weights 成员获取各个混合成分的权重，gaussians 成员获取各个混合成分。其中，GMM 的每一个混合成分都使用一个 MultivariateGaussian 类（位于 org.apache.spark.ml.stat.distribution 包中）来存储，可以通过 gaussians 成员来获取各个混合成分的参数（均值向量和协方差矩阵）。

```
scala> for (i <- 0 until gmm.getK) {
     | println("Component %d : \n weight: %f \n mu vector: \n %s \n sigma matrix: \n %s
\n " format
     | (i, gmm.weights(i), gmm.gaussians(i).mean, gmm.gaussians(i).cov))
     | }
Component 0 :
weight: 0.000000
 mu vector:
 [53.6123658524116,46.00000000000003,53.159257367625244,44.000000000000014]
 sigma matrix:
 1.2884638486258382    -1.5278740578503713E-12  -0.24511587303187207  -3.819685144625928E-13
 -1.5278740578503713E-12  -1.1459055433877785E-12  0.0                  0.0
 -0.24511587303187207   0.0                     11.082204048211063    3.819685144625928E-13
 -3.819685144625928E-13  0.0                     3.819685144625928E-13  0.0

Component 1 :
 weight:  0.000000
 mu vector:
 [54.671992578488485,45.99999999999998,55.27821158149735,43.99999999999999]
 sigma matrix:
 0.250519783235654    3.3048476023677734E-13 0.1871664473684818 3.3048476023677734E-13
 3.3048476023677734E-13 1.982908561420664E-12 .3219390409471094E-12 .3048476023677734E-13
```

```
    0.1871664473684818      1.3219390409471094E-12  1.757263948489472  0.0
    3.3048476023677734E-13 3.3048476023677734E-13 0.0                     3.3048476023677734E-13


Component 2 :
weight: 1.000000
mu vector:
[53.38666666666666,46.0,52.56666666666667,44.0]
sigma matrix:
0.7038222222228069      0.0                        -0.539111111111318      0.0
0.0                      0.0                        -3.880510727564494E-13  0.0
-0.539111111111318      -3.880510727564494E-13    8.512222222221705      0.0
0.0                      0.0                        0.0                     0.0
```

9.9 频繁模式挖掘算法

频繁模式挖掘（Frequent Pattern Mining），又称关联规则挖掘，是一个重要的数据挖掘分析过程，它从各种数据库中找到频繁模式（Frequent Pattern）、关联或因果结构。给定一组交易，或一组项目集合，频繁模式挖掘的目的是找到一些关联规则，使我们能够根据交易中其他项目来预测一个特定项目是否在该交易中。给定项目集合 $I = \{a_1, a_2, \cdots, a_m\}$，关联规则可表示为一种归纳形式的规则 $X \Rightarrow Y$，其中 $X, Y \subseteq I$，$X \cap Y = \varnothing$，$|X| \neq 0$，$|Y| \neq 0$，$|X|$ 和 $|Y|$ 表示集合包含的元素个数。这个规则表明如果交易中包含模式 X，则该交易很有可能包含模式 Y。

频繁模式挖掘可形式化描述为：给定包含交易的数据库 $DB = <T_1, T_2, \cdots, T_n>$，其中 $T_i \subseteq I, i \in [1, 2, \cdots, n]$。定义模式 $A \subseteq I$ 的支持度（support）为数据库 DB 中包含模式 A 的交易的数量，记为 $\sup(A)$。给定最小支持阈值 ξ，若 $\sup(A) \geqslant \xi$，则称 A 为频繁模式。频繁模式挖掘的目标就是找出数据库 DB 中的所有频繁模式。

得到频繁模式后，给定置信度计算函数 conf 与置信度阈值 ξ_c，将包含项目数大于 1 的频繁模式划分为不相交的两个子集 X 和 Y。对所有可能的划分计算规则置信度 $\text{conf}(X \Rightarrow Y)$，若 $\text{conf}(X \Rightarrow Y) \geqslant \xi_c$，则将该规则保留。

在 spark.ml 包中，已经实现的频繁模式挖掘算法包括 FP-Growth 和 PrefixSpan。本节分别对这两种算法进行介绍。

9.9.1 FP-Growth 算法

FP-Growth 算法包含两项重要内容，分别是频繁模式树（Frequent Pattern Tree，FP-Tree）和基于频繁模式树的模式片段增长挖掘（Pattern Fragment Growth Mining）算法。前者是一种扩展的前缀树结构，是对数据库的压缩表示。树状结

FP-Growth 算法

构不仅保留了数据库中的项目集，还记录了项目集之间的关联。这种压缩形式能够避免在寻找频繁模式时多次扫描数据库。后者是一种运用分治思想扫描 FP-Tree 获取频繁模式的算法。下面分别对这两项内容做进一步解释。

FP-Tree 的构建是通过将每个项目集逐一映射到树中的一个路径来实现的，而频繁项目则是路径上的节点。树上频繁出现的节点比不频繁出现的节点有更大的机会被共享。给定交易数据库 DB 与最小支持阈值 ξ，FP-Tree 的构建过程如下。

（1）扫描一次交易数据库 DB，收集频繁项目集 F 和项目对应的支持度。将 F 中的频繁项目按支持度降序排序得到 L，即降序的频繁项目列表。

（2）创建一个 FP-Tree 的根 T，并将其标记为"null"。对 DB 中的每个交易 t 执行如下步骤。

① 根据 L 的顺序，选择 t 中的频繁项目再排序。

② 记 t 中已排序的频繁项目列表为[p, P]，其中 p 是第一个元素，P 是列表剩余的元素。然后调用函数 insert_tree([p, P], T)。该函数的功能为：如果 T 有一个子节点 N 与 p 同属一个项目，则该子节点 N 计数加 1，否则创建一个（与 p 同属一个项目的）子节点 N 并将其计数置 1；如果 P 非空，则递归调用 insert_tree(P, N)。

FP-Tree 构建完成后，FP-Growth 通过模式片段增长挖掘算法找到频繁模式。该算法从一个频繁项目开始，将其作为初始后缀模式（Suffix Pattern），得到其条件模式库（Conditional Pattern Base）。这是一个由与后缀模式共同出现的频繁项目集组成的"子数据库"，再据此构建其条件 FP-Tree（Conditional FP-Tree），并使用这样的树递归地执行挖掘。这里的条件 FP-Tree 可以由从树根开始到后缀模式（不含）的所有路径组合得到。而模式的增长是通过连接后缀模式与由条件 FP-Tree 产生的新模式来实现的。定义 FP-Tree Tree，节点 α 与 FP-Growth 算法函数 FP-Growth(Tree, α)，该函数执行步骤如下。

（1）如果 Tree 只包含一条路径 P，那么对路径 P 的所有节点组合（记为 β）执行如下操作：生成模式 $\beta \cap \alpha$，且置 sup($\beta \cap \alpha$) 为 β 中节点的最小支持度。

（2）否则，对 Tree 中每一个项目第一次加入 Tree 的节点 a_i 执行如下操作：

① 生成模式 $\beta = a_i \cap \alpha$，且置 sup(β) = sup(a_i)；

② 构建 β 的条件模式库与条件 FP-Tree Tree_β，如果 $\text{Tree}_\beta \neq \varnothing$，则调用 FP-Growth($\text{Tree}_\beta$, β)。

通过调用 FP-Growth(Tree, null)即可搜索数据库中的所有频繁模式。

spark.ml 包下的 FP-Growth( )函数位于 org.apache.spark.ml.fpm 包下。下面的例子采用 Spark 自带的 sample_fpgrowth 数据集，在 Spark 的安装目录下可以找到该文件。

```
/usr/local/spark/data/mllib/sample_fpgrowth.txt
```

其中，每行代表一次交易，交易中的项目以空格分开。此外，设置最小支持度 $\xi = 0.5$、置信度阈值 $\xi_c = 0.6$。下面给出具体实验步骤。

第 1 步：引入需要的包。

```scala
scala> import org.apache.spark.ml.fpm.FPGrowth
```

第 2 步：读取 sample_fpgrowth 数据集中的每一行，并用空格分割其中的项目，将分割出的项目转化成列表。

```scala
scala> val dataset = spark.sparkContext.textFile(
     |     "file:///usr/local/spark/data/mllib/sample_fpgrowth.txt").map(
     |     t=>t.split(" ")).toDF("items")
scala> dataset.show(false)
+----------------------+
|items                 |
+----------------------+
|[r, z, h, k, p]       |
|[z, y, x, w, v, u, t, s]|
|[s, x, o, n, r]       |
|[x, z, y, m, t, s, q, e]|
|[z]                   |
|[x, z, y, r, q, t, p] |
+----------------------+
```

第 3 步：数据构建好后，即可创建 FP-Growth 模型，并进行参数设置。

```scala
scala> val fpgrowth = new FPGrowth().setItemsCol(
|    "items").setMinSupport(0.5).setMinConfidence(0.6)
scala> val model = fpgrowth.fit(dataset)
```

FPGrowth( )的参数及其含义如表 9-9 所示。

表 9–9   **FPGrowth( )的参数及其含义**

参数	含义
itemsCol	用于指明 DataFrame 中用于存储训练 FP-Growth 模型的特征列的名称，默认为"items"
minConfidence	用于指明生成关联规则的最小置信度，默认为 0.8
minSupport	用于指明频繁模式的最小支持度，取值属于[0.0,1.0]。任何出现次数超过 minSupport * size-of-the-dataset 的模式将被输出到频繁项集。默认为 0.3
predictionCol	用于指明 DataFrame 中用于存储 FP-Growth 模型的预测结果列的名称，默认为"prediction"

第 4 步：输出频繁模式集。

```
scala> model.freqItemsets.show()
+------------+----+
|       items|freq|
+------------+----+
|         [s]|   3|
|      [s, x]|   3|
|         [r]|   3|
|         [y]|   3|
|      [y, x]|   3|
|   [y, x, z]|   3|
|      [y, t]|   3|
|   [y, t, x]|   3|
|[y, t, x, z]|   3|
|   [y, t, z]|   3|
|      [y, z]|   3|
|         [x]|   4|
|      [x, z]|   3|
|         [t]|   3|
|      [t, x]|   3|
|   [t, x, z]|   3|
|      [t, z]|   3|
|         [z]|   5|
+------------+----+
```

第 5 步：输出生成的关联规则。

```
scala> model.associationRules.show()
+----------+----------+----------+------------------+-------+
|antecedent|consequent|confidence|              lift|support|
+----------+----------+----------+------------------+-------+
|       [t]|       [y]|       1.0|               2.0|    0.5|
|       [t]|       [x]|       1.0|               1.5|    0.5|
|       [t]|       [z]|       1.0|               1.2|    0.5|
| [y, t, x]|       [z]|       1.0|               1.2|    0.5|
|       [x]|       [s]|      0.75|               1.5|    0.5|
|       [x]|       [y]|      0.75|               1.5|    0.5|
|       [x]|       [z]|      0.75|0.8999999999999999|    0.5|
|       [x]|       [t]|      0.75|               1.5|    0.5|
|    [y, z]|       [x]|       1.0|               1.5|    0.5|
|    [y, z]|       [t]|       1.0|               2.0|    0.5|
|    [y, t]|       [x]|       1.0|               1.5|    0.5|
|    [y, t]|       [z]|       1.0|               1.2|    0.5|
|    [y, x]|       [z]|       1.0|               1.2|    0.5|
|    [y, x]|       [t]|       1.0|               2.0|    0.5|
| [y, x, z]|       [t]|       1.0|               2.0|    0.5|
| [y, t, z]|       [x]|       1.0|               1.5|    0.5|
|       [s]|       [x]|       1.0|               1.5|    0.5|
```

```
|        [y]|        [x]|       1.0|                1.5|   0.5|
|        [y]|        [t]|       1.0|                2.0|   0.5|
|        [y]|        [z]|       1.0|                1.2|   0.5|
+----------+----------+----------+-------------------+------+
only showing top 20 rows
```

第 6 步：对输入交易应用 rawData 生成的关联规则，并将结果作为预测值输出。

```
scala> model.transform(rawData).show()
+--------------------+----------+
|               items|prediction|
+--------------------+----------+
|     [r, z, h, k, p]| [y, x, t]|
|[z, y, x, w, v, u…|        []|
|     [s, x, o, n, r]| [y, z, t]|
|[x, z, y, m, t, s…|        []|
|                 [z]| [y, x, t]|
|[x, z, y, r, q, t…|       [s]|
+--------------------+----------+
```

9.9.2　PrefixSpan 算法

PrefixSpan 算法用于挖掘序列数据中的频繁序列模式。序列数据是由若干个数据项集组成的序列，项集之间有时间上的先后关系，如<a(bc)(bd)>，它由 a,bc,bd 共 3 个项集数据组成。频繁序列就是满足最小支持度要求的子序列，子序列的数学定义是：对于序列 $A = \{a_1, a_2, \cdots, a_m\}$ 和序列 $B = \{b_1, b_2, \cdots, b_n\}$，如果存在下

PrefixSpan 算法

标序列 $1 \leqslant i_1 \leqslant i_2 \leqslant \cdots \leqslant i_m \leqslant n$，满足 $a_1 \subseteq b_{i_1}, a_2 \subseteq b_{i_2}, \cdots, a_n \subseteq b_{i_m}$，则称 A 是 B 的子序列。通常来说，A 序列的每个元素必须按顺序地是 B 序列的对应元素的子集。

下面解释 PrefixSpan 算法中的重要概念，包括前缀、投影、后缀。

前缀的定义如下：对于序列 $A = \{a_1, a_2, \cdots, a_m\}$ 和序列 $B = \{b_1, b_2, \cdots, b_n\}$，如果满足① $a_1 = b_1, a_2 = b_2, \cdots, a_{m-1} = b_{m-1}$，② $a_m \subseteq b_m$，$m \leqslant n$，③ $(b_m - a_m)$ 中的元素按顺序都排列在 a_m 后面，则称 A 是 B 的前缀。通俗地讲，前缀要求 A 的前 $m-1$ 个元素都必须等于 B 的前 $m-1$ 个元素，A 的第 m 个元素是 B 的第 m 个元素的前面的一部分。比如<a>、<ab>、<abc>都是序列<a(bc)(bd)>的前缀，但<ac>不是<a(bc)(bd)>的前缀。

投影的定义如下：给定序列 A、B，且 A 是 B 的子序列，序列 C 是序列 B 的投影，当且仅当① C 是 B 的子序列，② C 包含前缀 A，③不存在比 C 更长的序列 D，使 D 是 B 的子序列，并且 D 包含前缀 A。特别注意：前缀这个概念是针对投影而言的。序列 A 是投影 C 的前缀，只需序列 A 是序列 B 的子序列。比如，<ac>不是序列 B=<a(bc)(bd)>的前缀，却是序列 B 关于<ac>的投影 C=<ac(bd)>的前缀。

每个前缀都有一个对应的后缀，即 B 的投影 C 减去前缀 A 所剩的序列，记作 B/A。如果前缀的最后一项是项集的一部分，则用一个"_"来占位表示。表 9-10 是指定前缀后的序列<a(bc)(bd)>的投影和后缀。

表 9-10　　　　　　　　　　指定前缀后的序列<a(bc)(bd)>的投影和后缀

给定前缀	投影	后缀
<a>	<a(bc)(bd)>	<(bc)(bd)>
<ac>	<ac(bd)>	<(bd)>
<acb>	<ac(bd)>	<_d>

PrefixSpan 算法的目标是挖掘出满足给定的最小支持度要求的频繁序列。它采用分而治之的思想，先从长度为 1 的前缀开始，搜索对应的投影数据库得到长度为 1 的前缀对应的频繁序列。再对

长度为 2 的前缀进行搜索，不断递归地进行搜索。以表 9-11 中的序列数据为例，支持度设为 50%。

表 9-11　　　　　　　　　　　　　　序列数据

序列 id	序列
1	<bac)>
2	<c(ab)>
3	<a(bc)(bd)>
4	<cf>

算法的第一步是找出长度为 1 的频繁序列。因此，我们需要对表 9-11 中的序列数据进行统计，结果为<a>:3、<b>:3、<c>:4、<d>:1、<f>:1。<a>:3 的意思是在 4 条序列中，有 3 条包含子序列<a>。因为支持度是 50%，所以统计值小于 2 的子序列不属于频繁序列。在结果中，<d>和<f>的统计值只有 1，所以得到的长度为 1 的频繁序列为<a>、<b>、<c>。

PrefixSpan 的思想是分而治之，由第一步的结果可以将频繁序列的全体集合划分为 3 部分：①包含前缀<a>的频繁序列；②包含前缀<b>的频繁序列；③包含前缀<c>的频繁序列。下面以<a>为例解释递归挖掘的过程，其他节点同理。递归过程需要构造前缀<a>的投影数据库，如表 9-12 所示。

表 9-12　　　　　　　　　　　　　<a>的投影数据库

<c>
<_b>
<(bc)bd>
<>

与第一步的做法相同，对<a>的投影数据库中的元素进行统计，结果为<b>:1、<_b>:1、<c>:2、<d>:1。这里要特别注意的是，<b>和<_b>是不同的，<b>与前缀<a>是不同项集，而<_b>与前缀<a>属于同一项集。除了<c>外，其他元素都不满足最小支持度的要求，所以第 2 轮得到的前缀为<a>的长度为 2 的频繁序列为<ac>。

根据递归搜索，第 3 轮需要构造出前缀<ac>的投影数据库。<ac>的投影只有一项，就是<bd>，元素<b>和<d>的计数都只有 1，都不满足支持度的要求，递归挖掘结束。前缀为<a>的频繁序列的全集为<a>、<ac>。仿照上述过程，可以依次求出前缀为<b>和前缀为<c>的频繁序列。

PrefixSpan 的算法流程总结如下。

（1）对长度为 1 的前缀进行计数，得到所有的频繁 1 项序列，长度 $L=1$。

（2）对于每个长度为 L 的、满足最小支持度要求的前缀进行递归挖掘。

① 如果前缀对应投影数据库为空，则递归返回。

② 统计对应投影数据库各项的支持度。如果各项支持度都小于阈值，则递归返回。

③ 将满足支持度阈值要求的各个单项和目前的前缀合并，得到若干个新的前缀。

④ $L=L+1$，前缀为第③步得到的新前缀，分别递归执行第②步。

PrefixSpan 算法位于 org.apache.spark.ml.fpm 包下。下面给出 PrefixSpan 的具体例子，使用上文例子作为输入数据，1 对应 a，2 对应 b，以此类推。序列总共有 4 条，最小支持度设为 0.5，这意味着只有出现频率至少为 22 的子序列才会被选中。

第 1 步：引入需要的包。

```scala
scala> import org.apache.spark.ml.fpm.PrefixSpan
```

第 2 步：构造输入数据。

```scala
scala> val smallTestData = Seq(
     |   Seq(Seq(2), Seq(1), Seq(3)),
     |   Seq(Seq(3), Seq(1, 2)),
```

```
     |   Seq(Seq(1), Seq(2, 3), Seq(2, 4)),
     |   Seq(Seq(3), Seq(5)))
scala> val df = smallTestData.toDF("sequence")
```

第 3 步：创建 PrefixSpan 模型，并进行参数设置。

```
scala> val model = new PrefixSpan().
     | setMinSupport(0.5).
     | setMaxPatternLength(5).
     | setMaxLocalProjDBSize(32000000)
model: org.apache.spark.ml.fpm.PrefixSpan = prefixSpan_f9faa6c77c12
```

PrefixSpan( )的参数及其含义如表 9-13 所示。

表 9–13 　　　　　　　　　　　 PrefixSpan( )的参数及其含义

参数	含义
minSupport	用于指定某子序列被认定为频繁序列模式的最小支持度，取值属于[0.0, 1.0]，默认为 0.1
maxPatternLength	用于指定频繁序列模式的最大长度，默认为 10
maxLocalProjDBSize	用于指定在开始对投影数据库进行迭代处理之前，数据库中允许的最大项目数，默认为 32000000
sequenceCol	用于指定数据集中 sequence 列的名称（默认为 "sequence"），该列中的空行将被忽略

第 4 步：查找频繁序列模式。

```
scala> val result = model.findFrequentSequentialPatterns(df)
WARN PrefixSpan: Input data is not cached.
result: org.apache.spark.sql.DataFrame = [sequence: array<array<int>>, freq: bigint]
```

第 5 步：输出结果。

```
scala> result.show()
+----------+----+
| sequence|freq|
+----------+----+
|     [[2]]|   3|
|     [[1]]|   3|
|     [[3]]|   4|
|[[1], [3]]|   2|
|[[3], [2]]|   2|
+----------+----+
```

9.10　协同过滤算法

协同过滤算法

协同过滤推荐（Collaborative Filtering Recommendation）是在信息过滤和信息系统中一项很受欢迎的技术。它基于一组兴趣相同的用户或项目进行推荐，根据相似用户（与目标用户兴趣相似的用户）的偏好信息，产生针对目标用户的推荐列表；或者综合这些相似用户对某一信息的评价，形成系统对某一指定用户对此信息的喜好程度的预测。本节简要介绍协同过滤算法的原理，并给出算法实例。

9.10.1　协同过滤算法的原理

协同过滤算法主要分为基于用户的协同过滤（User-Based CF）算法和基于物品的协同过滤（Item-Based CF）算法。基于用户的协同过滤，通过不同用户对物品的评分来评测用户之间的相似性，并基于用户之间的相似性做出推荐。基于物品的协同过滤，通过用户对不同物品的评分来评测物品之间的相似性，并基于物品之间的相似性做出推荐。MLlib 当前支持基于模型的协同过滤，其中，用户和物品通过一组隐语义因子进行表达，并且这些因子也用于预测缺失的元素。

　　在推荐过程中，用户的反馈有显性和隐性之分。显性反馈行为指的是那些用户明确表示对物品的喜好程度的行为，隐性反馈行为指的是那些不能明确反应用户喜好的行为。在现实生活的很多场景中，常常只能接触到隐性反馈行为。例如，页面浏览、单击、购买、喜欢、分享等。基于矩阵分解的协同过滤的标准方法，一般将用户物品矩阵中的元素作为用户对物品的显性偏好。

9.10.2　ALS 算法

　　ALS 是 Alternating Least Squares 的缩写，即交替最小二乘法。该方法常用于基于矩阵分解的推荐系统中。例如，将用户（User）对物品（Item）的评分矩阵分解为两个矩阵：一个是用户对物品隐含特征的偏好矩阵，另一个是物品所包含的隐含特征的矩阵。在这个矩阵分解的过程中，原本稀疏的评分矩阵中的缺失项通过预测得到了填充，即可以基于填充的评分来给用户推荐物品。

　　具体而言，将用户-物品的评分矩阵 R 分解成两个隐含因子矩阵 P 和 Q，从而将用户和物品都投影到一个隐含因子的空间中去。即对于 R（$m \times n$）的矩阵，ALS 旨在找到两个低维矩阵 P（$m \times k$）和矩阵 Q（$n \times k$），来近似逼近 R（$m \times n$）：

$$R_{m \times n} \approx P_{m \times k} Q_{n \times k}^{\mathrm{T}} \tag{9-20}$$

其中，$k \ll \min(m, n)$。这里相当于降维，矩阵 P 和 Q 也称为低秩矩阵。

　　为了使低秩矩阵 P 和 Q 尽可能地逼近 R，可以最小化下面的损失函数 L 来完成：

$$L(P, Q) = \Sigma_{u,i} \left(r_{ui} - p_u^{\mathrm{T}} q_i \right)^2 + \lambda \left(|p_u|^2 + |q_i|^2 \right) \tag{9-21}$$

其中，p_u 表示用户 u 的偏好的隐含特征向量，q_i 表示物品 i 包含的隐含特征向量，r_{ui} 表示用户 u 对物品 i 的评分，向量 p_u 和 q_i 的内积 $p_u^{\mathrm{T}} q_i$ 是用户 u 对物品 i 评分的近似。最小化该损失函数使两个隐含因子矩阵的乘积尽可能逼近原始的评分。同时，损失函数中增加了 L2 规范化项（Regularization Term），对较大的参数值进行惩罚，以减小过拟合造成的影响。

　　ALS 是求解 $L(P,Q)$ 的著名算法，其基本思想是：固定其中一类参数，使其变为单类变量优化问题，利用解析方法进行优化；再反过来，固定先前优化过的参数，再优化另一组参数。此过程迭代进行，直到收敛。具体求解过程如下。

　　（1）固定 Q，对 p_u 求偏导数并令偏导数为 0，即 $\dfrac{\partial L(P,Q)}{\partial p_u} = 0$，得到求解 p_u 的公式：

$$p_u = \left(Q^{\mathrm{T}} Q + \lambda I \right)^{-1} Q^{\mathrm{T}} r_u \tag{9-22}$$

其中，I 为单位矩阵。

　　（2）固定 P，对 q_i 求偏导数并令偏导数为 0，即 $\dfrac{\partial L(P,Q)}{\partial q_i} = 0$，得到求解 q_i 的公式：

$$q_i = \left(P^{\mathrm{T}} P + \lambda I \right)^{-1} P^{\mathrm{T}} r_i \tag{9-23}$$

　　实际运行时，程序会首先随机对 P、Q 进行初始化，随后根据以上过程，交替对 P、Q 进行优化直到收敛。一直收敛的标准是其均方根误差（Root Mean Squared Error，RMSE）小于某一预定义的阈值。

　　spark.ml 包提供了 ALS 来学习隐语义因子并进行推荐。下面的例子采用 Spark 自带的 MovieLens 数据集，在 Spark 的安装目录下可以找到该文件。

```
/usr/local/spark/data/mllib/als/sample_movielens_ratings.txt
```

其中，每行包含一个用户、一部电影、一个该用户对该电影的评分及时间戳。这里使用默认的 ALS.train() 方法来构建推荐模型，并进行模型评估。下面给出具体实验步骤。

　　第 1 步：引入需要的包。

```
scala> import org.apache.spark.ml.evaluation.RegressionEvaluator
scala> import org.apache.spark.ml.recommendation.ALS
```

第 2 步：创建一个 Rating 类和 parseRating( )函数。parseRating( )用于把读取的 MovieLens 数据集中的每一行转化成 Rating 类的对象。

```
scala> case class Rating(userId: Int, movieId: Int, rating: Float, timestamp: Long)
definedclass Rating
scala> def parseRating(str: String): Rating = {
    | val fields = str.split("::")
    | assert(fields.size == 4)
    | Rating(fields(0).toInt, fields(1).toInt, fields(2).toFloat, fields(3).toLong)
    | }
parseRating: (str: String)Rating
scala> val ratings = spark.sparkContext.
| textFile("file:///usr/local/spark/data/mllib/als/sample_movielens_ratings.txt").
| map(parseRating).toDF()
ratings: org.apache.spark.sql.DataFrame = [userId: int, movieId: int … 2 more fields]
scala> ratings.show()
+------+-------+------+----------+
|userId|movieId|rating| timestamp|
+------+-------+------+----------+
|     0|      2|   3.0|1424380312|
|     0|      3|   1.0|1424380312|
|     0|      5|   2.0|1424380312|
|     0|      9|   4.0|1424380312|
|     0|     11|   1.0|1424380312|
|     0|     12|   2.0|1424380312|
|     0|     15|   1.0|1424380312|
|     0|     17|   1.0|1424380312|
|     0|     19|   1.0|1424380312|
|     0|     21|   1.0|1424380312|
|     0|     23|   1.0|1424380312|
|     0|     26|   3.0|1424380312|
|     0|     27|   1.0|1424380312|
|     0|     28|   1.0|1424380312|
|     0|     29|   1.0|1424380312|
|     0|     30|   1.0|1424380312|
|     0|     31|   1.0|1424380312|
|     0|     34|   1.0|1424380312|
|     0|     37|   1.0|1424380312|
|     0|     41|   2.0|1424380312|
+------+-------+------+----------+
only showing top 20 rows
```

第 3 步：把 MovieLens 数据集划分为训练集和测试集，其中训练集占 80%，测试集占 20%。

```
scala> val Array(training,test) = ratings.randomSplit(Array(0.8,0.2))
training: org.apache.spark.sql.Dataset[org.apache.spark.sql.Row] = [userId: int, movieId:
int … 2 more fields]
test: org.apache.spark.sql.Dataset[org.apache.spark.sql.Row] = [userId: int, movieId:
int … 2 more fields]
```

第 4 步：使用 ALS 来建立推荐模型。这里构建两个模型，一个是显性反馈模型，另一个是隐性反馈模型。

```
scala> val alsExplicit = new ALS().
    | setMaxIter(5).setRegParam(0.01).
    | setUserCol("userId").setItemCol("movieId").setRatingCol("rating")
alsExplicit: org.apache.spark.ml.recommendation.ALS = als_05fe5d65ffc3
scala> val alsImplicit = new ALS().
    | setMaxIter(5).setRegParam(0.01).
```

```
         | setImplicitPrefs(true).
         | setUserCol("userId").setItemCol("movieId").setRatingCol("rating")
       alsImplicit: org.apache.spark.ml.recommendation.ALS = als_7e9b959fbdae
```

ALS 的参数及其含义如表 9-14 所示。

表 9–14　　　　　　　　　　　　　　ALS 的参数及其含义

参数	含义
alpha	是一个针对隐性反馈 ALS 的参数，这个参数决定偏好行为强度的基准，默认为 1.0
checkpointInterval	用来设置检查点的区间（大于等于 1）或者使检查点不生效（−1）的参数，默认为 10。比如 10 就意味着缓存中每隔 10 次循环进行一次检查
implicitPrefs	决定是用显性反馈 ALS 还是用隐性反馈 ALS，默认是 false，即用显性反馈 ALS
itemCol	用来设置物品 id 列名，id 列的数据一定要是 Int 类型的，其他数值类型也是支持的，但只要它们落在 Int 域内，就会被强制转化成 Int，默认为"item"
maxIter	最大迭代次数，默认为 10
nonnegative	决定是否对最小二乘法使用非负的限制，默认为 false
numItemBlocks	物品的分块数，默认为 10
numUserBlocks	用户的分块数，默认为 10
predictionCol	用来设置预测列名，默认为"prediction"
rank	矩阵分解的秩，即模型中隐语义因子的个数，默认为 10
ratingCol	用来设置评分列名，默认为"rating"
regParam	正则化参数（大于等于 0），默认为 0.1
seed	随机数种子，默认为 1994790107
userCol	用来设置用户 id 列名，id 列的数据一定要是 Int 类型的，其他数值类型也是支持的。但只要它们落在 Int 域内，就会被强制转化成 Int，默认为"user"

可以通过调整这些参数，不断优化结果，使均方差变小。例如，imaxIter 越大，regParam 越小，均方差会越小，推荐结果越优。

第 5 步：把推荐模型放在训练数据上训练。

```
scala> val modelExplicit = alsExplicit.fit(training)
modelExplicit: org.apache.spark.ml.recommendation.ALSModel = als_05fe5d65ffc3
scala> val modelImplicit = alsImplicit.fit(training)
modelImplicit: org.apache.spark.ml.recommendation.ALSModel = als_7e9b959fbdae
```

第 6 步：对测试集中的用户-电影进行预测，得到预测评分的数据集。

```
scala> val predictionsExplicit= modelExplicit.transform(test).na.drop()
predictionsExplicit: org.apache.spark.sql.DataFrame = [userId: int, movieId: int … 3
more fields]
scala> val predictionsImplicit= modelImplicit.transform(test).na.drop()
predictionsImplicit: org.apache.spark.sql.DataFrame = [userId: int, movieId: int … 3
more fields]
```

测试集中如果出现训练集中没有出现的用户，则此次算法将无法进行推荐和评分预测。因此，na.drop( )将删除 modelExplicit.transform(test)返回结果的 DataFrame 中任何出现空值或 NaN 的行。

第 7 步：把结果输出，对比一下真实结果与预测结果。

```
scala> predictionsExplicit.show()
+------+-------+------+----------+------------+
|userId|movieId|rating| timestamp|  prediction|
+------+-------+------+----------+------------+
|    13|     31|   1.0|1424380312|  0.86262053|
|     5|     31|   1.0|1424380312|-0.033763513|
|    24|     31|   1.0|1424380312|   2.3084288|
|    29|     31|   1.0|1424380312|   1.9081671|
|     0|     31|   1.0|1424380312|   1.6470298|
```

```
|    28|     85|   1.0|1424380312|    5.7112412|
|    13|     85|   1.0|1424380312|    2.4970412|
|    20|     85|   2.0|1424380312|    1.9727222|
|     4|     85|   1.0|1424380312|    1.8414592|
|     8|     85|   5.0|1424380312|    3.2290685|
|     7|     85|   4.0|1424380312|    2.8074787|
|    29|     85|   1.0|1424380312|    0.7150749|
|    19|     65|   1.0|1424380312|    1.7827456|
|     4|     65|   1.0|1424380312|    2.3001173|
|     2|     65|   1.0|1424380312|    4.8762875|
|    12|     53|   1.0|1424380312|    1.5465991|
|    20|     53|   3.0|1424380312|     1.903692|
|    19|     53|   2.0|1424380312|    2.6036916|
|     8|     53|   5.0|1424380312|    3.1105173|
|    23|     53|   1.0|1424380312|    1.0042696|
+------+-------+------+----------+------------+
only showing top 20 rows
scala> predictionsImplicit.show()
+------+-------+------+----------+------------+
|userId|movieId|rating| timestamp| prediction|
+------+-------+------+----------+------------+
|    13|     31|   1.0|1424380312|   0.33150947|
|     5|     31|   1.0|1424380312|  -0.24669354|
|    24|     31|   1.0|1424380312|  -0.22434244|
|    29|     31|   1.0|1424380312|   0.15776125|
|     0|     31|   1.0|1424380312|   0.51940984|
|    28|     85|   1.0|1424380312|   0.88610375|
|    13|     85|   1.0|1424380312|   0.15872183|
|    20|     85|   2.0|1424380312|   0.64086926|
|     4|     85|   1.0|1424380312|  -0.06314563|
|     8|     85|   5.0|1424380312|    0.2783457|
|     7|     85|   4.0|1424380312|    0.1618208|
|    29|     85|   1.0|1424380312|  -0.19970453|
|    19|     65|   1.0|1424380312|   0.11606887|
|     4|     65|   1.0|1424380312|  0.068018675|
|     2|     65|   1.0|1424380312|   0.28533924|
|    12|     53|   1.0|1424380312|   0.42327875|
|    20|     53|   3.0|1424380312|   0.17345423|
|    19|     53|   2.0|1424380312|   0.33321634|
|     8|     53|   5.0|1424380312|   0.10090684|
|    23|     53|   1.0|1424380312|   0.06724724|
+------+-------+------+----------+------------+
only showing top 20 rows
```

第 8 步：通过计算模型的均方根误差来对模型进行评估。均方根误差越小，模型越准确。

```
scala> val evaluator = new RegressionEvaluator().
     | setMetricName("rmse").setLabelCol("rating").
     | setPredictionCol("prediction")
evaluator: org.apache.spark.ml.evaluation.RegressionEvaluator = regEval_bc9d91ae7b1a
scala> val rmseExplicit = evaluator.evaluate(predictionsExplicit)
rmseExplicit: Double = 1.6995189118765517
scala> val rmseImplicit = evaluator.evaluate(predictionsImplicit)
rmseImplicit: Double = 1.8011620822359165
```

可以看到评分的均方根误差值为 1.70 和 1.80 左右。由于本例的数据较少，预测的结果和实际的结果相比有一定的差距。

9.11 模型选择

模型选择

在机器学习中非常重要的任务就是模型选择，或者使用数据来找到具体问题的最佳的模型和参数，这个过程也叫作调优（Tuning）。调优可以在独立的评估器中（如逻辑斯谛回归）完成，也可以在包含多种算法、特征工程和其他步骤的流水线中完成。用户应该一次性调优整个流水线，而不是独立地调优流水线中的每个组成部分。

9.11.1 模型选择工具

MLlib 支持两个模型选择工具，即交叉验证（CrossValidator）和训练-验证切分（TrainValidationSplit）。使用这些工具要求模式包含如下对象：

（1）待调优的算法或流水线；

（2）一系列参数表（ParamMap），是可选参数，也叫作参数网格搜索空间；

（3）评估模型拟合程度的准则或方法。

模型选择工具的工作原理如下。

（1）将输入数据划分为训练数据和测试数据。

（2）对于每个(训练数据,测试数据)，遍历一组 ParamMap。用每一个 ParamMap 参数来拟合评估器，得到训练后的模型，再使用评估器来评估模型表现。

（3）选择性能表现最优的模型所对应的 ParamMap。

更具体地，CrossValidator 将数据集切分成 k 折叠数据集合，并被分别用于训练和测试。例如，$k=3$ 时，CrossValidator 会生成 3 个(训练数据,测试数据)，每一个(训练数据,测试数据)的训练数据占 2/3，测试数据占 1/3。为了评估一个 ParamMap，CrossValidator 会计算这 3 个不同的(训练数据,测试数据)在评估器拟合出的模型上的平均评估指标。在找出最好的 ParamMap 后，CrossValidator 会使用这个 ParamMap 和整个的数据集，来重新拟合评估器。也就是说，通过交叉验证找到最佳的 ParamMap，利用此 ParamMap 在整个训练集上可以训练出一个泛化能力强、误差小的的最佳模型。

交叉验证的代价比较高昂，为此，Spark 也为超参数调优提供了 TrainValidationSplit。TrainValidationSplit 创建单一的（训练数据,测试数据）。它使用 trainRatio 参数将数据集切分成两部分。例如，当设置 trainRatio=0.75 时，TrainValidationSplit 会将数据切分出 75%作为训练集，25%作为测试集，来生成(训练数据,测试数据)，并最终使用最好的 ParamMap 和完整的数据集来拟合评估器。相对于 CrossValidator 对每一个参数进行 k 次评估，TrainValidationSplit 只对每个参数组合评估一次，因此它的评估代价没有这么高。但是，当训练数据集不够大的时候其结果相对不够可信。

9.11.2 用交叉验证选择模型

使用 CrossValidator 的代价可能会异常高。然而，对比启发式的手动调优，这是一种选择参数的行之有效的方法。下面通过一个实例来演示如何使用 CrossValidator 从整个网格的参数中选择合适的参数。

第 1 步：导入必要的包。

```scala
scala> import org.apache.spark.ml.linalg.{Vector,Vectors}
scala> import org.apache.spark.ml.feature.{HashingTF, Tokenizer}
scala> import org.apache.spark.ml.tuning.{CrossValidator, ParamGridBuilder}
scala> import org.apache.spark.sql.Row
scala> import org.apache.spark.ml.evaluation.MulticlassClassificationEvaluator
scala> import org.apache.spark.ml.feature.{IndexToString, StringIndexer, VectorIndexer}
scala> import org.apache.spark.ml.classification.{LogisticRegression,
LogisticRegressionModel}
```

```
scala> import org.apache.spark.ml.{Pipeline,PipelineModel}
scala> import org.apache.spark.ml.feature.VectorAssembler
scala> import org.apache.spark.sql.types.DoubleType
```

第 2 步：读取 Iris 数据集，分别获取标签列和特征列，进行索引、重命名，并设置机器学习工作流。通过交叉验证把原始数据集分割为训练集与测试集。值得注意的是，只有训练集才可以用在模型的训练过程中，测试集则作为模型完成之后用来评估模型优劣的依据。此外，训练集中的样本数量必须足够大，一般至少要大于总样本数的 50%，且两个子集必须从完整集合中均匀取样。

```
scala> val path="file:///usr/local/spark/iris.data"
scala> val df_raw = spark.read.option(
     |   "inferSchema","true").csv(
     |   path).toDF("c0","c1","c2","c3","label")
scala> val df_double = df_raw.select(
     |   col("c0").cast(DoubleType),col("c1").cast(DoubleType),
     |   col("c2").cast(DoubleType),col("c3").cast(DoubleType),
     |   col("label"))
scala> val assembler = new VectorAssembler().setInputCols(
     |   Array("c0", "c1", "c2","c3")).setOutputCol("features")
scala> val data = assembler.transform(df_double).select("features","label")
scala> val Array(trainingData, testData) = data.randomSplit(Array(0.7, 0.3))
scala> val labelIndexer = new StringIndexer().
     |   setInputCol("label").setOutputCol("indexedLabel").fit(data)
scala> val featureIndexer = new VectorIndexer().
     |    setInputCol("features").setOutputCol("indexedFeatures").fit(data)
scala> val lr = new LogisticRegression().
     |   setLabelCol("indexedLabel").
     |   setFeaturesCol("indexedFeatures").setMaxIter(50)
scala> val labelConverter = new IndexToString().
     |   setInputCol("prediction").setOutputCol("predictedLabel").
     |   setLabels(labelIndexer.labels)
scala> val lrPipeline = new Pipeline().
     |    setStages(Array(labelIndexer, featureIndexer, lr, labelConverter))
```

第 3 步：使用 ParamGridBuilder( )方法构造参数网格。其中，regParam 参数是公式（9-12）中的 γ，用于定义规范化项的权重；elasticNetParam 参数是 α，称为 Elastic Net 参数，取值介于 0 和 1 之间。elasticNetParam 设置 2 个值，regParam 设置 3 个值，最终有 $3 \times 2 = 6$ 个不同的模型将被训练。

```
scala> val paramGrid = new ParamGridBuilder().
     |   addGrid(lr.elasticNetParam, Array(0.2,0.8)).
     |   addGrid(lr.regParam, Array(0.01, 0.1, 0.5)).
     |   build()
paramGrid: Array[org.apache.spark.ml.param.ParamMap] =
Array({
     logreg_cd4ae130834c-elasticNetParam: 0.2,
     logreg_cd4ae130834c-regParam: 0.01
}, {
     logreg_cd4ae130834c-elasticNetParam: 0.2,
     logreg_cd4ae130834c-regParam: 0.1
}, {
     logreg_cd4ae130834c-elasticNetParam: 0.2,
     logreg_cd4ae130834c-regParam: 0.5
}, {
     logreg_cd4ae130834c-elasticNetParam: 0.8,
     logreg_cd4ae130834c-regParam: 0.01
}, {
     logreg_cd4ae130834c-elasticNetParam: 0.8,
     logreg_cd4ae130834c-regParam: 0.1
```

```
    }, {
        logreg_cd4ae130834c-elasticNetParam: 0.8,
        logreg_cd4ae130834c-regParam: 0.5
    })
```

第 4 步：构建针对整个机器学习工作流的交叉验证类，定义验证模型、参数网格，以及数据集的折叠数，并调用 fit( )方法进行模型训练。其中，对于回归问题，评估器可选择 RegressionEvaluator，对于二值数据可选择 BinaryClassificationEvaluator，对于多分类问题可选择 MulticlassClassificationEvaluator。评估器里默认的评估准则可通过 setMetricName( )方法重写。

```
scala> val  cv = new CrossValidator().
     |  setEstimator(lrPipeline).
     |  setEvaluator(new MulticlassClassificationEvaluator().
     |  setLabelCol("indexedLabel").setPredictionCol("prediction")).
     |  setEstimatorParamMaps(paramGrid).setNumFolds(3)
scala> val cvModel = cv.fit(trainingData)
```

第 5 步：调动 transform( )方法对测试数据进行预测，并输出结果及精度。

```
scala> val lrPredictions=cvModel.transform(testData)
scala> lrPredictions.
     |  select("predictedLabel", "label", "features","probability").
     |  show(20)
scala> lrPredictions.
     |  select("predictedLabel", "label", "features", "probability").
     |  collect().
     |  foreach{
     |  case Row(predictedLabel: String, label:String,features:Vector, prob:Vector)=>
println(s"($label, $features)-->prob=$prob, predicted Label=$predictedLabel")
     |  }
scala> val  evaluator = new MulticlassClassificationEvaluator().
     |  setLabelCol("indexedLabel").setPredictionCol("prediction")
scala> val  lrAccuracy = evaluator.evaluate(lrPredictions)
```

第 6 步：获取最优的逻辑斯谛回归模型，并查看其具体的参数。

```
scala> val bestModel= cvModel.bestModel.asInstanceOf[PipelineModel]
scala> val  lrModel = bestModel.stages(2).asInstanceOf[LogisticRegressionModel]
scala> println("Coefficients: " + lrModel.coefficientMatrix + "Intercept: "+lrModel.
interceptVector+ "numClasses: "+lrModel.numClasses+"numFeatures: "+lrModel.numFeatures)
scala> lrModel.explainParam(lrModel.regParam)
scala> lrModel.explainParam(lrModel.elasticNetParam)
```

9.12 本章小结

Spark 在机器学习方面的发展非常快，目前已经支持了主流的统计和机器学习算法。MLlib 以计算效率高而著称，是一个非常优秀的基于分布式架构的开源机器学习库，得到了业界的认可并被广泛使用。

MLlib 能有效简化机器学习的工程实践工作，并可被方便地扩展到大规模的数据集上进行模型训练和预测。MLlib 包括分类、回归、聚类、协同过滤、降维等通用的机器学习算法和工具，同时，还包括底层的优化原语和高层的管道 API。本章首先介绍了 MLlib 的基本数据类型、机器学习流水线的概念和工作过程等。其次，本章对典型的机器学习算法和操作进行了详细的介绍，包括特征提取、转换和选择操作，以及分类算法、聚类算法、协同过滤算法等。本章演示了逻辑斯谛回归、决策树、K-Means、GMM、ALS 等经典机器学习算法在 MLlib 中的使用方法。最后，本章介绍了模型选择的具体方法。

9.13 习题

1. 与 MapReduce 框架相比，为何 Spark 更适合进行机器学习各算法的处理？
2. 简述流水线的几个部件及其主要作用，使用流水线来构建机器学习工作流有什么好处？
3. 基于 RDD 的机器学习 API 和基于 DataFrame 的机器学习 API 有什么不同点？请思考基于 DataFrame 进行机器学习的优点。
4. 简述协同过滤算法中使用 ALS 的流程，思考其实现的方法。
5. 在 UCI 机器学习数据库网站中自选一个数据集，将其载入一个 DataFrame 中，并根据数据集特征进行预处理。
6. 根据 UCI 数据库上建议的问题类型使用相应的算法，观察结果，体会使用 MLlib 进行机器学习任务的全过程。
7. 机器学习中模型选择的方法有哪些，MLlib 是如何进行模型选择的？
8. 配置含 3～4 台机器的 Spark 集群，并利用 MLlib 在大数据集上进行学习。观察其性能与单机性能的差异，并思考如何衡量一个并行化机器学习算法的效率。

实验 8 Spark 机器学习库 MLlib 编程初级实践

一、实验目的

（1）通过实验掌握基本的 MLlib 编程方法。
（2）掌握用 MLlib 解决一些常见的数据分析问题，包括数据导入、成分分析、分类和预测等。

二、实验平台

操作系统：Ubuntu 16.04 及以上。
JDK 版本：1.8 或以上版本。
Spark 版本：3.2.0。
数据集：从 UCI 机器学习数据库中下载 Adult 数据集，该数据集也可以直接到高校大数据课程公共服务平台本书页面"下载专区"的"数据集"中下载。该数据集的数据从某国家公开的人口普查数据库抽取而来，可用来预测居民年收入是否超过 50000 美元。该数据集类变量为年收入是否超过 50000 美元，属性变量包含年龄、工种、学历、职业、人种等重要信息。值得一提的是，14 个属性变量中有 7 个类别型变量。

三、实验内容和要求

1. 数据导入
从文件中导入数据，并将其转化为 DataFrame。
2. 进行 PCA
对 6 个连续型的数值型变量进行 PCA。PCA 是指通过正交变换把一组相关变量的观测值转化成一组线性无关的变量值，即主成分的一种方法。PCA 通过主成分把特征向量投影到低维空间，实现对特征向量的降维。请通过 setK( ) 方法将主成分数量设置为 3，把连续型的特征向量转化成一个三维的主成分。
3. 训练分类模型并预测居民收入
在 PCA 的基础上，采用逻辑斯谛回归模型或者决策树模型预测居民年收入是否超过 50000 美元；

通过测试集进行验证。

4. 超参数调优

利用 CrossValidator 确定最优的参数，包括最优主成分的维数、分类模型自身的参数等。

四、实验报告

<table>
<tr><td colspan="5" align="center">Spark 编程基础实验报告</td></tr>
<tr><td>题目：</td><td></td><td>姓名：</td><td></td><td>日期：</td></tr>
<tr><td colspan="5">实验环境：</td></tr>
<tr><td colspan="5">实验内容与完成情况：</td></tr>
<tr><td colspan="5">出现的问题：</td></tr>
<tr><td colspan="5">解决方案（列出遇到的问题和解决办法，列出没有解决的问题）：</td></tr>
</table>